工程數學(精要版)(第四版)

劉明昌　編著

全華圖書股份有限公司

國家圖書館出版品預行編目(CIP)資料

工程數學 / 劉明昌編著. -- 四版. -- 新北市 :
　全華圖書股份有限公司，2023.10
　　面；　公分
精要版
ISBN 978-626-328-728-0(平裝)

1.CST: 工程數學

440.11　　　　　　　　　　　　112016188

工程數學(精要版)(第四版)

作者 / 劉明昌

發行人 / 陳本源

執行編輯 / 黃皓偉

封面設計 / 戴巧耘

出版者 / 全華圖書股份有限公司

郵政帳號 / 0100836-1 號

印刷者 / 宏懋打字印刷股份有限公司

圖書編號 / 0913702

四版一刷 / 2023 年 10 月

定價 / 新台幣 575 元

ISBN / 978-626-328-728-0(平裝)

全華圖書 / www.chwa.com.tw

全華網路書店 Open Tech / www.opentech.com.tw

若您對書籍內容、排版印刷有任何問題，歡迎來信指導 book@chwa.com.tw

臺北總公司(北區營業處)
地址：23671 新北市土城區忠義路 21 號
電話：(02) 2262-5666
傳真：(02) 6637-3695、6637-3696

中區營業處
地址：40256 臺中市南區樹義一巷 26 號
電話：(04) 2261-8485
傳真：(04) 3600-9 06

南區營業處
地址：80769 高雄市三民區應安街 12 號
電話：(07) 381-1377
傳真：(07) 862-5562

序言
Praface

　　這本教科書是專為大學的「**學生自修**」與「**教授授課**」所寫,為了本書,我思考一學年(二學期)的工程數學課程中,有哪些內容是最基本、學生不能不學的,有哪些內容是應用科目中會用到的數學工具,這些因素組成了本書的內容。

　　內容已定,剩下的就是寫法!本書的目標要讓「**學生易讀、教授好教**」,因此例題的挑選都從具代表性的題目出發,以計算簡易為原則,且說明上展現「**親切的文筆描述,詳盡的式子推演**」,再配合適當的「**記憶公式口訣**」,讀本書猶如親自聆聽作者上課,學習效率可大增,則出版本書之目標已可達到。

　　本人寫書時都存**觀功念恩**之心,品質完美才敢付梓。教授授課時亦可針對書內之章節與授課時數自行刪增內容,並配合學校與科系的特色,以增進同學的吸收效率。 最後祝學生們

學 習 成 功

劉明昌

2023 年 9 月

四版序 Author Preface

　　本書的第一～三版承蒙國內諸多大學採用為教科書，期間也收到許多教授對本書內容的指導，在此作者深表感謝！

　　在本書的第四版中，部分的內容已經以作者新的感受來描述，期待能更貼近本書的目標："學生易讀、教授好教"！此外又加入許多新的例題、習題，提供教授出期中期末考題之參考。種種改變都是為廣大學生設想，在這人工智慧（AI）更普及的年代，工程數學的能力更加重要，最後期待大家

能 者 不 惰

劉明昌

2023 年 9 月

本書特色

▌內容精要，重點學習

本書針對工程數學課程中，學生不能不學且應用科目中會應用到的數學工具，編撰出最基礎而精要的內容，讓學生們能更有效率地學習到此門課程重點。每章開頭均有「學習目標」提綱挈領，且適時提供講解影片，供學生課前預習。

▌例題豐富，具代表性

書中例題豐富且多元，而每道例題的挑選，都從具有代表性的題目出發，並以計算簡易為原則。

例題 1　基本題

求矩陣 $A = \begin{bmatrix} 1 & 2 & 1 \\ 2 & 3 & 2 \\ 1 & 1 & 2 \end{bmatrix}$ 之反矩陣 $A^{-1} = ?$

解　原理：利用高斯消去法，將 $[A \,|\, I] \xrightarrow{Gauss} [I \,|\, A^{-1}]$ 即得 A^{-1}！

將 A 與 I 合併寫成「AI 矩陣」如右：$\begin{bmatrix} 1 & 2 & 1 & | & 1 & 0 & 0 \\ 2 & 3 & 2 & | & 0 & 1 & 0 \\ 1 & 1 & 2 & | & 0 & 0 & 1 \end{bmatrix}$

利用高斯消去法，「往下運算」得

$\Rightarrow \begin{bmatrix} 1 & 2 & 1 & | & 1 & 0 & 0 \\ 0 & -1 & 0 & | & -2 & 1 & 0 \\ 0 & -1 & 1 & | & -1 & 0 & 1 \end{bmatrix} \Rightarrow \begin{bmatrix} 1 & 2 & 1 & | & 1 & 0 & 0 \\ 0 & -1 & 0 & | & -2 & 1 & 0 \\ 0 & 0 & 1 & | & 1 & -1 & 1 \end{bmatrix}$

$\Rightarrow \begin{bmatrix} 1 & 2 & 1 & | & 1 & 0 & 0 \\ 0 & 1 & 0 & | & 2 & -1 & 0 \\ 0 & 0 & 1 & | & 1 & -1 & 1 \end{bmatrix}$

例題 2　說明題

三度空間中拋物面 $y = x^2$，$0 \le z \le 3$ 之位置向量參數表示式如下：

$\vec{r}(x,z) = x\vec{i} + x^2\vec{j} + z\vec{k}$

即選擇 x、z 為參數。

亦可表為 $\vec{r}(u,v) = u\vec{i} + u^2\vec{j} + v\vec{k}$，即選擇 u、v 為參數。

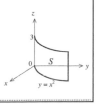

先將拉氏變換的基本性質列出如下表：

口訣	函數形式	拉氏變換	效應
一	$e^{at}f(t)$	$F(s-a)$	放大
二	$u(t-a)f(t-a)$	$e^{-as}F(s)$	縮小
微	$f'(t)$	$sF(s)-f(0)$	放大
積	$\int_0^t f(\tau)d\tau$	$\dfrac{F(s)}{s}$	縮小
乘	$t^n f(t)$	$(-1)^n F^{(n)}(s)$	放大
除	$\dfrac{f(t)}{t}$	$\int_s^\infty F(u)du$	縮小
摺	$f*g$	FG	
尺	$f(at)$	$\dfrac{1}{a}F(\dfrac{s}{a})$	
初	$f(t)$	$F(s)$	$\lim_{t\to 0} f(t) = \lim_{s\to\infty} sF(s)$
終	$f(t)$	$F(s)$	$\lim_{t\to\infty} f(t) = \lim_{s\to 0} sF(s)$

口訣記法，效果加倍

文中適時穿插特別的口訣與記法，連結學習內容，使得學習可以更有趣、更為深刻，學習效果加倍！

觀念說明，心得分享

對於重要觀念與易混淆處，給予關鍵的解說與釐清，讓學生們不走冤枉路，不做虛功。同時在學習段落中，不時與學生們分享心得、要訣等，幫助學生更深化學習成效。

觀念說明

1. 函數 $f(x)$ 展開成傅立葉級數：$f(x) = a_0 + \sum_{n=1}^{\infty} a_n \cos\dfrac{n\pi x}{p} + b_n \sin\dfrac{n\pi x}{p}$

   其各項之意義如下：

   a_0 表 $f(x)$ 在其一週期 $2p$ 內之平均值

   a_n 為餘弦波 $\cos\dfrac{n\pi x}{p}$ 之振幅，b_n 為正弦波 $\sin\dfrac{n\pi x}{p}$ 之振幅

   整理如下：

Fourier 級數	數學意義	物理意義
a_n、b_n	係數	振幅
n	項數	頻率

   當 $n\uparrow^{大}$，則有 $(a_n, b_n)\downarrow_{小}$，故傅立葉級數之真正意義為：「任意週期函數 = 振幅由大到小、頻率由低頻到高頻之三角函數組合」。

類題

求 $\int_0^{1+i}(z-1)dz = ?$

答 原式 $= \left[\dfrac{1}{2}z^2 - z\right]_0^{1+i} = (i-1-i)-0 = -1$

■心得：經由前面數例之說明，我們在計算複變函數之積分問題時，宜將積分函數分為二類如下：

(1) 處處可解析之函數：如 $f(z)=z^2+z+1$，則 $\oint_c f(z)dz$ 之值必為零，且此結果與曲線 c 之形式無關，亦即 c 之形式（方程式）不必已知。若為非封閉之線積分，則積分完後代入端點即得！

(2) 僅在某些點不可解析：如 $f(z)=\dfrac{1}{z-a}$、$\dfrac{\cos z}{z-a}$，…，則 $\oint_c f(z)dz$ 之值依 $z=a$ 點是否在曲線 c 內而定，且此結果與曲線 c 之形式無關，亦即曲線 c 之形式（方程式）皆不必已知，計算上則依據柯西積分公式即可。

輔教光碟，教學參考

☞ **教學 PPT**：提供詳盡而實用的中文教學 PPT，包含各章的重點摘要與重要圖表公式，以供授課老師教學上使用，增進教學內容的豐富性與多元性，並使學生更能掌握學習重點。此外，本教學 PPT 可做修改，老師可依不同的教學需求自行編排其內容。

☞ **習題詳解**：提供各章習題的詳細解答 WORD 檔，方便老師教學上參考。

☞ **例習題**：提供各章的例題與習題 PDF 檔，方便老師課後出題時參考。

目錄
Contents

Contents

Contents

CHAPTER

00

微積分複習

■ 本章大綱 ■

微積分是工程數學之基礎，因此第 0 章將工程數學會用到的微積分內容重新整理說明，以鋪好學習工程數學之橋樑。

0-1 基本函數與微分

定義　連續

若 $\lim\limits_{x \to a} f(x) = f(a)$，則稱函數 $f(x)$ 在 $x = a$ **連續**（continuity）。

定義　可微分

若函數 $f(x)$ 在 $x = a$ 處之極限值

$$\lim_{h \to 0} \frac{f(a+h) - f(a)}{h} \quad\text{..(1)}$$

存在，則稱 $f(x)$ 在 $x = a$ 點**可微分**（differentiable）。

定義　雙曲線函數

$$\sinh x = \frac{e^x - e^{-x}}{2} \ , \quad \cosh x = \frac{e^x + e^{-x}}{2}$$

由上式可以得知 $\sinh x$ 為奇函數，$\cosh x$ 為偶函數，又**雙曲線函數**（hyperbolic function）圖形如下：

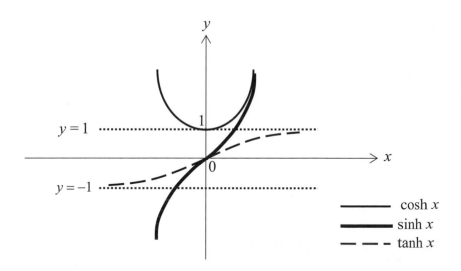

微分公式：$(\sinh x)' = \cosh x$，$(\cosh x)' = \sinh x$ ∎

▦ 常用的三角函數與反三角函數公式：

1. $\begin{cases} \sin(\alpha \pm \beta) = \sin\alpha\cos\beta \pm \cos\alpha\sin\beta \\ \cos(\alpha \pm \beta) = \cos\alpha\cos\beta \mp \sin\alpha\sin\beta \end{cases}$ ～注意之！

可推出 $\begin{cases} \sin\alpha\cos\beta = \dfrac{1}{2}\left[\sin(\alpha+\beta) + \sin(\alpha-\beta)\right] \\ \cos\alpha\sin\beta = \dfrac{1}{2}\left[\sin(\alpha+\beta) - \sin(\alpha-\beta)\right] \\ \cos\alpha\cos\beta = \dfrac{1}{2}\left[\cos(\alpha-\beta) + \cos(\alpha+\beta)\right] \\ \sin\alpha\sin\beta = \dfrac{1}{2}\left[\cos(\alpha-\beta) - \cos(\alpha+\beta)\right] \end{cases}$

2. $\begin{cases} \cos^2 x = \dfrac{1 + \cos 2x}{2} \\ \sin^2 x = \dfrac{1 - \cos 2x}{2} \end{cases}$

3. $(\sin x)' = \cos x$

4. $(\cos x)' = -\sin x$

5. $(\sin^{-1} x)' = \dfrac{1}{\sqrt{1 - x^2}}$

6. $(\tan^{-1} x)' = \dfrac{1}{1 + x^2}$

▦ 常用的指數公式：

1. $e^{x+y} = e^x \cdot e^y$

2. $(e^x)' = e^x$

▓⫷ 常用的對數公式：

1. $\ln(xy) = \ln x + \ln y$

2. $(\ln x)' = \dfrac{1}{x}$

▓⫷ 常用的微分公式：

1. $\begin{cases} \dfrac{d}{dx}(x^n) = nx^{n-1} \\ \dfrac{d}{dx}(n^x) = n^x \ln n \end{cases}$ ～注意之！

2. 連鎖律：$\dfrac{d}{dx} f[g(x)] = f'[g(x)] \cdot g'(x)$

0-2 積分方法

1 由微分得到的積分公式

微分做多了，積分就會！

例題 1 說明題

求 $\displaystyle\int \frac{x}{x^2+2}\, dx = ?$

解 $\because \left[\ln(x^2+2)\right]' = \dfrac{2x}{x^2+2}$ ， $\therefore \displaystyle\int \frac{x}{x^2+2}\, dx = \frac{1}{2}\ln(x^2+2)+c$

類題

$\displaystyle\int \frac{x}{x^2+3}\, dx = ?$

答 $\because \left[\ln(x^2+3)\right]' = \dfrac{2x}{x^2+3}$ ，

$\therefore \displaystyle\int \frac{x}{x^2+3}\, dx = \frac{1}{2}\ln(x^2+3)+c$

例題 2 說明題

求 $\int \dfrac{x}{\sqrt{x^2+2}}dx = ?$

解 $\because \left(\sqrt{x^2+2}\right)' = \dfrac{x}{\sqrt{x^2+2}}$ ，$\therefore \int \dfrac{x}{\sqrt{x^2+2}}dx = \sqrt{x^2+2}+c$

類題

求 $\int \dfrac{x}{\sqrt{x^2-1}}dx = ?$

答 $\because \left(\sqrt{x^2-1}\right)' = \dfrac{x}{\sqrt{x^2-1}}$ ，$\therefore \int \dfrac{x}{\sqrt{x^2-1}}dx = \sqrt{x^2-1}+c$

例題 3 基本題

求 $\int xe^{x^2}dx = ?$

解 $\because (e^{x^2})' = 2xe^{x^2}$ ，$\therefore \int xe^{x^2}dx = \dfrac{1}{2}e^{x^2}+c$

類題

$\int x^2 e^{x^3}dx = ?$

答 $\because (e^{x^3})' = 3x^2 e^{x^3}$ ，$\therefore \int x^2 e^{x^3}dx = \dfrac{1}{3}e^{x^3}+c$

■ 必備二工具：

1. $\int \dfrac{1}{\sqrt{a^2-x^2}}dx = \sin^{-1}\dfrac{x}{a}+c,\quad |x|<a$　～記！

2. $\int \dfrac{1}{a^2+x^2}dx = \dfrac{1}{a}\tan^{-1}\dfrac{x}{a}+c,\quad x\in R$　～記！

2 變數代換法

　　如何做變數代換並無固定規則，此處作者提供一句有益的話：「看積分函數中哪一項最**特殊**，就令此項之**變數代換**（change of variable）」。

【第一型】直覺之積分

例題 4 基本題

求 $\int (x^2+1)^3 x\,dx = ?$

解 令 $u = x^2 + 1$，則 $du = 2x\,dx$

$$\therefore \int (x^2+1)^3 x\,dx = \int u^3 \frac{1}{2} du = \frac{1}{8} u^4 + c = \frac{1}{8}(x^2+1)^4 + c$$

類題

求 $\int 6x^2 (2x^3+4)^4\,dx$

答 令 $u = 2x^3 + 4$，則 $du = 6x^2\,dx$

$$\therefore 原式 = \int u^4\,du = \frac{1}{5} u^5 + c = \frac{1}{5}(2x^3+4)^5 + c$$

例題 5 基本題

求 $\int \dfrac{x}{\sqrt{1-x^4}}\,dx = ?$

解 令 $u = x^2$，則 $du = 2x\,dx$

$$\therefore 原式 = \frac{1}{2} \int \frac{1}{\sqrt{1-u^2}}\,du = \frac{1}{2}\sin^{-1}(u) + c = \frac{1}{2}\sin^{-1}(x^2) + c$$

類題

求 $\int \dfrac{x^2}{x^6+1}dx=?$

答 令 $u=x^3$，則 $du=3x^2dx$

$\therefore$ 原式 $=\int \dfrac{1}{u^2+1}\dfrac{1}{3}du=\dfrac{1}{3}\tan^{-1}u+c=\dfrac{1}{3}\tan^{-1}(x^3)+c$ ■

【第二型】三角函數之積分

例題 6　基本題

求 $\int \tan x\,dx=?$（工具題）~本題之結果需記住！

解 原式 $=\int \dfrac{\sin x}{\cos x}dx=-\int \dfrac{du}{u}=-\ln|u|+c=-\ln|\cos x|+c$

（令 $u=\cos x$，則 $du=-\sin x\,dx$）

類題

求 $\int \cot x\,dx=?$（工具題）

答 原式 $=\int \dfrac{\cos x}{\sin x}dx=\int \dfrac{du}{u}=\ln|u|+c=\ln|\sin x|+c$　~本題之結果需記住！ ■

（令 $u=\sin x$，則 $du=\cos x\,dx$）

▌心得：如果碰到 $\tan x$、$\cot x$，化為 $\sin x$、$\cos x$ 之表示來運算較方便！

例題 7　技巧題

求 $\int \sec x\,dx = ?$（工具題）

解 本題較具技巧性！原式上下先乘 $\sec x + \tan x$，故

$$原式 = \int \frac{\sec x(\sec x + \tan x)}{\sec x + \tan x}\,dx \qquad 令 \begin{cases} u = \sec x + \tan x \\ du = (\sec x + \tan x)\sec x\,dx \end{cases}$$

$$= \int \frac{du}{u} = \ln|u| + c = \ln|\sec x + \tan x| + c \qquad \sim 本題之結果需記住！$$

類題

求 $\int \csc x\,dx = ?$（工具題）～本題之結果需記住！

答 本題同樣具技巧性！原式上下先乘 $\csc x + \cot x$，故

$$原式 = \int \frac{\csc x(\csc x + \cot x)}{\csc x + \cot x}\,dx \qquad 令 \begin{cases} u = \csc x + \cot x \\ du = -(\csc x + \cot x)\csc x\,dx \end{cases}$$

$$= -\int \frac{du}{u} = -\ln|u| + c = -\ln|\csc x + \cot x| + c$$

例題 8　基本題

求 $\int \cos^2 x\,dx = ?$

解 $原式 = \int \frac{1 + \cos 2x}{2}\,dx = \frac{1}{2}x + \frac{1}{4}\sin 2x + c$

類題

求 $\int \sin^2 x\,dx = ?$

答 $原式 = \int \frac{1 - \cos 2x}{2}\,dx = \frac{1}{2}x - \frac{1}{4}\sin 2x + c$

例題 9　基本題

求 $\int \cos^3 x\, dx = ?$

解 原式 $= \int \cos^2 x \cos x\, dx = \int (1 - \sin^2 x) \cos x\, dx$（令 $u = \sin x$）

$= \int (1 - u^2)\, du = u - \dfrac{1}{3} u^3 + c = \sin x - \dfrac{1}{3} \sin^3 x + c$

類題

求 $\int \sin^3 x\, dx = ?$

答 原式 $= \int \sin^2 x \sin x\, dx = \int (1 - \cos^2 x) \sin x\, dx$（令 $u = \cos x$）

$= -\int (1 - u^2)\, du = -u + \dfrac{1}{3} u^3 + c = -\cos x + \dfrac{1}{3} \cos^3 x + c$

例題 10　基本題

求 $\int \sin mx \sin nx\, dx = ?$

解 此題需討論。在 Fourier 級數最常見！

(1) 當 $m = n$ 時，原式 $= \int \sin^2 nx\, dx = \int \dfrac{1 - \cos 2nx}{2}\, dx = \dfrac{1}{2} x - \dfrac{1}{4n} \sin 2nx + c$

(2) 當 $m \neq n$ 時，利用積化和差之公式即可！

原式 $= \int \dfrac{1}{2} \left[\cos(m-n)x - \cos(m+n)x \right] dx = \dfrac{\sin(m-n)x}{2(m-n)} - \dfrac{\sin(m+n)x}{2(m+n)} + c$

類題

求 $\int \cos mx \cos nx\, dx = ?$

答 當 $m = n$ 時，原式 $= \int \cos^2 nx\, dx = \int \dfrac{1 + \cos 2nx}{2}\, dx = \dfrac{1}{2} x + \dfrac{1}{4n} \sin 2nx + c$

當 $m \neq n$ 時，利用積化和差之公式即可！

原式 $= \int \dfrac{1}{2} \left[\cos(m-n)x + \cos(m+n)x \right] dx = \dfrac{\sin(m-n)x}{2(m-n)} + \dfrac{\sin(m+n)x}{2(m+n)} + c$

例題 11 　基本題

求 $\int \sin mx \cos nx\, dx = ?$

解 此題需討論。

(1) 當 $m = n$ 時，原式 $= \int \sin nx \cos nx\, dx = \int \frac{1}{2} \sin 2nx\, dx = -\frac{1}{4n} \cos 2nx + c$

(2) 當 $m \neq n$ 時，利用積化和差之公式即可！

　　原式 $= \int \frac{1}{2} [\sin(m+n)x + \sin(m-n)x] dx = -\frac{\cos(m+n)x}{2(m+n)} - \frac{\cos(m-n)x}{2(m-n)} + c$

【第三型】指數函數之積分

　　適當的變數變換是積分指數函數之招式！

例題 12 　基本題

求 $\int \frac{e^x}{e^x + 1} dx = ?$

解 令 $u = e^x$，則 $du = e^x dx = u\, dx$

　　$\therefore$ 原式 $= \int \frac{1}{u+1} du = \ln|u+1| + c = \ln|e^x + 1| + c$

類題

$\int \frac{e^x}{e^x - 1} dx = ?$

答 令 $u = e^x$，則 $du = e^x dx = u\, dx$

　　原式 $= \int \frac{u}{u-1} \frac{du}{u} = \int \frac{1}{u-1} du = \ln|u-1| + c = \ln|e^x - 1| + c$

【第四型】對數函數之積分

此處先學一題，後面再配合分部積分法說明之。

例題 13　基本題

求 $\int \dfrac{\ln x}{x} dx = ?$

解 令 $u = \ln x$，則 $du = \dfrac{1}{x} dx$，$\therefore$ 原式 $= \int u\,du = \dfrac{1}{2}u^2 + c = \dfrac{1}{2}(\ln x)^2 + c$

- -

類題

$\int \dfrac{1}{x\ln x} dx = ?$

答 令 $u = \ln x$，則 $du - \dfrac{1}{x} dx$

原式 $= \int \dfrac{1}{u} du = \ln|u| + c = \ln|\ln x| + c$

3　分部積分法

二個函數相乘的微分，乃是**分部積分法**（integration by parts）之理論基礎。設 $u(x)$、$v(x)$ 均為可微分函數，由

$$(uv)' = u'v + uv'，移項得　uv' = (uv)' - u'v$$

$$\xrightarrow{\text{積分}} \int uv'\,dx = \int (uv)'\,dx - \int u'v\,dx$$

即 $\int uv'\,dx = uv - \int u'v\,dx$　或　$\int u\,dv = uv - \int v\,du$

上式即稱為「分部積分法」。

例題 14 基本題

求 $\int \ln x\, dx = ?$

解 方法1 令 $u = \ln x$，$dv = dx$，

$$du = \frac{1}{x}dx，v = x$$

$$\therefore 原式 = x\ln x - \int 1\,dx = x\ln x - x + c$$

方法2 令 $t = \ln x$，則 $e^t = x \rightarrow e^t\,dt = dx$

$$\therefore 原式 = \int t e^t\,dt \;；再令 u = t，dv = e^t\,dt$$

$$du = dt，v = e^t$$

$$故 \int t e^t\,dt = te^t - \int e^t\,dt = te^t - e^t + c = x(\ln x - 1) + c$$

類題

求 $\int (\ln x)^2\, x\,dx = ?$

答 令 $u = (\ln x)^2$，$dv = dx$

$$du = \frac{2\ln x}{x}dx，v = x$$

$$\therefore 原式 = x(\ln x)^2 - 2\int \ln x\,dx = x(\ln x)^2 - 2[x\ln x - \int dx] = x(\ln x)^2 - 2\ln x + 2x + c \quad \blacksquare$$

例題 15 基本題

求 (1) $\int x\ln x\,dx = ?$　　(2) $\int \frac{\ln x}{x^3}\,dx = ?$

解 (1) 令 $u = \ln x$，$dv = x\,dx$

$$du = \frac{1}{x}dx，v = \frac{1}{2}x^2$$

$$\therefore 原式 = \frac{1}{2}x^2\ln x - \int \frac{1}{2}x\,dx = \frac{1}{2}x^2\ln x - \frac{1}{4}x^2 + c$$

(2) 令 $u = \ln x$，$dv = \frac{dx}{x^3}$

$$du = \frac{1}{x}dx，v = -\frac{1}{2x^2}$$

$$\therefore 原式 = -\frac{1}{2x^2}\ln x + \int \frac{1}{2x^3}\,dx = -\frac{1}{2x^2}\ln x - \frac{1}{4x^2} + c$$

類題

求 $\int x^3 \ln x \, dx = ?$

答 令 $u = \ln x$ ，$dv = x^3 \, dx$

$du = \dfrac{1}{x} dx$ ，$v = \dfrac{1}{4} x^4$

$\therefore$ 原式 $= \dfrac{1}{4} x^4 \ln x - \int \dfrac{1}{4} x^3 \, dx = \dfrac{1}{4} x^4 \ln x - \dfrac{1}{16} x^4 + c$

有些題目須經「二次以上」分部積分才完成！故生出如下之**速解法**（fast method for integration）。

例題 16　**基本題**

求 $\int x^2 e^x \, dx = ?$

解 速解法：微　　　　積

$$
\begin{array}{ccc}
x^2 & \overset{+}{\searrow} & e^x \\
2x & \searrow & c^x \\
2 & \searrow & e^x \\
0 & \overset{+}{\searrow} & e^x
\end{array}
$$

則 $\int x^2 e^x \, dx = x^2 e^x - 2x e^x + 2 e^x + c$

類題

求 $\int x^3 e^{-x} \, dx = ?$

答 速解法：微　　　　積

$$
\begin{array}{ccc}
x^3 & \overset{+}{\searrow} & e^{-x} \\
3x^2 & \overset{-}{\searrow} & -e^{-x} \\
6x & \overset{+}{\searrow} & e^{-x} \\
6 & \overset{-}{\searrow} & -e^{-x} \\
0 & \searrow & e^{-x}
\end{array}
$$

則 $\int x^3 e^{-x} \, dx = -x^3 e^{-x} - 3x^2 e^{-x} - 6x e^{-x} - 6 e^{-x} + c$

例題 **17** **基本題**

求 $\int x^2 \sin ax \, dx = ?$

解 速解法：微　　　積

$$
\begin{array}{ll}
x^2 & \sin ax \\
& {} \\
2x & -\dfrac{1}{a}\cos ax \\
& {} \\
2 & -\dfrac{1}{a^2}\sin ax \\
& {} \\
0 & \dfrac{1}{a^3}\cos ax
\end{array}
$$

則 $\int x^2 \sin ax \, dx = -\dfrac{x^2}{a}\cos ax + \dfrac{2x}{a^2}\sin ax + \dfrac{2}{a^3}\cos ax + c$

類題

求 $\int x^2 \cos ax \, dx = ?$

答 速解法：微　　　積

$$
\begin{array}{ll}
x^2 & \cos ax \\
& {} \\
2x & \dfrac{1}{a}\sin ax \\
& {} \\
2 & -\dfrac{1}{a^2}\cos ax \\
& {} \\
0 & -\dfrac{1}{a^3}\sin ax
\end{array}
$$

則 $\int x^2 \cos ax \, dx = \dfrac{1}{a}x^2 \sin ax + \dfrac{2x}{a^2}\cos ax - \dfrac{2}{a^3}\sin ax + c$

▌‖ 心得：速解法對於 $\int x^n e^{ax}\,dx$ 、 $\int x^n \cos ax\,dx$ 、 $\int x^n \sin ax\,dx$ 這三種形式之積分可迅速求解，其他類型之積分則幫助不大。

例題 18　漂亮題

求 $\int x(\ln x)^2\,dx = ?$

解 先變數變換再用速解法！當出現 $\ln x$ 的高次方時，先變數變換會較快！

先令 $t = \ln x$，則 $e^t = x \rightarrow e^t\,dt = dx$

$\therefore$ 原式 $= \int e^t \cdot t^2 e^t\,dt = \int t^2 e^{2t}\,dt = e^{2t}(\frac{1}{2}t^2 - \frac{1}{2}t + \frac{1}{4}) + c$

$= x^2\left[\frac{1}{2}(\ln x)^2 - \frac{1}{2}\ln x + \frac{1}{4}\right] + c$

類題

求 $\int x^2(\ln x)^3\,dx = ?$

答 令 $t = \ln x$，則 $e^t = x \rightarrow e^t\,dt = dx$

$\therefore$ 原式 $= \int e^{2t} \cdot t^3 e^t\,dt = \int t^3 e^{3t}\,dt = e^{3t}(\frac{1}{3}t^3 - \frac{1}{3}t^2 + \frac{2}{9}t - \frac{2}{27}) + c$

$= x^3\left[\frac{1}{3}(\ln x)^3 - \frac{1}{3}(\ln x)^2 + \frac{2}{9}\ln x - \frac{2}{27}\right] + c$

例題 19　公式題

求 $\int e^{ax}\sin bx\,dx = ?$　$\int e^{ax}\cos bx\,dx = ?$（一箭雙鵰型）

解 速解法：　微　　　　　　　積

$$e^{ax} \quad + \quad \sin bx$$
$$ae^{ax} \quad\searrow\quad -\frac{1}{b}\cos bx$$
$$a^2 e^{ax} \quad\overset{+}{\longleftarrow}\quad -\frac{1}{b^2}\sin bx$$

$-$

則 $\int e^{ax}\sin bx\,dx = -\frac{1}{b}e^{ax}\cos bx + \frac{a}{b^2}e^{ax}\sin bx - \frac{a^2}{b^2}\int e^{ax}\sin bx\,dx$

移項得 $(1 + \frac{a^2}{b^2})\int e^{ax}\sin bx\,dx = -\frac{1}{b}e^{ax}\cos bx + \frac{a}{b^2}e^{ax}\sin bx$

故 $\int e^{ax}\sin bx\,dx = \frac{1}{a^2 + b^2}e^{ax}\left[-b\cos bx + a\sin bx\right] + c$

同理可得 $\int e^{ax}\cos bx\,dx = \frac{1}{a^2 + b^2}e^{ax}\left[a\cos bx + b\sin bx\right] + c$

類題

求 $\int e^{-ax}\sin bx\,dx = ?$ $\int e^{-ax}\cos bx\,dx = ?$

答 依本例題之速解法得

$$\int e^{-ax}\sin bx\,dx = \frac{1}{a^2+b^2}e^{-ax}\left[-a\sin bx - b\cos bx\right]+c$$

$$\int e^{-ax}\cos bx\,dx = \frac{1}{a^2+b^2}e^{-ax}\left[-a\cos bx + b\sin bx\right]+c$$

4 有理式積分

設 $P(x)$ 與 $Q(x)$ 是兩個多項式，凡形如 $\dfrac{P(x)}{Q(x)}$ 的函數稱為**有理式**或**分式**，

若 $\begin{cases} \deg[P(x)] \geq \deg[Q(x)]，為假分式 \\ \deg[P(x)] < \deg[Q(x)]，為真分式 \end{cases}$，deg 表「次數」（degree）。

因為「假分式＝多項式＋真分式」，故只要探討真分式的積分即已足夠。

在談論此積分方法之前，此處先說明「將真分式分解為部分分式」之算法～「一手遮天」給各位分享：

例題 20 預備題

若 $\dfrac{1}{x(x+2)^2}$ 可分解為「部分分式」如下：

$\dfrac{1}{x(x+2)^2} = \dfrac{A}{x} + \dfrac{B}{x+2} + \dfrac{C}{(x+2)^2}$，則係數 A、B、C 分別為多少？

解 分解為部分分式須滿足：分子次方＜分母次方

因此本來要令 $\dfrac{1}{x(x+2)^2} = \dfrac{A}{x} + \dfrac{B}{x+2} + \dfrac{Cx+D}{(x+2)^2}$

但因為 $\dfrac{Cx+D}{(x+2)^2} = \dfrac{C(x+2)+D-2C}{(x+2)^2} = \dfrac{C}{x+2} + \dfrac{D-2C}{(x+2)^2} = \dfrac{C}{x+2} + \dfrac{D'}{(x+2)^2}$

其中 $\dfrac{C}{x+2}$ 又可被併入 $\dfrac{B}{x+2}$

故只要令 $\dfrac{1}{x(x+2)^2} = \dfrac{A}{x} + \dfrac{B}{x+2} + \dfrac{C}{(x+2)^2}$ ……(a) 即可！

亦即當「分母有重根」時，其分子之外型須重複前一項！

現在對 (a) 式，同乘分母得 $1 = A(x+2)^2 + Bx(x+2) + Cx$

$x = 0$ 代入得 $1 = 4A \Rightarrow A = \dfrac{1}{4}$

速解法：求 A 可用「一手遮天」法，$A = \dfrac{1}{(x+2)^2}\bigg|_{x=0} = \dfrac{1}{4}$

　　　　即用手遮住 $\dfrac{1}{x(x+2)^2}$ 之 x，再用 $x = 0$ 代入！

　　　　求 C 亦可用「一手遮天」法，$C = \dfrac{1}{x}\bigg|_{x=-2} = -\dfrac{1}{2}$

　　　　即用手遮住 $\dfrac{1}{x(x+2)^2}$ 之 $(x+2)^2$，再用 $x = -2$ 代入！

剩下之 B 以比較係數求之！（仍有公式，但公式不好用）

比較 x^2 之係數：$0 = A + B \Rightarrow B = -A = -\dfrac{1}{4}$

$\therefore \dfrac{1}{x(x+2)^2} = \dfrac{\frac{1}{4}}{x} - \dfrac{\frac{1}{4}}{x+2} - \dfrac{\frac{1}{2}}{(x+2)^2}$ 。

▌‖‖ 注意：$\dfrac{x^2}{x^2-1} = \dfrac{x^2}{(x-1)(x+1)} \neq \dfrac{A}{x-1} + \dfrac{B}{x+1}$ ，

　　　$\therefore \dfrac{x^2}{x^2-1}$ 是假分式！碰到假分式，要先化為真分式哦！

類題

若 $\dfrac{1}{x(x+2)^3} = \dfrac{A}{x} + \dfrac{B}{x+2} + \dfrac{C}{(x+2)^2} + \dfrac{D}{(x+2)^3}$ ，係數 A、B、C、D 分別為多少？

答 一手遮天得 $A = \dfrac{1}{(x+2)^3}\Big|_{x=0} = \dfrac{1}{8}$

$$D = \dfrac{1}{x}\Big|_{x=-2} = -\dfrac{1}{2}$$

同乘分母得 $1 = \dfrac{1}{8}(x+2)^3 + Bx(x+2)^2 + Cx(x+2) - \dfrac{1}{2}x$

比較 x^3 之係數：$0 = \dfrac{1}{8} + B \Rightarrow B = -\dfrac{1}{8}$

比較 x^2 之係數：$0 = \dfrac{6}{8} + 4B + C \Rightarrow C = -\dfrac{1}{4}$ 。

例題 21　基本題

求 $\displaystyle\int \dfrac{x+3}{(x+2)(x+1)^2}dx = ?$

解 令 $\dfrac{x+3}{(x+2)(x+1)^2} = \dfrac{A}{x+2} + \dfrac{B}{x+1} + \dfrac{C}{(x+1)^2}$

同乘分母得 $x+3 = A(x+1)^2 + B(x+2)(x+1) + C(x+2)$

速解法：求 A 可用「一手遮天」法，$A = \dfrac{x+3}{(x+1)^2}\Big|_{x=-2} = 1$

求 C 可用「一手遮天」法，$C = \dfrac{x+3}{x+2}\Big|_{x=-1} = 2$

比較 x^2 之係數：$0 = A + B \Rightarrow B = -A = -1$

$\therefore \dfrac{x+3}{(x+2)(x+1)^2} = \dfrac{1}{x+2} - \dfrac{1}{x+1} + \dfrac{2}{(x+1)^2}$

$\therefore$ 原式 $= \displaystyle\int \dfrac{1}{x+2}dx - \int \dfrac{1}{x+1}dx + \int \dfrac{2}{(x+1)^2}dx = \ln|x+2| - \ln|x+1| - \dfrac{2}{x+1} + c$

類題

求 $\int \dfrac{4x^2+5x+6}{(x+2)x^2}dx = ?$

答　$\dfrac{4x^2+5x+6}{(x+2)x^2} = \dfrac{1}{x} + \dfrac{3}{x^2} + \dfrac{3}{x+2}$

$\therefore \int \dfrac{4x^2+5x+6}{(x+2)x^2}dx$

$= \int \dfrac{1}{x}dx + \int \dfrac{3}{x^2}dx + \int \dfrac{3}{x+2}dx \; \ln|x| - \dfrac{3}{x} + 3\ln|x+2| + C$

例題 22　基本題

求 $\int \dfrac{2x+2}{(x-1)(x^2+1)}dx = ?$

解　令 $\dfrac{2x+2}{(x-1)(x^2+1)} = \dfrac{A}{x-1} + \dfrac{Bx+C}{x^2+1}$

同乘分母得 $2x+2 = A(x^2+1) + (Bx+C)(x-1)$

速解法：$A = \dfrac{2x+2}{x^2+1}\bigg|_{x=1} = \dfrac{4}{2} = 2$

比較 x^2 之係數：$0 = A + B \Rightarrow B = -A = -2$

比較 1 之係數：$2 = A - C \Rightarrow C = A - 2 = 0$

$\therefore \dfrac{2x+2}{(x-1)(x^2+1)} = \dfrac{2}{x-1} - \dfrac{2x}{x^2+1}$

$\therefore$ 原式 $= \int \dfrac{2}{x-1}dx - \int \dfrac{2x}{x^2+1}dx$

$= 2\ln|x-1| - \ln(x^2+1) + C$

類題

求 $\int \dfrac{1-x+2x^2-x^3}{x(x^2+1)^2}dx = ?$

答 化為部分分式得 $\dfrac{1-x+2x^2-x^3}{x(x^2+1)^2} = \dfrac{1}{x} - \dfrac{x+1}{x^2+1} + \dfrac{x}{(x^2+1)^2}$

積分得 $\ln|x| - \dfrac{1}{2}\ln\left|x^2+1\right| - \tan^{-1}x - \dfrac{1}{2}\dfrac{1}{x^2+1} + C$

例題 23　**基本題**

求 $\int \dfrac{x^2+5}{(x+1)(x^2-2x+3)}dx = ?$

解 令 $\dfrac{x^2+5}{(x+1)(x^2-2x+3)} = \dfrac{A}{x+1} + \dfrac{Bx+C}{x^2-2x+3}$

同乘分母得 $x^2+5 = A(x^2-2x+3) + (Bx+C)(x+1)$

速解法：$A = \dfrac{x^2+5}{x^2-2x+3}\bigg|_{x=-1} = \dfrac{6}{6} = 1$

比較 x^2 之係數：$1 = A+B \Rightarrow B = -A+1 = 0$

比較 1 之係數：$5 = 3A+C \Rightarrow C = -3A+5 = 2$

$\therefore \dfrac{x^2+5}{(x+1)(x^2-2x+3)} = \dfrac{1}{x+1} + \dfrac{2}{x^2-2x+3} = \dfrac{1}{x+1} + \dfrac{2}{(x-1)^2+2}$

$\therefore$ 原式 $= \ln|x+1| + \sqrt{2}\tan^{-1}\dfrac{x-1}{\sqrt{2}} + C$

類題

求 $\int \dfrac{3x^2-7x+5}{(x-1)(x^2-2x+2)}dx = ?$

答 化為部分分式、整理得

$\dfrac{3x^2-7x+5}{(x-1)(x^2-2x+2)} = \dfrac{1}{x-1} + \dfrac{2x-3}{x^2-2x+2} = \dfrac{1}{x-1} + \dfrac{2(x-1)-1}{(x-1)^2+1}$

則原式 $= \ln|x-1| + \ln(x^2-2x+2) - \tan^{-1}(x-1) + C$

5　無理式積分

無理式都需經過配方這個動作，經「配方」處理後分析如下：

1. $\displaystyle\int \frac{1}{\sqrt{a^2-x^2}}dx = \sin^{-1}\frac{x}{a}+c$　～此式常見，應該記住！

證明： 令 $x=a\sin\theta$，則 $dx = a\cos\theta d\theta$

$$\text{故}\int\frac{1}{\sqrt{a^2-x^2}}dx = \int\frac{a\cos\theta d\theta}{a\cos\theta} = \theta + c = \sin^{-1}\frac{x}{a}+c$$

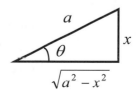

2. $\displaystyle\int\sqrt{a^2-x^2}\,dx = \frac{1}{2}x\sqrt{a^2-x^2}+\frac{a^2}{2}\sin^{-1}\frac{x}{a}+c$

證明： 令 $x=a\sin\theta$，則 $dx = a\cos\theta d\theta$

$$\therefore \int\sqrt{a^2-x^2}\,dx = \int a\cos\theta\, a\cos\theta d\theta = a^2\int\frac{1+\cos 2\theta}{2}d\theta$$

$$=\frac{a^2}{2}\theta + \frac{a^2}{4}\sin 2\theta + c = \frac{1}{2}x\sqrt{a^2-x^2}+\frac{a^2}{2}\sin^{-1}\frac{x}{a}+c$$

3. $\displaystyle\int\frac{1}{\sqrt{x^2+a^2}}dx = \ln\left|x+\sqrt{x^2+a^2}\right|+c$

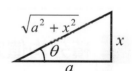

證明： 令 $x=a\tan\theta$，則 $dx = a\sec^2\theta d\theta$

$$\text{故}\int\frac{1}{\sqrt{x^2+a^2}}dx = \int\frac{a\sec^2\theta d\theta}{a\sec\theta} = \ln\left|\tan\theta+\sec\theta\right|+c$$

$$=\ln\left|\frac{x+\sqrt{x^2+a^2}}{a}\right|+c = \ln\left|x+\sqrt{x^2+a^2}\right|+c$$

例題 24　基本題

求 $\displaystyle\int\frac{1}{(a^2-x^2)^{3/2}}dx = ?$　$a>0$

解 令 $x=a\sin\theta$，則 $dx = a\cos\theta d\theta$

$$\text{原式} = \int\frac{a\cos\theta d\theta}{a^3\cos^3\theta} = \frac{1}{a^2}\int\sec^2\theta d\theta = \frac{1}{a^2}\tan\theta + C = \frac{1}{a^2}\frac{x}{\sqrt{a^2-x^2}}+C\text{。}$$

類題

求 $\int \dfrac{\sqrt{x^2-a^2}}{x}\,dx = ?\quad a>0$

答 令 $x = a\sec\theta$，則 $dx = a\sec\theta\tan\theta d\theta$

$$\text{原式} = \int \frac{a\tan\theta}{a\sec\theta}\cdot a\sec\theta\tan\theta d\theta = a\int\tan^2\theta d\theta$$

$$= a\int(\sec^2\theta-1)\,d\theta$$

$$= a\,[\tan\theta-\theta]+C$$

$$= a\left[\frac{\sqrt{x^2-a^2}}{a}-\sec^{-1}\frac{x}{a}\right]+C$$

0-3 微積分基本定理

1 積分均值定理

設 $f(x)$ 在 $[a, b]$ 上連續，則存在一數 $c\in(a, b)$，使得

$$\int_a^b f(x)dx = f(c)(b-a)$$

積分均值定理之幾何意義如右圖所示：

$$\text{網點面積} = \int_a^b f(x)dx$$

$$\text{矩形面積} = f(c)(b-a)$$

$\because \int_a^b f(x)dx = f(c)(b-a)$

$\therefore$ 知 $f(c)$ 是：$f(x)$ 在區間 $[a, b]$ 之**平均高度**。

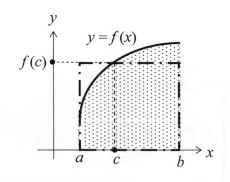

定義 平均值

$f(x)$ 在 $[a, b]$ 之平均值 (average)

$\overline{f}$ 為 $\overline{f} = \dfrac{1}{b-a}\displaystyle\int_a^b f(x)dx$

2　微積分第一基本定理

設 $f(x)$ 在 $[a, b]$ 區間為連續，且 $F(x) = \int_a^x f(t)dt$，$x \in [a, b]$，則 $F'(x) = f(x)$。

▊‖注意：$f(x)$ 在 $[a, b]$ 為連續，即表示 $f(x)$ 在 $x = a$、$x = b$ 已經存在也！此式 $F(x) = \int_a^x f(t)dt$ 中，t 稱為啞變數（dummy variable）；且此式之外形不可寫為 $F(x) = \int_a^x f(x)dx$，切記之！

3　微積分第二基本定理

設 $f(x)$ 在 $[a, b]$ 上連續，且 $F'(x) = f(x)$，則

$$\int_a^b f(x)dx = F(b) - F(a) = F(x)\Big|_a^b$$

4　萊不尼茲（Leibnitz）微分法則

已知 $f(x)$ 為一個連續函數，且 $A(x)$、$B(x)$ 亦均可微分，若 $F(x) = \int_{A(x)}^{B(x)} f(t)dt$，則 $F'(x) = f[B(x)]B'(x) - f[A(x)] \cdot A'(x)$。

▊‖口訣：代入變數，再乘變數微分。

5　雙變數萊不尼茲微分法則

$$\frac{d}{dx}\int_{u(x)}^{v(x)} f(x, y)dy = \int_{u(x)}^{v(x)} \frac{\partial f}{\partial x}dy + \frac{dv}{dx}f[x, v(x)] - \frac{du}{dx}f[x, u(x)]$$

特例：若 a、b 為常數，則 $\dfrac{d}{dx}\displaystyle\int_a^b f(x, t)dt = \int_a^b \dfrac{\partial f}{\partial x}dt$。

例題　1　說明題

已知 $\dfrac{dF(x)}{dx} = f(x)$，則 $F(x) = ?$

解　原式雙邊積分得 $F(x) = \displaystyle\int f(x)dx$（**不定積分**表示法）

$\qquad\qquad\quad F(x) = \displaystyle\int_a^x f(t)dt$（**定積分**表示法）

即利用微積分基本定理知，此時 $f(a)$ 需存在才可以。

　　Leibnitz's 微分法則對雙變數函數提供了微分之步驟，另外，在應用上有一重要之「副產品」，即求解某些特定之定積分。

例題 2　　**常考題**

求 $\int_0^1 \dfrac{x^a - 1}{\ln x}\, dx = ?$　$a > -1$

解　令 $I(a) = \int_0^1 \dfrac{x^a - 1}{\ln x}\, dx$，則 $I'(a) = \int_0^1 \dfrac{x^a \cdot \ln x}{\ln x}\, dx = \left. \dfrac{x^{a+1}}{a+1} \right|_0^1 = \dfrac{1}{a+1}$

　　雙邊積分得 $I(a) = \ln(a+1) + c$

　　代入 $a = 0 \Rightarrow I(0) = 0 = c$，$\therefore I(a) = \ln(a+1)$。

- -

類題

求 $\int_0^1 \dfrac{x^b - x^a}{\ln x}\, dx = ?$　$a > 0,\, b > 0$

答　由 $\int_0^1 \dfrac{x^a - 1}{\ln x}\, dx = \ln(a+1)$

　　　$\int_0^1 \dfrac{x^b - 1}{\ln x}\, dx = \ln(b+1)$

　　原式 $= \int_0^1 \dfrac{x^b - 1}{\ln x}\, dx - \int_0^1 \dfrac{x^a - 1}{\ln x}\, dx = \ln(b+1) - \ln(a+1) = \ln \dfrac{b+1}{a+1}$ ∎

0-4　加瑪函數

　　加瑪（Gamma）函數是一種相當重要的非基本函數，廣泛地應用在工程、物理與機率之中，同學須熟記其基本定義。

定義　**加瑪函數**

　　加瑪函數之定義為：

$$\Gamma(\alpha) = \int_0^\infty e^{-t} t^{\alpha-1}\, dt \quad (\alpha > 0) \quad\cdots\cdots\cdots\cdots(1)$$

　　觀察式 (1)，發現積分函數為自然指數 e^{-t} 與次冪函數 $t^{\alpha-1}$ 之乘積，且積分區間為 0 至 ∞ 之瑕積分。特性如下：

(1)　$\Gamma(1) = 1$ ⋯⋯⋯⋯⋯⋯⋯⋯⋯⋯⋯⋯⋯⋯⋯⋯⋯⋯⋯⋯⋯⋯⋯⋯⋯ (2)

說明：當 $\alpha = 1$ 時，代入 (1) 式得 $\Gamma(1) = \int_0^\infty e^{-t}t^{1-1}dt = -e^{-t}\Big|_0^\infty = 1$

(2)　遞迴公式：

$$\Gamma(\alpha + 1) = \alpha\Gamma(\alpha)\ \cdots\cdots\cdots\cdots\cdots\cdots\cdots\cdots\cdots\cdots (3)$$

▥ 記法：「右邊係數皆比左邊係數小 1」。

說明：由加瑪函數之定義，並利用分部積分得

$$\Gamma(\alpha+1) = \int_0^\infty e^{-t}t^\alpha dt = -e^{-t}t^\alpha\Big|_0^\infty + \alpha\int_0^\infty e^{-t}t^{\alpha-1}dt = \alpha\Gamma(\alpha)$$

(3)　利用遞迴公式可得

$$\Gamma(2) = 1\Gamma(1) = 1\ \cdots\cdots\cdots\cdots\cdots\cdots\cdots\cdots\cdots\cdots (4)$$
$$\Gamma(3) - 2\Gamma(2) = 2!$$
$$\Gamma(4) = 3\Gamma(3) = 3!$$

　　歸納得　　　　　$\Gamma(n+1) = n!$ ⋯⋯⋯⋯⋯⋯⋯⋯⋯⋯⋯⋯ (5)

可得 $\Gamma(\alpha)$ 之圖形如下：

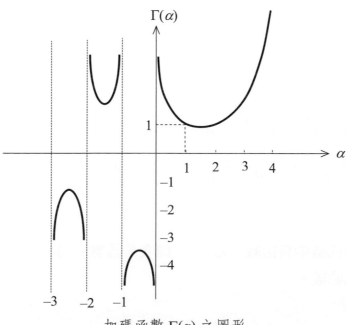

加瑪函數 $\Gamma(\alpha)$ 之圖形

例題 1 **基本題**

設 $\Gamma(\alpha) = \int_0^\infty e^{-t} t^{\alpha-1} dt$，試證 $\Gamma(0.5) = \sqrt{\pi}$。

解 $\Gamma(0.5) = \int_0^\infty e^{-t} t^{0.5-1} dt = \int_0^\infty e^{-t} t^{-0.5} dt$，令 $t = \tau^2$，則 $dt = 2\tau d\tau$ 代入上式得

$\Gamma(0.5) = \int_0^\infty e^{-\tau^2} \tau^{-1} 2\tau d\tau = 2\int_0^\infty e^{-\tau^2} d\tau = 2 \cdot \dfrac{\sqrt{\pi}}{2} = \sqrt{\pi}$

說明：此處需先已知 $\int_0^\infty e^{-x^2} dx = \dfrac{\sqrt{\pi}}{2}$。（本章後面有推導說明）

例題 2 **常考題**

利用 Gamma 函數，求下列之積分值：$I = \int_0^\infty x^2 e^{-x^2} dx = ?$

解 令 $x^2 = t$，則 $x = \sqrt{t}$，$dx = \dfrac{dt}{2\sqrt{t}}$

$\therefore I = \int_0^\infty x^2 e^{-x^2} dx = \int_0^\infty t e^{-t} \dfrac{dt}{2\sqrt{t}} = \dfrac{1}{2} \int_0^\infty t^{1/2} e^{-t} dt = \dfrac{1}{2} \Gamma(1.5)$

$= \dfrac{1}{2} \cdot \dfrac{1}{2} \Gamma(0.5) = \dfrac{1}{4} \cdot \sqrt{\pi} = \dfrac{\sqrt{\pi}}{4}$

類題

求 $I = \int_0^\infty \sqrt{x} \ e^{-x^3} dx = ?$

答 令 $x^3 = t$，則 $x = t^{1/3}$，$dx = \dfrac{1}{3} t^{-2/3} dt$

$\therefore I = \int_0^\infty \sqrt{t^{1/3}} \ e^{-t} \cdot \dfrac{1}{3} t^{-2/3} dt = \dfrac{1}{3} \int_0^\infty t^{-1/2} e^{-t} dt = \dfrac{1}{3} \Gamma(\dfrac{1}{2}) = \dfrac{\sqrt{\pi}}{3}$

▓▥ 心得：若積分函數中有指數（如 e^{-x}）與次冪函數（如 x^m）之乘積者，即聯想到加瑪函數。

0-5 泰勒級數

　　這是相當重要的一節！**冪級數**（power series）的出現乃希望"任意函數"皆可以用**多項式**（polynomial）來逼近！因為多項式的構造最簡單，是大家最了解的函數（即可以化繁為簡），先看看如下之定義：

定義　冪級數（power series）～屬於"函數級數"！

1. $\displaystyle\sum_{n=0}^{\infty} a_n x^n = a_0 + a_1 x + a_2 x^2 + a_3 x^3 + \cdots$
    稱為以 $x = 0$ 為**中心點**（center，亦稱**展開點**）展開之冪級數。

2. $\displaystyle\sum_{n=0}^{\infty} a_n (x - x_0)^n = a_0 + a_1(x - x_0) + a_2(x - x_0)^2 + a_3(x - x_0)^3 + \cdots$
    稱為以 $x = x_0$ 為中心點展開之冪級數。

　　由冪級數之外型可以看出：x 愈大（即離中心 愈遠），此級數會愈大，造成級數愈容易發散。如何得到冪級數？現說明如下的**泰勒級數**（Taylor series）定理：

定義　泰勒（Taylor）級數定理

　　若 $f(x)$ 在區間 $|x - x_0| < R$ 為 n 階可微分，且 $f^{(n+1)}(x)$ 存在，則 $f(x)$ 可在 $x = x_0$ 為中心點展開如下之級數：

$$f(x) = f(x_0) + f'(x_0)(x - x_0) + \frac{f''(x_0)}{2!}(x - x_0)^2 + \cdots$$
$$+ \frac{f^{(n)}(x_0)}{n!}(x - x_0)^n + \frac{f^{(n+1)}(c)}{(n+1)!}(x - x_0)^{n+1}$$
$$\equiv \sum_{k=0}^{n} \frac{f^{(k)}(x_0)}{k!}(x - x_0)^k + R_n(x)$$

其中 $x_0 - R < c < x_0 + R$

且稱 $R_n(x) \equiv \dfrac{f^{(n+1)}(c)}{(n+1)!}(x - x_0)^{n+1}$

為**餘項**（remainder），就是誤差。

　　也就是說，泰勒級數之展開必有一個**展開點**或稱**中心點** $x = x_0$！當然不是每一個級數都有展開點的，例如**傅立葉級數**（Fourier series）即無展開點。

例題 1　基本題

求出 $f(x)=e^x$ 在 $x=0$ 之泰勒級數。

解 e^x 具微分規律性，直接使用公式計算泰勒級數！

$$f(x)=f(0)+f'(0)x+\frac{1}{2!}f''(0)x^2+\frac{1}{3!}f'''(0)x^3+\cdots$$

$$=e^x\big|_{x=0}+e^x\big|_{x=0}\cdot x+\frac{1}{2!}\cdot e^x\big|_{x=0}\cdot x^2+\frac{1}{3!}e^x\big|_{x=0}\cdot x^3+\cdots$$

$$=1+x+\frac{1}{2!}x^2+\frac{1}{3!}x^3+\cdots$$

類題

求 $f(x)=e^{-x}$ 在 $x=0$ 之泰勒級數。

答 $f(x)=f(0)+f'(0)x+\frac{1}{2!}f''(0)x^2+\frac{1}{3!}f'''(0)x^3+\cdots$

$$=e^{-x}\big|_{x=0}-e^{-x}\big|_{x=0}\cdot x+\frac{1}{2!}\cdot e^{-x}\big|_{x=0}\cdot x^2-\frac{1}{3!}\cdot e^{-x}\big|_{x=0}\cdot x^3+\cdots$$

$$=1-x+\frac{1}{2!}x^2-\frac{1}{3!}x^3+\cdots$$

■心得：直接以泰勒級數的公式可得以下四式。記住！當工具使用。

(1) $\sin x$ 在 $x=0$ 之泰勒級數：$\sin x=x-\frac{1}{3!}x^3+\frac{1}{5!}x^5-\cdots$，$-\infty<x<\infty$

(2) $\cos x$ 在 $x=0$ 之泰勒級數：$\cos x=1-\frac{1}{2!}x^2+\frac{1}{4!}x^4-\cdots$，$-\infty<x<\infty$

(3) e^x 在 $x=0$ 之泰勒級數：$e^x=1+x+\frac{1}{2!}x^2+\frac{1}{3!}x^3+\cdots$，$-\infty<x<\infty$

(4) e^{-x} 在 $x=0$ 之泰勒級數：$e^{-x}=1-x+\frac{1}{2!}x^2-\frac{1}{3!}x^3+\cdots$，$-\infty<x<\infty$

觀念說明

1. 若 $f(x)$ 在點 $x=x_0$ 可以展開成泰勒級數，則稱 $f(x)$ 在點 $x=x_0$ 為**解析**（analytic），可解析就是「無限階可微分」，在級數解法中會用到。

2. 展開點為 $x_0=0$ 時，則 $f(x)=\sum_{n=0}^{\infty}\frac{f^{(n)}(0)}{n!}x^n$ 稱為**馬克洛林級數**（Maclaurin series）。

例題 **2**　**公式題**

請推導著名的 Euler **恆等式**（identity）：$e^{ix} = \cos x + i \sin x$，$x \in R$。

解 $e^{ix} = 1 + ix + \dfrac{1}{2!}(ix)^2 + \dfrac{1}{3!}(ix)^3 + \dfrac{1}{4!}(ix)^4 + \cdots$

$\quad = (1 - \dfrac{1}{2!}x^2 + \dfrac{1}{4!}x^4 - \cdots) + i(x - \dfrac{1}{3!}x^3 + \cdots)$

$\quad = \cos x + i \sin x$（得證）

同學需把 Euler 恆等式記住。（當成工具）

■‖引申：$e^{-ix} = \cos x - i \sin x$，且 e^{ix}、e^{-ix} 互為共軛複數！

　　實際計算 $f(x)$ 在 $x = x_0$ 之泰勒級數時，對「具有微分規律性」之函數使用定義計算 Taylor 級數就很快；但「不具有微分規律性」之函數計算 Taylor 級數需靠其他的算法，以下就敘述泰勒級數之多種求法。

【第一型】定義法

例題 **3**　**公式題**

請推導 (1) $\cosh x = 1 + \dfrac{1}{2!}x^2 + \dfrac{1}{4!}x^4 + \cdots$ ，$x \in R$

$\quad\quad$ (2) $\sinh x = x + \dfrac{1}{3!}x^3 + \dfrac{1}{5!}x^5 + \cdots$ ，$x \in R$

解 (1) $\cosh x = \dfrac{1}{2}(e^x + e^{-x}) = \dfrac{1}{2}\left[(1 + x + \dfrac{1}{2!}x^2 + \cdots) + (1 - x + \dfrac{1}{2!}x^2 - \cdots)\right]$

$\quad\quad = 1 + \dfrac{1}{2!}x^2 + \dfrac{1}{4!}x^4 + \cdots$ （得證）

(2) $\sinh x = \dfrac{1}{2}(e^x - e^{-x}) = \dfrac{1}{2}\left[(1 + x + \dfrac{1}{2!}x^2 + \cdots) - (1 - x + \dfrac{1}{2!}x^2 - \cdots)\right]$

$\quad\quad = x + \dfrac{1}{3!}x^3 + \dfrac{1}{5!}x^5 + \cdots$ （得證）

例題 4　**基本題**

求 e^{-x} 在 $x = 1$ 之泰勒級數。

解 方法1　具微分規律性的函數直接以公式計算即可！

$$則\ e^{-x} = f(1) + f'(1)(x-1) + \frac{f''(1)}{2!}(x-1)^2 + \cdots$$

$$= e^{-1} + (-e^{-1})(x-1) + \frac{e^{-1}}{2!}(x-1)^2 + \cdots$$

方法2　亦可先平移！令 $t = x - 1$，則 $x = t + 1$

$$\therefore\ e^{-x} = e^{-(t+1)} = e^{-1}\left[1 - t + \frac{t^2}{2!} - \cdots\right] = e^{-1}\left[1 - (x-1) + \frac{(x-1)^2}{2!} - \cdots\right]$$

類題

求 e^x 在 $x = 1$ 之泰勒級數。

答 $e^x = f(1) + f'(1)(x-1) + \frac{f''(1)}{2!}(x-1)^2 + \cdots$

$$= e^1 + (e^1)(x-1) + \frac{e^1}{2!}(x-1)^2 + \cdots \ 。$$

例題 5　**基本題**

求 $\dfrac{1}{1+x}$、$\dfrac{1}{1-x}$ 之馬克洛林級數。（經典題、工具！）

解 方法1　$\dfrac{1}{1+x}$ 恰好具微分規律性！令 $f(x) = \dfrac{1}{1+x}$

$$\left(\frac{1}{1+x}\right)' = -\frac{1}{(1+x)^2}\ ,\ \left(\frac{1}{1+x}\right)'' = \frac{2}{(1+x)^3}\ ,\ \left(\frac{1}{1+x}\right)^{(3)} = -\frac{3!}{(1+x)^4}\ \cdots$$

$$\therefore\ \frac{1}{1+x} = f(0) + f'(0)x + \frac{1}{2!}f''(0)x^2 + \frac{1}{3!}f'''(0)x^3 + \cdots$$

$$= 1 - x + x^2 - x^3 + \cdots$$

同理算得 $\dfrac{1}{1-x} = 1 + x + x^2 + x^3 + \cdots$

方法 2　善用國中時期之無窮等比級數公式得

$$\underbrace{\frac{1}{1+x}}_{\text{函數}} = \underbrace{1 - x + x^2 - x^3 + \cdots}_{\text{Taylor 級數}} \text{，} -1 < x < 1 \quad \sim 記！$$

$$\underbrace{\frac{1}{1-x}}_{\text{函數}} = \underbrace{1 + x + x^2 + x^3 + \cdots}_{\text{Taylor 級數}} \text{，} -1 < x < 1 \quad \sim 記！$$

方法 3　長除法（次冪由小到大！）此法僅能計算在 $x = 0$ 之泰勒級數

$$
\begin{array}{r}
1 - x + x^2 - x^3 + \cdots \\
1+x \overline{\smash{\big)}\, 1 + 0x + 0x^2 + 0x^3 + 0x^4 + 0x^5 + \cdots} \\
\underline{1 + x} \\
-x + 0x^2 \\
\underline{-x - x^2} \\
x^2 + 0x^3 \\
\underline{x^2 + x^3} \\
-x^3 + 0x^4 \\
\vdots
\end{array}
$$

即 $\dfrac{1}{1+x} = 1 - x + x^2 - x^3 + \cdots$

同理算得 $\dfrac{1}{1-x} = 1 + x + x^2 + x^3 + \cdots$

- -

類題

求 $f(x) = \dfrac{1}{(1-x)^3}$ 之馬克洛林級數。

解　方法 1　$\dfrac{1}{(1-x)^3}$ 恰好具微分規律性！

$$f'(x) = \frac{3}{(1-x)^4} \text{，} f''(x) = \frac{12}{(1-x)^5} \text{，} f'''(x) = \frac{60}{(1-x)^6} \text{，} \cdots$$

$$\therefore \frac{1}{(1-x)^3} = f(0) + f'(0)x + \frac{1}{2!}f''(0)x^2 + \frac{1}{3!}f'''(0)x^3 + \cdots$$

$$= 1 + 3x + 6x^2 + 10x^3 + \cdots \text{。}$$

方法 2 長除法（次冪由小到大！）

$$1-3x+3x^2-x^3 \overline{)\begin{array}{l} 1 + 3x + 6x^2 +10x^3 +\cdots \\ 1 + 0x + 0x^2 + 0x^3 + 0x^4 + 0x^5 +\cdots \end{array}}$$

$$\underline{1 - 3x + 3x^2 - x^3}$$
$$\underline{3x - 3x^2 + x^3}$$
$$\underline{3x - 9x^2 + 9x^3 - 3x^4}$$
$$\underline{6x^2 - 8x^3 + 3x^4}$$
$$\underline{6x^2 -18x^3 +18x^4 - 6x^5}$$
$$10x^3 -15x^4 + 6x^5$$
$$\vdots$$

即 $\dfrac{1}{(1-x)^3}=1+3x+6x^2+10x^3+\cdots$

【第二型】等比級數法

例題 6 **基本題**

求 $\dfrac{1}{4+5x}$ 之馬克洛林級數。

解 **方法 1** $\dfrac{1}{4+5x}$ 恰好具微分規律性！令 $f(x)=\dfrac{1}{4+5x}$

$$f'(x)=-\frac{5}{(4+5x)^2} \ , \ f''(x)=\frac{50}{(4+5x)^3} \ , \ f'''(x)=-\frac{750}{(4+5x)^4}$$

$$\therefore \frac{1}{4+5x}=\frac{1}{4}-\frac{5}{16}x+\frac{25}{64}x^2-\cdots \ 。$$

方法 2 善用等比級數法最快！

$$\frac{1}{4+5x}=\frac{1}{4\left(1+\frac{5}{4}x\right)}=\frac{1}{4}\left[1-\frac{5}{4}x+\left(\frac{5}{4}x\right)^2-\cdots\right] \ , \ \left|\frac{5}{4}x\right|<1 \ 。$$

方法 3 長除法（次冪由小到大！）

$$\begin{array}{r}
\frac{1}{4} - \frac{5}{16}x + \frac{25}{64}x^2 - \cdots \\
4+5x \overline{\big)1 + 0\ x + 0\ x^2 + 0\ x^3 + \cdots} \\
\underline{1 + \frac{5}{4}x\ \ \ \ \ \ \ \ \ \ \ \ } \\
-\frac{5}{4}x + 0\ x^2 \\
\vdots
\end{array}$$

類題

求 $\dfrac{1}{2-5x}$ 之馬克洛林級數。

答 $\dfrac{1}{2-5x} = \dfrac{1}{2\left(1-\frac{5}{2}x\right)} = \dfrac{1}{2}\left[1+\dfrac{5}{2}x+\left(\dfrac{5}{2}x\right)^2+\cdots\right]$, $\left|\dfrac{5}{2}x\right|<1$

【第三型】加減乘除法

例題 7 基本題

求 $\dfrac{5x}{x^2-3x-4}$ 之馬克洛林級數。

解 **方法 1** 先化為部分分式！ $\dfrac{5x}{x^2-3x-4} = \dfrac{4}{x-4} + \dfrac{1}{x+1}$

則 $\dfrac{4}{x-4} + \dfrac{1}{x+1} = \dfrac{-4}{4\left(1-\frac{x}{4}\right)} + \dfrac{1}{1+x}$ （**要訣**：常數寫前面！）

$= -\left[1+\dfrac{x}{4}+\left(\dfrac{x}{4}\right)^2+\cdots\right] + \left[1-x+x^2-\cdots\right]$, $\left|\dfrac{x}{4}\right|<1$ 與 $|x|<1$

$= -\dfrac{5}{4}x + \dfrac{15}{16}x^2 - \cdots$, $|x|<1$ （取交集）

方法 2 長除法（次冪由小到大！）

$$-4 - 3x + x^2 \overline{)\,5x + 0x^2 + 0x^3 + 0x^4 + 0x^5 + \cdots}$$

商： $-\dfrac{5}{4}x + \dfrac{15}{16}x^2 - \dfrac{65}{64}x^3 + \cdots$

$$5x + \frac{15}{4}x^2 - \frac{5}{4}x^3$$
$$-\frac{15}{4}x^2 + \frac{5}{4}x^3 + 0x^4$$
$$-\frac{15}{4}x^2 - \frac{45}{16}x^3 + \frac{15}{16}x^4$$
$$\frac{65}{16}x^3 - \frac{15}{16}x^4 + 0x^5$$
$$\frac{65}{16}x^3 + \frac{195}{64}x^4 - \frac{65}{64}x^5$$
$$\vdots$$

即 $\dfrac{5x}{x^2 - 3x - 4} = -\dfrac{5}{4}x + \dfrac{15}{16}x^2 - \dfrac{65}{64}x^3 + \cdots$

其異點為 $x = -1$、4，因此其收斂區間為 $|x| < 1$。

（即取離 $x = 0$ 最近的異點 $x = -1$ 為長度，當成收斂半徑 R ！）

類題

求 $\dfrac{x}{(x-1)(x-2)}$ 之馬克洛林級數。

答 $\dfrac{x}{(x-1)(x-2)}$

$= \dfrac{-1}{x-1} + \dfrac{2}{x-2} = \dfrac{1}{1-x} + \dfrac{-2}{2-x}$ （**要訣**：常數寫前面！）

$= \dfrac{1}{1-x} + \dfrac{-2}{2(1-\frac{x}{2})}$

$= \left[1 + x + x^2 + x^3 + \cdots\right] - \left[1 + (\frac{x}{2}) + (\frac{x}{2})^2 + (\frac{x}{2})^3 + \cdots\right]$, $|x| < 1$ 與 $\left|\dfrac{x}{2}\right| < 1$

$= \dfrac{1}{2}x + \dfrac{3}{4}x^2 + \dfrac{7}{8}x^3 + \cdots$, $|x| < 1$ （取交集）

例題 8   基本題

求 $\tan x$ 之馬克洛林級數。

解 由 $\tan x = \dfrac{\sin x}{\cos x} = \dfrac{x - \frac{1}{3!}x^3 + \frac{1}{5!}x^5 - \cdots}{1 - \frac{1}{2!}x^2 + \frac{1}{4!}x^4 - \cdots} = x + \frac{1}{3}x^3 + \frac{2}{15}x^5 + \cdots$

上式是由長除法：$1 - \frac{1}{2!}x^2 + \frac{1}{4!}x^4 - \cdots \overline{\big)\, x - \frac{1}{3!}x^3 + \frac{1}{5!}x^5 - \cdots}$ 而得到。

$$
\begin{array}{r}
x + \frac{1}{3}x^3 + \frac{2}{15}x^5 + \cdots \\
x - \frac{1}{2!}x^3 + \frac{1}{4!}x^5 - \cdots \\
\hline
\frac{1}{3}x^3 \quad \frac{1}{30}x^5 + \cdots \\
\frac{1}{3}x^3 - \frac{1}{6}x^5 + \cdots \\
\hline
\frac{2}{15}x^5 - \cdots
\end{array}
$$

因為 $\cos x$ 在 $x = \dfrac{\pi}{2}$（即**異點**）會 0，故本級數之收斂區間為 $|x| < \dfrac{\pi}{2}$

同理：$\cot x = \dfrac{\cos x}{\sin x} = \dfrac{1}{x} - \dfrac{1}{3}x - \dfrac{1}{45}x^3 - \cdots$

類題

求 $\sec x$ 在 $x = 0$ 展開之泰勒級數。

答 $\sec x = \dfrac{1}{\cos x} = \dfrac{1}{1 - \frac{1}{2!}x^2 + \frac{1}{4!}x^4 - \cdots} = 1 + \frac{1}{2}x^2 + \frac{5}{24}x^4 + \cdots$

因為 $\cos x$ 在 $x = \dfrac{\pi}{2}$（即異點）會 0，故本級數之收斂區間為 $|x| < \dfrac{\pi}{2}$。

【第四型】微分積分法

例題 9　說明題

(1) 求 $\ln(1 + x)$ 之馬克洛林級數。

(2) 求 $\ln(1 - x)$ 之馬克洛林級數。

解 (1) 已知 $\dfrac{1}{1 + x} = 1 - x + x^2 - x^3 + \cdots$ ， $-1 < x < 1$

二邊積分得 $\ln(1 + x) = x - \dfrac{x^2}{2} + \dfrac{x^3}{3} - \dfrac{x^4}{4} + \cdots$ ， $-1 < x \le 1 \sim$ 常考！

發現：級數 $\ln(1 + x)$ 之收斂區間較原級數 $\dfrac{1}{1 + x}$ 多了右端點 $x = 1$，知積分後使收斂區間擴大。

(2) 已知 $\dfrac{1}{1 - x} = 1 + x + x^2 + x^3 + \cdots$ ， $-1 < x < 1$

二邊積分得 $\ln(1 - x) = -(x + \dfrac{x^2}{2} + \dfrac{x^3}{3} + \dfrac{x^4}{4} + \cdots)$ ， $-1 \le x < 1 \sim$ 常考！

類題

求 $\dfrac{\ln(1 - x)}{x - 1}$ 之馬克洛林級數。

答 $\dfrac{\ln(1 - x)}{x - 1} = \ln(1 - x) \cdot \dfrac{-1}{1 - x} = (1 + x + x^2 + \cdots)\left(x + \dfrac{x^2}{2} + \dfrac{x^3}{3} + \cdots \right)$

$= x + \left(1 + \dfrac{1}{2} \right)x^2 + \left(1 + \dfrac{1}{2} + \dfrac{1}{3} \right)x^3 + \cdots$ ， $|x| < 1$

【第五型】二項式展開～專門解決 $(1 + x)^n$，$n \in R$ 之泰勒級數！

利用泰勒級數，對 $f(x) = (1 + x)^n$ 在點 $x = 0$ 展開得

$$(1 + x)^n = f(0) + f'(0)x + \dfrac{1}{2!}f''(0)x^2 + \dfrac{1}{3!}f'''(0)x^3 + \cdots$$

$$= 1 + nx + \dfrac{n(n-1)}{2!}x^2 + \dfrac{n(n-1)(n-2)}{3!}x^3 + \cdots$$

$$= \sum_{r=0}^{n} \dfrac{n(n-1)\cdots(n-r+1)}{r!}x^r = \sum_{r=0}^{n} C_r^n x^r \ , \ n \in N \cdots\cdots\cdots\cdots\cdots\cdots(1)$$

(1) 式共有 n 項（泰勒級數也！）其中 C_r^n：**組合**（combination）數，稱為二項式係數，C_r^n 之定義為

$$C_r^n = \frac{n!}{(n-r)!r!} = \frac{n(n-1)\cdots(n-r+1)}{r!}$$

二項式定理好用的地方是：即使當 $n \notin N$ 時仍成立，即

$$(1+x)^n = \sum_{r=0}^{\infty} \frac{n(n-1)\cdots(n-r+1)}{r!} x^r = \sum_{r=0}^{\infty} C_r^n x^r \ , \quad n \notin N \cdots\cdots\cdots\cdots\cdots(2)$$

只是 (2) 式共有無限多項！故形如 $(1+x)^n$ 之函數在 $x = 0$ 之泰勒級數皆可利用二項式定理而得到。此類泰勒級數之收斂區間為 $|x| < 1$，即以二項式定理所得到的泰勒級數之收斂區間皆為 $|x| < 1$，視為自動成立之事實（當成常識）。

例題 10　**基本題**

求 $f(x) = \dfrac{1}{\sqrt{4-x}}$ 之馬克洛林級數。

解 利用二項式展開很方便！

$$\frac{1}{\sqrt{4-x}} = \frac{1}{\sqrt{4\left(1-\dfrac{x}{4}\right)}} = \frac{1}{2}\left(1-\frac{x}{4}\right)^{-\frac{1}{2}}$$

$$= \frac{1}{2}\left[1 + \frac{x}{8} + \frac{\left(-\dfrac{1}{2}\right)\left(-\dfrac{3}{2}\right)}{2!}\left(-\frac{x}{4}\right)^2 + \frac{\left(-\dfrac{1}{2}\right)\left(-\dfrac{3}{2}\right)\left(-\dfrac{5}{2}\right)}{3!}\left(-\frac{x}{4}\right)^3 + \cdots\right], \quad |x| < 4 \ 。$$

類題

求 $f(x) = (1+2x)^{\frac{3}{2}}$ 之馬克洛林級數。

答 $(1+2x)^{\frac{3}{2}} = 1 + 3x + \dfrac{\dfrac{3}{2}\cdot\dfrac{1}{2}}{2!}(2x)^2 + \dfrac{\dfrac{3}{2}\cdot\dfrac{1}{2}\cdot\left(-\dfrac{1}{2}\right)}{3!}(2x)^3 + \cdots$ 。

例題 11　基本題

求 $\sin^{-1} x$ 之馬克洛林級數。～重要！

解 由 $\dfrac{1}{\sqrt{1-x^2}} = (1-x^2)^{-\frac{1}{2}} = 1 + \dfrac{1}{2}x^2 + \dfrac{3}{2^2 2!}x^4 + \dfrac{3\cdot5}{2^3 3!}x^6 + \cdots$

積分得 $\sin^{-1} x = x + \dfrac{1}{2\cdot3}x^3 + \dfrac{3}{2^2 2!\cdot5}x^5 + \dfrac{3\cdot5}{2^3 3!\cdot7}x^7 + \cdots + c$

代入 $x = 0 \Rightarrow c = 0$，故得 $\sin^{-1} x = x + \dfrac{1}{2\cdot3}x^3 + \dfrac{3}{2^2 2!\cdot5}x^5 + \dfrac{3\cdot5}{2^3 3!\cdot7}x^7 + \cdots$ ，$|x| < 1$

當 $x = 1,\ \dfrac{\pi}{2} = 1 + \dfrac{1}{6} + \dfrac{3}{40} + \dfrac{5}{112} + \cdots$（收斂）

$x = -1,\ -\dfrac{\pi}{2} = -1 - \dfrac{1}{6} - \dfrac{3}{40} - \dfrac{5}{112} - \cdots$（收斂）

故得 $\sin^{-1} x = x + \dfrac{1}{2\cdot3}x^3 + \dfrac{3}{2^2 2!\cdot5}x^5 + \dfrac{3\cdot5}{2^3 3!\cdot7}x^7 + \cdots$ ，$-1 \le x \le 1$

■‖特例：$\dfrac{1}{\sqrt{1+x}} = (1+x)^{-\frac{1}{2}} = 1 - \dfrac{1}{2}x + \dfrac{(-\frac{1}{2})(-\frac{3}{2})}{2!}x^2 + \dfrac{(-\frac{1}{2})(-\frac{3}{2})(-\frac{5}{2})}{3!}x^3 + \cdots$

當 $x \ll 1$ 時，則 $\dfrac{1}{\sqrt{1+x}} \approx 1 - \dfrac{1}{2}x$，此近似式稱為**線性化**。

0-6　重積分

要提升重積分計算之成功機率，有二個最重要的方法，分別說明如下。

1 換序積分

例題 1　基本題

求 $\displaystyle\int_0^{\frac{\pi}{2}} \int_y^{\frac{\pi}{2}} \dfrac{\sin x}{x}\,dx\,dy = ?$

解 由題目看出積分區域如下圖所示：

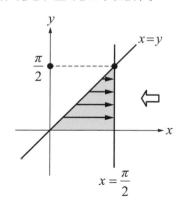 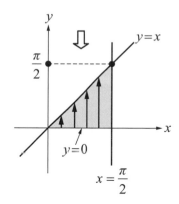

觀察可知原式若先積 x 將不易成功，

因此換序積分 (reverse the order of integration)，即

$$\int_0^{\frac{\pi}{2}} \int_y^{\frac{\pi}{2}} \frac{\sin x}{x} dx dy = \int_0^{\frac{\pi}{2}} \int_{y=0}^{y=x} \frac{\sin x}{x} dy dx$$

$$= \int_0^{\frac{\pi}{2}} \left[\frac{y\sin x}{x} \right]_{y=0}^{y=x} dx = \int_0^{\frac{\pi}{2}} \sin x\, dx = \left[-\cos x \right]_0^{\frac{\pi}{2}} = 1 \ 。$$

▮‖ 心得：適合進行換序積分的題目，其積分區域的形狀皆為「三角形」或「類似三角形」。

類題

求 $\int_0^4 \int_{\sqrt{y}}^2 y\cos(x^5) dx dy = $?

答 原式 $= \int_0^4 \int_{\sqrt{y}}^2 y\cos(x^5) dx dy$

$$= \int_0^2 \int_{y=0}^{y=x^2} y\cos(x^5) dy dx = \int_0^2 \left[\frac{y^2}{2}\cos(x^5) \right]_0^{x^2} dx$$

$$= \int_0^2 \frac{x^4}{2}\cos(x^5) dx = \left[\frac{1}{10}\sin(x^5) \right]_0^2 = \frac{1}{10}\sin(32)$$

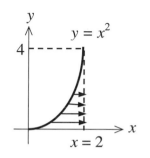

例題 2　基本題

求 $\int_0^1 \int_{\sqrt{x}}^1 e^{y^3} dy dx = $ ？

解 一看即知要先積 x 方向！其積分區域先決定：

$$I = \int_0^1 \int_{x=0}^{x=y^2} e^{y^3} dx dy = \int_0^1 \left[x e^{y^3} \right]_0^{y^2} dy = \int_0^1 y^2 e^{y^3} dy$$

$$= \left[\frac{1}{3} e^{y^3} \right]_0^1 = \frac{1}{3}(e-1)$$

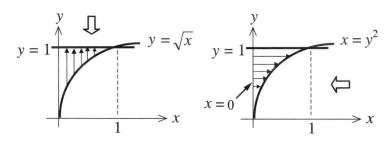

類題

求 $\int_0^1 \int_y^1 x\sqrt{x^3+1} dx dy = $ ？

答 $I = \int_0^1 \int_{y=0}^{y=x} x\sqrt{x^3+1} dy dx$

$$= \int_0^1 \left[yx\sqrt{x^3+1} \right]_{y=0}^{y=x} dx = \int_0^1 x^2 \sqrt{x^3+1} dx$$

$$= \left[\frac{2}{9}(x^3+1)^{3/2} \right]_0^1 = \frac{2}{9}(2^{3/2}-1)$$

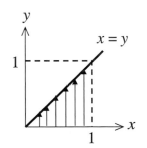

2　坐標變換

在二維積分中，若 $\iint\limits_{\Re} f(x,y)dxdy$ 之積分區域 $\Re$ 之形狀不規則，如下圖所示：致使積分難以計算，那麼該如何計算才好？基本上此時應以「坐標變換」之觀念求解。令其坐標變換為：

$$\begin{cases} x = x(u,v) \\ y = y(u,v) \end{cases}$$

y 積分區域不規則
$\Re$
x

則應有：$\iint\limits_{\Re} f(x,y)dxdy = \iint\limits_{\Re'} f[x(u,v),y(u,v)]\square dudv$

其中 □ 代表什麼意義呢？先看以下之定義：

定義　Jacobian（喬可比）$|J|$

如右式：$|J| = \left| \dfrac{\partial(x,y)}{\partial(u,v)} \right| = \left\| \begin{array}{cc} \dfrac{\partial x}{\partial u} & \dfrac{\partial x}{\partial v} \\[2mm] \dfrac{\partial y}{\partial u} & \dfrac{\partial y}{\partial v} \end{array} \right\|$　………………………………(1)

$\therefore \iint\limits_{\Re} f(x,y)dxdy = \iint\limits_{\Re'} f[x(u,v),y(u,v)]|J|dudv$

即 $dxdy = |J|dudv$　■

觀念說明

1. $|J|$ 之幾何意義即為二個坐標間之「面積比率」（即無方向性），因此計算 J 時必須取絕對值（即取正）。

2. 其實 (1) 式之形式是很好記的，因為分母一定是 u、v，其理由如下：

$dxdy = |J|dudv = \left| \dfrac{\partial(x,y)}{\partial(u,v)} \right| dudv$，如同 $5 = \dfrac{5}{3} \cdot 3$。

3. 如何決定二個坐標間之轉換關係式，可由題意、區域形狀、積分函數之外形找出一些蛛絲馬跡。有幾何意義的坐標變換中，最常見的就是極坐標與球坐標，將此二個坐標之轉換式搞清楚即可應付一半題目！

例題 3 說明題

求二維直角坐標與極坐標間之 Jacobian = ？

解 因為 $\begin{cases} x = r\cos\theta \\ y = r\sin\theta \end{cases} \Rightarrow J = \begin{vmatrix} \dfrac{\partial x}{\partial r} & \dfrac{\partial x}{\partial \theta} \\ \dfrac{\partial y}{\partial r} & \dfrac{\partial y}{\partial \theta} \end{vmatrix} = \begin{vmatrix} \cos\theta & -r\sin\theta \\ \sin\theta & r\cos\theta \end{vmatrix} = r$

$\therefore \iint\limits_{\Re_{xy}} f(x,y)dxdy = \iint\limits_{\Re_{r\theta}} f(r,\theta)rdrd\theta$ ～本題結果要記住！

如果利用二個坐標間之微小面積比較之後，如下圖所示：

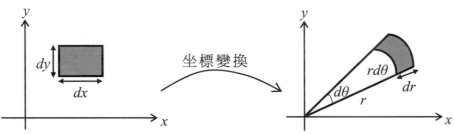

則 $\begin{cases} \text{直角坐標：} dA = dxdy \\ \text{極坐標：} dA = rdrd\theta \end{cases}$ ，即 $\iint\limits_{\Re_{xy}} f(x,y)dxdy = \iint\limits_{\Re_{r\theta}} f(r,\theta)rdrd\theta$ 。

例題 4 基本題

求 $\iint\limits_{\Re}(x+2y)^2 e^{x-y}dxdy = ?$ $\Re$：被直線 $y = x$、$y = x-3$、$x+2y = 0$、$x+2y = 3$ 所包圍之區域。

解 觀察題目知應轉換至 u-v 平面才易積分。

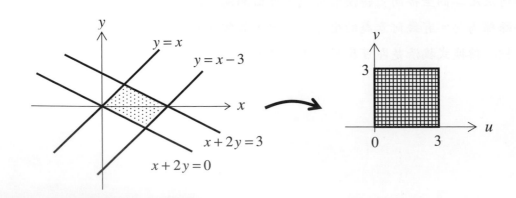

令 $\begin{cases} u = x + 2y \\ v = x - y \end{cases}$ $\Rightarrow$ $\begin{cases} x = \dfrac{u + 2v}{3} \\ y = \dfrac{u - v}{3} \end{cases}$, $J = \begin{vmatrix} \dfrac{1}{3} & \dfrac{2}{3} \\ \dfrac{1}{3} & -\dfrac{1}{3} \end{vmatrix} = -\dfrac{1}{3} \xrightarrow{\text{絕對值}} \dfrac{1}{3}$

則 $I = \int_0^3 \int_0^3 u^2 e^v \cdot \dfrac{1}{3} \, du dv = \int_0^3 3 e^v \, dv = 3(e^3 - 1)$

類題

求 $\iint_{\Re} \dfrac{x - 2y}{3x - y} \, dx dy = ?$ $\Re$ 為直線 $x - 2y = 0$、$x - 2y = 4$、$3x - y = 1$、$3x - y = 8$ 所圍成之區域。

 答

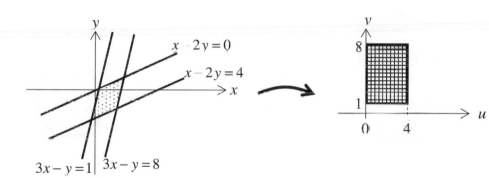

令 $\begin{cases} u = x - 2y \\ v = 3x - y \end{cases}$ $\Rightarrow$ $\begin{cases} x = \dfrac{-u + 2v}{5} \\ y = \dfrac{-3u + v}{5} \end{cases}$, $J = \begin{vmatrix} -\dfrac{1}{5} & \dfrac{2}{5} \\ -\dfrac{3}{5} & \dfrac{1}{5} \end{vmatrix} = \dfrac{1}{5}$

則 $\iint_{\Re} \dfrac{x - 2y}{3x - y} \, dx dy = \int_1^8 \int_0^4 \dfrac{u}{v} \cdot \dfrac{1}{5} \, du dv = \int_1^8 \dfrac{8}{5v} \, dv = \dfrac{8 \ln 8}{5}$

例題 5　基本題

求 $\iint\limits_{\Re}\sqrt{a^2-x^2-y^2}\,dA=?$ 　$\Re=\left\{(x,y):0\le x^2+y^2\le a^2\right\}$

解　積分區域如右，換成極坐標！

原式 $=\displaystyle\int_0^{2\pi}\int_0^a\sqrt{a^2-r^2}\,r\,dr\,d\theta$

$\qquad=\displaystyle\int_0^{2\pi}\left[-\frac{1}{3}(a^2-r^2)^{3/2}\right]_0^a d\theta$

$\qquad=\displaystyle\int_0^{2\pi}\left[\frac{1}{3}a^3\right]d\theta=\frac{2\pi}{3}a^3$

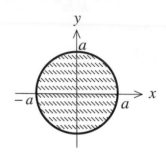

類題

求 $\iint\limits_{\Re}e^{\sqrt{x^2+y^2}}\,dA=?$ 　$\Re=\left\{(x,y):0\le x^2+y^2\le 1\right\}$

答　原式 $=\displaystyle\int_0^{2\pi}\int_0^1 e^r\,r\,dr\,d\theta=\int_0^{2\pi}\left[(r-1)e^r\right]_0^1 d\theta$

$\qquad=\displaystyle\int_0^{2\pi}1\,d\theta=2\pi$

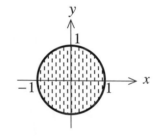

例題 6 基本題

求 $\iint\limits_{\Re} x^2 y\,dxdy = ?$ $\quad \Re = \left\{(x, y): x^2 + y^2 \le 9, y \ge 0\right\}$

解 本題之積分區域如右：

故原式

$= \int_0^\pi \int_0^3 (r^2\cos^2\theta)(r\sin\theta)r\,dr d\theta$

$= \int_0^\pi \int_0^3 r^4\cos^2\theta\sin\theta\,dr d\theta$

$= \int_0^\pi \frac{243}{5}\cos^2\theta\sin\theta\,d\theta = \left[-\frac{81}{5}\cos^3\theta\right]_0^\pi = \frac{162}{5}$

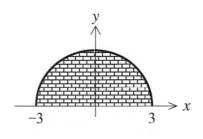

類題

求 $\int_{-1}^1 \int_0^{\sqrt{1-y^2}} \sqrt{1-x^2-y^2}\,dxdy = ?$

答 由題目確認積分區域如右圖所示！

原式 $= \int_{-\frac{\pi}{2}}^{\frac{\pi}{2}} \int_0^1 \sqrt{1-r^2}\,r\,dr d\theta$

$= \int_{-\frac{\pi}{2}}^{\frac{\pi}{2}} \left[-\frac{1}{3}(1-r^2)^{3/2}\right]_0^1 d\theta$

$= \int_{-\frac{\pi}{2}}^{\frac{\pi}{2}} \frac{1}{3}\,d\theta = \frac{\pi}{3}$

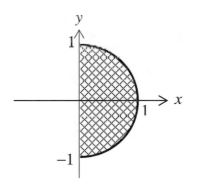

▄▌▏心得：遇積分函數之外形含有 $(x^2 + y^2)$ 或是積分區域為圓形、環狀區時，宜化為極坐標 (r, θ) 計算之。

例題 7 重要題

求 $\int_{-\infty}^{\infty} e^{-x^2} dx = ?$

解 本題雖為一維積分，卻需以二維積分之理論計算，是微積分中最重要的一題積分！題意即要求如右之圖形面積，令

$I = \int_{-\infty}^{\infty} e^{-x^2} dx$，則 $\int_{-\infty}^{\infty} e^{-y^2} dy = I$

二式相乘，並結合成重積分得

$I^2 = \int_{-\infty}^{\infty} e^{-x^2} dx \cdot \int_{-\infty}^{\infty} e^{-y^2} dy = \int_{-\infty}^{\infty}\int_{-\infty}^{\infty} e^{-(x^2+y^2)} dxdy$

$= \int_0^{2\pi}\int_0^{\infty} e^{-r^2} rdrd\theta = \int_0^{2\pi}\left[-\frac{1}{2}e^{-r^2}\right]_0^{\infty} d\theta$

$= \int_0^{2\pi} \frac{1}{2} d\theta = \pi$

故 $\int_{-\infty}^{\infty} e^{-x^2} dx = I = \sqrt{\pi}$　～結果一定要記住！

因為 e^{-x^2} 為偶函數，故知 $\int_0^{\infty} e^{-x^2} dx = \frac{\sqrt{\pi}}{2}$ ～記住！

類題

求 $\int_{-\infty}^{\infty} e^{-ax^2} dx = ?$　～本題之結果也要記住！

答 令 $y = \sqrt{a}x$，則 $dy = \sqrt{a}dx$，故原式 $= \frac{1}{\sqrt{a}}\int_{-\infty}^{\infty} e^{-y^2} dy = \sqrt{\frac{\pi}{a}}$

總整理

本章之心得：

1. 三角函數、指數、對數、雙曲線函數的性質與定義都要學會！
2. 常見函數之積分能力也要會。
3. 微積分基本定理、萊不尼茲微分法則都是要學會的！
4. 加瑪（Gamma）函數之定義要記住，相關性質與圖形要有印象。
5. 泰勒級數之求法不能忘。
6. 重積分中二個最重要的方法：換序積分與坐標變換都要學會。

CHAPTER

01

一階 O.D.E.

■ **本章大綱** ■

學 習 目 標

1. 瞭解 O.D.E. 之起源、線性與非線性、次數、階之意義與分類
2. 先學習只要會積分就可以解的「變數分離型」O.D.E.
3. 再學習「恰當型」O.D.E. 的解法
4. 最後學習「一階線性」O.D.E. 的判斷與推導公式解法
5. 藉由解一階 O.D.E. 求得物理應用問題之解，分析其特性

「微分方程式」起源於工程、物理與幾何問題，是工程數學最基本之課程。對學生而言，首先將相關名詞的定義搞清楚，再分門別類、依各種類型判斷要用什麼方法去求解，這是最「有效」的學習法，以免做「虛功」。

1-1 什麼是微分方程式

一開始首先判斷如下之二個方程式：

$$y - 2 = 0 \quad （代數方程式） \quad \text{······}(1)$$

$$y' - 2 = 0，其中 y = y(x) \quad （微分方程式） \quad \text{······}(2)$$

式 (1) 稱為**代數方程式**（algebraic equation），其解為 $y = 2$，是一個「數」，若在數線上則為一「點」。式 (2) 稱為**微分方程式**（differential equation，簡稱 D.E.），其未知數（或是稱為「解」亦可）$y(x)$ 乃是**一函數形式**（此處為自變數 x 之函數）。而若將 $y(x)$ 在 x-y 坐標系中表示則必為一任意曲線，此一**曲線**（或「曲線族」）乃由無限多個點組合而成，不像代數方程式之解僅為一點也！此是代數方程式與微分方程式最大差異之所在，如右圖所示。

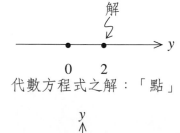

代數方程式之解：「點」

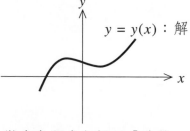

微分方程式之解：「曲線」

定義　微分方程式

「微分方程式」就是未知數帶有微分符號之方程式。

此處要注意的是：在一個微分方程式中，視 $\begin{cases} 自變數：已知數 \\ 因變數：未知數 \end{cases}$。

微分方程式又依自變數的數目分為：

微分方程式 $\begin{cases} 常微分方程式：自變數僅有一個，如 y = y(x)，\therefore \dfrac{dy}{dx} \\ 偏微分方程式：自變數有二個以上，如 u = u(x, t)，\therefore \dfrac{\partial u}{\partial x} \end{cases}$ ■

顯而易知，**常微分方程式**（ordinary differential equation，簡稱 O.D.E.）較**偏微分方程式**（partial differential equation，簡稱 P.D.E.）易解，因此本書前二章將先講解常微分方程式，偏微分方程式則在第九章再做說明。

1 O.D.E. 之起源

以下舉出二個大家都熟悉的方程式：

(1) 力學問題：質量為 m、阻尼係數為 c、彈性係數為 k 之振動系統，依據牛頓第二運動定律得其力平衡方程式為

$$my'' + cy' + ky = 0，y = y(t)，y：位移；t：時間$$

(2) 電學問題：電感為 L、電阻為 R、電源之電壓為 $E(t)$ 之電力系統，由克希荷夫定律得其電位方程式為

$$Li' + Ri = E(t)，i = i(t)，i：電流；t：時間$$

將物理問題推導成數學微分方程式的過程，並非工程數學學習的重點，工程數學的重點是如何求解，如下之圖示：

接下來不禁要問：如何解一常微分方程式（O.D.E.）呢？簡而言之，解一個 O.D.E. 乃是對原式進行「積分」以消去原有之微分符號，即將

O.D.E.   求解（積分）   解

$$f(x, y, y') = 0 \xrightarrow{\quad\quad\quad} \Phi(x, y) = c \text{（不含微分符號，亦稱為\textbf{原函數}）}$$

因此與其說「解一 O.D.E.」倒不如說「積分一 O.D.E.」來得恰當明快！而學習工程數學需有微積分底子，亦由此可見端倪。

要解 O.D.E. 之前，須將以下三大名詞之意義搞清楚！

● 名詞解釋 ●

1. 階

微分方程式中所含「導函數」之最高階數即稱為該微分方程式的**階**（order）數。

※ 用意：解之未定係數數目等於階數。

2. 次

微分方程式中所含最高階導函數的「次冪」稱為該微分方程的**次**（degree）。

※ 用意：高次 O.D.E. 會有較多組的解。

3. 線性與非線性

在一個 O.D.E. 中，未知函數之間或未知函數與其導函數之間無相互乘積，且未知函數及其導函數均為一次，則稱為**線性**（linear）方程式，否則即稱為**非線性**（nonlinear）方程式。

說明：

(1) O.D.E.：$\begin{cases} 自變數(x)：已知數 \\ 因變數(y, y', \cdots)：未知數 \end{cases}$

(2) 因此若 O.D.E. 含：$\begin{cases} x, x^2, xy, xy', 3y, \ 5y', \ x^2 y', \sin x, \ln x：線性 \\ y^2, yy', (y')^2, y'y'', \sin y, \sin(y'), \ln y：非線性 \end{cases}$

※ 用意：判斷 O.D.E. 易解與否。線性方程式較易求解，非線性方程式則很難求解，僅某些類型之非線性方程式可以求解！

例題 1 基本題

判斷下列 O.D.E. 之階數、次數與線性或非線性？

解 (1) $yy'' + 2y = 0$ （二階一次非線性 O.D.E.）

(2) $x^2 y'' + xy' + 3y = 0$ （二階一次線性 O.D.E.）

(3) $y' + x^2 y = xy^2$ （一階一次非線性 O.D.E.）

$y' + x^2 y = \dfrac{x}{y}$ （一階一次非線性 O.D.E.）

(4) $y'' + 2x \sin y = 0$ （二階一次**非線性** O.D.E.）

將 $\sin y$ 以泰勒級數展開得 $\sin y = y - \dfrac{y^3}{3!} + \dfrac{y^5}{5!} - \cdots$，故知為非線性。

同理：$y'' + xe^y = 0$ 為非線性。

類題

判斷下列 O.D.E. 之階數、次數與線性或非線性？

(1) $x^2 y'' + e^y = 2x$　(2) $x^2 y'' + 2xy' + y = 0$　(3) $(\dfrac{dy}{dx})^3 + xy = 4$

答 (1) 二階一次非線性 O.D.E.

(2) 二階一次線性 O.D.E.

(3) 一階三次非線性 O.D.E.

　　在積分得到解 $\Phi(x, y)$ 之過程中，$\Phi(x, y)$ 會存在許多積分常數，稱為未定係數，這些未定係數有時必須以**邊界條件**（boundary condition，簡稱為 B.C.）或**起始條件**（initial condition，簡稱為 I.C.）來決定，故有以下之定義：

(1) 通解

　　微分方程式的解中含有許多之未定係數者稱之，且未定係數之數目**等於**原方程式之階數。**通解**（general solution）在幾何意義上代表一曲線族。

(2) 特解

由通解中指定任意未定係數而得到的解稱之，故未定係數之數目**小於**原方程式之階數。**特解**（particular solution）在幾何意義上代表通過某些定點之曲線。通解與特解之圖示如右。

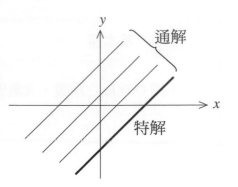

此外，有些微分方程式的解沒有未定係數（或未定係數數目比階數少），但卻不屬於特解，這種解稱為**異解**（singular solution），即非藉由積分過程所得之解，異解大部分僅能由觀察得之，對學習工程數學之學生而言只要知道其意義即可。

如前述，決定未定係數之條件，共有邊界條件（B.C.）與起始條件（I.C.）二種，二者間之異同性列表如下供參考：

條件 項次	邊界條件（**B.C.**）	起始條件（**I.C.**）
例題	$y'' + y = 0$，$y(0) = 1$, $y(1) = 0$	$y'' + y = 0$，$y(0) = 1$, $y'(1) = 0$
意義（數學）	自變數出現二點以上	自變數只出現一點
稱呼由來	一般之自變數代表坐標（位置）	一般之自變數代表時間
影響	較難存在唯一解（通常需討論）	較易存在唯一解

2 一階 O.D.E. 之外形

一階 O.D.E. 有如下二種外形：

(1) 全微分型：$M(x, y)dx + N(x, y)dy = 0$，僅適用於一階 O.D.E.。

(2) 標準化型：$f(x, y, y') = 0$，尤其對於二階以上 O.D.E. 皆用此型表示。

何種類型之 O.D.E. 配合哪一種解法則不一定，細節將在以下章節說明之。

1-1　習題

判斷下列 O.D.E. 之階數、次數與線性或非線性？

1. $x^2 y'' + 3xy' + y = 0$
2. $yy' + y = 0$
3. $y'' + y' + 2y^2 = 0$
4. $(y')^2 + xy + \cos x = 0$
5. $y'' + 2\ln(y) = 0$

1-2　變數分離型

凡一 O.D.E. 經「整理」後可得如下之形式：

$$f(x)dx = g(y)dy$$

稱為**變數分離型**（separation of variable），上式可以藉著兩邊積分而得解如下：

$$\int f(x)dx = \int g(y)dy + c \text{（已不含微分項。就是解！）}$$

因此變數分離型乃最簡單易解之 O.D.E.。

例題 1　基本題

解 $y' + x = 0$，　$y(0) = 1$

解 (1) 將方程式整理為 $\dfrac{dy}{dx} = -x \xrightarrow{\text{變數分離}} dy = -xdx$

(2) 積分得 $y = -\dfrac{1}{2}x^2 + c$

(3) 代入 $y(0)=1$：$1 = 0 + c \to c = 1$，故 $y = -\dfrac{1}{2}x^2 + 1$

類題

解 $y' - 2x = 0$ ， $y(0) = 1$

答 將方程式整理為 $\dfrac{dy}{dx} = 2x \xrightarrow{\text{變數分離}} dy = 2xdx$

積分得 $y = x^2 + c$

代入 $y(0) = 1$ ： $1 = 0 + c \rightarrow c = 1$ ，故 $y = x^2 + 1$ ∎

例題 2　**基本題**

解 $y' + y = 0$ ， $y(0) = 1$

解 (1) 將方程式整理為 $\dfrac{dy}{dx} = -y \xrightarrow{\text{變數分離}} \dfrac{dy}{y} = -dx$

(2) 積分得 $\ln|y| = -x + c$ ，或整理為 $y = e^{-x+c} = e^c e^{-x} \equiv ce^{-x}$

(3) 代入 $y(0) = 1$ ： $1 = c \cdot 1 \rightarrow c = 1$ ，故 $y = e^{-x}$

類題

解 $y' - 2y = 0$ ， $y(0) = 1$

答 將方程式整理為 $\dfrac{dy}{dx} = 2y \xrightarrow{\text{變數分離}} \dfrac{dy}{y} = 2dx$

積分得 $\ln|y| = 2x + c$ ，或整理為 $y = e^{2x+c} = e^c e^{2x} \equiv ce^{2x}$

代入 $y(0) = 1$ ： $1 = 0 + c \rightarrow c = 1$ ，故 $y = e^{2x}$ ∎

例題 3　**基本題**

解 $ydx + 3xdy = 0$

解 (1) 將方程式整理為 $3xdy = -ydx \xrightarrow{\text{變數分離}} \dfrac{dy}{y} = -\dfrac{1}{3x}dx$

(2) 積分得 $\ln|y| = -\dfrac{1}{3}\ln|x| + c$ （已經是解！）

(3) 亦可將上式化為 $\ln|y| + \dfrac{1}{3}\ln|x| = c \rightarrow \ln\left|x^{1/3}y\right| = c \rightarrow xy^3 = c$

類題

解 $ydx + xdy = 0$

答 將方程式整理為 $xdy = -ydx \xrightarrow{\text{變數分離}} \dfrac{dy}{y} = -\dfrac{dx}{x}$

積分得 $\ln|y| = -\ln|x| + c$ （已經是解！）

亦可將上式化為 $\ln|y| + \ln|x| = c \to \ln|xy| = c \to xy = c$ ∎

另外，有些方程式乍看之下並非變數分離型，但經過適當的「變數代換」後即可成為變數分離型，最有名的就是「齊次 O.D.E.」。

※ 齊次 O.D.E.

1. 若函數 $f(x, y)$ 滿足關係式：$f(\lambda x, \lambda y) = \lambda^k f(x, y)$，稱 $f(x, y)$ 為 k 次**齊次**（homogen-eous）函數。

2. 大多數的齊次函數僅靠目測即知，如：

    (1) $f(x, y) = x^2 + 3xy + 4y^2$：二次齊次函數。因為目測知每一項皆為二次多項式。

    (2) $f(x, y) = 3x^3 + 4x^2y - xy^2 - y^3$：三次齊次函數。

    (3) $f(x, y) = x^2 + x + 4y$：非齊次函數。

3. 對如右之一階 O.D.E. 而言：$M(x, y)dx + N(x, y)dy = 0$

    當 $M(x, y)$ 與 $N(x, y)$ 均為**同次齊次**函數時，稱上式為齊次 O.D.E.。

    齊次 O.D.E. 之解法乃令 $y = vx$ 之變換以化為變數分離型！其理論源由為：（僅供參考！）

$$\because \begin{cases} M(\lambda x, \lambda y) = \lambda^k M(x, y) \\ N(\lambda x, \lambda y) = \lambda^k N(x, y) \end{cases}, \quad \therefore \frac{dy}{dx} = -\frac{M(x, y)}{N(x, y)} = -\frac{\lambda^k M(x, y)}{\lambda^k N(x, y)} = -\frac{M(\lambda x, \lambda y)}{N(\lambda x, \lambda y)}$$

首先令 $\lambda = \dfrac{1}{x}$ 代入上式得 $\dfrac{dy}{dx} = -\dfrac{M(1, \frac{y}{x})}{N(1, \frac{y}{x})}$

再令 $y = vx$，則 $dy = vdx + xdv$ 代入得：$\dfrac{vdx + xdv}{dx} = -\dfrac{M(1, v)}{N(1, v)} \equiv f(v)$

移項得 $\dfrac{dv}{f(v) - v} = \dfrac{dx}{x}$，已為變數分離型！

例題 4　基本題

解 $(4x^2 + y^2)dx - xydy = 0$（齊次 O.D.E.）

解 (1) 令 $y = vx$，則 $dy = vdx + xdv$ 代入得 $(4x^2 + x^2v^2)dx - x \cdot vx(vdx + xdv) = 0$

(2) 約掉 x^2、移項整理之：$4dx = vxdv$

(3) 變數分離得 $\dfrac{4dx}{x} = vdv$，積分得 $4\ln|x| = \dfrac{1}{2}v^2 + c$

再以 $v = \dfrac{y}{x}$ 代回：$4\ln|x| = \dfrac{1}{2}\left(\dfrac{y}{x}\right)^2 + c$　～解！

- -

類題

解 $2ydx + (3y - 2x)dy = 0$

答 令 $y = vx$，則 $dy = vdx + xdv$ 代入得 $2vxdx + (3vx - 2x)(vdx + xdv) = 0$

整理之且變數分離得 $\dfrac{3v - 2}{3v^2}dv = -\dfrac{dx}{x}$，積分得 $\ln|v| + \dfrac{2}{3v} = -\ln|x| + c$

再以 $v = \dfrac{y}{x}$ 代回整理得 $\ln\left|\dfrac{y}{x}\right| + \dfrac{2x}{3y} = -\ln|x| + c$

1-2　習題

解下列 O.D.E.。

1. $y' - y\sec^2 x = 0$，$y(0) = 3$

2. $ydy + xdx = 0$

3. $2\sqrt{x}dy - ydx = 0$，$y(1) = 1$

4. $y' - e^y = 0$，$y(1) = 0$

5. $\dfrac{\sqrt{x^2 + 9}}{x}y' = 1$，$y(4) = 6$

6. $y' = 3x^2(y + 1)$

7. $3yy' + 4x = 0$，$y(1) = 0$

8. $xy' = y^2 + y - 2$

9. $y' = 1 + y^2$

10. $2y' = ye^x$

11. $2x\tan ydx + \sec^2 ydy = 0$

12. $(x + y)dx - xdy = 0$

恰當型

一個一階 O.D.E. 整理如下式：

$$M(x, y)dx + N(x, y)dy = 0 \cdots\cdots\cdots\cdots\cdots\cdots\cdots\cdots(1)$$

如果正好有某一函數為 $\Phi(x, y) = c$，將其全微分得

$$d\Phi = \frac{\partial \Phi}{\partial x} dx + \frac{\partial \Phi}{\partial y} dy = 0 \cdots\cdots\cdots\cdots\cdots\cdots\cdots(2)$$

比較 (1)、(2) 二式，若有

$$\begin{cases} \dfrac{\partial \Phi}{\partial x} = M(x, y) \\ \dfrac{\partial \Phi}{\partial y} = N(x, y) \end{cases} \cdots\cdots\cdots\cdots\cdots\cdots(3)$$

則 $\Phi(x, y) = c$ 即 為 (1) 式 之 解，並 稱 (1) 式 為 **恰 當 微 分 方 程**（exact differential equation）。至於如何檢查微分方程是否為恰當呢？由 (3) 式分別再微分可知：

$$\frac{\partial M}{\partial y} = \frac{\partial^2 \Phi}{\partial x \partial y} = \frac{\partial N}{\partial x} \text{，故滿足 } \frac{\partial M}{\partial y} = \frac{\partial N}{\partial x} \cdots\cdots\cdots\cdots(4)$$

即為恰當方程式。

■‖ 記法：(4) 式為判斷恰當之公式，以英文字母「My」可助您記憶！

積分 (3) 式得解為 $\Phi(x, y) = \int M(x, y)dx + f(y)$ 或 $\Phi(x, y) = \int N(x, y)dy + g(x)$，其中 $f(y)$ 與 $g(x)$ 可藉由比較而決定之。但實際之求解有比較快速之做法，詳細過程請看如下諸例題之說明。

例題　1　　基本題

解 $(x^2 - y)dx + (y - x)dy = 0$

解 (1) $\begin{cases} M = x^2 - y, & \dfrac{\partial M}{\partial y} = -1 \\ N = y - x, & \dfrac{\partial N}{\partial x} = -1 \end{cases}$ （二者相等，屬恰當 O.D.E.）

故存在 $\Phi(x, y) = c$ 使得 $\begin{cases} \dfrac{\partial \Phi}{\partial x} = x^2 - y \\ \dfrac{\partial \Phi}{\partial y} = y - x \end{cases}$

(2) 對上式積分：$\begin{cases} \dfrac{\partial \Phi}{\partial x} = x^2 - y \xrightarrow{\text{積分}} \Phi = \dfrac{1}{3}x^3 - xy \\ \dfrac{\partial \Phi}{\partial y} = y - x \xrightarrow{\text{積分}} \Phi = \dfrac{1}{2}y^2 - xy \end{cases}$

取聯集得 $\Phi = \dfrac{1}{3}x^3 - xy + \dfrac{1}{2}y^2$

故解為 $\dfrac{1}{3}x^3 - xy + \dfrac{1}{2}y^2 = c$

類題

解 $(4 + 12xy)dx + (2y + e^y + 6x^2)dy = 0$

答 $\begin{cases} M = 4 + 12xy, & \dfrac{\partial M}{\partial y} = 12x \\ N = 2y + e^y + 6x^2, & \dfrac{\partial N}{\partial x} = 12x \end{cases}$ （二者相等，屬恰當 O.D.E.）

故存在 $\Phi(x, y) = c$ 使得 $\begin{cases} \dfrac{\partial \Phi}{\partial x} = 4 + 12xy \\ \dfrac{\partial \Phi}{\partial y} = 2y + e^y + 6x^2 \end{cases}$

對上式積分得 $\begin{cases} \dfrac{\partial \Phi}{\partial x} = 4 + 12xy \xrightarrow{\text{積分}} \Phi = 4x + 6x^2 y \\ \dfrac{\partial \Phi}{\partial y} = 2y + e^y + 6x^2 \xrightarrow{\text{積分}} \Phi = y^2 + e^y + 6x^2 y \end{cases}$

取聯集得 $\Phi = 4x + 6x^2 y + y^2 + e^y$

故解為 $4x + 6x^2 y + y^2 + e^y = c$

例題 2 基本題

解 $(2\cos x - y)dx + (\sin y - x)dy = 0$

解 (1) $\begin{cases} M = 2\cos x - y, & \dfrac{\partial M}{\partial y} = -1 \\ N = \sin y - x, & \dfrac{\partial N}{\partial x} = -1 \end{cases}$ （二者相等，屬恰當 O.D.E.）

故存在 $\Phi(x, y) = c$ 使得 $\begin{cases} \dfrac{\partial \Phi}{\partial x} = 2\cos x - y \\ \dfrac{\partial \Phi}{\partial y} = \sin y - x \end{cases}$

(2) 對上式積分：$\begin{cases} \dfrac{\partial \Phi}{\partial x} = 2\cos x - y \xrightarrow{積分} \Phi = 2\sin x - xy \\ \dfrac{\partial \Phi}{\partial y} = \sin y - x \xrightarrow{積分} \Phi = -\cos y - xy \end{cases}$

取聯集得 $\Phi = 2\sin x - xy - \cos y$，故解為 $2\sin x - xy - \cos y = c$

類題

解 $(\cos x + 2y)dx + (\sin y + 2x)dy = 0$

答 $\begin{cases} M = \cos x + 2y, & \dfrac{\partial M}{\partial y} = 2 \\ N = \sin y + 2x, & \dfrac{\partial N}{\partial x} = 2 \end{cases}$ （二者相等，屬恰當 O.D.E.）

故存在 $\Phi(x, y) = c$ 使得 $\begin{cases} \dfrac{\partial \Phi}{\partial x} = \cos x + 2y \\ \dfrac{\partial \Phi}{\partial y} = \sin y + 2x \end{cases}$

對上式積分得 $\begin{cases} \dfrac{\partial \Phi}{\partial x} = \cos x + 2y \xrightarrow{積分} \Phi = \sin x + 2xy \\ \dfrac{\partial \Phi}{\partial y} = \sin y + 2x \xrightarrow{積分} \Phi = -\cos y + 2xy \end{cases}$

取聯集得 $\Phi = \sin x + 2xy - \cos y$，故解為 $\sin x + 2xy - \cos y = c$

可知恰當微分方程式的解法很簡單，每人都會。困難的是有許多方程式都屬於非恰當方程式，此時必須用到**積分因子**（integrating factor）的觀念，在此我們先解釋什麼是積分因子。

已知方程式為 $M(x,y)dx + N(x,y)dy = 0$，但 $\dfrac{\partial M}{\partial y} \neq \dfrac{\partial N}{\partial x}$（即非恰當），若存在 $I(x,y)$，先將原 O.D.E. 乘上 $I(x,y)$ 得 $(MI)dx + (NI)dy = 0$，接著判斷

$$\frac{\partial(MI)}{\partial y} = \frac{\partial(NI)}{\partial x} \quad (\text{恰當！})$$

則稱 $I(x,y)$ 為原方程式的「積分因子」，故找出積分因子，原方程式就可解了。也可以說積分因子即為原 O.D.E. 之「公因式」（老師出題目時先約掉了！），故解非恰當 O.D.E. 的關鍵即在找出積分因子。但找積分因子需解偏微分方程式（太難解！），因而此處將「必須會」之二個規則列出：

〈規則 1〉若 $\dfrac{\dfrac{\partial M}{\partial y} - \dfrac{\partial N}{\partial x}}{N} = f(x)$，則 $I = I(x) = e^{\int f(x)dx}$

證明：（供參考！）

由 $\dfrac{\partial(MI)}{\partial y} = \dfrac{\partial(NI)}{\partial x}$ 得 $M\dfrac{\partial I}{\partial y} + I\dfrac{\partial M}{\partial y} = N\dfrac{\partial I}{\partial x} + I\dfrac{\partial N}{\partial x}$

若 $I = I(x)$，則上式移項後得 $I(\dfrac{\partial M}{\partial y} - \dfrac{\partial N}{\partial x}) = N\dfrac{dI}{dx} \Rightarrow \dfrac{\dfrac{\partial M}{\partial y} - \dfrac{\partial N}{\partial x}}{N}dx = \dfrac{dI}{I}$

令 $\dfrac{\dfrac{\partial M}{\partial y} - \dfrac{\partial N}{\partial x}}{N} = f(x)$，則 $\dfrac{dI}{I} = f(x)dx \Rightarrow I(x) = e^{\int f(x)dx}$（得證）

〈規則 2〉若 $\dfrac{\dfrac{\partial M}{\partial y} - \dfrac{\partial N}{\partial x}}{M} = g(y)$，則 $I = I(y) = e^{-\int g(y)dy}$

證明： 由 $\dfrac{\partial(MI)}{\partial y} = \dfrac{\partial(NI)}{\partial x}$ 得 $M\dfrac{\partial I}{\partial y} + I\dfrac{\partial M}{\partial y} = N\dfrac{\partial I}{\partial x} + I\dfrac{\partial N}{\partial x}$

若 $I = I(y)$，則上式移項後得 $I(\dfrac{\partial M}{\partial y} - \dfrac{\partial N}{\partial x}) = -M\dfrac{dI}{dy} \Rightarrow \dfrac{\dfrac{\partial M}{\partial y} - \dfrac{\partial N}{\partial x}}{M}dy = -\dfrac{dI}{I}$

令 $\dfrac{\dfrac{\partial M}{\partial y} - \dfrac{\partial N}{\partial x}}{M} = g(y)$，則 $\dfrac{dI}{I} = -g(y)dy \Rightarrow I(y) = e^{-\int g(y)dy}$（得證）

解一 O.D.E. 時，先檢查是否屬於恰當；若否，再依上列之二規則找出積分因子，找出積分因子的快樂是筆墨難以形容的！

例題 3 基本題

解 $(xy+2)dx+x^2dy=0$

(解) (1) $\dfrac{\partial M}{\partial y}=x$, $\dfrac{\partial N}{\partial x}=2x$, $\dfrac{\dfrac{\partial M}{\partial y}-\dfrac{\partial N}{\partial x}}{N}=\dfrac{x-2x}{x^2}=\dfrac{-x}{x^2}=-\dfrac{1}{x}$

(2) 由規則 1 知存在 $I=e^{\int(-\frac{1}{x})dx}=e^{-\ln|x|}=\dfrac{1}{x}$

即原 O.D.E. 乘上 $\dfrac{1}{x}$ 後得 $(y+\dfrac{2}{x})dx+xdy=0$,已為恰當型 O.D.E.。

(3) 故存在 $\Phi(x,y)=c$ 使得 $\begin{cases}\dfrac{\partial\Phi}{\partial x}=y+\dfrac{2}{x}\\[2mm]\dfrac{\partial\Phi}{\partial y}=x\end{cases}$

對上式積分得 $\begin{cases}\dfrac{\partial\Phi}{\partial x}=y+\dfrac{2}{x}\xrightarrow{\text{積分}}\Phi=xy+2\ln|x|\\[2mm]\dfrac{\partial\Phi}{\partial y}=x\xrightarrow{\text{積分}}\Phi=xy\end{cases}$

取聯集得 $\Phi=xy+2\ln|x|$,故解為 $xy+2\ln|x|=c$

類題

解 $(4x^2+y^2)dx-xydy=0$

(答) $\dfrac{\partial M}{\partial y}=2y$, $\dfrac{\partial N}{\partial x}=-y$, $\dfrac{\dfrac{\partial M}{\partial y}-\dfrac{\partial N}{\partial x}}{N}=\dfrac{2y-(-y)}{-xy}=\dfrac{3y}{-xy}=-\dfrac{3}{x}$

$\therefore I(x)=e^{\int(-\frac{3}{x})dx}=e^{-3\ln x}=\dfrac{1}{x^3}$

即原 O.D.E. 乘上 $\dfrac{1}{x^3}$ 後得 $(\dfrac{4}{x}+\dfrac{y^2}{x^3})dx-\dfrac{y}{x^2}dy=0$,已為恰當型 O.D.E.,

故存在 $\Phi(x,y)=c$ 使得 $\begin{cases}\dfrac{\partial\Phi}{\partial x}=\dfrac{4}{x}+\dfrac{y^2}{x^3}\xrightarrow{\text{積分}}\Phi=4\ln|x|-\dfrac{y^2}{2x^2}\\[2mm]\dfrac{\partial\Phi}{\partial y}=-\dfrac{y}{x^2}\xrightarrow{\text{積分}}\Phi=-\dfrac{y^2}{2x^2}\end{cases}$

取聯集得 $\Phi=4\ln|x|-\dfrac{y^2}{2x^2}$,故解為 $4\ln|x|-\dfrac{y^2}{2x^2}=c$

例題 **4**　基本題

解 $(2xy^2 - y)dx + (2x - x^2y)dy = 0$

解 (1) $\dfrac{\partial M}{\partial y} = 4xy - 1$, $\quad \dfrac{\partial N}{\partial x} = 2 - 2xy$, $\quad \dfrac{\dfrac{\partial M}{\partial y} - \dfrac{\partial N}{\partial x}}{M} = \dfrac{3(2xy - 1)}{y(2xy - 1)} = \dfrac{3}{y}$

(2) 由規則 2 知存在積分因子 $I = I(y) = e^{-\int \frac{3}{y}dy} = \dfrac{1}{y^3}$

即原 O.D.E. 乘上 $\dfrac{1}{y^3}$ 得 $\left(\dfrac{2x}{y} - \dfrac{1}{y^2}\right)dx + \left(\dfrac{2x}{y^3} - \dfrac{x^2}{y^2}\right)dy = 0$

上式已為恰當型 O.D.E.。

(3) 故存在 $\Phi(x, y) = c$ 使得 $\begin{cases} \dfrac{\partial \Phi}{\partial x} = \dfrac{2x}{y} - \dfrac{1}{y^2} \\ \dfrac{\partial \Phi}{\partial y} = -\dfrac{x^2}{y^2} + \dfrac{2x}{y^3} \end{cases}$

對上式積分得 $\begin{cases} \dfrac{\partial \Phi}{\partial x} = \dfrac{2x}{y} - \dfrac{1}{y^2} \xrightarrow{\text{積分}} \Phi = \dfrac{x^2}{y} - \dfrac{x}{y^2} \\ \dfrac{\partial \Phi}{\partial y} = -\dfrac{x^2}{y^2} + \dfrac{2x}{y^3} \xrightarrow{\text{積分}} \Phi = \dfrac{x^2}{y} - \dfrac{x}{y^2} \end{cases}$

取聯集得 $\Phi = \dfrac{x^2}{y} - \dfrac{x}{y^2}$，故解為 $\dfrac{x^2}{y} - \dfrac{x}{y^2} = c$

類題

解 $(2xy^3 + y^4)dx + (xy^3 - 2)dy = 0$

答 $\dfrac{\partial M}{\partial y} = 6xy^2 + 4y^3$, $\quad \dfrac{\partial N}{\partial x} = y^3$, $\quad \dfrac{\dfrac{\partial M}{\partial y} - \dfrac{\partial N}{\partial x}}{M} = \dfrac{3y^2(2x + y)}{y^3(2x + y)} = \dfrac{3}{y}$

$\therefore I(y) = e^{-\int \frac{3}{y}dy} = \dfrac{1}{y^3}$（積分因子）

即原 O.D.E. 乘上 $\dfrac{1}{y^3}$ 得 $(2x + y)dx + \left(x - \dfrac{2}{y^3}\right)dy = 0$

故存在 $\Phi(x, y) = c$ 使得 $\begin{cases} \dfrac{\partial \Phi}{\partial x} = 2x + y \\ \dfrac{\partial \Phi}{\partial y} = x - \dfrac{2}{y^3} \end{cases}$

對上式積分得
$$\begin{cases} \dfrac{\partial \Phi}{\partial x} = 2x + y \xrightarrow{\text{積分}} \Phi = x^2 + xy \\ \dfrac{\partial \Phi}{\partial y} = x - \dfrac{2}{y^3} \xrightarrow{\text{積分}} \Phi = xy + \dfrac{1}{y^2} \end{cases}$$

取聯集得 $\Phi = x^2 + xy + \dfrac{1}{y^2}$，故解為 $x^2 + xy + \dfrac{1}{y^2} = c$ ■

1-3　習題

解下列 O.D.E.。

1. $(2xy^2 - 3)dx + (2x^2 y + 4)dy = 0$

2. $(2xy - \dfrac{1}{3}y^3 + \dfrac{1}{3})dx + (\dfrac{4}{3}y + x^2 - xy^2)dy = 0$

3. $(2xy^3 + 2)dx + (3x^2 y^2 + e^y)dy = 0$

4. $(2e^{2x}\sin y + 2xy)dx + (e^{2x}\cos y + x^2)dy = 0$

5. $(2xy - e^y)dx + (x^2 - xe^y)dy = 0$

6. $(xy - y + 1)dx + \left(\dfrac{x^2}{2} - x\right)dy = 0$

7. $(2xy^2 - 1)dx + x^2 y dy = 0$

8. $(2\cos y + x^2)dx - x\sin y dy = 0$

9. $ydx - (x + y^4)dy = 0$，$y(3) = 3$

10. $ydx + (3x + y^3)dy = 0$

11. $dx - (x + 2y)dy = 0$，$y(0) = 0$

12. $y^2 dx + (2 + xy)dy = 0$

一階線性 O.D.E.

本節將探討在 O.D.E. 中，最基本的一階線性 O.D.E. 之解法，其重要性猶如國中時期所學之一元二次方程式！

1 一階線性微分方程式

一階 O.D.E. 若整理成如下形式：

$$y' + P(x)y = Q(x) \cdots\cdots\cdots\cdots\cdots\cdots\cdots\cdots\cdots\cdots\cdots\cdots (1)$$

稱 (1) 式為**一階線性微分方程式**。欲解 (1) 式，將其改寫為

$$[Q(x) - P(x)y]dx - dy = 0 \cdots\cdots\cdots\cdots\cdots\cdots\cdots\cdots (2)$$

視 (2) 式為恰當型微分方程求解之！即 $M = Q(x) - P(x)y,\ N = -1$，則

$$\frac{\partial M}{\partial y} = -P(x),\ \frac{\partial N}{\partial x} = 0,\ \frac{\dfrac{\partial M}{\partial y} - \dfrac{\partial N}{\partial x}}{N} = P(x)$$

由上節規則 1 知存在積分因子 $I = I(x) = e^{\int P(x)dx}$，將 (1) 式乘上積分因子得：

$$y'e^{\int P(x)dx} + P(x)ye^{\int P(x)dx} = Q(x)e^{\int P(x)dx}$$

看出 $\left(ye^{\int P(x)dx} \right)' = Q(x)e^{\int P(x)dx} \xrightarrow{\text{積分}} ye^{\int P(x)dx} = \int Q(x)e^{\int P(x)dx}dx + c$

為了容易記憶起見，令

$$I(x) = e^{\int P(x)dx} \cdots\cdots\cdots\cdots\cdots\cdots\cdots\cdots\cdots\cdots\cdots\cdots (3)$$

則 (1) 式之全解為

$$y(x) = \frac{1}{I}\left[\int IQ\,dx + c \right] \cdots\cdots\cdots\cdots\cdots\cdots\cdots\cdots\cdots (4)$$

上式必須熟記，因為它是解所有微分方程的基礎，熟記對你有益！此外，它只對「線性」方程式才可以解，請見例題說明。

■▌ 記法：二段式記法（省時省力）！即先記住 (3) 式，再記住 (4) 式。

例題 1 基本題

解 $y' - 2xy = 2x$ ， $y(0) = 1$

解 $I(x) = e^{\int -2xdx} = e^{-x^2}$

$\therefore \ y(x) = \frac{1}{I}\left[\int IQ dx + c\right] = e^{x^2}\left[\int 2xe^{-x^2} dx + c\right] = e^{x^2}\left[-e^{-x^2} + c\right] = ce^{x^2} - 1$

代入 $y(0) = c - 1 = 1 \to c = 2$ ，故 $y(x) = 2\,e^{x^2} - 1$

類題

解 $y' - 3y = 6x + 1$ ， $y(0) = 0$

答 $I(x) = e^{\int (-3)dx} = e^{-3x}$

$y(x) = e^{3x}\left[\int e^{-3x}(6x+1)dx + c\right] = ce^{3x} - 2x - 1$

代入 $y(0) = 0 \to c - 1 = 0$ ， $\therefore \ c = 1$ ，故 $y(x) = e^{3x} - 2x - 1$

例題 2 基本題

解 $xy' - 2y = x^3\cos 2x$

解 將原方程式整理為 y' 之係數為 1： $y' - \frac{2}{x}y = x^2\cos 2x$

即 $P(x) = -\frac{2}{x}, \ Q(x) = x^2\cos 2x, \ I(x) = e^{\int -\frac{2}{x}dx} = e^{-2\ln x} = \frac{1}{x^2}$

$\therefore \ y(x) = \frac{1}{I}\left[\int IQ dx + c\right] = x^2\left[\int \cos 2x dx + c\right] = x^2\left[\frac{1}{2}\sin 2x + c\right]$

類題

解 $xy' + 2y = x^{-1}\sin x$

答 改寫為 $y' + \dfrac{2}{x}y = x^{-2}\sin x$ （一階線性）

$I = e^{\int \frac{2}{x}dx} = e^{2\ln x} = x^2$ ， $\therefore$ $y(x) = x^{-2}\left[\int x^2 \cdot x^{-2}\sin x\,dx + c\right] = x^{-2}(-\cos x + c)$ 。 ∎

以下將探討一種經變數變換後可化成一階線性 O.D.E. 之解法。

2　白努利方程式

白努利（Bernoullis）方程式之形式如下：

$$y' + P(x)y = Q(x)y^{\alpha} \quad\cdots\cdots\cdots\cdots\cdots\cdots\cdots(5)$$

當 $\alpha = 1$ 或 0 時，(5) 式可立即以 (4) 式之公式解之，以下僅探討 $\alpha \neq 1$ 與 $\alpha \neq 0$ 之情形。將 (5) 式同除 y^{α} 得

$$\frac{y'}{y^{\alpha}} + P(x)y^{1-\alpha} = Q(x) \quad\cdots\cdots\cdots\cdots\cdots\cdots(6)$$

由上式看出，令 $z = y^{1-\alpha}$（將因變數由 y 改為 z），則 $z' = (1-\alpha)y^{-\alpha}y' = (1-\alpha)\dfrac{y'}{y^{\alpha}}$，代入 (6) 式得

$$\frac{1}{1-\alpha}z' + P(x)z = Q(x) \quad\cdots\cdots\cdots\cdots\cdots(7)$$

(7) 式已為一階線性 O.D.E.，以本節之公式即可輕鬆得解，如下列例題之說明。

例題 3　基本題

解 $y' + \dfrac{y}{2x} = y^3$

解 (1) 令 $z = y^{1-3} = y^{-2}$，則 $z' = -2y^{-3}y'$，代入上式得 $z' - \dfrac{1}{x}z = -2$

(2) 代入公式得 $I(x) = e^{\int (-\frac{1}{x})dx} = e^{-\ln x} = \dfrac{1}{x}$

$$z(x) = \dfrac{1}{I}\left[\int IQ\,dx + c\right] = x\left[\int \dfrac{-2}{x}\,dx + c\right] = x\left[-2\ln|x| + c\right] = cx - 2x\ln|x|$$

(3) 故得 $\dfrac{1}{y^2} = cx - 2x\ln|x|$

類題

解 $y' + y = xy^2$

答 令 $z = y^{1-2} = y^{-1}$，則 $z' = -y^{-2}y'$，代入原式整理得 $z' - z = -x$

代入公式得 $I(x) = e^{\int (-1)dx} = e^{-x}$

$$z(x) = \dfrac{1}{I}\left[\int IQ\,dx + c\right] = e^{x}\left[\int(-xe^{-x})dx + c\right] = e^{x}\left[(x+1)e^{-x} + c\right] = ce^{x} + x + 1$$

故 $\dfrac{1}{y} = ce^{x} + x + 1$

總整理

本章第二節至第四節之心得：

　　此處還要強調「分門別類」與「整理判斷」的重要性，有些題目乍看之下似乎很難，整理後發現原來是只要代入公式即可解答的一階線性 O.D.E.，或是變數分離型，只要雙邊積分即可解答！因此碰到一階 O.D.E. 時，我給諸位一個有效的「解題程序」，即依次判斷該方程式是否為以下之類型：

1. 「一」階線性 O.D.E.：公式解法
2. 「齊」次方程：令 $y = vx$ 之代換

3. 「白」努利方程：令 $z = y^{1-\alpha}$ 之代換

4. 「變」數分離型：一定要整理、嘗試

5. 「恰」當型 $\begin{cases} \text{若是，則有 } \dfrac{\partial M}{\partial y} = \dfrac{\partial N}{\partial x} \\ \text{若否，則試試積分因子法規則 1 與規則 2} \end{cases}$

▰▰▰ 口訣：以上類型之名稱取第一個字組合成「一齊白變恰」更給力！

有了以上所述之邏輯解題程序，所有的問題皆可迎刃而解。

1-4 習題

1. 解 $y' + 3y = 6$

2. 解 $y' + 2y = 4x$

3. 解 $y' + y = e^x$

4. 解 $(x-2)y' - y = x - 2$

5. 解 $y' + \dfrac{2x}{x^2 - 1} y = 1$，$y(0) = 3$

6. 解 $y' + 2xy = 2x$，$y(0) = 3$

7. 解 $y' + \dfrac{1}{x+1} y = 2e^x$

8. 解 $y' - \dfrac{y}{x} = \dfrac{y^2}{x^3}$

9. 解 $y' + \dfrac{y}{x} = \dfrac{y^2}{x^2}$

10. 解 $y' + 2y = xy^3$

11. 解 $y' - y = -e^x y^2$

12. 解 $y' + y = \dfrac{3x}{y}$

1-5 應用問題集錦

相當多的工程、幾何之應用問題都可以表示成一階 O.D.E. 進行分析，列式時掌握一些物理觀念與單位之一致性即可，現分題說明如下：

例題 1 基本題

求與曲線族 $x^2 + y^2 = a^2$ 正交之曲線族軌跡？（正交軌跡）

解 (1) 如下圖所示，二個曲線為正交的意義為：

在交點處，其切線互相垂直，因此必須滿足切線斜率之乘積等於 -1！

意即若 $y_1 = c_1$ 為一曲線族，則與 $y_1 = c_1$ 為正交之曲線族須滿足如下之 O.D.E.：

$$y_2' = \frac{-1}{y_1'}$$

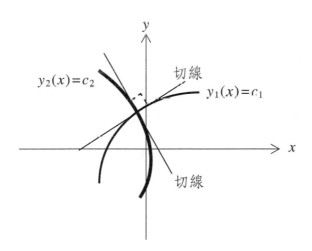

(2) 先對 $x^2 + y^2 = a^2$ 微分得 $2x + 2yy' = 0$，$\therefore$ $y' = -\dfrac{x}{y}$

因此與其正交之曲線的切線斜率為 $y' = \dfrac{y}{x}$

變數分離得 $\dfrac{dy}{y} = \dfrac{dx}{x}$，積分得 $\ln|y| = \ln|x| + c$

整理為 $\ln\left|\dfrac{y}{x}\right| = c \to \dfrac{y}{x} = c \to y = cx$

例題 2　基本題

如右圖所示，在大池中原有 300 公升之水，有鹽水以 3 公升／分之速率加入此池中，並迅速充分攪拌，流出量仍為 3 公升／分。

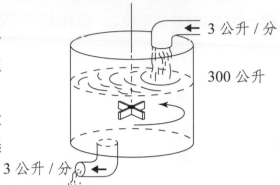

3 公升 / 分

300 公升

3 公升 / 分

(1) 若加入此大池之鹽水濃度為 2 公斤／公升，請寫出此大池中鹽水濃度之方程式？

(2) 若一開始已有 80 公斤的鹽溶解在此大池中，則經過很長時間後大池之鹽分濃度為何？

解 (1) 依題意：假設大池中有 $y(t)$ 公斤的鹽量

依據增加率（變化率）＝進入率－流出率

故 $\dfrac{dy}{dt}(\dfrac{kg}{\min}) = 3(\dfrac{l}{\min}) \cdot 2(\dfrac{kg}{l}) - 3(\dfrac{l}{\min}) \cdot \dfrac{y}{300}(\dfrac{kg}{l})$ ，得 $\dfrac{dy}{dt} = 6 - \dfrac{y}{100}$

(2) O.D.E.：$\dfrac{dy}{dt} + \dfrac{y}{100} = 6$ （一階線性 O.D.E.）

$$I(t) = e^{\int \frac{1}{100}dt} = e^{\frac{1}{100}t}$$

$$\therefore \ y(t) = \frac{1}{I}\left[\int IQ\,dt + c\right] = e^{-\frac{1}{100}t}\left[\int 6e^{\frac{1}{100}t}\,dt + c\right] = e^{-\frac{1}{100}t}\left[600e^{\frac{1}{100}t} + c\right] = 600 + ce^{-\frac{1}{100}t}$$

代入 $y(0) = 80$：$y(0) = 600 + c = 80 \rightarrow c = -520$，

故解為 $y(t) = 600 - 520e^{-\frac{t}{100}}$

當 $t \rightarrow \infty$ 得 $y(\infty) = 600$ 公斤。

例題 3   **基本題**

一放射性物質之衰減與其存量 $N(t)$ 成正比，已知其起始存量為 N_0，衰減係數為 $\lambda < 0$，求：

(1) $N(t) = ?$

(2) 其半衰期之表示式？

解 (1) 依題意得 $\dfrac{dN}{dt} = \lambda N$ ， I.C.： $N(0) = N_0$

變數分離解得 $\dfrac{dN}{N} = \lambda dt \to \ln|N| = \lambda t + c \to N(t) = ce^{\lambda t}$

代入 I.C.： $N(0) = c = N_0$，故得 $N(t) = N_0 e^{\lambda t}$

(2) 半衰期： $\dfrac{1}{2}N_0 = N_0 e^{\lambda t} \to \dfrac{1}{2} = e^{\lambda t} \to \ln\left(\dfrac{1}{2}\right) = \lambda t \to t = \dfrac{1}{\lambda}\ln\left(\dfrac{1}{2}\right)$

類題

某放射性物質放 10 年後發現殘留量為原有量之 $\dfrac{9}{10}$，則此物質之半衰期多久？

答 依題意得 $y_0 \left(\dfrac{1}{2}\right)^n = \dfrac{9}{10} y_0 \;\Rightarrow\; n = 0.152$

設半衰期 $= T$，則 $T \times 0.152 = 10 \to T \approx 66$ 年

例題 4   **基本題**

剛煮好之仙草雞溫度為 100°C，將其置於 0°C 之恆溫中。假設仙草雞之冷卻速率與仙草雞及恆溫室之溫差成正比，又 10 分鐘後仙草雞溫度降為 36.8°C，求仙草雞溫度 T 與時間 t 之數學關係式。（已知 $e^{-1} \doteqdot 0.368$）

解 此物理現象稱為**牛頓冷卻定律**（Newton cooling law）。

依題意得： $\dfrac{dT}{dt} = k(T - T_C), \quad T_C = 0, \quad T(0) = 100$

變數分離得 $\dfrac{dT}{T} = kdt \xrightarrow{\text{積分}} \ln(T) = kt + c \to T(t) = ce^{kt}$ ，$\therefore T(t) = ce^{kt}$

代入 $T(0) = 100$：得 $T(0) = c = 100$，$\therefore T(t) = 100e^{kt}$

代入 $T(10) = 36.8 = 100e^{10k}$，得 $k = -0.1$，$\therefore T(t) = 100e^{-0.1t}(^\circ\text{C})$

1-5 習題

1. 求與曲線族 $x^2y = c$ 正交之曲線族軌跡？

2. 如右圖所示，在大池中原有500公升之水，有鹽水以5公升/分之速率加入此池中，並迅速充分攪拌，流出量仍為 5 公升/分。

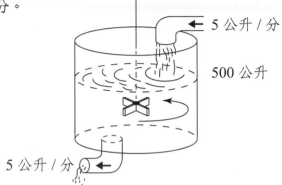

5 公升/分

500 公升

5 公升/分

(1) 若加入此大池之鹽水濃度為 1 公斤/公升，請寫出此大池中鹽水濃度之方程式？

(2) 若一開始已有 50 公斤的鹽溶解在此大池中，則經過很長時間後大池之鹽分濃度為何？

3. 某放射性物質放置 10 年後發現殘留量為原有量之 $\frac{1}{4}$，則此物質之半衰期多久？

4. 將初始溫度為 32℃ 之水果置於恆溫 10℃ 之冰箱中。假設水果之溫度變化率與此水果及恆溫之溫差成正比，又 1 分鐘後水果溫度降為 27℃，求水果溫度 T 與時間 t 之數學關係式。（計算本題須用計算機）

CHAPTER

02

高階 O.D.E.

名師講解

■ 本章大綱 ■

學習目標

1. 瞭解疊加原理、郎司基行列式之功用與高階 O.D.E. 之分類

2. 常係數 O.D.E. 之解為：
$$y(x) = y_h(x) + y_p(x)$$
其中令 $y_h(x) = e^{\lambda x}$ 可得三種解之形式，$y_p(x)$ 可利用參數變異法或未定係數法解之，並瞭解同形項要如何修正

3. 柯西 - 尤拉 O.D.E. 之解為：
$$y(x) = y_h(x) + y_p(x)$$
其中令 $y_h(x) = x^m$ 可得三種解之形式，$y_p(x)$ 可利用參數變異法或未定係數法解之

4. 瞭解高階 O.D.E. 之應用：振動系統與電路系統

所謂高階 O.D.E.，是指二階或二階以上的 O.D.E.。若將高階 O.D.E. 分二部分：線性與非線性，則僅有部分線性方程式可以解，非線性方程式幾乎都不能解，因此工程數學能教（考）的高階 O.D.E. 大部分是線性方程式，而線性方程式已有一套「標準」解法。現將本章要說明的高階 O.D.E. 分類如下：

$$\text{高階 O.D.E.} \begin{cases} \text{線性} \begin{cases} \text{常係數} \\ \text{變係數：Cauchy-Euler eq.} \end{cases} \\ \text{非線性：省略} \end{cases}$$

2-1 基本定義

首先我們說明幾個基本名詞。

(1) n 階線性微分方程式

若一 O.D.E. 可以表成下列形式：

$$a_n(x)y^{(n)} + a_{n-1}(x)y^{(n-1)} + \cdots + a_1(x)y' + a_0(x)y = R(x) \cdots\cdots(1)$$

稱之。若 O.D.E. 不能寫成 (1) 式，則稱為 **n 階非線性微分方程式**（nonlinear O.D.E. of order n），其中 $R(x)$ 亦稱為**輸入項**（input）或外力項。

(2) **齊次與非齊次方程式**

於 (1) 式中，若 $R(x) = 0$ 稱為**齊次**（homogeneous）方程式（物理意義為：無外力項，從推導力學或電路學方程式之過程即知）。若 $R(x) \neq 0$，則 (1) 式稱為**非齊次**（nonhomogeneous）方程式。

(3) **常係數與變係數**

於 (1) 式中，若 $a_n(x)$、$a_{n-1}(x)$、$\cdots$、$a_0(x)$ 都是常數，稱為**常係數**（constant coefficient），否則稱為**變係數**（variable coefficient）。

例題 1　說明題

(1) $y'' + 5y' + 8y = 0$，為二階常係數齊次 O.D.E.。
(2) $y'' - xy' + 8y = 0$，為二階變係數齊次 O.D.E.。
(3) $y'' + 5y' + 8y = x$，為二階常係數非齊次 O.D.E.。
(4) $y'' - xy' + 8y = 3x$，為二階變係數非齊次 O.D.E.。

定理　疊加原理（superposition principle）

有一個「線性」且「齊次」之 O.D.E.，若將該方程式之二解任意線性組合，則所得之函數亦為原方程式之解。

證明：此處以二階 O.D.E. 為例說明之。

設 $y'' + p(x)y' + q(x)y = 0$ 之二解為 y_1、y_2

則有 $y_1'' + p(x)y_1' + q(x)y_1 = 0$ 與 $y_2'' + p(x)y_2' + q(x)y_2 = 0$

將 $y = c_1 y_1 + c_2 y_2$ 代入原 O.D.E. 得

$$(c_1 y_1 + c_2 y_2)'' + p(x)(c_1 y_1 + c_2 y_2)' + q(x)(c_1 y_1 + c_2 y_2)$$
$$= c_1(y_1'' + py_1' + qy_1) + c_2(y_2'' + py_2' + qy_2) = 0 \text{（得證！）}$$

但必須注意的是：本定理僅對「線性」且「齊次」的 O.D.E. 才適用，對於非線性或非齊次之 O.D.E. 是不能用的。

在解 O.D.E. 之前，我們還要探討一組函數之**線性獨立**（linear independent）和**線性相依**（linear dependent）的意義，因為判斷一組函數是線性相依或線性獨立對解方程式很有幫助。

定義 線性獨立和線性相依

現有一組 n 個函數 $\{y_1(x), \cdots, y_n(x)\}$ 之集合，且存在 n 個常數 c_1, c_2, $\cdots$, c_n，若在某一區間 I 內會使得下式：

$$c_1 y_1 + c_2 y_2 + \cdots + c_n y_n = 0$$

成立之唯一條件為 $c_1 = c_2 = \cdots = c_n = 0$，則稱 $\{y_1(x), \cdots, y_n(x)\}$ 在區間 I 內為**線性獨立**（linear independent，簡稱為 L.I.），否則即稱為**線性相依**（linear dependent，簡稱為 L.D.）。 ∎

例題 2 說明題

(1) $\{x, x^2\}$ 為 L.I.，因為 $c_1 x + c_2 x^2 = 0$ 成立之唯一條件僅為 $c_1 = c_2 = 0$。
   觀察法：二個函數之間為變數倍，即為 L.I.。
(2) $\{x, 2x\}$ 為 L.D.，因為 $c_1 x + c_2(2x) = 0$ 成立之條件除了 $c_1 = c_2 = 0$ 外，$c_1 = 2$, $c_2 = -1$ 亦可。
   觀察法：二個函數之間為常數倍，即為 L.D.。

但當集合內函數之數目大於三個以上時，要判斷一組函數是線性獨立或線性相依，如果再用常數倍或變數倍來判斷已不容易，因此要用哪一種計算方法去判斷一組函數是線性獨立或線性相依呢？這必須藉助於**郎司基**（Wronskian）行列式，如下面說明：

有一組函數集合 $\{y_1(x), \cdots, y_n(x)\}$，若 $\{y_1(x), \cdots, y_n(x)\}$ 皆為 n 階可微分函數，令

$$W(y_1, y_2, \cdots, y_n) = \begin{vmatrix} y_1 & y_2 & \cdots & y_n \\ y_1' & y_2' & \cdots & y_n' \\ \vdots & \vdots & \ddots & \vdots \\ y_1^{(n-1)} & y_2^{(n-1)} & \cdots & y_n^{(n-1)} \end{vmatrix} \equiv W \quad \cdots\cdots\cdots\cdots\cdots(2)$$

(2) 式稱作**郎司基行列式**，簡寫為 W，則

$$\begin{cases} W(y_1, y_2, \cdots, y_n) \neq 0 \iff L.I. \\ W(y_1, y_2, \cdots, y_n) = 0 \iff L.D. \end{cases}$$

(2) 式是很漂亮的工具，要記住！

從解 O.D.E. 的觀點來看，若 $\{y_1(x), \cdots, y_n(x)\}$ 為 L.I.，表示解是有效的，若 $\{y_1(x), \cdots, y_n(x)\}$ 為 L.D.，則表示解是無效的！

例題 3　基本題

判斷 $\{1, x, x^2\}$ 為線性獨立或線性相依？

解 由 $W = \begin{vmatrix} 1 & x & x^2 \\ 0 & 1 & 2x \\ 0 & 0 & 2 \end{vmatrix} = 2 \neq 0$，$\therefore \{1, x, x^2\}$ 為線性獨立。

- -

類題

判斷 $\{x, x^2, x^3\}$ 為線性獨立或線性相依？

答 由 $W = \begin{vmatrix} x & x^2 & x^3 \\ 1 & 2x & 3x^2 \\ 0 & 2 & 6x \end{vmatrix} = 2x^3 \neq 0$，$\therefore \{x, x^2, x^3\}$ 為線性獨立。

我們接著探討 (1) 式 $a_n(x)y^{(n)} + a_{n-1}(x)y^{(n-1)} + \cdots + a_1(x)y' + a_0(x)y = R(x)$ 的通解：

1. 當 $R(x) = 0$ 時，O.D.E. 屬於齊次，此時若已知滿足 $W(y_1, y_2, \cdots, y_n) \neq 0$ 之 $y_1, y_2, \cdots, y_n$ 皆為上式之解，則由疊加原理知其解必如下所示：

$$y_h(x) = c_1 y_1(x) + c_2 y_2(x) + \cdots + c_n y_n(x) \cdots\cdots\cdots\cdots\cdots\cdots\cdots\cdots(3)$$

即 (3) 式組成 (1) 式之**基本解**（fundamental solution），稱 $y_h(x)$ 為 (1) 式之**齊次解**（homogeneous solution），外形必含有 $c_1, c_2, \cdots, c_n$ 等 n 個積分常數。

2. 當 $R(x) \neq 0$ 時，O.D.E. 屬於非齊次，此時依據實際的物理現象（如：外力大，變形大；外力小，變形小）知存在一個不含未定係數之**特解**（particular solution）$y_p(x)$，特解又稱為**非齊次解**（non-homogeneous solution），則此時整個 (1) 式之通解可以表為

$$y(x) = y_h(x) + y_p(x) \ [\ 通解 = 齊次解 + 特解\ ] \quad\cdots\cdots(4)$$

此處須注意的觀念是：$y_h(x)$ 與 $y_p(x)$ 須互為線性獨立。

▌‖ 心得：有了以上的瞭解，我們知道求 (1) 式之通解必須分為兩個步驟：

第 1 步：先令 $R(x) = 0$ 求齊次解 $y_h(x)$[一定存在]。

第 2 步：再求 $R(x) \neq 0$ 之特解 $y_p(x)$[當 $R(x) \neq 0$ 才存在]。

2-1 習題

1. 判斷 $\{1, x, 3+x\}$ 為線性獨立或線性相依？

2. 判斷 $\{e^x, e^{2x}, e^{3x}\}$ 為線性獨立或線性相依？

3. 判斷 $\{1, \cos x, \sin x\}$ 為線性獨立或線性相依？

4. 判斷 $\{1, \cos 2x, 1+\cos 2x\}$ 為線性獨立或線性相依？

2-2 常係數 O.D.E.

常係數 O.D.E. 有一套標準解法，本節先將這套標準解法學會，然後在下節再學習變係數 O.D.E. 的解法，諸位會發現解線性 O.D.E. 是相當簡單的。

1 齊次解（homogeneous solution）

有一常係數齊次 O.D.E. 如下式：

$$a_n y^{(n)} + a_{n-1} y^{(n-1)} + \cdots + a_1 y' + a_0 y = 0 \quad, \quad a_i \in R, \quad i = 1, 2, \cdots, n \quad\cdots\cdots(1)$$

利用解一階常係數 O.D.E. 之結論，知其解必含指數項 $y = e^{\lambda x}$，此結論擴充到高階常係數 O.D.E. 當然亦成立！

因此，令

$$y = e^{\lambda x} \ (\lambda：常數)$$

則 $y' = \lambda e^{\lambda x}$ ， $y'' = \lambda^2 e^{\lambda x}$ ， $\cdots$ ， $y^{(n)} = \lambda^n e^{\lambda x}$

代入 (1) 式得 $\left[a_n \lambda^n + a_{n-1} \lambda^{n-1} + \cdots + a_1 \lambda + a_0 \right] y = 0$

$$\because \ y(x) \neq 0 \ ，$$

$$\therefore \ a_n \lambda^n + a_{n-1} \lambda^{n-1} + \cdots + a_1 \lambda + a_0 = 0 \quad\cdots\cdots\cdots\cdots\cdots\cdots\cdots\cdots\cdots\cdots (2)$$

特稱 (2) 式為原 O.D.E. 之 **特徵方程式**（characteristic equation），屬於代數方程式！依因式分解理論，可將 (2) 式分解成：

$$(\lambda - \lambda_1)(\lambda - \lambda_2) \cdots (\lambda - \lambda_n) = 0 \quad\cdots\cdots\cdots\cdots\cdots\cdots\cdots\cdots\cdots (3)$$

而得到 n 個根 $\lambda_1, \lambda_2, \cdots, \lambda_n$ ，故依原先假設知 $e^{\lambda_1 x}, e^{\lambda_2 x}, \cdots, e^{\lambda_n x}$ 為該微分方程式之解。以下我們依根的種類，以二階為例分成二種情況加以討論．

（ I ）λ 為相異實根：

$\lambda_1 \neq \lambda_2$ ，且 $\lambda_1, \lambda_2 \in R$ ，則

$$y(x) = c_1 e^{\lambda_1 x} + c_2 e^{\lambda_2 x} \quad\cdots\cdots\cdots\cdots\cdots\cdots\cdots\cdots\cdots\cdots (4)$$

（ II ）λ 為複數時，必成共軛複數出現：

$$\begin{cases} \lambda_1 = p + iq \\ \lambda_2 = p - iq \end{cases} , \quad p, q \in R$$

當 $\begin{cases} \lambda_1 = p + iq \\ \lambda_2 = p - iq \end{cases}$ 為特徵方程式之根時，由尤拉恆等式：$\begin{cases} e^{i\theta} = \cos\theta + i\sin\theta \\ e^{-i\theta} = \cos\theta - i\sin\theta \end{cases}$ 知解為

$$y(x) = c_1 e^{(p+iq)x} + c_2 e^{(p-iq)x} \quad\cdots\cdots\cdots\cdots\cdots\cdots\cdots\cdots (5)$$

$$= e^{px} \left[c_1 e^{iqx} + c_2 e^{-iqx} \right]$$

$$= e^{px} \left[c_1 (\cos qx + i\sin qx) + c_2 (\cos qx - i\sin qx) \right]$$

$$= e^{px} \left[(c_1 + c_2) \cos qx + i(c_1 - c_2) \sin qx \right]$$

即

$$y(x) = e^{px} (C_1 \cos qx + C_2 \sin qx) \quad\cdots\cdots\cdots\cdots\cdots\cdots\cdots (6)$$

▌▌▌ **注意**：因為本章所解之 O.D.E. 皆實數系，因此必須將解以 (6) 式表之。

（Ⅲ）λ 是重根時：

若有 2 個重根，即 $\lambda_1 = \lambda_2 = \lambda$，則

$$y(x) = c_1 e^{\lambda x} + c_2 x e^{\lambda x} \quad\text{...}(7)$$

對於（Ⅲ）之情況，我們證明如下：

考慮一 O.D.E. 如：$y'' - 2ay' + a^2 y = 0$，其特徵方程式為

$$\lambda^2 - 2a\lambda + a^2 = 0 \;\Rightarrow\; \lambda = a, a \text{ 為二重根}$$

則可知道 $y(x) = c_1 e^{ax} + c_2 e^{ax}$ 並非通解（$\because$ 二階 O.D.E. 有二個線性獨立解），但其第一組解為 $y_1(x) = c_1 e^{ax}$，在 $y_1(x)$ 為已知之情況下，我們可用有名之**參數變異法**（method of variation of parameter）來得到第二組解，即假設第二個解為

$$y_2(x) = u(x) y_1(x) = u e^{ax}\text{，其中 } u(x) \text{ 為待定函數}$$

將上式代入原方程式將 $u(x)$ 求出，即可得第二組解。步驟如下：

$$y_2' = u' y_1 + u y_1' \quad,\quad y_2'' = u'' y_1 + 2u' y_1' + u y_1''$$

代入得 $(u'' y_1 + 2u' y_1' + u y_1'') - 2a(u' y_1 + u y_1') + a^2 u y_1 = 0$

$$\Rightarrow u(y_1'' - 2a y_1' + a^2 y_1) + u'' y_1 + 2u' y_1' - 2a u' y_1 = 0$$

$$\because y_1'' - 2a y_1' + a^2 y_1 = 0 \;\text{，}\; \therefore u'' y_1 + 2u'(y_1' - a y_1) = 0$$

將 $y_1(x) = e^{ax}$ 代入上式得 $u'' e^{ax} + 2u'(a e^{ax} - a e^{ax}) = 0$，即

$$u'' = 0 \;\Rightarrow\; u(x) = c_1 + c_2 x$$

$$\therefore \; y_2(x) = u(x) y_1(x) = (c_1 + c_2 x) e^{ax} = y_1(x) + c_2 x e^{ax}$$

我們由上式發現：$y_2(x)$ 已包含了 $y_1(x)$！此一結果對降階法而言皆成立，亦為驗算計算是否出錯之依據，應記之！故原方程式的通解為 $y(x) = c_1 e^{ax} + c_2 x e^{ax}$，讀者可自行推廣至 k 重根。

再度強調的是：(4)、(6)、(7) 式是解常係數 O.D.E. 之基礎，宜熟記之，並能知其源由。

例題 1 基本題

解 $y'' + y' - 6y = 0$

解 令 $y = e^{\lambda x}$ 代入得 $\lambda^2 + \lambda - 6 = 0 \rightarrow (\lambda + 3)(\lambda - 2) = 0 \rightarrow \lambda = -3, 2$

$\therefore y(x) = c_1 e^{-3x} + c_2 e^{2x}$

類題

解 $y'' + 4y' - 5y = 0$

答 令 $y = e^{\lambda x}$ 代入得 $\lambda^2 + 4\lambda - 5 = 0 \rightarrow (\lambda + 5)(\lambda - 1) = 0 \rightarrow \lambda = -5, 1$

$\therefore y(x) = c_1 e^{-5x} + c_2 e^{x}$

例題 2 基本題

解 $y'' - 2y' + 5y = 0$

解 令 $y = e^{\lambda x}$ 代入得 $\lambda^2 - 2\lambda + 5 = 0 \Rightarrow \lambda = 1 + 2i, 1 - 2i$

$\therefore y(x) = e^{x}(c_1 \cos 2x + c_2 \sin 2x)$

類題

解 $y'' + 2y' + 2y = 0$

答 令 $y = e^{\lambda x}$ 代入得 $\lambda^2 + 2\lambda + 2 = 0 \rightarrow \lambda = -1 + i, -1 - i$

$\therefore y(x) = e^{-x}(c_1 \cos x + c_2 \sin x)$

例題 3 　**基本題**

解 $y'' + 9y = 0$

解 令 $y - e^{\lambda x}$ 代入得 $\lambda^2 + 9 = 0 \Rightarrow \lambda = 3i, -3i$

∴ $y(x) = c_1 \cos 3x + c_2 \sin 3x$

類題

解 $y'' + 4y = 0$

答 令 $y = e^{\lambda x}$ 代入得 $\lambda^2 + 4 = 0 \rightarrow \lambda = 2i, -2i$

∴ $y(x) = c_1 \cos 2x + c_2 \sin 2x$

例題 4 　**基本題**

解 $y'' - 2y' + y = 0$

解 令 $y = e^{\lambda x}$ 代入得 $\lambda^2 - 2\lambda + 1 = 0 \rightarrow (\lambda - 1)^2 = 0 \rightarrow \lambda = 1, 1$，二重根

∴ $y(x) = c_1 e^x + c_2 x e^x$

類題

解 $y'' + 4y' + 4y = 0$

答 令 $y = e^{\lambda x}$ 代入得 $\lambda^2 + 4\lambda + 4 = 0 \rightarrow (\lambda + 2)^2 = 0 \rightarrow \lambda = -2, -2$，二重根

∴ $y(x) = c_1 e^{-2x} + c_2 x e^{-2x}$

2 特解（即非齊次解）

有一常係數非齊次 O.D.E. 如下式：

$$a_n y^{(n)} + a_{n-1} y^{(n-1)} + \cdots + a_1 y' + a_0 y = Q(x)$$

在齊次解 $y_h(x)$ 已知之情況下，要求出特解 $y_p(x)$。一般而言，特解的求法有二種，即「未定係數法」、「參數變異法」。未定係數法的優點是簡單易記，缺點是「有部分」的問題不能用此方法解決，即非萬能；參數變異法則是公式解法，優點是萬能，甚至連變係數微分方程也可以解，缺點是要背公式！

(一) 未定係數法

一言以蔽之，**未定係數法**（method of undetermined coefficients）是一種「經驗方法」，即藉著經驗以假設特解的形式，然後代入原方程式，由比較係數相等求得特解，這種方法的理論源自於非齊次項函數「具有微分規律性」，因此若碰到非齊次項函數「不具微分規律性」，就不能使用了。現將適合本方法之非齊次項函數整理如下：

非齊次項函數	特解 $y_p(x)$ 之形式
x 之 n 次多項式	x 之 n 次多項式
e^{+mx}	$Ae^{\pm mx}$
$\sin mx$, $\cos mx$	$A\sin mx + B\cos mx$
上述函數之互乘	上述函數之互乘

而當原 O.D.E. 之非齊次項 $Q(x)$ 與其 $y_h(x)$ 有「同形項」[即 $y_h(x)$ 與原 O.D.E. 之非齊次項 $Q(x)$ 相同之部分，稱之為同形項] 時，則 $y_p(x)$ 之形式需做若干修正 [以滿足 $W(y_h, y_p) \neq 0$]，請看例題之說明。

例題 5　基本題

解 $y'' - 7y' + 12y = e^{2x}$

解 (1) 令 $y = e^{\lambda x}$ 代入 $y'' - 7y' + 12y = 0$

得 $\lambda^2 - 7\lambda + 12 = 0$，解得 $\lambda = 3, 4$

得齊次解 $y_h(x) = c_1 e^{3x} + c_2 e^{4x}$

(2) 設 $y_p(x) = ae^{2x}$，則 $y_p'(x) = 2ae^{2x}$，$y_p''(x) = 4ae^{2x}$

將 y_p、y_p'、y_p'' 代入原方程式整理得 $(4a - 14a + 12a)e^{2x} = e^{2x}$

比較係數：$a = \dfrac{1}{2}$，即 $y_p(x) = \dfrac{1}{2}e^{2x}$

(3) 故 $y(x) = y_h(x) + y_p(x) = c_1 e^{3x} + c_2 e^{4x} + \dfrac{1}{2}e^{2x}$

類題

解 $y'' - 3y' + 2y = 12e^{-x}$

答 令 $y = e^{\lambda x}$ 代入 $y'' - 3y' + 2y = 0$

得 $\lambda^2 - 3\lambda + 2 = 0$，解得 $\lambda = 1, 2$

得 $y_h(x) = c_1 e^x + c_2 e^{2x}$

設 $y_p(x) = ae^{-x}$，

則 $y_p'(x) = -ae^{-x}$，$y_p''(x) = ae^{-x}$

將 y_p、y_p'、y_p'' 代入原方程式整理得 $(a + 3a + 2a)e^{-x} = 12e^{-x}$

比較係數：$6a = 12 \rightarrow a = 2$，即 $y_p(x) = 2e^{-x}$

故 $y(x) = c_1 e^x + c_2 e^{2x} + 2e^{-x}$

例題 6 基本題

解 $y'' + 2y' + 4y = 4x^2$

解 (1) 令 $y = e^{\lambda x}$ 代入 $y'' + 2y' + 4y = 0$

得 $\lambda^2 + 2\lambda + 4 = 0$，解得 $\lambda = -1 \pm \sqrt{3}i$

得齊次解 $y_h(x) = e^{-x}(c_1 \cos\sqrt{3}x + c_2 \sin\sqrt{3}x)$

(2) 設 $y_p(x) = ax^2 + bx + c$，則 $y_p'(x) = 2ax + b$ ，$y_p''(x) = 2a$

將 y_p、y_p'、y_p'' 代入原方程式整理得

$4ax^2 + (4a + 4b)x + (2a + 2b + 4c) = 4x^2$

比較係數：$\begin{cases} 4a = 4 \Rightarrow a = 1 \\ 4a + 4b = 0 \Rightarrow b = -1 \\ 2a + 2b + 4c = 0 \Rightarrow c = 0 \end{cases}$，即 $y_p(x) = x^2 - x$

(3) 故 $y(x) = y_h(x) + y_p(x) = e^{-x}(c_1 \cos\sqrt{3}x + c_2 \sin\sqrt{3}x) + x^2 - x$

類題

解 $y'' + y = x + 1$

答 令 $y = e^{\lambda x}$ 代入 $y'' + y = 0$ 得 $\lambda^2 + 1 = 0 \Rightarrow \lambda = \pm i$

得 $y_h(x) = c_1 \cos x + c_2 \sin x$

設 $y_p(x) = ax + b$，則 $y_p'(x) = a$ ，$y_p''(x) = 0$

將 y_p、y_p'' 代入原方程式整理得 $ax + b = x + 1$

比較係數：$a = 1,\ b = 1$，即 $y_p(x) = x + 1$

故 $y(x) = c_1 \cos x + c_2 \sin x + x + 1$

例題 7　基本題

解 $y'' + 2y' + 5y = \sin x$

解 (1) 令 $y = e^{\lambda x}$ 代入上式得 $\lambda^2 + 2\lambda + 5 = 0$，解得 $\lambda = -1 \pm 2i$

得齊次解 $y_h(x) = e^{-x}(c_1 \cos 2x + c_2 \sin 2x)$

(2) 設 $y_p(x) = a\cos x + b\sin x$

則 $y_p'(x) = -a\sin x + b\cos x$，$y_p''(x) = -a\cos x - b\sin x$

將 y_p、y_p'、y_p'' 代入原方程式整理得

$(4a + 2b)\cos x + (-2a + 4b)\sin x = \sin x$

比較係數：$\begin{cases} 4a + 2b = 0 \\ -2a + 4b = 1 \end{cases}$，解得 $a = \dfrac{-1}{10}$, $b = \dfrac{1}{5}$

即 $y_p(x) = -\dfrac{1}{10}\cos x + \dfrac{1}{5}\sin x$

(3) 故 $y(x) = y_h(x) + y_p(x) = e^{-x}(c_1 \cos 2x + c_2 \sin 2x) - \dfrac{1}{10}\cos x + \dfrac{1}{5}\sin x$

類題

解 $y'' + 4y = \cos x$

答 令 $y = e^{\lambda x}$ 代入得 $\lambda^2 + 4 = 0 \Rightarrow \lambda = \pm 2i$，得 $y_h(x) = c_1 \cos 2x + c_2 \sin 2x$

設 $y_p(x) = a\cos x + b\sin x$，則

$y_p'(x) = -a\sin x + b\cos x$，$y_p''(x) = -a\cos x - b\sin x$

將 y_p、y_p'、y_p'' 代入原方程式整理得 $3a\cos x + 3b\sin x = \cos x$

比較係數：$a = \dfrac{1}{3}$, $b = 0$，即 $y_p(x) = \dfrac{1}{3}\cos x$

故 $y(x) = c_1 \cos 2x + c_2 \sin 2x + \dfrac{1}{3}\cos x$

例題 8 漂亮題

解 $y'' + 4y = 4\sin 2x$

解 (1) 令 $y = e^{\lambda x}$ 代入上式得 $\lambda^2 + 4 = 0$，解得 $\lambda = \pm 2i$，

得 $y_h(x) = c_1 \cos 2x + c_2 \sin 2x$

欲求特解 $y_p(x)$，本來要令 $y_p(x) = a\cos 2x + b\sin 2x$，

因為發現 $y_p(x) = a\cos 2x + b\sin 2x$ 與齊次解 $y_h(x)$

比較知 $\sin 2x$ 或 $\cos 2x$ 為同形項，

其處理原則為：將同形項視為「重根」修正之，因此必須假設：

$y_p(x) = x(a\cos 2x + b\sin 2x)$（直到無同形項為止）

則 $y'_p(x) = (a\cos 2x + b\sin 2x) + x(-2a\sin 2x + 2b\cos 2x)$

$y''_p(x) = 2(-2a\sin 2x + 2b\cos 2x) + x(-4a\cos 2x - 4b\sin 2x)$

將 y_p、y'_p、y''_p 代入原方程式整理得

$2(-2a\sin 2x + 2b\cos 2x) + \underline{x(-4a\cos 2x - 4b\sin 2x)} + \underline{4x(a\cos 2x + b\sin 2x)}$

$= 4\sin 2x$

此時等號左邊含 $x(a\cos 2x + b\sin 2x)$ 之項會自動抵消！

（有修正才有此結果，有「驗算」之功能）

故得 $-4a\sin 2x + 4b\cos 2x = 4\sin 2x$

比較係數得 $a = -1, b = 0$，故 $y_p(x) = -x\cos 2x$

(2) $\therefore y(x) = y_h(x) + y_p(x) = c_1 \cos 2x + c_2 \sin 2x - x\cos 2x$

類題

解 $y'' + y = \cos x$

答 令 $y = e^{\lambda x}$ 代入得 $\lambda^2 + 1 = 0 \Rightarrow \lambda = \pm i$，得 $y_h(x) = c_1 \cos x + c_2 \sin x$

設 $y_p(x) = x(a\cos x + b\sin x)$，則

$y'_p(x) = (a\cos x + b\sin x) + x(-a\sin x + b\cos x)$

$y''_p(x) = 2(-a\sin x + b\cos x) + x(-a\cos x - b\sin x)$

將 y_p、y'_p、y''_p 代入原方程式整理得 $2(-a\sin x + b\cos x) = \cos x$

比較係數：$a = 0, \ b = \dfrac{1}{2}$，即 $y_p(x) = \dfrac{1}{2}x\sin x$

故 $y(x) = c_1 \cos x + c_2 \sin x + \dfrac{1}{2}x\sin x$

例題 9 基本題

解 $y'' - 2y' = 4x + 2$

解 (1) 令 $y = e^{\lambda x}$ 代入上式得 $\lambda^2 - 2\lambda = 0$，解得 $\lambda = 0, 2$

得齊次解 $y_h(x) = c_1 + c_2 e^{2x}$

(2) 由非齊次項 $4x + 2$ 看出本來應假設 $y_p(x) = Ax + B$，

但與 y_h 比較發現具有同形項：1，

故需乘 x 成為 $x(Ax + B) = Ax^2 + Bx$

則 $y_p'(x) = 2Ax + B$ ， $y_p''(x) = 2A$

將 y_p'、y_p'' 代入原方程式得 $2A - 2(2Ax + B) = 4x + 2$

比較係數得 $-4A = 4 \rightarrow A = -1$，$2A - 2B = 2 \rightarrow B = -2$，

$\therefore y_p(x) = -x^2 - 2x$

(3) 故 $y(x) = c_1 + c_2 e^{2x} - x^2 - 2x$

類題

解 $y'' - y' = x + 1$

答 令 $y = e^{\lambda x}$ 代入上式得 $\lambda^2 - \lambda = 0$，解得 $\lambda = 0, 1$，

得齊次解 $y_h(x) = c_1 + c_2 e^x$

由非齊次項 $x + 1$ 看出本來應假設 $y_p(x) = Ax + B$，

但與 y_h 比較發現具有同形項：1，故需乘 x 成為 $x(Ax + B)$

則 $y_p'(x) = 2Ax + B$ ， $y_p''(x) = 2A$

將 y_p'、y_p'' 代入原方程式得 $2A - (2Ax + B) = x + 1$

比較係數得 $-2A = 1 \rightarrow A = -\dfrac{1}{2}$，$2A - B = 1 \rightarrow B = -2$，$\therefore y_p(x) = -\dfrac{1}{2}x^2 - 2x$

故 $y(x) = c_1 + c_2 e^x - \dfrac{1}{2}x^2 - 2x$

例題 10　基本題

解 $y'' - 4y' + 4y = e^{2x}$

解 (1) 令 $y = e^{\lambda x}$ 代入上式得 $\lambda^2 - 4\lambda + 4 = 0$，解得 $\lambda = 2, 2$

得齊次解 $y_h(x) = c_1 e^{2x} + c_2 x e^{2x}$

(2) 由非齊次項 e^{2x} 看出本來應假設 $y_p(x) = A e^{2x}$，

但與 y_h 比較發現具有同形項：e^{2x}，故需乘 x 成為 $x e^{2x}$，

但發現仍為同形項，因此需再乘 x 成為 $x^2 e^{2x}$，

即必須假設 $y_p(x) = A x^2 e^{2x}$

則 $y'_p(x) = A(2x e^{2x} + 2x^2 e^{2x})$，$y''_p(x) = A(2e^{2x} + 8x e^{2x} + 4x^2 e^{2x})$

將 y_p、y'_p、y''_p 代入原方程式得

$A(2e^{2x} + 8x e^{2x} + 4x^2 e^{2x}) - 4A(2x e^{2x} + 2x^2 e^{2x}) + 4A x^2 e^{2x} = e^{2x}$

此時等號左邊含 $x e^{2x}$、$x^2 e^{2x}$ 之項會自動抵消！

（有修正才有此結果，有「驗算」之功能），

故比較係數得 $2A = 1 \rightarrow A = \dfrac{1}{2}$，$\therefore\ y_p(x) = \dfrac{1}{2} x^2 e^{2x}$

(3) 故 $y(x) = c_1 e^{2x} + c_2 x e^{2x} + \dfrac{1}{2} x^2 e^{2x}$

- -

類題

解 $y'' - 2y' + y = e^x$

答 令 $y = e^{\lambda x}$ 代入得 $\lambda^2 - 2\lambda + 1 = 0 \Rightarrow \lambda = 1, 1$，得 $y_h(x) = c_1 e^x + c_2 x e^x$

令 $y_p(x) = A x^2 e^x$，則 $y'_p(x) = A(2x e^x + x^2 e^x)$，$y''_p(x) = A(2e^x + 4x e^x + x^2 e^x)$

將 y_p、y'_p、y''_p 代入原方程式得

$A(2e^x + 4x e^x + x^2 e^x) - 2A(2x e^x + x^2 e^x) + A x^2 e^x = e^x$

比較係數得 $2A = 1 \rightarrow A = \dfrac{1}{2}$，$\therefore\ y_p(x) = \dfrac{1}{2} x^2 e^x$

故 $y(x) = c_1 e^x + c_2 x e^x + \dfrac{1}{2} x^2 e^x$

例題 11   基本題

解 $y'' - 2y' + y = xe^x$

解 (1) 令 $y = e^{\lambda x}$ 代入上式得 $\lambda^2 - 2\lambda + 1 = 0$，解得 $\lambda = 1, 1$

得 $y_h(x) = c_1 e^x + c_2 x e^x$

(2) 非齊次項為多項式與指數互乘，本來應假設 $y_p(x) = (Ax + B)e^x$

現在則必須假設 $y_p(x) = (Ax + B)x^2 e^x$ 才不會有同形項！

即 $y_p(x) = (Ax^3 + Bx^2)e^x$

$\therefore y_p'(x) = (3Ax^2 + 2Bx)e^x + (Ax^3 + Bx^2)e^x$

$\therefore y_p''(x) = (6Ax + 2B)e^x + 2(3Ax^2 + 2Bx)e^x + (Ax^3 + Bx^2)e^x$

將 y_p、y_p'、y_p'' 代入方程式得

$(6Ax + 2B)e^x + 2(3Ax^2 + 2Bx)e^x + (Ax^3 + Bx^2)e^x - 2(3Ax^2 + 2Bx)e^x$

$\quad - 2(Ax^3 + Bx^2)e^x + (Ax^3 + Bx^2)e^x = xe^x$

(3) 比較係數得 $A = \dfrac{1}{6}$, $B = 0$，$\therefore y_p(x) = \dfrac{1}{6}x^3 e^x$，

故 $y(x) = c_1 e^x + c_2 x e^x + \dfrac{1}{6}x^3 e^x$

類題

解 $y'' - 4y' + 4y = xe^{2x}$

答 令 $y = e^{\lambda x}$ 代入上式得 $\lambda^2 - 4\lambda + 4 = 0$，解得 $\lambda = 2, 2$ 得 $y_h(x) = c_1 e^{2x} + c_2 x e^{2x}$

非齊次項為多項式與指數互乘，本來應假設 $y_p(x) = (Ax + B)e^{2x}$

現在則必須假設 $y_p(x) = (Ax + B)x^2 e^{2x}$ 才不會有同形項！

即 $y_p(x) = (Ax^3 + Bx^2)e^{2x}$，$y_p'(x) = (3Ax^2 + 2Bx)e^{2x} + 2(Ax^3 + Bx^2)e^{2x}$

$\quad y_p''(x) = (6Ax + 2B)e^{2x} + 4(3Ax^2 + 2Bx)e^{2x} + 4(Ax^3 + Bx^2)e^{2x}$

將 y_p、y_p'、y_p'' 代入方程式得

$(6Ax + 2B)e^{2x} + 4(3Ax^2 + 2Bx)e^{2x} + 4(Ax^3 + Bx^2)e^{2x} - 4(3Ax^2 + 2Bx)e^{2x}$

$\quad - 8(Ax^3 + Bx^2)e^{2x} + 4(Ax^3 + Bx^2)e^{2x} = xe^{2x}$

比較係數得 $A = \dfrac{1}{6}$, $B = 0$，$\therefore y_p(x) = \dfrac{1}{6}x^3 e^{2x}$，

故 $y(x) = c_1 e^{2x} + c_2 x e^{2x} + \dfrac{1}{6}x^3 e^{2x}$

(二) 參數變異法

　　與未定係數法比較，**參數變異法**（method of variation of parameter）有堅強的理論基礎，但更重要的是它可以解決所有求特解的問題，不管 $Q(x)$ 有多奇怪的項，或是變係數微分方程，都可藉此法求解，故諸君不可不學！

　　對二階 O.D.E. 而言，說明如下：

$$y'' + a(x)y' + b(x)y = Q(x) \cdots\cdots\cdots\cdots\cdots\cdots\cdots\cdots (8)$$

已知 y_1、y_2 為 (8) 式之二組齊次解，即 $y_h(x) = c_1 y_1(x) + c_2 y_2(x)$

依參數變異法，令

$$y_p(x) = u_1(x)y_1 + u_2(x)y_2 \cdots\cdots\cdots\cdots\cdots\cdots\cdots\cdots (9)$$

則

$$u_1(x) = \int \frac{y_2 Q(x)}{W(y_1, y_2)} dx \quad , \quad u_2(x) = \int \frac{y_1 Q(x)}{W(y_1, y_2)} dx \cdots\cdots\cdots\cdots\cdots (10)$$

觀念說明

1. 參數變異法乃法國數學家 Lagrange 所創，理論源於以一已知解求另一解，故「算出之 $y_p(x)$ 與 $y_h(x)$ 有同形項」時，應剔除之。

2. 因為二階線性 O.D.E. 考試必考，故 (10) 式宜熟記。必須注意「使用此公式時 y'' 項的係數必為 1」，以免算出錯誤答案（做虛功！）。

例題 12　基本題

解 $y'' + y = \sec x$

解 (1) 此題若使用未定係數法，那真的永遠「未定」，故使用參數變異法求解。

(2) 令 $y_h = e^{\lambda x}$ 代入得 $\lambda^2 + 1 = 0 \Rightarrow \lambda = \pm i$，得 $y_h(x) = c_1 \cos x + c_2 \sin x$

(3) 令 $y_1 = \cos x,\ y_2 = \sin x$，且 $W(y_1, y_2) = \begin{vmatrix} \cos x & \sin x \\ -\sin x & \cos x \end{vmatrix} = 1$

則 $u_1 = \int \dfrac{-y_2 Q(x)}{W} dx = \int (-\sin x \sec x) dx = \int (-\tan x) dx = \ln|\cos x|$

$u_2 = \int \dfrac{y_1 Q(x)}{W} dx = \int \cos x \sec x\, dx = \int 1\, dx = x$

$\therefore y_p(x) = u_1(x) y_1 + u_2(x) y_2 = (\cos x) \ln|\cos x| + x \sin x$

(4) 故 $y(x) = y_h(x) + y_p(x) = c_1 \cos x + c_2 \sin x + (\cos x) \ln|\cos x| + x \sin x$

類題

解 $y'' + y = \csc x$

答 令 $y_h = e^{\lambda x}$ 代入得 $\lambda^2 + 1 = 0 \Rightarrow \lambda = \pm i$，得 $y_h(x) = c_1 \cos x + c_2 \sin x$

令 $y_1 = \cos x,\ y_2 = \sin x$，且 $W(y_1, y_2) = \begin{vmatrix} \cos x & \sin x \\ -\sin x & \cos x \end{vmatrix} = 1$

則 $u_1 = \int \dfrac{-y_2 Q(x)}{W} dx = \int (-\sin x \csc x) dx = \int (-1) dx = -x$

$u_2 = \int \dfrac{y_1 Q(x)}{W} dx = \int \cos x \csc x\, dx = \int \cot x\, dx = \ln|\sin x|$

$\therefore y_p(x) = u_1(x) y_1 + u_2(x) y_2 = -x \cos x + (\sin x) \ln|\sin x|$

故 $y(x) = y_h(x) + y_p(x) = c_1 \cos x + c_2 \sin x - x \cos x + (\sin x) \ln|\sin x|$

例題 13　基本題

解 $y'' + 4y' + 4y = \dfrac{2e^{-2x}}{x^2}$

解 (1) 本題若用未定係數法，則不得其解，故使用參數變異法。

(2) 令 $y_h = e^{\lambda x}$ 代入得 $\lambda^2 + 4\lambda + 4 = 0 \Rightarrow \lambda = -2, -2$

得 $y_h(x) = c_1 e^{-2x} + c_2 x e^{-2x}$，令 $y_1 = e^{-2x}$, $y_2 = x e^{-2x}$，且

$$W(y_1, y_2) = \begin{vmatrix} e^{-2x} & xe^{-2x} \\ -2e^{-2x} & e^{-2x} - 2xe^{-2x} \end{vmatrix} = e^{-4x}$$

則 $u_1 = \displaystyle\int \dfrac{-y_2 Q(x)}{W} dx = \int \dfrac{-xe^{-2x} \cdot \dfrac{2e^{-2x}}{x^2}}{e^{-4x}} dx = -\int \dfrac{2}{x} dx = -2\ln|x|$

$u_2 = \displaystyle\int \dfrac{y_1 Q(x)}{W} dx = \int \dfrac{e^{-2x} \cdot \dfrac{2e^{-2x}}{x^2}}{e^{-4x}} dx = \int \dfrac{2}{x^2} dx = \dfrac{-2}{x}$

$\therefore y_p(x) = u_1(x) y_1 + u_2(x) y_2 = -2 e^{-2x} \ln|x| - 2 e^{-2x}$，

其中 $-2e^{-2x}$ 為同形項，剔除。

(3) 故 $y(x) = c_1 e^{-2x} + c_2 x e^{-2x} - 2 e^{-2x} \ln|x|$

類題

解 $y'' + 2y' + y = \dfrac{e^{-x}}{x}$

答 令 $y_h = e^{\lambda x}$ 代入得 $\lambda^2 + 2\lambda + 1 = 0 \Rightarrow \lambda = -1, -1$

得 $y_h(x) = c_1 e^{-x} + c_2 x e^{-x}$，令 $y_1 = e^{-x}$, $y_2 = x e^{-x}$，且

$$W(y_1, y_2) = \begin{vmatrix} e^{-x} & xe^{-x} \\ -e^{-x} & e^{-x} - xe^{-x} \end{vmatrix} = e^{-2x}$$

則 $u_1 = \displaystyle\int \dfrac{-y_2 Q(x)}{W} dx = \int \dfrac{-xe^{-x} \cdot \dfrac{e^{-x}}{x}}{e^{-2x}} dx = -\int 1 dx = -x$

$u_2 = \displaystyle\int \dfrac{y_1 Q(x)}{W} dx = \int \dfrac{e^{-x} \cdot \dfrac{e^{-x}}{x}}{e^{-2x}} dx = \int \dfrac{1}{x} dx = \ln|x|$

$\therefore y_p(x) = u_1 y_1 + u_2 y_2 = -xe^{-x} + xe^{-x} \ln|x|$，其中 $-xe^{-x}$ 為同形項，剔除！

故得 $y(x) = c_1 e^{-x} + c_2 x e^{-x} + x e^{-x} \ln|x|$

由以上例題讀者可發現：參數變異法可解所有的問題。下節我們再研討變係數微分方程，此時更非用參數變異法不可。心得整理如下表：

項目＼方法	來源	能力	效果（記憶）
未定係數法	憑經驗 （屬猜測）	非萬能 （僅適用於常係數 O.D.E. 之某些項）	持久
參數變異法	憑理論	萬能 （常係數、變係數 O.D.E. 都可適用）	好記

2-2　習題

1. 解 $y'' + 3y' + 2y = e^x$ ， $y(0) = y'(0) = 0$

2. 解 $y'' - 3y' + 2y = e^{5x}$ ， $y(0) = \dfrac{13}{12}$, $y'(0) = \dfrac{5}{12}$

3. 解 $y'' + 4y = \sin 3x$ ， $y(0) = y'(0) = 0$

4. 解 $y'' + 4y' + 4.25y = 0$ ， $y(0) = 1$, $y'(0) = -2$

5. 解 $y'' + 2y' - 3y = xe^{-x}$

6. 解 $y'' - 2y' + 2y = e^x$

7. 解 $y'' - y' = 2e^{2x}$

8. 解 $y'' + 2y' + 2y = 5\cos x$ ， $y(0) = y'(0) = 0$

9. 解 $y'' + 2y' + y = xe^{-x}$

10. 解 $y'' - 4y' + 4y = e^x(6x^2 + 4)$

11. 解 $y'' + 2y' + y = e^{-x}\ln x$

12. 解 $4y'' + 36y = \csc 3x$

13. 解 $y'' + 4y = \sec 2x$

14. 解 $y'' + 2y' + 5y = 20e^{3x}$ ， $y(0) = 2$, $y'(0) = 6$

15. 解 $y'' - 4y' + 3y = 0$ ， $y(0) = 2$ ， $y'(0) = 8$

16. 解 $y'' - 8y' + 15y = e^x$

2-3 柯西－尤拉 O.D.E.

變係數 O.D.E. 大部分均不能解，僅有少數幾種形式可以解，本節僅針對最常考的**柯西－尤拉方程式**（Cauchy-Euler equation）加以討論。

凡方程式形如：

$$b_n x^n y^{(n)} + b_{n-1} x^{n-1} y^{(n-1)} + \cdots + b_1 xy' + b_0 y = Q(x) \cdots\cdots\cdots\cdots\cdots\cdots\cdots(1)$$

其中 $b_0, b_1, \cdots, b_n$ 等均為常數，稱 (1) 式為柯西－尤拉方程式。此方程式可以假設（經驗也！）齊次解為

$$y_h(x) = x^m \cdots\cdots\cdots\cdots\cdots\cdots\cdots\cdots\cdots\cdots\cdots\cdots\cdots(2)$$

$$\therefore \ y_h' = mx^{m-1} \ , \ \ y_h'' = m(m-1)x^{m-2} \ , \ \cdots \ , \ \ y_h^{(n)} = m(m-1)\cdots(m-n+1)x^{m-n}$$

將 (2) 式及其微分代入 (1) 式得 $\left[b_n m(m-1)\cdots(m-n+1) + \cdots + b_1 m + b_0 \right] \cdot x^m = 0$，即：

$$[m \text{ 之 } n \text{ 次多項式}] \times x^m = 0$$

共可得到 $m_1 \text{、} \cdots \text{、} m_n$ 等 n 個根，因此原 O.D.E. 之齊次解為

$$y_h(x) = c_1 x^{m_1} + \cdots + c_n x^{m_n}$$

現在以二階 O.D.E. 為例，說明其齊次解之三種形式如下：

1. 若 m 為二個相異實根，則其解為

$$y_h(x) = c_1 x^{m_1} + c_2 x^{m_2} \cdots\cdots\cdots\cdots\cdots\cdots\cdots\cdots\cdots\cdots(3)$$

2. 假如解出的 $m_1 \text{、} m_2$ 是共軛複數，如：$m_1 = p + iq, \quad m_2 = p - iq, \quad p, q \in R$

    則利用 Euler 公式：$\begin{cases} x^{iq} = e^{iq \ln x} = \cos(q \ln x) + i \sin(q \ln x) \\ x^{-iq} = e^{-iq \ln x} = \cos(q \ln x) - i \sin(q \ln x) \end{cases}$

得 $y_h(x) = c_1 x^{m_1} + c_2 x^{m_2}$

$\qquad = c_1 x^{p+iq} + c_2 x^{p-iq}$

$\qquad = x^p \left[c_1 x^{iq} + c_2 x^{-iq} \right]$

$\qquad = x^p \left[c_1 e^{iq \ln x} + c_2 e^{-iq \ln x} \right]$

$\qquad = x^p \left\{ c_1 \left[\cos(q \ln x) + i \sin(q \ln x) \right] + c_1 \left[\cos(q \ln x) - i \sin(q \ln x) \right] \right\}$

$\qquad = x^p \left\{ (c_1 + c_2) \cos(q \ln x) + i(c_1 - c_2) \sin(q \ln x) \right\}$

$\qquad \equiv x^p \left\{ c_1 \cos(q \ln x) + c_2 \sin(q \ln x) \right\}$

故得

$$y_h(x) = x^p \left[c_1 \cos(q \ln x) + c_2 \sin(q \ln x) \right] \cdots\cdots\cdots\cdots\cdots\cdots(4)$$

3. 假如解出的 m_1、m_2 是二重根，令 $m_1 = m_2 = m$，則仍然依照參數變異法的理論，可以解得

$$y_h(x) = c_1 x^m + c_2 x^m \ln x \cdots\cdots\cdots\cdots\cdots\cdots\cdots\cdots\cdots\cdots(5)$$

至於特解 $y_p(x)$ 之解法，則利用前節推導的參數變異法即可，因為此方法是萬能的。

例題 1　基本題

解 $x^2 y'' - 2xy' + 2y = 0$

解 令 $y_h(x) = x^m$，則 $y' = mx^{m-1}$，$y'' = m(m-1)x^{m-2}$，代入原方程式得

$\left[m(m-1) - 2m + 2 \right] x^m = 0 \Rightarrow m^2 - 3m + 2 = 0 \Rightarrow m = 1, 2$

即 $y(x) = c_1 x + c_2 x^2$

- -

類題

解 $x^2 y'' - 6xy' + 12y = 0$

答 令 $y_h(x) = x^m$，則 $y' = mx^{m-1}$，$y'' = m(m-1)x^{m-2}$，代入原方程式得

$\left[m(m-1) - 6m + 12 \right] x^m = 0 \Rightarrow m^2 - 7m + 12 = 0 \Rightarrow m = 3, 4$

即 $y(x) = c_1 x^3 + c_2 x^4$

例題 2　基本題

解 $x^2 y'' + 2xy' - 2y = 0$ ，$y(1) = 1$ ，$y'(1) = -5$

解 令 $y_h(x) = x^m$，則 $y' = mx^{m-1}$，$y'' = m(m-1)x^{m-2}$，代入原方程式得
$$[m(m-1) + 2m - 2]x^m = 0 \Rightarrow m^2 + m - 2 = 0 \Rightarrow m = 1, -2$$
即 $y(x) = c_1 x + c_2 x^{-2}$
又 $y'(x) = c_1 - 2c_2 x^{-3}$
代入 $\begin{cases} y(1) = c_1 + c_2 = 1 \\ y'(1) = c_1 - 2c_2 = -5 \end{cases}$，
解得 $c_1 = -1$ ，$c_2 = 2$
故 $y(x) = -x + 2x^{-2}$

類題

解 $x^2 y'' + 3xy' - 3y = 0$ ，$y(1) = -1$ ，$y'(1) = -5$

答 令 $y_h(x) = x^m$，則 $y' = mx^{m-1}$，$y'' = m(m-1)x^{m-2}$，代入原方程式得
$$[m(m-1) + 3m - 3]x^m = 0 \Rightarrow m^2 + 2m - 3 = 0 \Rightarrow m = 1, -3$$
即 $y(x) = c_1 x + c_2 x^{-3}$
又 $y'(x) = c_1 - 3c_2 x^{-4}$
代入 $\begin{cases} y(1) = c_1 + c_2 = -1 \\ y'(1) = c_1 - 3c_2 = -5 \end{cases}$，
解得 $c_1 = -2$ ，$c_2 = 1$
故 $y(x) = -2x + x^{-3}$

例題 3　基本題

解 $x^2y'' + xy' - 4y = x^3$

解 方法一

(1) 先解齊次解，再利用參數變異法求特解。

令 $y_h = x^m$，則 $y_h' = mx^{m-1}$, $y_h'' = m(m-1)x^{m-2}$

代入原方程式得

$[m(m-1) + m - 4]x^m = 0 \Rightarrow m^2 - 4 = 0 \Rightarrow m = 2, -2$

即 $y_h = c_1x^2 + c_2x^{-2}$

(2) 再令 $y_p(x) = u_1y_1 + u_2y_2$，$y_1 = x^2$，$y_2 = x^{-2}$，$\therefore W = \begin{vmatrix} x^2 & x^{-2} \\ 2x & -2x^{-3} \end{vmatrix} = -\dfrac{4}{x}$

故 $u_1 = \int \dfrac{-y_2Q(x)}{W} dx = \int \dfrac{-x^{-2} \cdot x}{-\frac{4}{x}} dx = \int \dfrac{1}{4} dx = \dfrac{x}{4}$

$u_2 = \int \dfrac{y_1Q(x)}{W} dx = \int \dfrac{x^2 \cdot x}{-\frac{4}{x}} dx = \int \dfrac{x^4}{-4} dx = -\dfrac{1}{20}x^5$

$\therefore y_p(x) = u_1(x)y_1 + u_2(x)y_2 = \dfrac{x}{4} \cdot x^2 - \dfrac{1}{20}x^5 \cdot x^{-2} = \dfrac{1}{5}x^3$

(3) $\therefore y(x) = y_h(x) + y_p(x) = c_1x^2 + c_2x^{-2} + \dfrac{1}{5}x^3$

(4) 注意：本題之 $Q(x) = x$，非 x^3，須特別留意。一般同學最易在此處弄錯，那就前功盡棄了！

方法二

本題若直接令 $y_p(x) = Ax^3$，代入比較得 $A = \dfrac{1}{5}$，最快！

~以後多多利用此特別的結果（記！）

類題

解 $x^2y'' + 4xy' + 2y = x$

答 方法一　先解齊次解，再利用參數變異法求特解。

令 $y_h = x^m$，則 $y_h' = mx^{m-1}$, $y_h'' = m(m-1)x^{m-2}$

代入原方程式得

$[m(m-1) + 4m + 2]x^m = 0 \Rightarrow m^2 + 3m + 2 = 0 \Rightarrow m = -1, -2$

即 $y_h = c_1 x^{-1} + c_2 x^{-2}$

再令 $y_p(x) = u_1 y_1 + u_2 y_2$

$y_1 = x^{-1}$ ， $y_2 = x^{-2}$ ， $\therefore W = \begin{vmatrix} x^{-1} & x^{-2} \\ -x^{-2} & -2x^{-3} \end{vmatrix} = -x^{-4}$

故 $u_1 = \int \dfrac{-y_2 Q(x)}{W} dx = \int \dfrac{-x^{-2} \cdot x^{-1}}{x^{-4}} dx = \int x \, dx = \dfrac{x^2}{2}$

$u_2 = \int \dfrac{y_1 Q(x)}{W} dx = \int \dfrac{x^{-1} \cdot x^{-1}}{-x^{-4}} dx = \int (-x^2) dx = -\dfrac{1}{3} x^3$

$\therefore y_p(x) = u_1(x)y_1 + u_2(x)y_2 = \dfrac{x^2}{2} \cdot x^{-1} - \dfrac{1}{3} x^3 \cdot x^{-2} = \dfrac{1}{6} x$

$\therefore y(x) = y_h(x) + y_p(x) = c_1 x^{-1} + c_2 x^2 + \dfrac{1}{6} x$

方法二

本題若直接令 $y_p(x) = Ax$ ，代入比較得 $A = \dfrac{1}{6}$ ，最快！ ◼

例題 4 **基本題**

解 $x^2 y'' - 4y' + 6y = 12x^{-1}$

解 (1) 先解齊次解，令 $y_h = x^m$ ，則 $y_h' = mx^{m-1}, y_h'' = m(m-1)x^{m-2}$

代入原方程式得 $m(m-1) - 4m + 6 = 0 \Rightarrow m = 2, 3$

$\therefore y_h(x) = c_1 x^2 + c_2 x^3$

(2) 特解假設為 $y_p = Ax^{-1}$ （速解！），則 $y_p' = -Ax^{-2}, y_p'' = 2Ax^{-3}$

代入原方程式得 $(2A + 4A + 6A)x^{-1} = 12x^{-1} \Rightarrow A = 1$ ，即

$y_p = x^{-1}$ ，故 $y(x) = c_1 x^2 + c_2 x^3 + x^{-1}$ 。

類題

解 $y''' - \dfrac{3}{x}y'' + \dfrac{6}{x^2}y' - \dfrac{6}{x^3}y = \dfrac{1}{x^4}$

答 原 O.D.E. 先整理為 $x^3 y''' - 3x^2 y'' + 6xy' - 6y = \dfrac{1}{x}$

令 $y_h = x^m$，代入原方程式得 $(m-1)(m-2)(m-3)=0 \Rightarrow m = 1, 2, 3$

$\therefore y_h(x) = c_1 x + c_2 x^2 + c_3 x^3$

特解可假設為 $y_p = \dfrac{A}{x}$，則 $y_p' = \dfrac{-A}{x^2}, y_p'' = \dfrac{2A}{x^3}, y_p''' = \dfrac{-6A}{x^4}$

代入比較係數得 $A = -\dfrac{1}{24}$，即 $y_p = -\dfrac{1}{24x}$

故 $y(x) = c_1 x + c_2 x^2 + c_3 x^3 - \dfrac{1}{24x}$。

例題 5　基本題

解 $x^2 y'' - 4xy' + 6y = x^4 e^x$

解 (1) 先解齊次解，再利用參數變異法求特解。

令 $y_h(x) = x^m$，則 $y' = mx^{m-1}$, $y'' = m(m-1)x^{m-2}$，代入原方程式得

$[m(m-1) - 4m + 6]x^m = 0 \Rightarrow m^2 - 5m + 6 = 0 \Rightarrow m = 2, 3$，即 $y_h = c_1 x^2 + c_2 x^3$

(2) 再令 $y_p(x) = u_1 y_1 + u_2 y_2$，$y_1 = x^2$，$y_2 = x^3$，$\therefore W = \begin{vmatrix} x^2 & x^3 \\ 2x & 3x^2 \end{vmatrix} = x^4$

故 $u_1 = \displaystyle\int \dfrac{-y_2 Q(x)}{W} dx = \int \dfrac{-x^3 \cdot x^2 e^x}{x^4} dx = -\int x e^x dx = -(x-1)e^x$

$u_2 = \displaystyle\int \dfrac{y_1 Q(x)}{W} dx = \int \dfrac{x^2 \cdot x^2 e^x}{x^4} dx = \int e^x dx = e^x$

$\therefore y_p(x) = u_1(x)y_1 + u_2(x)y_2 = -x^2(x-1)e^x + x^3 e^x = x^2 e^x$

(3) $\therefore y(x) = y_h(x) + y_p(x) = c_1 x^2 + c_2 x^3 + x^2 e^x$。

注意：本題之 $Q(x) = x^2 e^x$，須特別留意。

類題

解 $x^2 y'' - 2xy' + 2y = x^3 e^x$

答 令 $y_h(x) = x^m$，代入原方程式得

$m(m-1) - 2m + 2 = 0 \Rightarrow (m-1)(m-2) = 0 \Rightarrow m = 1, 2$

$\therefore y_h(x) = c_1 x + c_2 x^2$

再令 $y_p(x) = u_1 y_1 + u_2 y_2$，$y_1 = x$，$y_2 = x^2$，$\therefore W = \begin{vmatrix} x & x^2 \\ 1 & 2x \end{vmatrix} = x^2$

故 $u_1 = \int \dfrac{-y_2 Q(x)}{W} dx = \int \dfrac{-x^2 \cdot xe^x}{x^2} dx = \int (-xe^x) dx = -(x-1)e^x$

$u_2 = \int \dfrac{y_1 Q(x)}{W} dx = \int \dfrac{x \cdot xe^x}{x^2} dx = \int e^x dx = e^x$

$\therefore y_p(x) = u_1(x) y_1 + u_2(x) y_2 = -(x-1)e^x \cdot x + e^x \cdot x^2 = xe^x$

$\therefore y(x) = y_h(x) + y_p(x) = c_1 x + c_2 x^2 + xe^x$。

2-3 習題

1. 解 $x^2 y'' + 4xy' - 4y = 0$
2. 解 $x^2 y'' - 4xy' + 4y = 0$
3. 解 $x^2 y'' - xy' + y = x^7$
4. 解 $x^2 y'' - 2y = 3x^2$
5. 解 $x^2 y'' - 6xy' + 12y = x^5 e^x$
6. 解 $x^2 y'' - 2xy' + 2y = \dfrac{1}{x}$
7. 解 $x^2 y'' + xy' = -x^{5/2}$
8. 解 $4x^2 y'' + 17y = 0$，$y(1) = -1$，$y'(1) = -\dfrac{1}{2}$

總整理

本章第一節至第三節之心得：

1. (1) 疊加原理之應用限制：線性、齊次。

   (2) Wronskian 行列式之功用：判斷函數間之 L.I. 或 L.D.。

2. 常係數 O.D.E. 之解為：$y(x) = y_h(x) + y_p(x)$

   其中令 $y_h(x) = e^{\lambda x} \Rightarrow$ 熟記三種解之形式。

   $\qquad y_p(x) \Rightarrow$ 利用參數變異法或未定係數法，其中同形項要會修正。

3. 柯西－尤拉 O.D.E. 之解為：$y(x) = y_h(x) + y_p(x)$

   其中令 $y_h(x) = x^m \Rightarrow$ 熟記三種解之形式。

   $\qquad y_p(x) \Rightarrow$ 可利用參數變異法或未定係數法。

2-4　高階 O.D.E. 的應用

本節將針對高階 O.D.E. 在力學與電學的應用分別說明之。

1　力學的應用

如右圖所示：一個質量－阻尼－彈簧（mck）振動系統。

m：物體質量（kg），$m > 0$

c：阻尼（$\dfrac{N}{\text{meter/s}}$），$c > 0$

k：彈簧之彈性係數（$\dfrac{N}{\text{meter}}$），$k > 0$

$y(t)$：物體之位移（meter）

$F(t)$：外力（N）

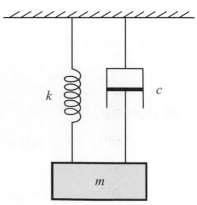

若此系統已經處於靜平衡,此時受到外力往下拉,
則依據牛頓第二運動定律可得

$$F - cy' - ky = my''$$

整理為

$$my'' + cy' + ky = F(t) \cdots\cdots\cdots\cdots\cdots\cdots\cdots\cdots\cdots\cdots\cdots\cdots (1)$$

(1) 式屬於二階常係數非齊次 O.D.E.,以下分為二種情況來分析此系統。

1. 外力 $F(t)$ 不存在:此時振盪現象僅由 m、c、k 決定!

   O.D.E. 成為 $my'' + cy' + ky = 0$

   令 $y = e^{\lambda x}$ 代入得 $m\lambda^2 + c\lambda + k = 0$

   解得 $\lambda = \dfrac{-c \pm \sqrt{c^2 - 4km}}{2m}$

   可分成如下之三種 CASE:

   CASE 1:$c^2 > 4km$,λ 為二個相異負實數,稱為**過阻尼**(over damping)

   $$解為 \quad y(t) = c_1 e^{\frac{-c+\sqrt{c^2-4km}}{2m}t} + c_2 e^{\frac{-c-\sqrt{c^2-4km}}{2m}t}$$

   現將振盪結果配合一種 I.C. 繪圖如下:

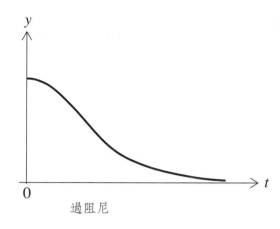

過阻尼

CASE 2：$c^2 = 4km$， $\lambda = -\dfrac{c}{2m}$ 為相同負實數，稱為**臨界阻尼**（critical damping）

解為 $y(t) = c_1 e^{-\frac{c}{2m}t} + c_2 t e^{-\frac{c}{2m}t}$

現將振盪結果配合一種 I.C. 繪圖如下：

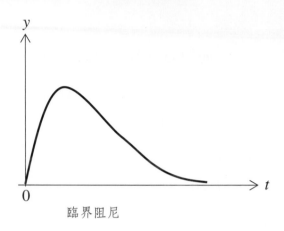

臨界阻尼

CASE 3：$c^2 < 4km$，λ 為二個相異共軛複數，稱為**不足阻尼**（under damping）

解為 $y(t) = e^{-\frac{c}{2m}t}\left(c_1 \cos \dfrac{\sqrt{4km-c^2}}{2m} t + c_2 \sin \dfrac{\sqrt{4km-c^2}}{2m} t \right)$

現將振盪結果配合一種 I.C. 繪圖如下：

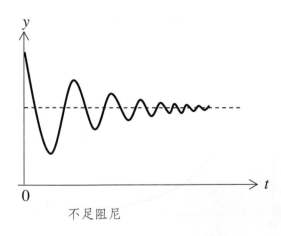

不足阻尼

2. 外力 $F(t)$ 存在：此時振盪現象由 m、c、k 與 $F(t)$ 共同決定！此處僅說明一種特例，稱為**共振**（resonance）。

假設 $m = k = 1$，$c = 0$，$F(t) = \cos t$，即 $F(t)$ 之外力角頻率為 1，則

O.D.E.：$y'' + y = \cos t$，I.C.：$y(0) = y'(0) = 0$

先解得 $y_h = c_1 \cos t + c_2 \sin t$，此處 y_h 之固有角頻率為 1

令 $y_p = t(A\cos t + B\sin t)$，代入比較係數得 $A = 0$，$B = \dfrac{1}{2}$，$\therefore$ $y_p = \dfrac{1}{2} t \sin t$

故 $y(t) = c_1 \cos t + c_2 \sin t + \dfrac{1}{2} t \sin t$

又 $y'(t) = -c_1 \sin t + c_2 \cos t + \dfrac{1}{2}(\sin t + t \cos t)$

代入 I.C. : $\begin{cases} y(0) = c_1 = 0 \\ y'(0) = c_2 = 0 \end{cases}$，故得 $y(t) = \dfrac{1}{2} t \sin t$，繪圖如下：

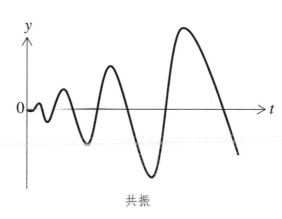

共振

此時外力角頻率等於固有角頻率，故引起共振。

2 電學的應用

如右圖所示：一個電阻－電感－電容（RLC）的電路系統：

R：電阻（ohm），$R > 0$

L：電感（henry），$L > 0$

C：電容（farad），$C > 0$

$q\,(t)$：電量（coulomb）

$E\,(t)$：電壓（volt）

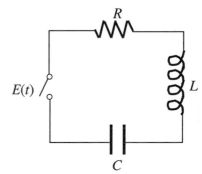

則依據克希荷夫定律可得控制方程式為

$$L\ddot{q} + R\dot{q} + \frac{1}{C} q = E(t) \quad\text{......................................(2)}$$

由 (2) 式可看出電路系統與振動系統屬於完全相同的方程式，結果當然相同，因此不再多做說明。

例題 1　基本題

(1) 解如下之 mck 振動系統：

　　O.D.E.：$y'' + 4y' + 3y = 0$，I.C.：$y(0) = 0$，$y'(0) = 1$

(2) 此振動系統屬於過阻尼、臨界阻尼或不足阻尼？

解 (1) 令 $y(t) = e^{\lambda t}$，則 $\lambda^2 + 4\lambda + 3 = 0 \Rightarrow (\lambda+1)(\lambda+3) = 0$，$\lambda_1 = -1$，$\lambda_2 = -3$

即 $y(t) = c_1 e^{-t} + c_2 e^{-3t}$

又 $y'(t) = -c_1 e^{-t} - 3c_2 e^{-3t}$

代入 $\begin{cases} y(0) = c_1 + c_2 = 0 \\ y'(0) = -c_1 - 3c_2 = 1 \end{cases}$，

解得 $c_1 = \dfrac{1}{2}$，$c_2 = -\dfrac{1}{2}$

故得 $y(t) = \dfrac{1}{2} e^{-t} - \dfrac{1}{2} e^{-3t}$

(2) 由 $4^2 - 4 \cdot 1 \cdot 3 = 4 > 0$，知此振動系統屬於過阻尼。

類題

(1) 解如下之 mck 振動系統：

　　O.D.E.：$y'' + 3y' + 2y = 0$，I.C.：$y(0) = 1$，$y'(0) = 0$

(2) 此振動系統屬於過阻尼、臨界阻尼或不足阻尼？

答 (1) 令 $y(t) = e^{\lambda t}$，則 $\lambda^2 + 3\lambda + 2 = 0 \Rightarrow (\lambda+1)(\lambda+2) = 0$，$\lambda_1 = -1$，$\lambda_2 = -2$

即 $y(t) = c_1 e^{-t} + c_2 e^{-2t}$

又 $y'(t) = -c_1 e^{-t} - 2c_2 e^{-2t}$

代入 $\begin{cases} y(0) = c_1 + c_2 = 1 \\ y'(0) = -c_1 - 2c_2 = 0 \end{cases}$，

解得 $c_1 = 2$，$c_2 = -1$

故得 $y(t) = 2^{-t} - e^{-2t}$。

(2) 由 $3^2 - 4 \cdot 1 \cdot 2 = 1 > 0$，知此振動系統屬於過阻尼。

例題 2　基本題

(1) 解如下之 RLC 電路系統

O.D.E.：$q'' + 6q' + 9q = 0$，I.C.：$q(0) = 1$，$q'(0) = 0$

(2) 此電路系統屬於過阻尼、臨界阻尼或不足阻尼？

解 (1) 令 $q(t) = e^{\lambda t}$，則 $\lambda^2 + 6\lambda + 9 = 0 \Rightarrow (\lambda + 3)^2 = 0$，$\lambda_1 = \lambda_2 = -3$

即 $q(t) = c_1 e^{-3t} + c_2 t e^{-3t}$，又 $q'(t) = -3c_1 e^{-3t} + c_2(e^{-3t} - 3te^{-3t})$

代入 $\begin{cases} q(0) = c_1 = 1 \\ q'(0) = -3c_1 + c_2 = 0 \end{cases}$，

解得 $c_1 = 1$，$c_2 = 3$，

故得 $q(t) = e^{-3t} + 3te^{-3t}$

(2) 由 $6^2 - 4 \cdot 1 \cdot 9 = 0$，知此電路系統屬於臨界阻尼。

類題

(1) 解如下之 RLC 電路系統：

O.D.E.：$q'' + 4q' + 4q = 0$，I.C.：$q(0) = 1$，$q'(0) = 0$

(2) 此電路系統屬於過阻尼、臨界阻尼或不足阻尼？

答 (1) 令 $q(t) = e^{\lambda t}$，則 $\lambda^2 + 4\lambda + 4 = 0 \Rightarrow (\lambda + 2)^2 = 0$，$\lambda_1 = \lambda_2 = -2$

即 $q(t) = c_1 e^{-2t} + c_2 t e^{-2t}$，又 $q'(t) = -2c_1 e^{-2t} + c_2(e^{-2t} - 2te^{-2t})$

代入 $\begin{cases} q(0) = c_1 = 1 \\ q'(0) = -2c_1 + c_2 = 0 \end{cases}$，

解得 $c_1 = 1$，$c_2 = 2$，

故得 $q(t) = e^{-2t} + 2te^{-2t}$

(2) 由 $4^2 - 4 \cdot 1 \cdot 4 = 0$，知此電路系統屬於臨界阻尼。

2-4　習題

1. (1) 解如下之 mck 振動系統：

   O.D.E.：$y'' + 2y' + 5y = 0$，I.C.：$y(0) = 1$，$y'(0) = 0$

   (2) 此振動系統屬於過阻尼、臨界阻尼或不足阻尼？

2. (1) 解如下之 RLC 電路系統：

   O.D.E.：$q'' + 2q' + 10q = 0$, I.C.：$q(0) = 1, q'(0) = 0$

   (2) 此電路系統屬於過阻尼、臨界阻尼或不足阻尼？

CHAPTER

03

拉普拉斯變換

■ 本章大綱 ■

學習目標

1. 瞭解拉氏變換之定義、存在理論、當然定理
2. 瞭解「一二微積乘除摺尺初終」之基本性質與獨特之物理意義，並注意其中「一二微積乘除週」之證明推導過程
3. 熟悉對脈波函數、δ 函數、週期函數之拉氏變換，亦要注意其應用
4. 瞭解反拉氏變換之求法有哪些及其具有之特質
5. 瞭解拉氏變換理論之二大應用～解常係數 O.D.E. 與積分方程式

　　拉普拉斯（Laplace，1749～1827）是法國偉大的科學家，尊稱為「法國之牛頓」，他在研究天文學時創造了**拉普拉斯變換**（Laplace transform，簡稱拉氏變換），在電路、自動控制、化工程序分析都有應用，數學上用於解 O.D.E. 與 P.D.E. 會更方便，諸位必須熟悉！

　　拉普拉斯變換可以分為二種：

1.　**單邊**（unilateral）拉氏變換：積分區間為 $(0, \infty)$。
2.　**雙邊**（bilateral）拉氏變換：積分區間為 $(-\infty, \infty)$。

　　工程數學、自動控制的課程都介紹單邊拉氏變換；雙邊拉氏變換則探討系統的特性很有用，例如此系統是否為因果（causal）系統、穩定（stable）系統、**頻率響應**（frequency response）等，因此訊號與系統的拉氏變換與工程數學的拉氏變換有些不同，幸好二者在性質上很多是互通的，即先念通工程數學的拉氏變換對學習其他課程是有用的。

3-1 定義與觀念

　　以前學微積分之積分技巧時，當以原變數積不出時，會採用變數變換到一新變數下做積分，最後再代回原變數即可。同理，對一待解之函數 $f(t)$ 而言，我們亦可藉由變換之觀念，將 $f(t)$ 轉換成 $F(s)$ 再求解，而為配合 $f(t)$ 之物理現象、物理區間與初始條件，常以「積分運算」化簡問題，此即**積分變換法** [integral transform，源自 Euler（1707～1783）] 之由來：

$$F(s) \equiv \int_a^b f(t)k(s,t)dt$$

其中 $[a, b]$ 即原 $f(t)$ 之物理區間，而 $k(s, t)$ 稱為**核函數**（kernel function），為我們所「選擇」之雙變數函數。以下即說明拉普拉斯變換之定義。

定義 拉普拉斯變換

若有一函數 $f(t)$ 在 $t \geq 0$ 之區間內均有意義，則定義 $f(t)$ 之拉氏變換如下：

$$\mathscr{L}\{f(t)\} = \int_0^\infty f(t)e^{-st}dt \equiv F(s) \cdots\cdots\cdots\cdots\cdots\cdots(1)$$

其中，e^{-st} 在 $s \geq 0$ 之條件下為 t 之指數型**減衰函數**。

觀察 (1) 式，稱新函數 $F(s)$ 為原函數 $f(t)$ 之拉氏變換。若已知 $F(s)$，欲反求 $f(t)$ 之步驟即稱為**反拉氏變換**（inverse Laplace transform），記為 $f(t) = \mathscr{L}^{-1}\{F(s)\}$，其計算在本章後面再研討，此處先看如下二題。

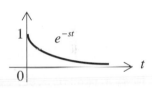

例題 1 說明題

已知 $f(t) = 1$，$t \geq 0$，求 $\mathscr{L}\{f(t)\} = ?$

解 由 (1) 式定義得 $\mathscr{L}\{f(t)\} = \int_0^\infty 1 \cdot e^{-st}dt = -\frac{1}{s}e^{-st}\Big|_0^\infty = \frac{1}{s}$ （於 $s > 0$ 才成立）

令 $F(s) = \frac{1}{s}$，茲將 $f(t)$ 與 $F(s)$ 圖示如下：

例題 2 說明題

已知 $f(t)=e^{at}$, $t \geq 0$, a 是常數，求 $\mathscr{L}\{f(t)\}=$?

解 由 (1) 式得 $\mathscr{L}\{f(t)\}=\int_0^\infty e^{at}e^{-st}dt=\dfrac{e^{-(s-a)t}}{-(s-a)}\Big|_0^\infty=\dfrac{1}{s-a}$（於 $s>a$ 才存在）

由以上二個例題發現：當 $s \to \infty$ 時，皆有 $F(s) \to 0$，後面會說明此事實是成立的。接著來探討拉氏變換之線性理論。

定理一　拉氏變換之線性理論

若 a、b 是二常數，且 $f(t)$ 與 $g(t)$ 之拉氏變換均存在，則

$$\mathscr{L}\{af(t)+bg(t)\}=a\mathscr{L}\{f(t)\}+b\mathscr{L}\{g(t)\}$$

例題 3 說明題

已知 $f(t)=\cosh at$，求 $\mathscr{L}\{f(t)\}=$?

解 $\because \cosh at=\dfrac{e^{at}+e^{-at}}{2}$，由定理一知

$$\mathscr{L}\{f(t)\}=\frac{1}{2}\mathscr{L}\{e^{at}\}+\frac{1}{2}\mathscr{L}\{e^{-at}\}=\frac{1}{2}\left\{\frac{1}{s-a}+\frac{1}{s+a}\right\}=\frac{s}{s^2-a^2}$$

| 定理二 | 拉氏變換之存在定理（又稱為指數階理論） |

若 $f(t)$ 在 $t \geq 0$ 之區間為**分段連續**（piecewise continuous），且滿足

$$|f(t)| \leq Me^{rt}, \quad t \geq 0 \quad \cdots\cdots\cdots\cdots\cdots\cdots\cdots\cdots(2)$$

其中 M 及 r 均為正的常數，在 $s > r$ 之情形下，$f(t)$ 之拉氏變換必存在。

證明： $\mathscr{L}\{f(t)\} = \int_0^\infty f(t)e^{-st}dt \leq \int_0^\infty |f(t)|e^{-st}dt \leq \int_0^\infty Me^{rt}e^{-st}dt = \dfrac{M}{s-r}$ （$\because s > r$）

即只要找到 M 與 r 以滿足 (2) 式，則 $f(t)$ 之拉氏變換必存在，並稱滿足 (2) 式之 $f(t)$ 為**指數階函數**。∎

| 例題 4 | 說明題 |

請判斷下列各函數之拉氏變換存在嗎？

(1) $\cosh t$ (2) t^n, $n = 0, 1, 2, \cdots$ (3) e^{t^2}

解 (1) $\cosh t = \dfrac{1}{2}(e^t + e^{-t}) \leq \dfrac{1}{2}(e^t + e^t) = e^t$，意即當 $t \geq 0$ 時，$\cosh t < e^t$ 成立 （即滿足指數階理論），故其拉氏變換存在。

(2) t^n, $n = 0, 1, 2, \cdots$，當 $t \geq 0$ 時 $t^n < Me^{rt}$ 成立（利用羅必達法則即知），即滿足指數階理論，故其拉氏變換存在。

(3) 對於函數 e^{t^2} 而言，只要 t 夠大，則無論如何選取 M 及 r，總有 $e^{t^2} > Me^{rt}$ （利用羅必達法則即知），故其拉氏變換不存在。

| 定理三 | 拉氏變換之「當然」定理 |

若 $f(t)$ 之拉氏變換為 $F(s)$，且 $f(t)$ 滿足指數階，則下式必成立：

$$\lim_{s \to \infty} F(s) = 0 \quad \cdots\cdots\cdots\cdots\cdots\cdots\cdots\cdots\cdots(3)$$

證明：由定理二知，$F(s) \leq \dfrac{M}{s-r}$，故 $\displaystyle\lim_{s \to \infty} F(s) = \lim_{s \to \infty} \dfrac{M}{s-r} = 0$（得證）

意即對大部分函數 $f(t)$ 而言，其拉氏變換 $F(s)$ 之圖形外形皆為減衰（漸減），此結果視為拉氏變換之常識！　■

現以下列諸例說明常見函數之拉氏變換。

例題 5　說明題

求 $f(t) = t$ 之拉氏變換？

解 $\mathscr{L}\{t\} = \displaystyle\int_0^\infty t e^{-st} dt = \left[(-\dfrac{t}{s} - \dfrac{1}{s^2}) e^{-st} \right]_0^\infty = \dfrac{1}{s^2}$

同理，$\mathscr{L}\{t^2\} = \displaystyle\int_0^\infty t^2 e^{-st} dt = \left[(-\dfrac{t^2}{s} - \dfrac{2t}{s^2} - \dfrac{2}{s^3}) e^{-st} \right]_0^\infty = \dfrac{2}{s^3}$

故可以歸納得通式為 $\mathscr{L}\{t^n\} = \dfrac{n!}{s^{n+1}}$　，　$n > -1$

例題 6　說明題

求 $\cos at$、$\sin at$ 之拉氏變換？

解 利用 $e^{iat} = \cos at + i \sin at$

$\mathscr{L}\{e^{iat}\} = \displaystyle\int_0^\infty e^{-st} e^{iat} dt = \left[\dfrac{e^{-(s-ia)t}}{-(s-ia)} \right]_0^\infty = \dfrac{1}{s-ia} = \dfrac{s}{s^2+a^2} + i \dfrac{a}{s^2+a^2}$

取實部得 $\mathscr{L}\{\cos at\} = \dfrac{s}{s^2+a^2}$，取虛部得 $\mathscr{L}\{\sin at\} = \dfrac{a}{s^2+a^2}$

本題之結果，讀者可藉由繪出 $\cos at$、$\sin at$ 之圖形，並配合拉氏變換代表之意義來記憶！

說明：因為 $\cos at$、$\sin at$ 之形狀相同，僅在起點 $t = 0$ 有差異，由 $\cos at\big|_{t=0} = 1$，但
$\sin at\big|_{t=0} = 0$，故 $\cos at$ 贏在起跑點，即 $\sin at$ 比 $\cos at$ 慢，變慢就是變小，所以
$\cos at$ 表示「大」，而 $\sin at$ 表示「小」，因此 $\mathscr{L}\{\cos at\} = \dfrac{s}{s^2 + a^2} \propto \dfrac{1}{s}$ （大），
$\mathscr{L}\{\sin at\} = \dfrac{a}{s^2 + a^2} \propto \dfrac{1}{s^2}$ （小）。

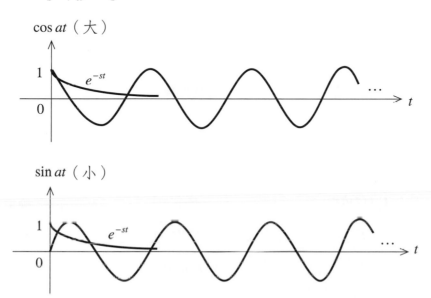

接著我們將基本函數的拉氏變換求出，做成表 3-1，需要時查閱方便。

表 3-1　基本函數之拉氏變換

項次	$f(t)$	$F(s)$	項次	$f(t)$	$F(s)$
一	1	$\dfrac{1}{s}$	五	$\cos at$	$\dfrac{s}{s^2 + a^2}$
二	t	$\dfrac{1}{s^2}$	六	$\sin at$	$\dfrac{a}{s^2 + a^2}$
三	$t^n, n = 1, 2, 3, \cdots\cdots$	$\dfrac{n!}{s^{n+1}}$	七	$\cosh at$	$\dfrac{s}{s^2 - a^2}$
四	e^{at}	$\dfrac{1}{s - a}$	八	$\sinh at$	$\dfrac{a}{s^2 - a^2}$

3-2 拉氏變換之性質

　　拉氏變換的基本性質，是拉氏變換之靈魂，是我們在應用時不可或缺的工具，同學只要依照本節編寫的步驟與獨步全球之物理意義說明來研讀，即可以一輩子牢記在心，並運用自如，應試與進修兩相宜。

　　先將拉氏變換的基本性質列出如下表：

口訣	函數形式	拉氏變換	效應
一	$e^{at}f(t)$	$F(s-a)$	放大
二	$u(t-a)f(t-a)$	$e^{-as}F(s)$	縮小
微	$f'(t)$	$sF(s)-f(0)$	放大
積	$\int_0^t f(\tau)d\tau$	$\dfrac{F(s)}{s}$	縮小
乘	$t^n f(t)$	$(-1)^n F^{(n)}(s)$	放大
除	$\dfrac{f(t)}{t}$	$\int_s^\infty F(u)du$	縮小
摺	$f*g$	FG	
尺	$f(at)$	$\dfrac{1}{a}F(\dfrac{s}{a})$	
初	$f(t)$	$F(s)$	$\lim\limits_{t\to 0}f(t)=\lim\limits_{s\to\infty}sF(s)$
終	$f(t)$	$F(s)$	$\lim\limits_{t\to\infty}f(t)=\lim\limits_{s\to 0}sF(s)$

定理一　　第一移位定理（first shifting theorem）

　　若 $\mathscr{L}\{f(t)\}=F(s)$，則

$$\mathscr{L}\{e^{at}f(t)\}=F(s-a)\cdots\cdots\cdots\cdots\cdots\cdots(1)$$

證明：因 $\mathscr{L}\{f(t)\}=\int_0^\infty e^{-st}f(t)dt=F(s)$

故 $\mathscr{L}\{e^{at}f(t)\}=\int_0^\infty e^{-st}\left[e^{at}f(t)\right]dt=\int_0^\infty e^{-(s-a)t}f(t)dt=F(s-a)$

上式之積分僅當 $s>a$ 時才存在，如下系統圖：

現將第一移位定理所代表之含意圖示如下：

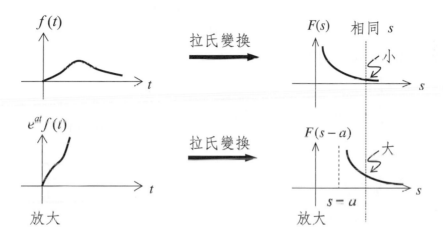

說明：當原函數 $f(t)$ 乘上 e^{at}（輸入變大）後，其拉氏變換為將 $F(s)$ 中的 s 以 $(s-a)$ 取代成為 $F(s-a)$，其幾何意義即將 $F(s)$「往右」移 a 單位！配合 $F(s)$ 為減衰之特性，$F(s-a)$ 之效果為「放大」（在相同 s 下比較所得）。 ∎

例題 1　基本題

求 (1) te^{2t} 之拉氏變換？　(2) $\mathscr{L}\{e^{2t}\cos 3t\}=?$

解 (1) 因 $\mathscr{L}\{t\}=\dfrac{1}{s^2}$，故 $\mathscr{L}\{te^{2t}\}=\dfrac{1}{(s-2)^2}$

(2) 因 $\mathscr{L}\{\cos 3t\}=\dfrac{s}{s^2+9}$，故 $\mathscr{L}\{e^{2t}\cos 3t\}=\dfrac{s-2}{(s-2)^2+9}$

定理二　第二移位定理（second shifting theorem）

若 $\mathscr{L}\{f(t)\}=F(s)$，則

$$\mathscr{L}\{u(t-a)f(t-a)\}=e^{-as}F(s) \cdots\cdots\cdots\cdots\cdots\cdots\cdots\cdots (2)$$

證明：先認識一個新定義的「**單位步階函數**」（unit step function，又稱為 Heaviside function），記為 $u(t-a)$ 或 $H(t-a)$，即

$$u(t-a)=\begin{cases} 1 & , \quad t>a \\ 0 & , \quad t<a \end{cases} \cdots\cdots\cdots\cdots\cdots\cdots\cdots (3)$$

其圖形如右，現證明如下：

$$\begin{aligned} &\mathscr{L}\{u(t-a)f(t-a)\} \\ &= \int_0^\infty e^{-st}u(t-a)f(t-a)dt \\ y=t-a \quad &= \int_a^\infty e^{-st}f(t-a)dt \\ &= \int_0^\infty e^{-s(y+a)}f(y)dy \\ &= e^{-as}\int_0^\infty f(y)e^{-sy}dy = e^{-as}F(s) \end{aligned}$$

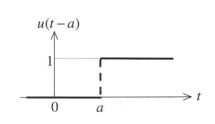

說明：本定理之幾何意義即將原圖形右移 a 單位，以物理意義而言，稱「輸入訊號慢了 a 單位」，由 3-1 節之說明知「變慢就是變小」！現將第二移位定理所代表之含意圖示如下：

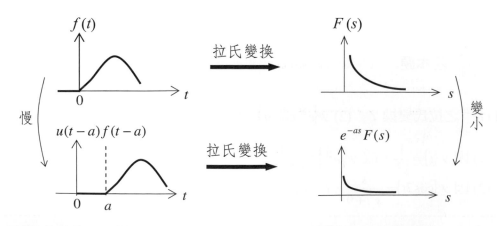

此處之新輸入函數 $u(t-a)f(t-a)$ 比原輸入函數 $f(t)$ 小，因為在 $t=0$ 至 $t=a$ 之間 $u(t-a)f(t-a)$ 皆無輸入！

例題 2   基本題

求 $g(t) = u(t - \pi) \sin(t - \pi)$ 之拉氏變換？

解 因為 $\mathscr{L}\{\sin t\} = \dfrac{1}{s^2 + 1}$，知 $\mathscr{L}\{g(t)\} = \dfrac{1}{s^2 + 1} e^{-\pi s}$

定理三   微分性質

若 $\mathscr{L}\{f(t)\} = F(s)$，則 $\mathscr{L}\{f'(t)\} = sF(s) - f(0)$

證明：$\mathscr{L}\{f'(t)\} = \displaystyle\int_0^\infty f'(t) e^{-st} dt = e^{-st} f(t) \Big|_0^\infty + s \int_0^\infty e^{-st} f(t) dt$

　　　當 $\lim\limits_{t \to \infty} e^{-st} f(t) = 0$ 成立時，上式成為

$$\mathscr{L}\{f'(t)\} = -f(0) + s \int_0^\infty e^{-st} f(t) dt = sF(s) - f(0) \text{（得證）}$$

說明：由微積分之結論知微分就是變大，因此輸出也變大，即乘 s 倍！ ■

　　由定理三可以推得 $f''(t)$ 的拉氏變換如下：

$$\mathscr{L}\{f''(t)\} = s\,\mathscr{L}\{f'(t)\} - f'(0) = s[sF(s) - f(0)] - f'(0)$$
$$= s^2 F(s) - sf(0) - f'(0)$$

依此類推！故得通式如下：

$$\mathscr{L}\{f^{(n)}(t)\} = s^n F(s) - s^{n-1} f(0) - s^{n-2} f'(0) - \cdots - f^{(n-1)}(0)$$

例題 3   基本題

已知 $\mathscr{L}\{f(t)\} = \dfrac{s}{s^2 + 1}$，且 $f(0) = 1$，求 $\mathscr{L}\{f'(t)\} = ?$

解 由微分性質得 $\mathscr{L}\{f'(t)\} = s \cdot \dfrac{s}{s^2 + 1} - 1 = \dfrac{s^2}{s^2 + 1} - 1 = -\dfrac{1}{s^2 + 1}$

定理四　積分性質

> 若 $\mathscr{L}\{f(t)\} = F(s)$，則 $\mathscr{L}\left\{\int_0^t f(\tau)d\tau\right\} = \dfrac{F(s)}{s}$

證明：令 $g(t) \equiv \int_0^t f(\tau)d\tau$，則有 $g'(t) = f(t), \quad g(0) = 0$

取拉氏變換得 $sG(s) - g(0) = F(s)$，移項後得 $G(s) = \dfrac{F(s)}{s}$（得證）

說明：由微積分之結論知積分就是變小，因此輸出也變小，即除 s 倍！

通式：若 $\mathscr{L}\{f(t)\} = F(s)$，則 $\mathscr{L}\left\{\int_0^t \int_0^t \cdots \int_0^t f(\tau)(d\tau)^n\right\} = \dfrac{F(s)}{s^n}$

例題 4　基本題

已知 $\mathscr{L}\{\sin 3t\} = \dfrac{3}{s^2 + 9}$，求 $\mathscr{L}\left\{\int_0^t \sin 3\tau d\tau\right\} = ?$

解 利用積分公式，得 $\mathscr{L}\left\{\int_0^t \sin 3\tau d\tau\right\} = \dfrac{3}{s(s^2 + 9)}$

定理五　乘 t 性質

> 若 $\mathscr{L}\{f(t)\} = F(s)$，則 $\mathscr{L}\{tf(t)\} = -\dfrac{dF(s)}{ds}$

證明：$\dfrac{dF(s)}{ds} = \dfrac{d}{ds}\left[\int_0^\infty f(t)e^{-st}dt\right] = \int_0^\infty \dfrac{d}{ds}\left[f(t)e^{-st}\right]dt = \int_0^\infty \left[-tf(t)\right]e^{-st}dt$

即 $\mathscr{L}\{tf(t)\} = -\dfrac{dF(s)}{ds}$，故得證。（要訣：由右往左證！）

說明：乘 t 就是變大，因此輸出也變大，所以是微分！

通式：同理，$\mathscr{L}\{t^2 f(t)\} = \dfrac{d^2 F}{ds^2}$，故通式為 $\mathscr{L}\{t^n f(t)\} = (-1)^n \dfrac{d^n F(s)}{ds^n}$

例題 5 說明題

求 $\mathscr{L}\{t\cos t\}=?$

解 因 $\mathscr{L}\{\cos t\}=\dfrac{s}{s^2+1}$，故 $\mathscr{L}\{t\cos t\}=-\dfrac{d}{ds}\left(\dfrac{s}{s^2+1}\right)=-\dfrac{s^2+1-s\cdot 2s}{(s^2+1)^2}=\dfrac{s^2-1}{(s^2+1)^2}$

類題

$f(t)=t\sin 5t$，求 $\mathscr{L}\{f(t)\}=?$

答 因 $\mathscr{L}\{\sin 5t\}=\dfrac{5}{s^2+25}$，故 $\mathscr{L}\{t\sin 5t\}=-\dfrac{d}{ds}\left(\dfrac{5}{s^2+25}\right)=\dfrac{10s}{(s^2+25)^2}$

定理六 除 t 性質

若 $\mathscr{L}\{f(t)\}=F(s)$，則 $\mathscr{L}\left\{\dfrac{f(t)}{t}\right\}=\displaystyle\int_s^\infty F(u)du$

證明： 令 $g(t)\equiv\dfrac{f(t)}{t}$，並設 $\mathscr{L}\{g(t)\}=G(s)$

由 $f(t)=tg(t)$，兩邊取拉氏變換並利用乘 t 性質得 $F(s)=-\dfrac{dG(s)}{ds}$

由上式得 $G(s)=-\displaystyle\int_\infty^s F(u)du$ （$\because \lim\limits_{s\to\infty}F(s)$ 一定存在）

（此處須注意積分下限為 ∞ 之理由來自微積分基本定理！）

故 $G(s)=\displaystyle\int_s^\infty F(u)du \Rightarrow \mathscr{L}\left\{\dfrac{f(t)}{t}\right\}=\int_s^\infty F(u)du$

幾何意義如右圖所示之斜線區域面積：

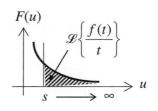

說明： 除 t 就是變小，因此輸出也變小，所以是積分！

通式： 若 $\mathscr{L}\{f(t)\}=F(s)$，則 $\mathscr{L}\left\{\dfrac{f(t)}{t^n}\right\}=\displaystyle\int_s^\infty\int_s^\infty\cdots\int_s^\infty F(u)(du)^n$

例題 6　說明題

求 $\mathscr{L}\left\{\dfrac{e^{-t}-e^{-2t}}{t}\right\}=?$

解 因 $\mathscr{L}\left\{e^{-t}-e^{-2t}\right\}=\dfrac{1}{s+1}-\dfrac{1}{s+2}=\dfrac{1}{(s+1)(s+2)}$

故 $\mathscr{L}\left\{\dfrac{e^{-t}-e^{-2t}}{t}\right\}=\displaystyle\int_s^\infty\dfrac{1}{(u+1)(u+2)}du=\int_s^\infty\left[\dfrac{1}{u+1}-\dfrac{1}{u+2}\right]du$

$$=\left[\ln\dfrac{u+1}{u+2}\right]_s^\infty=0-\ln\dfrac{s+1}{s+2}=\ln\dfrac{s+2}{s+1}$$

類題

$f(t)=\dfrac{\sin t}{t}$，求 $\mathscr{L}\{f(t)\}=?$

答 因 $\mathscr{L}\{\sin t\}=\dfrac{1}{s^2+1}$，

故 $\mathscr{L}\left\{\dfrac{\sin t}{t}\right\}=\displaystyle\int_s^\infty\dfrac{1}{u^2+1}du=\left[\tan^{-1}u\right]_s^\infty=\dfrac{\pi}{2}-\tan^{-1}s$

定理七　　**摺積性質（convolution property）**

設 $\mathscr{L}\{f(t)\}=F(s)$，$\mathscr{L}\{g(t)\}=G(s)$，則

$$\mathscr{L}\{f*g\}=\mathscr{L}\{g*f\}=F(s)G(s)$$

其中定義：$f*g\equiv\displaystyle\int_0^t f(\tau)g(t-\tau)d\tau$，稱作 f 和 g 的摺積。

$g*f\equiv\displaystyle\int_0^t g(\tau)f(t-\tau)d\tau$，稱作 g 和 f 的摺積。

證明：$\mathscr{L}\{f * g\} = \int_0^\infty e^{-st}\left[\int_0^t f(\tau)g(t-\tau)d\tau\right]dt$

$\qquad = \int_0^\infty f(\tau)\left[\int_\tau^\infty e^{-st}g(t-\tau)dt\right]d\tau$

變換積分順序

$\qquad = \int_0^\infty f(\tau)\left[\int_0^\infty e^{-s(u+\tau)}g(u)du\right]d\tau$

$u = t - \tau$

$\qquad = \int_0^\infty f(\tau)e^{-s\tau}\left[\int_0^\infty e^{-su}g(u)du\right]d\tau$

$\qquad = \left[\int_0^\infty f(\tau)e^{-s\tau}d\tau\right]\left[\int_0^\infty g(u)e^{-su}du\right]$

$\qquad = F(s)G(s)$，故得證。

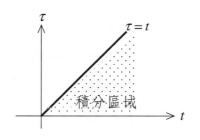

例題 7　說明題

(1) 求 $1 * t = ?$　　(2) 求 $\mathscr{L}\{1 * t\} = ?$

解 (1) 由定義知 $1 * t = \int_0^t 1 \cdot (t-\tau)d\tau = \left[t\tau - \dfrac{1}{2}\tau^2\right]_0^t = \dfrac{1}{2}t^2$

　　(2) $\mathscr{L}\{1 * t\} = \dfrac{1}{s} \cdot \dfrac{1}{s^2} = \dfrac{1}{s^3}$

類題

(1) 求 $t * t = ?$　　(2) 求 $\mathscr{L}\{t * t\} = ?$

答 (1) 由定義知 $t * t = \int_0^t \tau \cdot (t-\tau)d\tau = \int_0^t (t\tau - \tau^2)d\tau = \left[\dfrac{1}{2}t\tau^2 - \dfrac{1}{3}\tau^3\right]_0^t = \dfrac{1}{6}t^3$

　　(2) $\mathscr{L}\{t * t\} = \dfrac{1}{s^2} \cdot \dfrac{1}{s^2} = \dfrac{1}{s^4}$

定理八　　尺度性質（scale property）

若 $\mathscr{L}\{f(t)\} = F(s)$，則 $\mathscr{L}\{f(at)\} = \dfrac{1}{a}F(\dfrac{s}{a})$。

證明：$\mathscr{L}\{f(at)\}=\int_0^\infty e^{-st}f(at)dt=\int_0^\infty e^{-s\frac{u}{a}}f(u)\dfrac{du}{a}$ （令 $u=at$ ）

$\qquad\qquad=\dfrac{1}{a}\int_0^\infty e^{-u\frac{s}{a}}f(u)du=\dfrac{1}{a}F(\dfrac{s}{a})$，故得證。 ∎

▊ 記法：原變數 t 放大 a 倍，表示 $f(t)$ 圖形之「伸縮」效應（不是變大或變小），

同學自行比較 $\sin t$ 與 $\sin 3t$ 之圖形思考即知。「伸縮」導致之拉氏變換

有二個效應：

(1) 後變數 s 縮小 a 倍 $\Rightarrow \dfrac{s}{a}$

(2) 拉氏變換函數 $F(s)$ 亦縮小 a 倍 $\Rightarrow \dfrac{1}{a}F(\dfrac{s}{a})$

例題 8　說明題

已知 $\mathscr{L}\{\sin t\}=\dfrac{1}{s^2+1}$，求 $\mathscr{L}\{\sin at\}=$?

解 由尺度性質知 $\mathscr{L}\{\sin at\}=\dfrac{1}{a}\dfrac{1}{(\dfrac{s}{a})^2+1}=\dfrac{a}{s^2+a^2}$

定理九　初值定理

若 $\mathscr{L}\{f(t)\}=F(s)$，則 $\lim\limits_{t\to 0}f(t)=\lim\limits_{s\to\infty}sF(s)$

證明：由微分公式 $\mathscr{L}\{f'(t)\}=sF(s)-f(0)$，即 $\int_0^\infty e^{-st}f'(t)dt=sF(s)-f(0)$

$\qquad$上式令 $s\to\infty$ 得 $0=\lim\limits_{s\to\infty}[sF(s)-f(0)] \Rightarrow f(0)=\lim\limits_{s\to\infty}sF(s)$

$\qquad$故得證 $\lim\limits_{t\to 0}f(t)=\lim\limits_{s\to\infty}sF(s)$ ∎

例題 9　基本題

若 $\mathscr{L}\{f(t)\}=\dfrac{s+1}{s^2+2s+2}$ ，求 $\displaystyle\lim_{t\to 0}f(t)=?$

解 利用初值定理得 $\displaystyle\lim_{t\to 0}f(t)=\lim_{s\to\infty}sF(s)=\lim_{s\to\infty}s\cdot\dfrac{s+1}{s^2+2s+2}=1$

類題

若 $\mathscr{L}\{f(t)\}=\dfrac{5}{s(s^2+s+2)}$ ，求 $\displaystyle\lim_{t\to 0}f(t)=?$

答 $\displaystyle\lim_{t\to 0}f(t)=\lim_{s\to\infty}s\cdot\dfrac{5}{s(s^2+s+2)}=0$ ∎

定理十　終值定理

若 $\mathscr{L}\{f(t)\}=F(s)$ ，則 $\displaystyle\lim_{t\to\infty}f(t)=\lim_{s\to 0}sF(s)$

證明：仍由微分公式 $\displaystyle\int_0^\infty e^{-st}f'(t)dt=sF(s)-f(0)$

上式令 $s\to 0$ 得 $\displaystyle\int_0^\infty f'(t)dt=\lim_{s\to 0}\big[sF(s)-f(0)\big]$

∴ $\displaystyle\big[f(t)\big]_0^\infty=\lim_{s\to 0}sF(s)-f(0)$

故 $\displaystyle\lim_{t\to\infty}f(t)-f(0)=\lim_{s\to 0}sF(s)-f(0)$ ，消去 $f(0)$ 即得證。 ∎

例題 10　基本題

若 $f(t)$ 之拉氏變換為 $F(s)=\dfrac{9}{s(s^2+s+2)}$ ，則 $\displaystyle\lim_{t\to\infty}f(t)=?$

解 利用終值定理得 $\displaystyle\lim_{t\to\infty}f(t)=\lim_{s\to 0}sF(s)=\lim_{s\to 0}s\cdot\dfrac{9}{s(s^2+s+2)}=\dfrac{9}{2}$

類題

若 $f(t)$ 之拉氏變換為 $F(s)=\dfrac{1}{s(s^2+2s+2)}$，則 $\lim\limits_{t\to\infty}f(t)=?$

答 由終值定理得 $\lim\limits_{t\to\infty}f(t)=\lim\limits_{s\to 0}s\cdot\dfrac{1}{s(s^2+2s+2)}=\dfrac{1}{2}$

3-2　習題

求 1～10 題之拉氏變換。

1. $e^{-t}\cos 4t$

2. $e^{-3t}\sin 5t$

3. $\cosh^2 t$

4. $t\sin 4t$

5. $te^{-3t}\sin 2t$

6. $e^{-t}(3\sinh 2t-5\cosh 2t)$

7. $t^3 e^{-3t}$

8. $e^{-t}\sin^2 t$

9. $t*e^t$

10. $e^{-t}*\sin t$

11. 若 $f(t)$ 之拉氏變換為 $F(s)=\dfrac{5s+8}{s(s^2+2s+2)}$，則 (1) $\lim\limits_{t\to 0}f(t)=?$　(2) $\lim\limits_{t\to\infty}f(t)=?$

12. 若 $f(t)$ 之拉氏變換為 $F(s)=\dfrac{3s+2}{s^2+4s+5}$，則 (1) $\lim\limits_{t\to 0}f(t)=?$　(2) $\lim\limits_{t\to\infty}f(t)=?$

3-3　特殊函數之拉氏變換

本節將介紹三種用處很大的特殊函數之拉氏變換。分別是：

1.　**脈波函數**（pulse function）

2.　**單位衝量函數**（unit impulse function）

3.　**週期函數**（periodic function）

在拉氏變換，將單位步階函數 $u(t)$ 與 1 視為相同函數，而 $u(t)$ 的意義可解釋為：在 $t < 0$ 以前不來電（相當於「關」），直到 $t > 0$ 以後才來電（相當於「開」），即已有「開、關」之事實，利用這種觀念可以定義如下之**脈波函數**（pulse function）：

定義　脈波函數

若一函數 $P(t)$ 僅存在於區間 $[a, b]$，且在區間 $[a, b]$ 之函數為 $f(t)$，如下圖 (a) 所示，則稱 $P(t)$ 為脈波函數，可以下式表之：

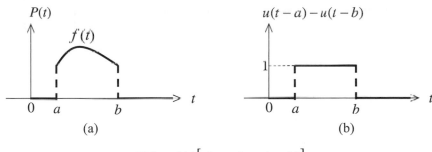

(a)　　　　　　　(b)

$$P(t) = f(t)\big[u(t-a) - u(t-b)\big]$$

其中 $u(t-a) - u(t-b)$ 之意義如下：在 $t = a$ 時開起來，直到 $t = b$ 才關掉（故減去，取負號），且其函數值為 1，特稱為「單位脈波函數」，如上圖 (b) 所示。因此可知脈波函數很容易表成單位步階函數之組合。

例題 1 基本題

求下列函數之拉氏變換？

(1) $f(t) = 2[u(t-1) - u(t-4)]$

(2) $f(t) = [u(t) - u(t-1)] + (-2)[u(t-1) - u(t-3)]$

解 (1) $f(t) = 2[u(t-1) - u(t-4)]$，意即在 $t = 1$ 時開起來，在 $t = 4$ 又關掉，且其函數值為 2，此函數圖形之外形為「方形」，如右圖所示：其拉氏變換可得為

$$\mathscr{L}\{f(t)\} = 2\left(\frac{e^{-s}}{s} - \frac{e^{-4s}}{s}\right)$$

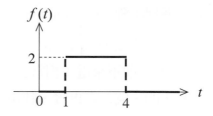

(2) $f(t) = [u(t) - u(t-1)] + (-2)[u(t-1) - u(t-3)]$，意即在 $t = 0$ 時開起來，在 $t = 1$ 又關掉，且其函數值為 1；接著在 $t = 1$ 時開起來，在 $t = 3$ 又關掉，且其函數值為 -2，如右圖所示。先將 $f(t)$ 合併為

$$f(t) = u(t) - 3u(t-1) + 2u(t-3)$$

其拉氏變換可得為

$$\mathscr{L}\{f(t)\} = \frac{1}{s} - 3\frac{e^{-s}}{s} + 2\frac{e^{-3s}}{s}$$

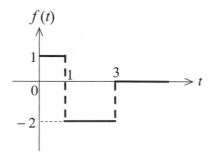

類題

求 $\mathscr{L}\{f(t)\} = ?$ $f(t)$：如右圖所示之函數。

答 $f(t) = 2[u(t-1) - u(t-3)] - 1[u(t-3) - u(t-6)]$
$= 2u(t-1) - 3u(t-3) + u(t-6)$

$\therefore \mathscr{L}\{f(t)\} = 2\frac{e^{-s}}{s} - 3\frac{e^{-3s}}{s} + \frac{e^{-6s}}{s}$

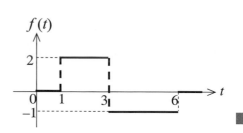

例題 **2** 基本題

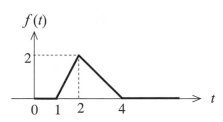

求 $\mathscr{L}\{f(t)\}=$?

$f(t)$：如右圖所示函數。

解 先將 $f(t)$ 以單位階梯函數 $u(t)$ 表示，由上圖知 $f(t)$ 共可分成四段：

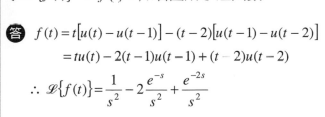

$$f(t) = \begin{cases} 0 & , \quad 0 < t < 1 \\ 2(t-1)\big[u(t-1) - u(t-2)\big] & , \quad 1 < t < 2 \\ -(t-4)\big[u(t-2) - u(t-4)\big] & , \quad 2 < t < 4 \\ 0 & , \quad t > 4 \end{cases}$$

$\therefore \ f(t) = 2(t-1)u(t-1) + (-2t + 2 - t + 4)u(t-2) + (t-4)u(t-4)$

$\qquad = 2(t-1)u(t-1) - 3(t-2)u(t-2) + (t-4)u(t-4)$

故 $\mathscr{L}\{f(t)\} = \dfrac{2e^{-s}}{s^2} - \dfrac{3e^{-2s}}{s^2} + \dfrac{e^{-4s}}{s^2}$

註：多多利用**斜截式**來表示直線！

類題

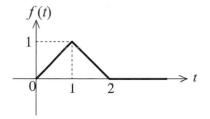

求 $\mathscr{L}\{f(t)\}=$? $f(t)$：如右圖所示之函數。

答 $f(t) = t\big[u(t) - u(t-1)\big] - (t-2)\big[u(t-1) - u(t-2)\big]$

$\qquad = tu(t) - 2(t-1)u(t-1) + (t-2)u(t-2)$

$\therefore \ \mathscr{L}\{f(t)\} = \dfrac{1}{s^2} - 2\dfrac{e^{-s}}{s^2} + \dfrac{e^{-2s}}{s^2}$

例題 3 基本題

比較下列三個函數，並求其拉氏變換？

(1) $\mathscr{L}\{t^2 u(t)\}=?$ (2) $\mathscr{L}\{(t-2)^2 u(t-2)\}=?$ (3) $\mathscr{L}\{t^2 u(t-2)\}=?$

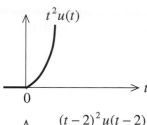

解 (1) $t^2 u(t)$ 之圖形如右所示，$\therefore \mathscr{L}\{t^2 u(t)\}=\dfrac{2}{s^3}$

(2) $(t-2)^2 u(t-2)$ 之圖形如右所示：

仍為連續函數！

$\therefore \mathscr{L}\{(t-2)^2 u(t-2)\}=\dfrac{2e^{-2s}}{s^3}$

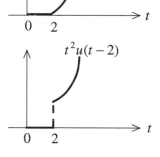

(3) $t^2 u(t-2)$ 之圖形如右所示：屬不連續函數

將 t^2 故意表為 $t^2=(t-2)^2+4(t-2)+4$

$\therefore \mathscr{L}\{t^2 u(t-2)\}$

$= \mathscr{L}\{(t-2)^2 u(t-2)+4(t-2)u(t-2)+4u(t-2)\}$

$= \dfrac{2e^{-2s}}{s^3}+\dfrac{4e^{-2s}}{s^2}+\dfrac{4e^{-2s}}{s}$

類題

求 $\mathscr{L}\{tu(t-3)\}=?$

答 $\mathscr{L}\{tu(t-3)\}=\mathscr{L}\{[(t-3)+3]u(t-3)\}=\mathscr{L}\{(t-3)u(t-3)\}+3\mathscr{L}\{u(t-3)\}$

$= \dfrac{e^{-3s}}{s^2}+3\dfrac{e^{-3s}}{s}$

以工程或科學上之應用而言，經常會碰到如下之方形訊號 $g(t-a)$：

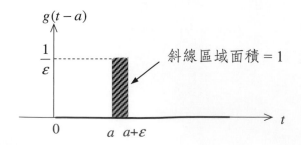

$$g(t-a)=\frac{1}{\varepsilon}\left[u(t-a)-u(t-a-\varepsilon)\right]=\begin{cases}\dfrac{1}{\varepsilon}, & a \le t \le a+\varepsilon \\ 0, & \text{其餘值}\end{cases}$$

此一訊號的特色是：當 $\varepsilon \to 0$ 時，其訊號的大小會成為無限大，但是其面積（即**作用量**）恆等於 1。為了區別起見，特將 $\varepsilon \to 0$ 時之訊號記為 $\delta(t-a)$，稱為**單位衝量函數**（unit impulse function），又稱為 Dirac 函數或 Delta 函數，亦即定義如下。

定義 單位衝量函數

$$\delta(t-a) \equiv \lim_{\varepsilon \to 0} g(t-a) = \lim_{\varepsilon \to 0} \frac{1}{\varepsilon}\left[u(t-a)-u(t-a-\varepsilon)\right]$$

單位衝量函數 $\delta(t-a)$ 之拉氏變換，可藉由極限之運算而求得如下：

$$\mathscr{L}\{\delta(t-a)\} = \lim_{\varepsilon \to 0} \mathscr{L}\left\{\frac{1}{\varepsilon}\left[u(t-a)-u(t-a-\varepsilon)\right]\right\} = \lim_{\varepsilon \to 0}\frac{1}{\varepsilon}\left(\frac{e^{-as}}{s}-\frac{e^{-(a+\varepsilon)s}}{s}\right)$$

$$= e^{-as}\lim_{\varepsilon \to 0}\frac{1-e^{-\varepsilon s}}{\varepsilon s} = e^{-as}\lim_{\varepsilon \to 0}\frac{se^{-\varepsilon s}}{s} = e^{-as}$$

故得 $\mathscr{L}\{\delta(t-a)\}= e^{-as}$，圖示如下：

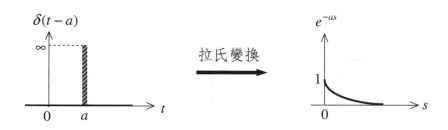

■‖‖ 特例：由 $\mathscr{L}\{\delta(t-a)\}= e^{-as}$，令 $a=0$ 代入得 $\mathscr{L}\{\delta(t)\}=1$

關係：由 $\delta(t-a)$ 之數學定義可知「單位衝量函數即為單位步階函數之微分」！

即 $\delta(t-a) = \dfrac{d}{dt}u(t-a)$

週期函數之拉氏變換

設 $f(t)$ 為週期函數，$f(t)=f(t+p),\ p>0$，則

$$\mathscr{L}\{f(t)\}=\frac{\displaystyle\int_0^p e^{-st}f(t)dt}{1-e^{-sp}}$$

證明：依定義得 $\mathscr{L}\{f(t)\} = \int_0^\infty e^{-st} f(t) dt$

$$= \int_0^p e^{-st} f(t) dt + \int_p^{2p} e^{-st} f(t) dt + \int_{2p}^{3p} e^{-st} f(t) dt + \cdots$$

在上式等號右邊積分項中，第一積分式令 $t \equiv u$

第二積分式令 $t \equiv u + p$，第三積分式令 $t \equiv u + 2p \cdots$，故

$$\mathscr{L}\{f(t)\} = \int_0^p e^{-su} f(u) du + \int_0^p e^{-s(u+p)} f(u+p) du + \int_0^p e^{-s(u+2p)} f(u+2p) du + \cdots$$

$$= \int_0^p e^{-su} f(u) du + e^{-sp} \int_0^p e^{-su} f(u) du + e^{-2sp} \int_0^p e^{-su} f(u) du + \cdots$$

$$= \left(1 + e^{-sp} + e^{-2sp} + \cdots\right) \int_0^p e^{-su} f(u) du$$

$$= \frac{\int_0^p e^{-su} f(u) du}{1 - e^{-sp}} = \frac{\int_0^p e^{-st} f(t) dt}{1 - e^{-sp}} \quad （得證）$$

例題 4 **基本題**

設 $f(t) = \begin{cases} 1 & , \ 0 < t < 1 \\ 0 & , \ 1 < t < 2 \end{cases}$ ，$f(t) = f(t+2)$，求 $f(t)$ 之拉氏變換？

解 $f(t)$ 之圖形如下：

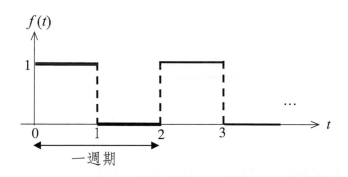

週期 $= 2$

先將 $f(t)$ 之「一個週期」以單位步階函數表示為 $u(t) - u(t-1)$

則 $\mathscr{L}\{u(t) - u(t-1)\} = \dfrac{1}{s} - \dfrac{e^{-s}}{s}$

故 $\mathscr{L}\{f(t)\} = \dfrac{\int_0^2 e^{-st} f(t) dt}{1 - e^{-2s}} = \dfrac{\dfrac{1}{s} - \dfrac{e^{-s}}{s}}{1 - e^{-2s}} = \dfrac{\dfrac{1}{s}(1 - e^{-s})}{(1 + e^{-s})(1 - e^{-s})} = \dfrac{1}{s(1 + e^{-s})}$

類題

設 $f(t) = \begin{cases} 1 \;,\; 0 < t < 1 \\ -1 \;,\; 1 < t < 2 \end{cases}$ ， $f(t) = f(t+2)$ ，求 $\mathscr{L}\{f(t)\} = ?$

答 $f(t)$ 之圖形如下：

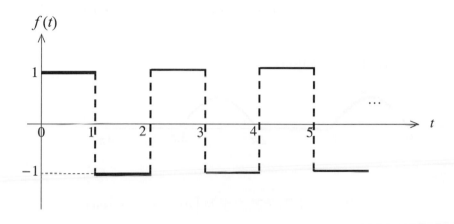

週期 $= 2$

先將 $f(t)$ 之一個週期以單位步階函數表示為

$$[u(t) - u(t-1)] - [u(t-1) - u(t-2)] = u(t) - 2u(t-1) + u(t-2)$$

則 $\mathscr{L}\{u(t) - 2u(t-1) + u(t-2)\} = \dfrac{1}{s} - \dfrac{2}{s}e^{-s} + \dfrac{1}{s}e^{-2s} = \dfrac{1}{s}(1 - e^{-s})^2$

故 $\mathscr{L}\{f(t)\} = \dfrac{\int_0^2 e^{-st} f(t) dt}{1 - e^{-2s}} = \dfrac{\dfrac{1}{s}(1 - e^{-s})^2}{(1 + e^{-s})(1 - e^{-s})} = \dfrac{1 - e^{-s}}{s(1 + e^{-s})}$

例題 5 基本題

求半波整流函數 $f(t) = \begin{cases} \sin t & , \ 0 < t < \pi \\ 0 & , \ \pi < t < 2\pi \end{cases}$，$f(t) = f(t + 2\pi)$ 之拉氏變換？

解 $f(t)$ 之圖形如下：

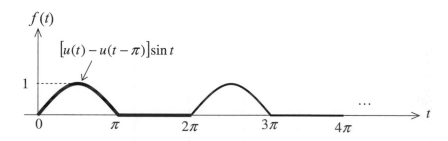

週期 $= 2\pi$

先將 $f(t)$ 之一個週期以單位步階函數表示為 $[u(t) - u(t-\pi)]\sin t$

又 $[u(t) - u(t-\pi)]\sin t = u(t)\sin t + u(t-\pi)\sin(t-\pi)$ 　$[\because \sin t = -\sin(t-\pi)]$

$\therefore \mathscr{L}\{[u(t)\sin t + u(t-\pi)\sin(t-\pi)]\} = \dfrac{1}{s^2+1} + \dfrac{1}{s^2+1}e^{-\pi s} = \dfrac{1+e^{-\pi s}}{s^2+1}$

故 $\mathscr{L}\{f(t)\} = \dfrac{1}{1-e^{-2\pi s}}\dfrac{1+e^{-\pi s}}{s^2+1} = \dfrac{1}{(1+e^{-\pi s})(1-e^{-\pi s})}\dfrac{1+e^{-\pi s}}{s^2+1} = \dfrac{1}{(s^2+1)(1-e^{-\pi s})}$

類題

設 $f(t) = t, \ 0 < t < 1, \ f(t) = f(t+1)$，求 $\mathscr{L}\{f(t)\} = ?$

答 $f(t)$ 之圖形如下：

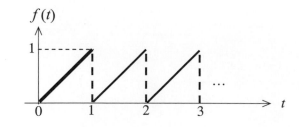

週期 $= 1$

先將 $f(t)$ 之一個週期以單位步階函數表示為 $t[u(t) - u(t-1)]$

又 $t[u(t) - u(t-1)] = tu(t) - tu(t-1) = tu(t) - (t-1)u(t-1) - u(t-1)$

則 $\mathscr{L}\{tu(t) - (t-1)u(t-1) - u(t-1)\} = \dfrac{1}{s^2} - \dfrac{1}{s^2}e^{-s} - \dfrac{1}{s}e^{-s}$

故 $\mathscr{L}\{f(t)\} = \dfrac{\int_0^1 e^{-st}f(t)dt}{1-e^{-s}} = \dfrac{\dfrac{1}{s^2} - \dfrac{1}{s^2}e^{-s} - \dfrac{1}{s}e^{-s}}{1-e^{-s}} = \dfrac{\left(-\dfrac{1}{s} - \dfrac{1}{s^2}\right)e^{-s} + \dfrac{1}{s^2}}{1-e^{-s}}$

$\qquad\qquad = \dfrac{1}{s^2} - \dfrac{e^{-s}}{s(1-e^{-s})}$

3-3　習題

1.　若 $f(t) = \begin{cases} t, & 0 \le t \le 1 \\ 1, & t \ge 1 \end{cases}$ ，求 $\mathscr{L}\{f(t)\} = ?$

2.　若 $f(t) = \begin{cases} 0, & 0 \le t < 1 \\ t-1, & 1 \le t < 2 \\ 1, & t \ge 2 \end{cases}$ ，求 $\mathscr{L}\{f(t)\} = ?$

3.　求 $\mathscr{L}\{e^t u(t-1)\} = ?$

4.　求 $\mathscr{L}\{\delta(t-3)\} = ?$

5.　$f(t) = \begin{cases} t, & 0 < t < 1 \\ 0, & 1 < t < 2 \end{cases}$ ，$f(t) = f(t+2)$ ，求 $\mathscr{L}\{f(t)\} = ?$

6.　$f(t) = e^{-t},\ 0 < t < 1,\ f(t) = f(t+1)$ ，求 $\mathscr{L}\{f(t)\} = ?$

3-4 反拉氏變換之求法

本節將介紹三種求反拉氏變換之方法。

方法 1、**部分分式法**（partial fractions method）；

方法 2、**摺積性質**（convolution property）；

方法 3、利用「一二微積乘除」之反變換公式。

1 部分分式法

將欲求的函數先化成部分分式，然後求每一項的反拉氏變換，就可得到原函數的反拉氏變換。而部分分式的求法在第 0 章即學過（此處不重複說明），故此法相當簡單，茲舉例說明之。

例題 1 基本題

求 $\mathscr{L}^{-1}\left\{\dfrac{3s-5}{s^2-2s-3}\right\}=?$

解 令 $\dfrac{3s-5}{s^2-2s-3}=\dfrac{A}{s-3}+\dfrac{B}{s+1}$，一手遮天法可得 $A=1, B=2$

故 $\mathscr{L}^{-1}\left\{\dfrac{3s-5}{s^2-2s-3}\right\}=\mathscr{L}^{-1}\left\{\dfrac{1}{s-3}\right\}+\mathscr{L}^{-1}\left\{\dfrac{2}{s+1}\right\}=e^{3t}+2\,e^{-t}$

類題

求 $\mathscr{L}^{-1}\left\{\dfrac{2s+3}{s^2-5s-14}\right\}=?$

答 先算出 $\dfrac{2s+3}{s^2-5s-14}=\dfrac{2s+3}{(s-7)(s+2)}=\dfrac{\frac{17}{9}}{s-7}+\dfrac{\frac{1}{9}}{s+2}$

$\therefore \mathscr{L}^{-1}\left\{\dfrac{2s+3}{s^2-5s-14}\right\}=\mathscr{L}^{-1}\left\{\dfrac{\frac{17}{9}}{s-7}+\dfrac{\frac{1}{9}}{s+2}\right\}=\dfrac{17}{9}e^{7t}+\dfrac{1}{9}e^{-2t}$

例題 2 基本題

求 $\mathscr{L}^{-1}\left\{\dfrac{5s^2-15s-11}{(s+1)(s-2)^3}\right\}=?$

解 令 $\dfrac{5s^2-15s-11}{(s+1)(s-2)^3}=\dfrac{A}{s+1}+\dfrac{B}{s-2}+\dfrac{C}{(s-2)^2}+\dfrac{D}{(s-2)^3}$

$\therefore 5s^2-15s-11=A(s-2)^3+B(s+1)(s-2)^2+C(s+1)(s-2)+D(s+1)$

由上式，令 $s=-1$ 得 $A=-\dfrac{1}{3}$；令 $s=2$ 得 $D=-7$

B、C 則由比較係數得 $B=\dfrac{1}{3}$，$C=4$，故

$\mathscr{L}^{-1}\left\{\dfrac{5s^2-15s-11}{(s+1)(s-2)^3}\right\}=\mathscr{L}^{-1}\left\{\dfrac{-\frac{1}{3}}{s+1}\right\}+\mathscr{L}^{-1}\left\{\dfrac{\frac{1}{3}}{s-2}\right\}+\mathscr{L}^{-1}\left\{\dfrac{4}{(s-2)^2}\right\}+\mathscr{L}^{-1}\left\{\dfrac{-7}{(s-2)^3}\right\}$

$=-\dfrac{1}{3}e^{-t}+\dfrac{1}{3}e^{2t}+4te^{2t}-\dfrac{7}{2}t^2e^{2t}$

類題

求 $\mathscr{L}^{-1}\left\{\dfrac{3s+1}{(s-1)(s^2+1)}\right\}=?$

答 先算出 $\dfrac{3s+1}{(s-1)(s^2+1)}=\dfrac{2}{s-1}+\dfrac{-2s+1}{s^2+1}$

$\therefore \mathscr{L}^{-1}\left\{\dfrac{3s+1}{(s-1)(s^2+1)}\right\}=2e^t-2\cos t+\sin t$

例題 3 基本題

求 $\mathscr{L}^{-1}\left\{\dfrac{1}{s^2+2s+5}\right\}=?$　$\mathscr{L}^{-1}\left\{\dfrac{s+3}{s^2+2s+5}\right\}=?$

解 分母不能因式分解，就用配方法！

(1) $\mathscr{L}^{-1}\left\{\dfrac{1}{s^2+2s+5}\right\}=\mathscr{L}^{-1}\left\{\dfrac{1}{(s+1)^2+(2)^2}\right\}=\dfrac{1}{2}e^{-t}\sin 2t$

(2) $\mathscr{L}^{-1}\left\{\dfrac{s+3}{s^2+2s+5}\right\}=\mathscr{L}^{-1}\left\{\dfrac{s+1+2}{(s+1)^2+(2)^2}\right\}=e^{-t}\cos 2t+e^{-t}\sin 2t$

類題

求 $\mathscr{L}^{-1}\left\{\dfrac{s^2+2s+3}{(s^2+2s+2)(s^2+2s+5)}\right\}=?$

答 先算出 $\dfrac{s^2+2s+3}{(s^2+2s+2)(s^2+2s+5)}=\dfrac{\frac{1}{3}}{s^2+2s+2}+\dfrac{\frac{2}{3}}{s^2+2s+5}$

$\therefore \mathscr{L}^{-1}\left\{\dfrac{s^2+2s+3}{(s^2+2s+2)(s^2+2s+5)}\right\}=\dfrac{1}{3}e^{-t}\sin t+\dfrac{1}{3}e^{-t}\sin 2t$

例題 4　基本題

求 $\mathscr{L}^{-1}\left\{\dfrac{s^2-1}{s^2+1}\right\}=?$

解 碰到假分式，就先化為真分式即可！

$\therefore \mathscr{L}^{-1}\left\{\dfrac{s^2-1}{s^2+1}\right\}=\mathscr{L}^{-1}\left\{\dfrac{s^2+1-2}{s^2+1}\right\}=\mathscr{L}^{-1}\left\{1-\dfrac{2}{s^2+1}\right\}=\delta(t)-2\sin t$

類題

求 $\mathscr{L}^{-1}\left\{\dfrac{s^2+1}{s^2+4}\right\}=?$

答 $\mathscr{L}^{-1}\left\{\dfrac{s^2+1}{s^2+4}\right\}=\mathscr{L}^{-1}\left\{\dfrac{s^2+4-3}{s^2+4}\right\}=\mathscr{L}^{-1}\left\{1-\dfrac{3}{s^2+4}\right\}=\delta(t)-\dfrac{3}{2}\sin 2t$

2　摺積性質

設 $\mathscr{L}\{f(t)\}=F(s)$，$\mathscr{L}\{g(t)\}=G(s)$，則 $\mathscr{L}\{f*g\}=F(s)G(s)$
同取反拉得

$$\mathscr{L}^{-1}\{F(s)G(s)\}=f*g$$

例題 5　**基本題**

利用摺積性質求 $\mathscr{L}^{-1}\left\{\dfrac{1}{s^2(s+1)}\right\}=?$

解 因 $\mathscr{L}^{-1}\left\{\dfrac{1}{s^2}\right\}=t$，$\mathscr{L}^{-1}\left\{\dfrac{1}{s+1}\right\}=e^{-t}$

由摺積性質得 $\mathscr{L}^{-1}\left\{\dfrac{1}{s^2(s+1)}\right\}=t*e^{-t}=\displaystyle\int_0^t \tau e^{-(t-\tau)}d\tau=e^{-t}\int_0^t \tau e^{\tau}d\tau$

$$=e^{-t}\left[(\tau-1)e^{\tau}\right]_0^t=e^{-t}\left[(t-1)e^t-1\right]=t-1-e^{-t}$$

類題

求 $\mathscr{L}^{-1}\left\{\dfrac{1}{(s+1)(s-2)^2}\right\}=?$

答 因 $\mathscr{L}^{-1}\left\{\dfrac{1}{s+1}\right\}=e^{-t}$，$\mathscr{L}^{-1}\left\{\dfrac{1}{(s-2)^2}\right\}=te^{2t}$

$\therefore \mathscr{L}^{-1}\left\{\dfrac{1}{(s+1)(s-2)^2}\right\}=e^{-t}*te^{2t}=\displaystyle\int_0^t e^{-\tau}(t-\tau)e^{2(t-\tau)}d\tau=e^{2t}\int_0^t (t-\tau)e^{-3\tau}d\tau$

$$=\frac{1}{9}e^{-t}+\frac{1}{3}te^{2t}-\frac{1}{9}e^{2t}$$

有些題目的反拉氏變換僅能利用摺積性質計算，如下例之說明。

例題 6　基本題

求 $\mathscr{L}^{-1}\left\{\dfrac{1}{(s^2+1)^2}\right\}=?$

解 因 $\mathscr{L}^{-1}\left\{\dfrac{1}{s^2+1}\right\}=\sin t$，由摺積性質得

$$\mathscr{L}^{-1}\left\{\dfrac{1}{(s^2+1)^2}\right\}=\sin t*\sin t=\int_0^t \sin\tau\cdot\sin(t-\tau)d\tau$$

$$=\int_0^t \sin\tau\cdot[\sin t\cos\tau-\cos t\sin\tau]d\tau=(\sin t)\int_0^t \sin\tau\cos\tau d\tau-(\cos t)\int_0^t \sin^2\tau d\tau$$

$$=(\sin t)\int_0^t \frac{1}{2}\sin 2\tau d\tau-(\cos t)\int_0^t \frac{1-\cos 2\tau}{2}d\tau$$

$$=(\sin t)\left[-\frac{1}{4}\cos 2\tau\right]_0^t-(\cos t)\left[\frac{\tau}{2}-\frac{\sin 2\tau}{4}\right]_0^t$$

$$=(\sin t)\left[\frac{1}{4}-\frac{1}{4}\cos 2t\right]-(\cos t)\left[\frac{t}{2}-\frac{\sin 2t}{4}\right]=\frac{1}{2}\sin t-\frac{t}{2}\cos t$$

類題

求 $\mathscr{L}^{-1}\left\{\dfrac{s}{(s^2+1)^2}\right\}=?$

答 因 $\mathscr{L}^{-1}\left\{\dfrac{1}{s^2+1}\right\}=\sin t$ ，$\mathscr{L}^{-1}\left\{\dfrac{s}{s^2+1}\right\}=\cos t$，由摺積性質得

$$\mathscr{L}^{-1}\left\{\dfrac{s}{(s^2+1)^2}\right\}=\cos t*\sin t=\int_0^t \cos\tau\cdot\sin(t-\tau)d\tau$$

$$=\int_0^t \cos\tau\cdot[\sin t\cos\tau-\cos t\sin\tau]d\tau=(\sin t)\int_0^t \cos^2\tau d\tau-(\cos t)\int_0^t \sin\tau\cos\tau d\tau$$

$$=(\sin t)\int_0^t \frac{1+\cos 2\tau}{2}d\tau-(\cos t)\int_0^t \frac{1}{2}\sin 2\tau d\tau$$

$$=(\sin t)\left[\frac{\tau}{2}+\frac{\sin 2\tau}{4}\right]_0^t-(\cos t)\left[-\frac{1}{4}\cos 2\tau\right]_0^t$$

$$=(\sin t)\left[\frac{t}{2}+\frac{\sin 2t}{4}\right]-(\cos t)\left[\frac{1}{4}-\frac{1}{4}\cos 2t\right]$$

$$=\frac{t}{2}\sin t+\frac{1}{4}(\cos t\cos 2t+\sin t\sin 2t)-\frac{1}{4}\cos t$$

$$=\frac{t}{2}\sin t$$

例題 7　基本題

求 $u(t-2) * t = ?$

解 不要直接做摺積！

利用拉氏變換之摺積性質得 $\mathscr{L}\{u(t-2) * t\} = \dfrac{e^{-2s}}{s} \cdot \dfrac{1}{s^2} = \dfrac{e^{-2s}}{s^3}$

則 $u(t-2) * t = \mathscr{L}^{-1}\left\{\dfrac{e^{-2s}}{s^3}\right\} = \dfrac{1}{2} u(t-2)(t-2)^2$

類題

求 $1 * e^{-t} = ?$

答 $\mathscr{L}\{1 * e^{-t}\} = \dfrac{1}{s} \cdot \dfrac{1}{s+1} = \dfrac{1}{s} - \dfrac{1}{s+1} \xrightarrow{\ \mathscr{L}^{-1}\ } 1 - e^{-t}$　　　　■

3 利用「一二微積乘除」之反變換公式

　　有些反拉氏變換需利用 3-2 節所討論之各個公式，藉其反運算而求得，以下分項列出其應用公式。（注意！口訣完全相同！）

　　已知 $\mathscr{L}^{-1}\{F(s)\} = f(t)$，則

(1) 第一移位性質：$\mathscr{L}^{-1}\{F(s-a)\} = e^{at} f(t)$

(2) 第二移位性質：$\mathscr{L}^{-1}\{e^{-as} F(s)\} = u(t-a) f(t-a)$

(3) 微分性質：$\mathscr{L}^{-1}\{F^{(n)}(s)\} = (-1)^n t^n f(t)$

(4) 積分性質：$\mathscr{L}^{-1}\left\{\displaystyle\int_s^\infty F(u)du\right\} = \dfrac{f(t)}{t}$

(5) 乘 s 性質：$\mathscr{L}^{-1}\{sF(s)\} = f'(t) + f(0)\delta(t)$

(6) 除 s 性質：$\mathscr{L}^{-1}\left\{\dfrac{F(s)}{s}\right\} = \displaystyle\int_0^t f(\tau)d\tau$

　　諸位在面對以上反拉氏變換之公式時，不用再去記憶，因為「口訣與拉氏變換完全相同」！只需以「一二微積乘除」之記法去反推即可，可以一石二鳥！茲以下列數例說明之。

例題 8 基本題

求 $\mathscr{L}^{-1}\left\{\dfrac{e^{-s}}{s^2+9}\right\}=$?

解 善用如下之方塊圖：

$$\dfrac{1}{s^2+9} \to \boxed{\mathscr{L}^{-1}} \to \dfrac{1}{3}\sin 3t$$

$$\dfrac{e^{-s}}{s^2+9} \to \boxed{\mathscr{L}^{-1}} \to \dfrac{1}{3}\sin 3(t-1)\cdot u(t-1)$$

類題

求 $\mathscr{L}^{-1}\left\{\dfrac{se^{-2s}}{s^2+1}\right\}=$?

答

$$\dfrac{s}{s^2+1} \to \boxed{\mathscr{L}^{-1}} \to \cos t$$

$$\dfrac{se^{-2s}}{s^2+1} \to \boxed{\mathscr{L}^{-1}} \to \cos(t-2)\cdot u(t-2)$$

例題 9 基本題

求 $\mathscr{L}^{-1}\left\{\dfrac{e^{-2s}}{(s-1)^2}\right\}=$?

解

$$\dfrac{1}{s^2} \to \boxed{\mathscr{L}^{-1}} \to t$$

$$\dfrac{1}{(s-1)^2} \to \boxed{\mathscr{L}^{-1}} \to te^t$$

$$\dfrac{e^{-2s}}{(s-1)^2} \to \boxed{\mathscr{L}^{-1}} \to (t-2)e^{t-2}u(t-2)$$

類題

求 $\mathscr{L}^{-1}\left\{\dfrac{e^{-2s}}{(s+1)^4}\right\}=?$

答

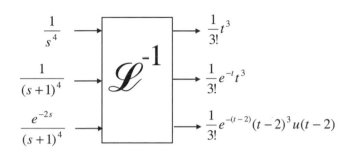

例題 10　基本題

求 $\mathscr{L}^{-1}\left\{\ln\dfrac{s-2}{s}\right\}=?$

解 令 $F(s)=\ln\dfrac{s-2}{s}=\ln(s-2)-\ln s$，設法將 $F(s)$ 製造成**分式形式**以利求解！

微分得 $\dfrac{dF}{ds}=\dfrac{1}{s-2}-\dfrac{1}{s}$ $\xrightarrow{\mathscr{L}^{-1}}-tf(t)=e^{2t}-1$，故得 $f(t)=\dfrac{1-e^{2t}}{t}$

類題

求 $\mathscr{L}^{-1}\left\{\ln\dfrac{s^2+1}{s(s+1)}\right\}=?$

答 令 $F(s)=\ln\dfrac{s^2+1}{s(s+1)}=\ln(s^2+1)-\ln s-\ln(s+1)$，微分得

$\dfrac{dF}{ds}=\dfrac{2s}{s^2+1}-\dfrac{1}{s}-\dfrac{1}{s+1}$ $\xrightarrow{\mathscr{L}^{-1}}-tf(t)=2\cos t-1-e^{-t}$

故 $f(t)=\dfrac{1}{t}(1+e^{-t}-2\cos t)$

3-4 習題

1. $\mathscr{L}^{-1}\left\{\dfrac{1}{s(s^2+3)}\right\} = ?$

2. $\mathscr{L}^{-1}\left\{\dfrac{4s^2+2}{s(s+1)(s+2)}\right\} = ?$

3. $\mathscr{L}^{-1}\left\{\dfrac{3s-2}{s^2+6s+25}\right\} = ?$

4. $\mathscr{L}^{-1}\left\{\dfrac{2s-1}{s^2(s-1)^2}\right\} = ?$

5. $\mathscr{L}^{-1}\left\{\dfrac{s^2+2}{s^2+1}\right\} = ?$

6. $\mathscr{L}^{-1}\left\{\dfrac{e^{-s}}{s^2}\right\} = ?$

7. $\cos t * u(t-1) = ?$

8. $t * e^{at} = ?$

9. $\mathscr{L}^{-1}\left\{\ln\dfrac{s+1}{s-1}\right\} = ?$

10. $\mathscr{L}^{-1}\left\{\ln(1+\dfrac{4}{s^2})\right\} = ?$

11. 假設 $f(t) = \mathscr{L}^{-1}\left\{\dfrac{1}{s(s-1)^2}\right\}$，下列何者正確？

    (A) $f(0) = -1$　　(B) $f(0) = 1$　　(C) $f(1) = -1$　　(D) $f(1) = 1$。

3-5 拉氏變換之應用

　　對於一因變數為 $y(t)$ 之微分方程式或積分方程式，取拉氏變換後便以 s 為變數，加以整理移項，必得 $Y(s)$，進行反拉氏變換必還原為 $y(t)$，這是以拉氏變換求解方程式的步驟。以下分成二種方程式型態加以討論。

1 常係數 O.D.E.

常係數 **O.D.E.** ＋ **I.C.** $\xrightarrow{\quad\mathscr{L}\quad}$ 代數方程式（易解）

$\xleftarrow{\quad\mathscr{L}^{-1}\quad}$

例題 1　基本題

解初始值問題 $y'' - 3y' + 2y = 2\,e^{2t}$, $y(0) = 0$, $y'(0) = 0$

解 (1) 取拉氏變換得 $\left[s^2 Y - sy(0) - y'(0)\right] - 3\left[sY - y(0)\right] + 2Y = \dfrac{2}{s-2}$

將 I.C. 代入得 $(s^2 - 3s + 2)Y = \dfrac{2}{s-2}$

即 $Y = \dfrac{2}{(s^2 - 3s + 2)(s - 2)} = \dfrac{2}{(s-1)(s-2)^2} = \dfrac{2}{s-1} - \dfrac{2}{s-2} + \dfrac{2}{(s-2)^2}$

(2) 得 $y(t) = \mathscr{L}^{-1}\{Y(s)\} = 2e^t - 2e^{2t} + 2te^{2t}$

(3) 故知：拉氏變換最適合「初始值」問題。

類題

解 $y'' - 3y' + 2y = e^t$, $y(0) = 0$, $y'(0) = 0$

答 取拉氏變換得 $\left[s^2 Y - sy(0) - y'(0)\right] - 3\left[sY - y(0)\right] + 2Y = \dfrac{1}{s-1}$

將 I.C.：$y(0) = 0$, $y'(0) = 0$ 代入整理得 $(s^2 - 3s + 2)Y(s) = \dfrac{1}{s-1}$

$\therefore\ Y = \dfrac{1}{(s-1)(s^2 - 3s + 2)} = \dfrac{1}{(s-2)(s-1)^2} = \dfrac{1}{s-2} - \dfrac{1}{s-1} - \dfrac{1}{(s-1)^2}$

故得 $y(t) = \mathscr{L}^{-1}\{Y(s)\} = e^{2t} - e^t - te^t$

■ 心得：$\begin{cases} 傳統解法（第二章）：先解 O.D.E. 再代入 I.C. \\ \text{Laplace} 變換法：先代入 I.C. 再反拉以確定解 \end{cases}$

二種方法之解題步驟正好顛倒。

例題 2　基本題

解 $y'' + 2y = r(t)$,　$y(0) = y'(0) = 0$,　$r(t) = \begin{cases} 1 & , 0 < t < 1 \\ 0 & , t > 1 \end{cases}$

解 (1) 將原方程式取拉氏變換得

$$\left[s^2 Y - s y(0) - y'(0) \right] + 2Y = \mathscr{L}\{r(t)\}$$

其中 $\mathscr{L}\{r(t)\} = \mathscr{L}\{u(t) - u(t-1)\} = \dfrac{1}{s} - \dfrac{e^{-s}}{s}$

$\therefore (s^2 + 2)Y = \dfrac{1}{s} - \dfrac{e^{-s}}{s}$

即 $Y(s) = \dfrac{1}{s(s^2+2)} - \dfrac{e^{-s}}{s(s^2+2)} = \dfrac{1}{2}\left(\dfrac{1}{s} - \dfrac{s}{s^2+2} \right) - \dfrac{e^{-s}}{2}\left(\dfrac{1}{s} - \dfrac{s}{s^2+2} \right)$

(2) 故 $y(t) = \mathscr{L}^{-1}\{Y(s)\} = \dfrac{1}{2}\left(1 - \cos\sqrt{2}t \right) - \dfrac{1}{2}\left[1 - \cos\sqrt{2}(t-1) \right] u(t-1)$

類題

解 $y'' + y = u(t-1) - u(t-2)$, $y(0) = 0$, $y'(0) = 0$

答 將原方程式取拉氏變換得

$$\left[s^2 Y - s y(0) - y'(0) \right] + Y = \dfrac{e^{-s}}{s} - \dfrac{e^{-2s}}{s}$$

$\therefore (s^2 + 1)Y = \dfrac{e^{-s}}{s} - \dfrac{e^{-2s}}{s}$

即 $Y(s) = \dfrac{e^{-s}}{s(s^2+1)} - \dfrac{e^{-2s}}{s(s^2+1)} = \left(\dfrac{1}{s} - \dfrac{s}{s^2+1} \right) e^{-s} - \left(\dfrac{1}{s} - \dfrac{s}{s^2+1} \right) e^{-2s}$

故 $y(t) = \mathscr{L}^{-1}\{Y(s)\} = \left[1 - \cos(t-1) \right] u(t-1) - \left[1 - \cos(t-2) \right] u(t-2)$

例題 3　基本題

解 $y'' + 3y' + 2y = \delta(t-2)$,　$y(0) = y'(0) = 0$

解 本題之非齊次項為 δ 函數，若使用傳統解法會較麻煩！

(1) 將原方程式取拉氏變換得 $\left[s^2 Y - sy(0) - y'(0) \right] + 3\left[sY - y(0) \right] + 2Y = e^{-2s}$

將 I.C. 代入並整理後得 $Y(s) = \dfrac{e^{-2s}}{s^2 + 3s + 2} = e^{-2s}\left(\dfrac{1}{s+1} - \dfrac{1}{s+2} \right)$

(2) 故 $y(t) = \mathscr{L}^{-1}\{Y(s)\} = \left[e^{-(t-2)} - e^{-2(t-2)} \right] u(t-2)$

類題

解 $y'' + 2y' + y = \delta(t)$,　$y(0) = y'(0) = 0$

答 取拉氏變換得 $(s^2 + 2s + 1)Y = 1$，整理後得 $Y(s) = \dfrac{1}{(s+1)^2}$

故 $y(t) = \mathscr{L}^{-1}\{Y(s)\} = te^{-t}$

2 積分方程式

某些特定形式的積分方程可藉著拉氏變換而求得解答，其中必須應用「摺積性質」與「積分性質」。

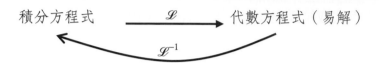

$$積分方程式 \quad \xrightarrow{\quad \mathscr{L} \quad} \quad 代數方程式（易解）$$
$$\mathscr{L}^{-1}$$

例題 4 基本題

解 $y(t) = te^t - 2\int_0^t e^{t-\tau} y(\tau)d\tau$

解 取拉氏變換得 $Y(s) = \dfrac{1}{(s-1)^2} - \dfrac{2}{s-1}Y(s)$

整理後得 $Y(s) = \dfrac{1}{2}\left(\dfrac{1}{s-1} - \dfrac{1}{s+1}\right)$ ，

故 $y(t) = \mathscr{L}^{-1}\{Y(s)\} = \dfrac{e^t - e^{-t}}{2}$

- -

類題

解 $y(t) = 1 - \int_0^t (t-\tau)y(\tau)d\tau$

答 取拉氏變換得 $Y = \dfrac{1}{s} - \dfrac{Y}{s^2} \rightarrow (1+\dfrac{1}{s^2})Y = \dfrac{1}{s}$

整理後得 $Y(s) = \dfrac{s}{s^2+1}$ ，

故 $y(t) = \mathscr{L}^{-1}\{Y(s)\} = \cos t$ ∎

3-5　習題

1. 解 $y'' + 4y = u(t - \pi),\ y(0) = 2,\ y'(0) = 0$

2. 解 $y'' + 2y' + 5y = 25t - u(t - \pi), y(0) = -2, y'(0) = 5$

3. 解 $y'' + 2y' + 5y = 3\sin t + \cos t,\ y(0) = 0,\ y'(0) = 0$

4. 解 $y'' + 2y' + y = \delta(t - 1),\quad y(0) = 2,\quad y'(0) = 3$

5. 解 $y'' - y' - 2y = 3\delta(t - \pi),\quad y(0) = 3,\quad y'(0) = 0$

6. 解 $y'' + y = \sin 2t,\ y(0) = 0, y'(0) = 1$

7. 解 $y'' + 9y = \sin 2t + \delta(t - 1), y(0) = 0, y'(0) = 1$

8. 解 $y'' + 4y' + 4y = \begin{cases} 1, & 0 \le t < 2 \\ 0, & t \ge 2 \end{cases};\ y(0) = 1, y'(0) = 2$

9. 解 $y(t) = \sin 2t + \int_0^t y(\tau) \sin 2(t - \tau) d\tau$

10. 解 $y(t) - t + e^t = \int_0^t y(\tau) \cosh(t - \tau) d\tau$

11. 解 $y(t) = t^2 + \dfrac{1}{60} t^6 - \int_0^t y(\tau)(t - \tau)^3 d\tau$

12. 解 $y(t) = \cosh 3t - 3e^{3t} \int_0^t y(\tau) e^{-3\tau} d\tau$

13. 解 $y(t) = 2t^2 + \int_0^t y(t - \tau) e^{-\tau} d\tau$

14. 今有一 O.D.E. 如下：

   $y'' + \omega^2 y = r(t),\quad y(0) = k_1,\quad y'(0) = k_2,\quad \omega \ne 0$

   試證其解可寫為 $y(t) = \dfrac{1}{\omega} r(t) * \sin \omega t + k_1 \cos \omega t + \dfrac{k_2}{\omega} \sin \omega t$

總整理

本章之心得：

1. 拉氏變換之存在理論需滿足二個條件，又當然定理告訴我們圖形的意義要知道。

2. 「一二微積乘除」之性質需以口訣配合物理意義記住，其中「一二微積乘除」之證明推導過程要注意！

3. 熟悉初值定理與終值定理。

4. 脈波函數與 δ 函數之拉氏變換應熟記之，亦要注意其應用。

5. 反拉氏變換之求法有哪些？

6. 以摺積性質求反拉氏變換要確實瞭解！外形如「對數函數」形式之反拉氏變換求法，應先微分再求。

7. 拉氏變換之二大應用：解 O.D.E. 與積分方程式（都是計算題）要會算。

CHAPTER

04

線性代數

■ 本章大綱 ■

1. 瞭解矩陣之專有名詞、矩陣乘法之規則
2. 熟悉行列式之計算
3. 熟悉如何利用列基本運算以計算反矩陣與反矩陣具有之性質
4. 瞭解聯立方程組之三種解法～高斯消去法、反矩陣法、克拉莫法則
5. 熟悉特徵值與特徵向量之意義與計算、特徵多項式與特徵值之關係
6. 瞭解矩陣之相似對角化理論與特性

在電腦應用於工程計算日益普遍的今天，線性代數的理論更凸顯它的重要性。不管是人工智慧、控制理論、結構力學、電路學，幾乎理工科系每個科目的運算都脫離不了線性代數的內容。

在線性代數中，包含矩陣、行列式之計算，其中有許多基本算法異於習以為常的代數運算，必須特別注意。又有許多基本名詞必須要瞭解它的意義，必要時可與代數相互比較可更加深印象。以上是學習本章之關鍵。

4-1 定義與分類

1 定義與觀念

矩陣的某些定義與觀念，大家已在中學以前之數學課知曉，因此本節先複習一些，並加入部分新的定義與觀念。

首先考慮一代數方程組如下：

$$\begin{cases} a_{11}x_1 + a_{12}x_2 + \cdots + a_{1n}x_n = b_1 \\ a_{21}x_1 + a_{22}x_2 + \cdots + a_{2n}x_n = b_2 \\ \quad\quad\quad\quad\quad\vdots \\ a_{m1}x_1 + a_{m2}x_2 + \cdots + a_{mn}x_n = b_m \end{cases} \quad\quad\quad\quad\cdots\cdots\cdots\cdots(1)$$

若將 (1) 式之係數 $[a_{mn}]$ 寫成如下：

$$[a_{mn}] = \begin{bmatrix} a_{11} & a_{12} & \cdots & a_{1n} \\ a_{21} & a_{22} & \cdots & a_{2n} \\ \vdots & \vdots & \ddots & \vdots \\ a_{m1} & a_{m2} & \cdots & a_{mn} \end{bmatrix}$$

我們稱 $[a_{mn}]$ 為**矩陣**（Matrix），在分類上稱為 m 列 n 行（記為 $m \times n$）矩陣，數字 a_{ij} 稱為第 i 列、第 j 行的**數字**（cntry）。其中 $[a_{11} \quad a_{12} \quad \cdots \quad u_{1n}]$ 等稱之為**列**（row），$\begin{bmatrix} a_{12} \\ a_{22} \\ \vdots \\ a_{m2} \end{bmatrix}$ 等稱之為**行**（column），而將此 $m \times n$ 矩陣記為 $\mathbf{A}_{m \times n}$ 或 $[a_{ij}]$。

若先以「外觀」分類矩陣，可將矩陣分為七類如下：

1. **列矩陣**（row matrix）：只含有一列之矩陣，亦稱為**列向量**。

    如 $\begin{bmatrix} 1 & 2 & 3 & 4 \end{bmatrix}$ 為列矩陣。

2. **行矩陣**（column matrix）：只含有一行之矩陣，亦稱為**行向量**。

    如 $\begin{bmatrix} 3 \\ 2 \\ 1 \end{bmatrix}$ 為行矩陣。

3. **方矩陣**（square matrix）：一矩陣中列與行之數目相等，亦簡稱為**方陣**。

    如 $\begin{bmatrix} 1 & 2 & 3 \\ -2 & -7 & 2 \\ -4 & 1 & 5 \end{bmatrix}$ 為 3×3 方陣。

    說明：一方陣之行數與列數均為 n，又可稱為 n 階方陣。

4. **單位矩陣**（identity matrix）：在方陣中，其對角線上（即 a_{ii}）之數字皆為 1，其餘之數皆為 0，通常以 $\mathbf{I}$ 表示。

    如 $\mathbf{I} = \begin{bmatrix} 1 & 0 & 0 \\ 0 & 1 & 0 \\ 0 & 0 & 1 \end{bmatrix}_{3 \times 3}$，$\mathbf{I} = \begin{bmatrix} 1 & 0 \\ 0 & 1 \end{bmatrix}_{2 \times 2}$

5. **對角線矩陣**（diagonal matrix）：在方陣中，只有對角線上（即 a_{ii}）之數字不全為 0，其餘之數皆為 0，一般皆以 **D** 表示之。

$$如\ \mathbf{D} = \begin{bmatrix} 2 & 0 & 0 \\ 0 & 0 & 0 \\ 0 & 0 & -1 \end{bmatrix}，並知\ \mathbf{D} \supset \mathbf{I}$$

6. **上三角矩陣**（upper triangular matrix）：方矩陣中，其位於對角線以下之數字皆為 0，一般皆以 **U** 表示之。

$$如\ \mathbf{U} = \begin{bmatrix} 1 & 6 & -2 \\ 0 & 2 & -3 \\ 0 & 0 & 3 \end{bmatrix}，看起來為重心往「上」偏的三角形。$$

7. **下三角矩陣**（lower triangular matrix）：方矩陣中，其位於對角線以上之數字皆為 0，一般皆以 **L** 表示之。

$$如\ \mathbf{L} = \begin{bmatrix} 3 & 0 & 0 \\ -1 & 2 & 0 \\ 5 & 7 & 1 \end{bmatrix}，看起來為重心往「下」偏的三角形。$$

說明：上三角矩陣與下三角矩陣合稱為「**三角矩陣**」。

接著我們列出三個大家都已熟悉的定義。

定義 矩陣相等

A、**B** 皆是 $m \times n$ 矩陣，若 $a_{ij} = b_{ij}$，則 $\mathbf{A} = \mathbf{B}$。

定義 矩陣加法

A、**B** 皆是 $m \times n$ 矩陣，若 $\mathbf{C} = \mathbf{A} + \mathbf{B}$，則 $c_{ij} = a_{ij} + b_{ij}$。

矩陣加法與代數加法之運算性質皆相同，如：

(1) $\mathbf{A} + \mathbf{B} = \mathbf{B} + \mathbf{A}$（交換性）

(2) $(\mathbf{A} + \mathbf{B}) + \mathbf{C} = \mathbf{A} + (\mathbf{B} + \mathbf{C})$（結合性）

(3) $\mathbf{A} + (-\mathbf{A}) = \mathbf{0}$

例題 1　說明題

若 $\mathbf{A} = \begin{bmatrix} 3 & 2 & -1 \\ 0 & 4 & 6 \end{bmatrix}$, $\mathbf{B} = \begin{bmatrix} -1 & 5 & 7 \\ 3 & 8 & 2 \end{bmatrix}$，則 $\mathbf{A} + \mathbf{B} = \begin{bmatrix} 2 & 7 & 6 \\ 3 & 12 & 8 \end{bmatrix}$

定義　常數與矩陣相乘

k 為一常數，則 $\mathbf{C} = k\mathbf{A} \Leftrightarrow c_{ij} = ka_{ij}$

已知 $\mathbf{A} = \begin{bmatrix} 1 & 3 \\ 2 & 4 \end{bmatrix}$，則 $2\mathbf{A} = \begin{bmatrix} 2 & 6 \\ 4 & 8 \end{bmatrix}$。 ∎

2　矩陣之轉置

轉置（transpose）：$\mathbf{A} = \begin{bmatrix} a_{ij} \end{bmatrix}$，則 $\mathbf{A}$ 的轉置矩陣記為 $\mathbf{A}^T$，故「轉置」之意義即為將行數字變為列數字，列數字變為行數字。

已知 $\mathbf{A} = \begin{bmatrix} 1 & 3 & 5 \\ 2 & 4 & 6 \end{bmatrix}$，則 $\mathbf{A}^T = \begin{bmatrix} 1 & 2 \\ 3 & 4 \\ 5 & 6 \end{bmatrix}$

已知 $\mathbf{A} = \begin{bmatrix} 1 & 3 \\ 2 & 4 \end{bmatrix}$，則 $\mathbf{A}^T = \begin{bmatrix} 1 & 2 \\ 3 & 4 \end{bmatrix}$，可見若 $\mathbf{A}$ 是方陣，則轉置後對角線數字不變。

利用矩陣之轉置，可以再定義如下之矩陣：

(1)　對稱矩陣：若 $\mathbf{A}^T = \mathbf{A}$，則稱 $\mathbf{A}$ 為**對稱矩陣**（symmetric matrix）。

已知 $\mathbf{A} = \begin{bmatrix} 1 & -1 & 2 \\ -1 & -1 & 3 \\ 2 & 3 & 2 \end{bmatrix}$，則 $\mathbf{A}^T = \begin{bmatrix} 1 & -1 & 2 \\ -1 & -1 & 3 \\ 2 & 3 & 2 \end{bmatrix}$，故 $\mathbf{A}$ 為對稱矩陣。

(2)　斜對稱矩陣：若 $\mathbf{A}^T = -\mathbf{A}$，則稱為**斜對稱矩陣**（skew-symmetric matrix）。

已知 $\mathbf{A} = \begin{bmatrix} 0 & 1 & -1 \\ -1 & 0 & 2 \\ 1 & -2 & 0 \end{bmatrix}$，則 $\mathbf{A}^T = \begin{bmatrix} 0 & -1 & 1 \\ 1 & 0 & -2 \\ -1 & 2 & 0 \end{bmatrix}$　0

因為 $\mathbf{A}^T = -\mathbf{A}$，∴ $\mathbf{A}$ 為斜對稱矩陣。

3 矩陣乘法

矩陣乘法（matrix multiplication）是矩陣運算中較奇特的部分，因為它打破許多我們在代數中視為當然的常規！也由於有了矩陣乘法，而使得矩陣與向量有所區分。在此我們先定義矩陣乘法：

定義　矩陣乘法

若 $\mathbf{A} = \begin{bmatrix} a_{ij} \end{bmatrix}$ 為 $m \times n$ 矩陣，$\mathbf{B} = \begin{bmatrix} b_{ij} \end{bmatrix}$ 為 $n \times p$ 矩陣，則稱 $\mathbf{A}$、$\mathbf{B}$ 為相容（conformable）。

若 $\mathbf{C} = \mathbf{AB}$，則 $\begin{bmatrix} c_{ij} \end{bmatrix}_{m \times p} = \begin{bmatrix} \displaystyle\sum_{k=1}^{n} a_{ik} b_{kj} \end{bmatrix}_{m \times p}$，亦即 $\mathbf{C} = \begin{bmatrix} c_{ij} \end{bmatrix}_{m \times p}$ 是 $\mathbf{A}$ 中之列數字與 $\mathbf{B}$ 中之行數字乘積的和。 ∎

例題 2　說明題

若 $\mathbf{A} = \begin{bmatrix} 3 & 2 & -1 \\ 0 & 4 & 6 \end{bmatrix}$，$\mathbf{B} = \begin{bmatrix} 1 & 0 & 2 \\ 5 & 3 & 1 \\ 6 & 4 & 2 \end{bmatrix}$，則 $\mathbf{AB} = \begin{bmatrix} 7 & 2 & 6 \\ 56 & 36 & 16 \end{bmatrix}$

例題 3　基本題

若 $\mathbf{A} = \begin{bmatrix} 1 & 2 & 4 \end{bmatrix}$，$\mathbf{B} = \begin{bmatrix} 1 & -2 \\ 4 & -5 \\ 7 & -8 \end{bmatrix}$，$\mathbf{C} = \begin{bmatrix} 1 \\ -1 \end{bmatrix}$，則

(1) $\mathbf{AB} = ?$　　　　　(2) $\mathbf{BC} = ?$　　　　　(3) $\mathbf{A}^T \mathbf{C}^T = ?$

解 (1) $\mathbf{AB} = \begin{bmatrix} 37 & -44 \end{bmatrix}$

(2) $\mathbf{BC} = \begin{bmatrix} 3 \\ 9 \\ 15 \end{bmatrix}$

(3) $\mathbf{A}^T \mathbf{C}^T = \begin{bmatrix} 1 \\ 2 \\ 4 \end{bmatrix} \begin{bmatrix} 1 & -1 \end{bmatrix} = \begin{bmatrix} 1 & -1 \\ 2 & -2 \\ 4 & -4 \end{bmatrix}$

矩陣乘法之性質有的與代數乘法相同，有的卻違背，現說明如下。

▥ 矩陣乘法之基本性質

1. $(AB)C = A(BC) \Rightarrow$ 有「**結**」合律

2. $C(A + B) = CA + CB \Rightarrow$ 有「**分**」配律

    $(A + B)C = AC + BC \Rightarrow$ 有「**分**」配律

3. $AB \neq BA \Rightarrow$ 無「**交**」換律（直接依矩陣乘法之定義得知）

    但交換律在以下二種情況下會成立：

    (a) 若 D_1 與 D_2 均為對角線矩陣，則 $D_1D_2 = D_2D_1$。

    (b) $AI = IA = A$，I 為單位矩陣。

例題 4 說明題

(1) 已知 $A = \begin{bmatrix} 1 & 0 \\ 0 & 0 \end{bmatrix}$, $B = \begin{bmatrix} 1 & 3 \\ 2 & 4 \end{bmatrix}$，計算後得 $AB = \begin{bmatrix} 1 & 3 \\ 0 & 0 \end{bmatrix}$，但計算後得 $BA = \begin{bmatrix} 1 & 0 \\ 2 & 0 \end{bmatrix}$，$AB \neq BA$，不滿足交換律。

(2) 故 $(A + B)^2 = A^2 + AB + BA + B^2 \neq A^2 + 2AB + B^2$

   同理：$(AB)^2 \neq A^2B^2$

---

4. (1) $AB = AC \xrightarrow[\text{一定}]{\text{不一定}} B = C$，即無乘法「**消**」去律。

    (2) $AB = 0 \xrightarrow[\text{一定}]{\text{不一定}} A = 0$ 或 $B = 0$

例題 5 說明題

若 $A = \begin{bmatrix} 1 & 1 \\ 2 & 2 \end{bmatrix}$, $B = \begin{bmatrix} 1 & -2 \\ -1 & 2 \end{bmatrix}$，則 $AB = \begin{bmatrix} 0 & 0 \\ 0 & 0 \end{bmatrix}$，而 $A \neq 0$，$B \neq 0$

---

5. $(AB)^T = B^T A^T$ ～常用！

4-1　習題

1. 已知 $\mathbf{A} = \begin{bmatrix} 2 & 4 \\ 3 & 1 \\ 5 & -2 \end{bmatrix}$，$\mathbf{B} = \begin{bmatrix} 3 & 7 \\ -7 & 2 \\ 4 & 5 \end{bmatrix}$，求 $\mathbf{A}\mathbf{B}^T = ?$ $\mathbf{A}^T\mathbf{B} = ?$

2. 已知 $\mathbf{A}$、$\mathbf{B}$ 皆為 $n \times n$ 矩陣，則 $(\mathbf{A} - \mathbf{B})^2 = (\mathbf{B} - \mathbf{A})^2$ 對嗎？

3. 若 $\begin{bmatrix} a & 1 & 0 \\ 1 & 4 & 1 \\ 0 & 1 & 4 \end{bmatrix} = \begin{bmatrix} 1 & 0 & 0 \\ b & 1 & 0 \\ 0 & b & 1 \end{bmatrix}\begin{bmatrix} a & 1 & 0 \\ 0 & a & 1 \\ 0 & 0 & a \end{bmatrix}$，且 $a > 1$，則 $a = ?$ $b = ?$

4-2　行列式

行列式（determinant）是方陣之一個「數」，意義很簡單，應用卻很廣！只有方陣才有行列式，對任一方陣 $\mathbf{A} = \begin{bmatrix} a_{ij} \end{bmatrix}_{n \times n}$，定義其行列式如下：「符號記為 det(**A**) 或 $|\mathbf{A}|$」。

二階方陣：$\begin{vmatrix} a_{11} & a_{12} \\ a_{21} & a_{22} \end{vmatrix} = a_{11}a_{22} - a_{12}a_{21} \equiv |\mathbf{A}|$

三階方陣：$\begin{vmatrix} a_{11} & a_{12} & a_{13} \\ a_{21} & a_{22} & a_{23} \\ a_{31} & a_{32} & a_{33} \end{vmatrix} = a_{11}\begin{vmatrix} a_{22} & a_{23} \\ a_{32} & a_{33} \end{vmatrix} - a_{12}\begin{vmatrix} a_{21} & a_{23} \\ a_{31} & a_{33} \end{vmatrix} + a_{13}\begin{vmatrix} a_{21} & a_{22} \\ a_{31} & a_{32} \end{vmatrix}$

此結果恰好可用下圖計算，實線取正，虛線取負。

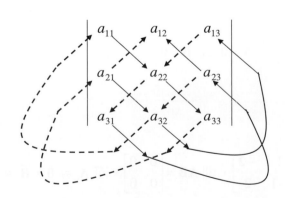

四階方陣：依此類推。亦即 $|\mathbf{A}| = \sum_{j=1}^{n} a_{ij}(-1)^{i+j} M_{ij}$

上式稱為 Laplace 展開式，M_{ij} 稱為 $\mathbf{A}$ 之**子行列式**（minor determinant），即將 $\mathbf{A}$ 之第 i 列與第 j 行去掉後所遺留之行列式為 M_{ij}（為一個數）。

定義 餘因子，餘因子矩陣

從矩陣 $\mathbf{A} = [a_{ij}]$ 所得到之子行列式 M_{ij} 構成矩陣式 $\mathbf{M}_{ij}$ 後，再乘以 $(-1)^{i+j}$ 之結果稱為**餘因子**（cofactor），亦即：$c_{ij} = (-1)^{i+j} M_{ij}$，又將 $[c_{ij}]$ 記為 $\mathbf{C} \equiv (-1)^{i+j} \mathbf{M}$，稱為**餘因子矩陣**（Matrix of cofactor）。■

例題 1 說明題

已知 $\mathbf{A} = \begin{bmatrix} 2 & 1 & 3 \\ 1 & 0 & 2 \\ 4 & 2 & 1 \end{bmatrix}$，則其 $M_{23} = \begin{vmatrix} 2 & -1 \\ 4 & 2 \end{vmatrix} = 8$

$\mathbf{A}$ 去掉第二列與第三行後之餘因子為 $(-1)^{2+3} \begin{vmatrix} 2 & -1 \\ 4 & 2 \end{vmatrix} = -8$。

我們稱 Laplace 展開式為「列展開式」，另外使用「行展開式」得其行列式結果亦相同（依排列展開之特性），即：$|\mathbf{A}| = \sum_{i=1}^{n} a_{ij}(-1)^{i+j} M_{ij}$（行展開式）。

從此一結果可知：「在行列式中，列與行的地位相等，故許多性質只要討論列即可」。

例題 2 說明題

設 $\mathbf{A} = \begin{bmatrix} 3 & -2 & 2 \\ 1 & 2 & -3 \\ 4 & 1 & 2 \end{bmatrix}$，分別以行展開式與列展開式求 $|\mathbf{A}| = ?$

解 (1) 行展開式計算：利用第一行來展開

$$|\mathbf{A}| = 3\begin{vmatrix} 2 & -3 \\ 1 & 2 \end{vmatrix} - 1\begin{vmatrix} -2 & 2 \\ 1 & 2 \end{vmatrix} + 4\begin{vmatrix} -2 & 2 \\ 2 & -3 \end{vmatrix} = 3(7) - (-6) + 4(2) = 35$$

(2) 列展開式計算：利用第一列來展開

$$|\mathbf{A}| = 3\begin{vmatrix} 2 & -3 \\ 1 & 2 \end{vmatrix} - (-2)\begin{vmatrix} 1 & -3 \\ 4 & 2 \end{vmatrix} + 2\begin{vmatrix} 1 & 2 \\ 4 & 1 \end{vmatrix} = 3(7) + 2(14) + 2(-7) = 35$$

綜合行列式之運算過程，有幾個重要性質如下：

(1) $|\mathbf{A}| = |\mathbf{A}^T|$。

(2) 三角矩陣之 $|\mathbf{A}| = a_{11}a_{22}\cdots a_{nn}$。

(3) 任二列（行）之數字成比例，則 $|\mathbf{A}| = 0$。

(4) 若 $\mathbf{A}$ 之任一列（行）之數字全為 0，則 $|\mathbf{A}| = 0$。

(5) $\mathbf{A}$ 之任一列（行）互換，其行列式值為原來之 -1 倍。

(6) $\mathbf{A}$ 之任一列（行）之數字全乘上 c，其行列式值也是乘以 c 倍。

(7) $\mathbf{A}$ 之「任一列（行）之倍數加到某一列（行）後，其行列式值不變」。

▦ 注意：因為行列式只是一個數，故列運算或是行運算之意義相同。

(8) 若 $\mathbf{A}$、$\mathbf{B}$ 皆為 n 階矩陣，則 $|\mathbf{AB}| = |\mathbf{A}||\mathbf{B}|$。　～行列式理論中最重要之性質

推論：雖然 $|\mathbf{BA}| = |\mathbf{B}||\mathbf{A}| = |\mathbf{A}||\mathbf{B}| = |\mathbf{AB}|$，但 $\mathbf{AB} = \mathbf{BA}$ 不一定成立。

(9) 若 $\mathbf{A}$ 為 n 階方陣，則 $|k\mathbf{A}| = k^n|\mathbf{A}|$。　～此結果要留意！

例題 3 基本題

設 $\mathbf{A}$，$\mathbf{B}$ 皆為 3×3 矩陣，且行列式 $|\mathbf{A}| = 2$，$|\mathbf{B}| = 4$，求 $|3\mathbf{AB}| = ?$

解 $|3\mathbf{AB}| = 3^3|\mathbf{A}||\mathbf{B}| = 27 \cdot 2 \cdot 4 = 216$。

類題

設 $\mathbf{A}$，$\mathbf{B}$ 皆為 3×3 矩陣，且行列式 $|\mathbf{A}| = 2$，$|\mathbf{B}| = 5$，求 $|3\mathbf{AB}| = ?$

答 $|3\mathbf{AB}| = 3^3|\mathbf{A}||\mathbf{B}| = 27 \cdot 2 \cdot 5 = 270$。

4-2　習題

1. 若 $\mathbf{A} = \begin{bmatrix} a & b & c \\ d & e & f \\ g & h & i \end{bmatrix}$，且 $|\mathbf{A}| = 5$，求下列各小題之行列式值？

   (1) $|3\mathbf{A}|$　　　(2) $|\mathbf{A}^2|$

2. 設 $\mathbf{A}$ 為 3×3 的矩陣，若 $\mathbf{A}$ 的行列式值為 $\det(\mathbf{A}) = 3$，則 $\det(-2\mathbf{A})$ 之值為何？

   (A) -6　(B) 6　(C) 24　(D) -24

3. 試證：若 $\mathbf{A}$ 為 n 階斜對稱矩陣，n 為奇數，則 $|\mathbf{A}| = 0$。

4-3　反矩陣

只有方陣才具有「反矩陣」，如下之定義：

定義 反矩陣

$\mathbf{A}$ 是 $n \times n$ 矩陣，若存在 $n \times n$ 矩陣 $\mathbf{B}$ 使得 $\mathbf{AB} = \mathbf{BA} = \mathbf{I}$，則稱 $\mathbf{B}$ 是 $\mathbf{A}$ 的反矩陣（inverse of matrix），記為 $\mathbf{A}^{-1}$，即

$$\mathbf{AA}^{-1} = \mathbf{A}^{-1}\mathbf{A} = \mathbf{I} \quad\cdots\cdots\cdots\cdots(1)$$

數學上，若 $\mathbf{A}^{-1}$ 存在，則稱 $\mathbf{A}$ 為**可逆**（invertible）。而 (1) 式亦表示：「矩陣與其反矩陣之乘積具交換性」，此點要特別注意。至於如何由矩陣 $\mathbf{A}$ 求其反矩陣 $\mathbf{A}^{-1}$ 呢？先看看如下之定義：「非奇異矩陣」與「奇異矩陣」。

定義 奇異與非奇異

若一方陣 $\mathbf{A}$ 之 $|\mathbf{A}|=0$，則稱 $\mathbf{A}$ 為**奇異矩陣**（singular matrix），又稱不可逆（non-invertible）矩陣；若其 $|\mathbf{A}| \neq 0$，則稱為**非奇異矩陣**（nonsingular matrix），又稱可逆（invertible）矩陣。

定理 反矩陣表示定理

若 $\mathbf{A}$ 為 n 階非奇異方陣，則 $\mathbf{A}$ 存在唯一的反矩陣 $\mathbf{A}^{-1}$，且 $\mathbf{A}^{-1}$ 可以表示為

$$\mathbf{A}^{-1} = \frac{adj(\mathbf{A})}{|\mathbf{A}|} \quad\cdots\cdots(2)$$

其中 $adj(\mathbf{A})$ 為 $\mathbf{A}$ 之餘因子矩陣經轉置而成之矩陣，稱為 $\mathbf{A}$ 之伴隨（adjoint）矩陣，即 $adj(\mathbf{A})=\left[c_{ij}\right]^{T}=\left[c_{ji}\right]$。

▦ 注意：$adj(\mathbf{A})$ 亦為矩陣之一種，只要 $\mathbf{A}$ 存在，則 $adj(\mathbf{A})$ 必存在，但是 $\mathbf{A}^{-1}$ 卻不一定存在。

在大學中，計算反矩陣都是使用**高斯消去法**（Gauss elimination），簡單又方便，已經不使用其他的方法了（如同按鍵手機已被淘汰）！先介紹矩陣運算如下。

定義 基本列運算

對一個 $m \times n$ 矩陣 $\mathbf{A}$ 進行如下之三種列運算：
1. **列交換**：任二列互調。
2. **倍數操作**：某一列乘上一個非零常數。
3. **列加法操作**：將某一列之常數倍加到另一列。

定義 高斯消去法

　　將一個 $m \times n$ 矩陣 $\mathbf{A}$ 進行基本列運算之過程，稱為**高斯消去法**（Gauss elimination）。　　　　　　　　　　　　　　　　　　　　　　　■

　　高斯消去法的功能：可求反矩陣與解聯立方程組。

例題 1　**基本題**

求矩陣 $\mathbf{A} = \begin{bmatrix} 1 & 2 & 1 \\ 2 & 3 & 2 \\ 1 & 1 & 2 \end{bmatrix}$ 之反矩陣 $\mathbf{A}^{-1} = ?$

解 原理：利用高斯消去法，將 $[\mathbf{A} \mid \mathbf{I}] \xrightarrow{\text{Gauss}} [\mathbf{I} \mid \mathbf{A}^{-1}]$ 即得 $\mathbf{A}^{-1}$！

將 $\mathbf{A}$ 與 $\mathbf{I}$ 合併寫成「$\mathbf{AI}$ 矩陣」如右：$\left[\begin{array}{ccc:ccc} ① & 2 & 1 & 1 & 0 & 0 \\ 2 & 3 & 2 & 0 & 1 & 0 \\ 1 & 1 & 2 & 0 & 0 & 1 \end{array}\right]$

利用高斯消去法，「往下運算」得

$\Rightarrow \left[\begin{array}{ccc:ccc} 1 & 2 & 1 & 1 & 0 & 0 \\ 0 & -1 & 0 & -2 & 1 & 0 \\ 0 & -1 & 1 & -1 & 0 & 1 \end{array}\right] \Rightarrow \left[\begin{array}{ccc:ccc} 1 & 2 & 1 & 1 & 0 & 0 \\ 0 & -1 & 0 & -2 & 1 & 0 \\ 0 & 0 & 1 & 1 & -1 & 1 \end{array}\right]$

$\Rightarrow \left[\begin{array}{ccc:ccc} 1 & 2 & 1 & 1 & 0 & 0 \\ 0 & 1 & 0 & 2 & -1 & 0 \\ 0 & 0 & ① & 1 & -1 & 1 \end{array}\right]$

接著「往上運算」得

$\Rightarrow \left[\begin{array}{ccc:ccc} 1 & 2 & 0 & 0 & 1 & -1 \\ 0 & 1 & 0 & 2 & -1 & 0 \\ 0 & 0 & 1 & 1 & -1 & 1 \end{array}\right] \Rightarrow \left[\begin{array}{ccc:ccc} 1 & 0 & 0 & -4 & 3 & -1 \\ 0 & 1 & 0 & 2 & -1 & 0 \\ 0 & 0 & 1 & 1 & -1 & 1 \end{array}\right]$

故得 $\mathbf{A}^{-1} = \begin{bmatrix} -4 & 3 & -1 \\ 2 & -1 & 0 \\ 1 & -1 & 1 \end{bmatrix}$

類題

求 $A = \begin{bmatrix} 1 & 1 & 2 \\ 2 & 3 & 2 \\ 1 & 2 & 1 \end{bmatrix}$ 之反矩陣。

答 $[A\ I] = \begin{bmatrix} 1 & 1 & 2 & 1 & 0 & 0 \\ 2 & 3 & 2 & 0 & 1 & 0 \\ 1 & 2 & 1 & 0 & 0 & 1 \end{bmatrix} \xrightarrow{G} \begin{bmatrix} 1 & 1 & 2 & 1 & 0 & 0 \\ 0 & 1 & -2 & -2 & 1 & 0 \\ 0 & 1 & -1 & -1 & 0 & 1 \end{bmatrix}$

$\xrightarrow{G} \begin{bmatrix} 1 & 1 & 2 & 1 & 0 & 0 \\ 0 & 1 & -2 & -2 & 1 & 0 \\ 0 & 0 & 1 & 1 & -1 & 1 \end{bmatrix} \xrightarrow{G} \begin{bmatrix} 1 & 1 & 0 & -1 & 2 & -2 \\ 0 & 1 & 0 & 0 & -1 & 2 \\ 0 & 0 & 1 & 1 & -1 & 1 \end{bmatrix}$

$\xrightarrow{G} \begin{bmatrix} 1 & 0 & 0 & -1 & 3 & -4 \\ 0 & 1 & 0 & 0 & -1 & 2 \\ 0 & 0 & 1 & 1 & -1 & 1 \end{bmatrix}$

$\therefore A^{-1} = \begin{bmatrix} -1 & 3 & -4 \\ 0 & -1 & 2 \\ 1 & -1 & 1 \end{bmatrix}$

例題 2 基本題

求矩陣 $A = \begin{bmatrix} 0 & -2 & 1 \\ \frac{1}{2} & \frac{1}{2} & -\frac{1}{2} \\ -1 & 2 & 0 \end{bmatrix}$ 之反矩陣 $A^{-1} = ?$

解 若 $a_{11}=0$，則要先進行列交換！

$$[\mathbf{A}\ \mathbf{I}]=\begin{bmatrix}0 & -2 & 1 & 1 & 0 & 0\\ \frac{1}{2} & \frac{1}{2} & -\frac{1}{2} & 0 & 1 & 0\\ -1 & 2 & 0 & 0 & 0 & 1\end{bmatrix}\xrightarrow{G}\begin{bmatrix}-1 & 2 & 0 & 0 & 0 & 1\\ \frac{1}{2} & \frac{1}{2} & -\frac{1}{2} & 0 & 1 & 0\\ 0 & -2 & 1 & 1 & 0 & 0\end{bmatrix}$$

$$\xrightarrow{G}\begin{bmatrix}-1 & 2 & 0 & 0 & 0 & 1\\ 0 & \frac{3}{2} & -\frac{1}{2} & 0 & 1 & \frac{1}{2}\\ 0 & -2 & 1 & 1 & 0 & 0\end{bmatrix}\xrightarrow{G}\begin{bmatrix}-1 & 2 & 0 & 0 & 0 & 1\\ 0 & \frac{3}{2} & -\frac{1}{2} & 0 & 1 & \frac{1}{2}\\ 0 & 0 & \frac{1}{3} & 1 & \frac{4}{3} & \frac{2}{3}\end{bmatrix}$$

$$\xrightarrow{G}\begin{bmatrix}1 & -2 & 0 & 0 & 0 & 1\\ 0 & 1 & -\frac{1}{3} & 0 & \frac{2}{3} & \frac{1}{3}\\ 0 & 0 & 1 & 3 & 4 & 2\end{bmatrix}\xrightarrow{G}\begin{bmatrix}1 & -2 & 0 & 0 & 0 & -1\\ 0 & 1 & 0 & 1 & 2 & 1\\ 0 & 0 & 1 & 3 & 4 & 2\end{bmatrix}$$

$$\xrightarrow{G}\begin{bmatrix}1 & -2 & 0 & 2 & 4 & 1\\ 0 & 1 & 0 & 1 & 2 & 1\\ 0 & 0 & 1 & 3 & 4 & 2\end{bmatrix}，\therefore \mathbf{A}^{-1}=\begin{bmatrix}2 & 4 & 1\\ 1 & 2 & 1\\ 3 & 4 & 2\end{bmatrix}$$

類題

求 $\mathbf{A}=\begin{bmatrix}0 & 0 & 2\\ 1 & 2 & 6\\ 3 & 7 & 9\end{bmatrix}$ 之反矩陣。

答 $[\mathbf{A}\ \mathbf{I}]=\begin{bmatrix}0 & 0 & 2 & 1 & 0 & 0\\ 1 & 2 & 6 & 0 & 1 & 0\\ 3 & 7 & 9 & 0 & 0 & 1\end{bmatrix}\xrightarrow{G}\begin{bmatrix}1 & 2 & 6 & 0 & 1 & 0\\ 0 & 0 & 2 & 1 & 0 & 0\\ 3 & 7 & 9 & 0 & 0 & 1\end{bmatrix}$

$$\xrightarrow{G}\begin{bmatrix}1 & 2 & 6 & 0 & 1 & 0\\ 0 & 0 & 2 & 1 & 0 & 0\\ 0 & 1 & -9 & 0 & -3 & 1\end{bmatrix}\xrightarrow{G}\begin{bmatrix}1 & 2 & 6 & 0 & 1 & 0\\ 0 & 1 & -9 & 0 & -3 & 1\\ 0 & 0 & 2 & 1 & 0 & 0\end{bmatrix}$$

$$\xrightarrow{G}\begin{bmatrix}1 & 2 & 6 & 0 & 1 & 0\\ 0 & 1 & -9 & 0 & -3 & 1\\ 0 & 0 & 1 & \frac{1}{2} & 0 & 0\end{bmatrix}\xrightarrow{G}\begin{bmatrix}1 & 2 & 0 & -3 & 1 & 0\\ 0 & 1 & 0 & \frac{9}{2} & -3 & 1\\ 0 & 0 & 1 & \frac{1}{2} & 0 & 0\end{bmatrix}$$

$$\xrightarrow{G}\begin{bmatrix}1 & 0 & 0 & -12 & 7 & -2\\ 0 & 1 & 0 & \frac{9}{2} & -3 & 1\\ 0 & 0 & 1 & \frac{1}{2} & 0 & 0\end{bmatrix}$$

得 $\mathbf{A}^{-1}=\begin{bmatrix}-12 & 7 & -2\\ \frac{9}{2} & -3 & 1\\ \frac{1}{2} & 0 & 0\end{bmatrix}$

而對任意之二階方陣 $\mathbf{A} = \begin{bmatrix} a & b \\ c & d \end{bmatrix}$ 而言，其反矩陣 $\mathbf{A}^{-1}$ 可以直接求出，即

$$\mathbf{A}^{-1} = \frac{1}{ad-bc}\begin{bmatrix} d & -b \\ -c & a \end{bmatrix}。$$

瞭解反矩陣的定義與求法後，最後我們再列出五個基本性質：

性質 1 　$(\mathbf{A}^{-1})^{-1} = \mathbf{A}$

性質 2 　$\left|\mathbf{A}^{-1}\right| = \dfrac{1}{\left|\mathbf{A}\right|}$ （由 $\mathbf{A}\mathbf{A}^{-1} = \mathbf{I}$，取行列式值即得證）

性質 3 　$(\mathbf{AB})^{-1} = \mathbf{B}^{-1}\mathbf{A}^{-1}$

性質 4 　$(\mathbf{A}^{-1})^T = (\mathbf{A}^T)^{-1}$ 　～常用！

證明：$\because \mathbf{I} = \mathbf{I}^T = (\mathbf{A}^{-1}\mathbf{A})^T = \mathbf{A}^T(\mathbf{A}^{-1})^T \Rightarrow (\mathbf{A}^T)^{-1} = (\mathbf{A}^{-1})^T$，故得證。

性質 5 　若 a 為一常數，則 $(a\mathbf{A})^{-1} = \dfrac{\mathbf{A}^{-1}}{a}$。

4-3　習題

求下列各矩陣之反矩陣。

1. $\mathbf{A} = \begin{bmatrix} 0 & -1 \\ 1 & 0 \end{bmatrix}$

2. $\mathbf{A} = \begin{bmatrix} \cos\theta & -\sin\theta \\ \sin\theta & \cos\theta \end{bmatrix}$

3. $\mathbf{A} = \begin{bmatrix} 1 & 0 & 0 \\ 0 & 0 & 1 \\ 0 & 1 & 0 \end{bmatrix}$

4. $\mathbf{A} = \begin{bmatrix} -1 & 1 & 1 \\ 3 & -1 & 1 \\ -1 & 3 & 4 \end{bmatrix}$

5. $\mathbf{A} = \begin{bmatrix} 1.5 & -1.5 & 0.5 \\ -1.5 & 0.5 & 0.5 \\ 0.5 & 0.5 & -0.5 \end{bmatrix}$

6. $\mathbf{A} = \begin{bmatrix} 1 & 2 & 0 \\ 3 & 6 & 1 \\ 0 & 1 & 1 \end{bmatrix}$

4-4 聯立方程組之解法

本節探討聯立代數方程組的三種解法：

1. **高斯消去法**

2. **反矩陣法**

3. **克拉莫法則**

其原理大部分同學已在中學時期學過，故此處將以簡易方式說明之即可。

考慮一個 n 元聯立方程組：

$$\begin{cases} a_{11}x_1 + a_{12}x_2 + \cdots + a_{1n}x_n = b_1 \\ a_{21}x_1 + a_{22}x_2 + \cdots + a_{2n}x_n = b_2 \\ \qquad\qquad\qquad \vdots \\ a_{m1}x_1 + a_{m2}x_2 + \cdots + a_{mn}x_n = b_m \end{cases} \cdots\cdots\cdots\cdots\cdots\cdots (1)$$

若 (1) 式中 $b_i = 0,\ i = 1, 2, \cdots, m$，則稱 (1) 式為**齊次**（homogeneous），若 b_i 不全為 0，則稱 (1) 式為**非齊次**（nonhomogeneous），通常將 (1) 式改寫成矩陣形式如下：

$$\mathbf{A}\mathbf{x} = \mathbf{b} \cdots\cdots\cdots\cdots\cdots\cdots\cdots\cdots\cdots\cdots (2)$$

$\mathbf{A}$ 稱為**係數矩陣**（coefficient matrix），即：

$$\mathbf{A} = \begin{bmatrix} a_{11} & a_{12} & \cdots & a_{1n} \\ a_{21} & a_{22} & \cdots & a_{2n} \\ \vdots & \vdots & \ddots & \vdots \\ a_{m1} & a_{m2} & \cdots & a_{mn} \end{bmatrix}_{m \times n}, \quad \mathbf{x} = \begin{bmatrix} x_1 \\ x_2 \\ \vdots \\ x_n \end{bmatrix}_{n \times 1}, \quad \mathbf{b} = \begin{bmatrix} b_1 \\ b_2 \\ \vdots \\ b_m \end{bmatrix}_{m \times 1}$$

在此我們先假設 $m = n$，即未知數的數目與方程式的數目相等，則 $\mathbf{A}$ 為方陣。再看如下「克拉莫法則」。

定理	克拉莫法則（Cramer's rule）

$\mathbf{A}$ 為 n 階非奇異矩陣，則方程組 $\mathbf{A}\mathbf{x} = \mathbf{b}$ 之解可表為：

$$x_i = \frac{|\mathbf{A}_i|}{|\mathbf{A}|},\ i = 1, 2, \cdots, n$$

其中 $\mathbf{A}_i$ 為將 $\mathbf{b}$ 取代 $\mathbf{A}$ 之第 i 行後所得之矩陣。

性質 若 A 為 n 階非奇異矩陣，則 $Ax = b$ 必有唯一解。

例題 1 基本題

解 $\begin{cases} x_1 + 2x_2 - 3x_3 = -1 \\ 3x_1 - 2x_2 + 2x_3 = 10 \\ 4x_1 + x_2 + 2x_3 = 3 \end{cases}$

解 方法 1 高斯消去法

$$\begin{bmatrix} 1 & 2 & -3 & | & -1 \\ 3 & -2 & 2 & | & 10 \\ 4 & 1 & 2 & | & 3 \end{bmatrix} \xrightarrow{Gauss} \begin{bmatrix} 1 & 2 & -3 & | & -1 \\ 0 & 8 & -11 & | & -13 \\ 0 & 7 & -14 & | & -7 \end{bmatrix} \xrightarrow{Gauss} \begin{bmatrix} 1 & 2 & -3 & | & -1 \\ 0 & 8 & -11 & | & -13 \\ 0 & 0 & \frac{35}{8} & | & -\frac{35}{8} \end{bmatrix}$$

$$\xrightarrow{Gauss} \begin{bmatrix} 1 & 2 & -3 & | & -1 \\ 0 & 1 & -\frac{11}{8} & | & -\frac{13}{8} \\ 0 & 0 & 1 & | & -1 \end{bmatrix}$$

接著再計算如下：

$$\begin{bmatrix} 1 & 2 & -3 & | & -1 \\ 0 & 1 & -\frac{11}{8} & | & -\frac{13}{8} \\ 0 & 0 & 1 & | & -1 \end{bmatrix} \xrightarrow{Gauss} \begin{bmatrix} 1 & 2 & 0 & | & -4 \\ 0 & 1 & 0 & | & -3 \\ 0 & 0 & 1 & | & -1 \end{bmatrix} \xrightarrow{Gauss} \begin{bmatrix} 1 & 0 & 0 & | & 2 \\ 0 & 1 & 0 & | & -3 \\ 0 & 0 & 1 & | & -1 \end{bmatrix}$$

得 $x_1 = 2$，$x_2 = -3$，$x_3 = -1$

方法 2 反矩陣法

由 $Ax = b$，若存在反矩陣 A^{-1}，則 $A^{-1}Ax = A^{-1}b$

∴ $x = A^{-1}b$ 即可解得 x 之值，即

$$A = \begin{bmatrix} 1 & 2 & -3 \\ 3 & -2 & 2 \\ 4 & 1 & 2 \end{bmatrix}, \quad A^{-1} = \frac{-1}{35}\begin{bmatrix} -6 & -7 & -2 \\ 2 & 14 & -11 \\ 11 & 7 & -8 \end{bmatrix}, \text{ 故 } x = A^{-1}b = \begin{bmatrix} 2 \\ -3 \\ -1 \end{bmatrix}$$

方法 3 克拉莫法則

先計算 $|A| = \begin{vmatrix} 1 & 2 & -3 \\ 3 & -2 & 2 \\ 4 & 1 & 2 \end{vmatrix} = -35$, $|A_1| = \begin{vmatrix} -1 & 2 & -3 \\ 10 & -2 & 2 \\ 3 & 1 & 2 \end{vmatrix} = -70$

$|A_2| = \begin{vmatrix} 1 & -1 & -3 \\ 3 & 10 & 2 \\ 4 & 3 & 2 \end{vmatrix} = 105$, $|A_3| = \begin{vmatrix} 1 & 2 & -1 \\ 3 & -2 & 10 \\ 4 & 1 & 3 \end{vmatrix} = 35$

故得 $x_1 = \dfrac{-70}{-35} = 2$，$x_2 = \dfrac{105}{-35} = -3$，$x_3 = \dfrac{35}{-35} = -1$

類題

解 $\begin{cases} x_1 + 2x_2 + 2x_3 = 2 \\ x_1 + x_2 + x_3 = 0 \\ x_1 - 3x_2 - x_3 = 0 \end{cases}$

答 $\begin{bmatrix} 1 & 2 & 2 & | & 2 \\ 1 & 1 & 1 & | & 0 \\ 1 & -3 & -1 & | & 0 \end{bmatrix} \xrightarrow{Gauss} \begin{bmatrix} 1 & 2 & 2 & | & 2 \\ 0 & -1 & -1 & | & -2 \\ 0 & -5 & -3 & | & -2 \end{bmatrix} \xrightarrow{Gauss} \begin{bmatrix} 1 & 2 & 2 & | & 2 \\ 0 & -1 & -1 & | & -2 \\ 0 & 0 & 2 & | & 8 \end{bmatrix}$

$\xrightarrow{Gauss} \begin{bmatrix} 1 & 2 & 2 & | & 2 \\ 0 & 1 & 1 & | & 2 \\ 0 & 0 & 1 & | & 4 \end{bmatrix} \xrightarrow{Gauss} \begin{bmatrix} 1 & 2 & 0 & | & -6 \\ 0 & 1 & 0 & | & -2 \\ 0 & 0 & 1 & | & 4 \end{bmatrix} \xrightarrow{Gauss} \begin{bmatrix} 1 & 0 & 0 & | & -2 \\ 0 & 1 & 0 & | & -2 \\ 0 & 0 & 1 & | & 4 \end{bmatrix}$

得 $x_1 = -2$，$x_2 = -2$，$x_3 = 4$

以上所述三種方法，是在未知數與等號數目相同的情況下解方程組之方法，每種解法均簡單。當 $m \neq n$ 時，也就是未知數與等號數目不等時我們要如何解方程組呢？或是如何判斷方程組是否有解呢？這時須從矩陣的「秩數」來判斷！

定義 秩數

$m \times n$ 矩陣 **A** 中，已為「線性獨立列向量的數目」稱為 **A** 的**秩數**（rank），記為 rank(**A**)。

由秩數之定義得知，秩數並非等於矩陣列的數目，那如何知道一個矩陣之秩數呢？這可由前面說明的高斯消去法運算後得知，如下例說明。

例題 2 基本題

求 $\mathbf{A} = \begin{bmatrix} -1 & 7 & 4 & 9 \\ 3 & 0 & 2 & 2 \\ 7 & -7 & 0 & -5 \end{bmatrix}$ 之秩數？

解 應用高斯消去法得 $\mathbf{A} \xrightarrow{G} \begin{bmatrix} -1 & 7 & 4 & 9 \\ 0 & 21 & 14 & 29 \\ 0 & 42 & 28 & 58 \end{bmatrix} \xrightarrow{G} \begin{bmatrix} -1 & 7 & 4 & 9 \\ 0 & 21 & 14 & 29 \\ 0 & 0 & 0 & 0 \end{bmatrix}$

矩陣 **A** 之秩數意義為「有效」的列向量數目，即扣除零列後之列向量數目，故知 rank(**A**) = 2。

類題

求 $A = \begin{bmatrix} 1 & 4 & 5 \\ 0 & -3 & -3 \\ 4 & 4 & 8 \end{bmatrix}$ 之秩數？

答 $\begin{bmatrix} 1 & 4 & 5 \\ 0 & -3 & -3 \\ 4 & 4 & 8 \end{bmatrix} \xrightarrow{G} \begin{bmatrix} 1 & 4 & 5 \\ 0 & -3 & -3 \\ 0 & -12 & -12 \end{bmatrix} \xrightarrow{G} \begin{bmatrix} 1 & 4 & 5 \\ 0 & 1 & 1 \\ 0 & 0 & 0 \end{bmatrix}$ ，$\text{rank}(A) = 2$ ■

性質 $\text{rank}(A) = \text{rank}(A^T)$

「線性獨立列向量之數目等於線性獨立行向量之數目。」

應用：若 $A = \begin{bmatrix} a_{ij} \end{bmatrix}_{m \times n}$ ，則 $\text{rank}(A) \le \min(m, n)$ ，取其較小數。

例題 3 說明題

$A = \begin{bmatrix} 1 & 2 \\ 3 & 4 \\ 5 & 6 \end{bmatrix}$ ，則 $A \xrightarrow{G} \begin{bmatrix} 1 & 2 \\ 0 & -2 \\ 0 & -4 \end{bmatrix} \xrightarrow{G} \begin{bmatrix} 1 & 2 \\ 0 & -2 \\ 0 & 0 \end{bmatrix}$ ，即 $\text{rank}(A) = 2$

但 $A^T = \begin{bmatrix} 1 & 3 & 5 \\ 2 & 4 & 6 \end{bmatrix}$ ，可直接看出 $\text{rank}(A^T) = 2$ 。

性質 A 為 n 階方陣，若 $\begin{cases} |A| = 0 : \text{rank}(A) < n \\ |A| \ne 0 : \text{rank}(A) = n \end{cases}$

性質 A、B 均為 n 階方陣，則 $\text{rank}(AB) \le \min \{\text{rank}(A), \text{rank}(B)\}$ ，即「矩陣愈乘秩數愈小」。

　　以下我們將藉著秩數的意義解釋聯立線性方程組之解的情況，首先考慮一個 n 元聯立方程組如下：

$$\begin{cases} a_{11}x_1 + a_{12}x_2 + \cdots + a_{1n}x_n = b_1 \\ a_{21}x_1 + a_{22}x_2 + \cdots + a_{2n}x_n = b_2 \\ \qquad\qquad\qquad \vdots \\ a_{m1}x_1 + a_{m2}x_2 + \cdots + a_{mn}x_n = b_m \end{cases}$$

矩陣式成為 $[\mathbf{A}]_{m \times n}[\mathbf{x}]_{n \times 1} = [\mathbf{b}]_{m \times 1}$，其中

$$\mathbf{A} = \begin{bmatrix} a_{11} & a_{12} & \cdots & a_{1n} \\ a_{21} & a_{22} & \cdots & a_{2n} \\ \vdots & \vdots & \ddots & \vdots \\ a_{m1} & a_{m2} & \cdots & a_{mn} \end{bmatrix}, \quad \mathbf{x} = \begin{bmatrix} x_1 \\ x_2 \\ \vdots \\ x_n \end{bmatrix}, \quad \mathbf{b} = \begin{bmatrix} b_1 \\ b_2 \\ \vdots \\ b_m \end{bmatrix}$$

另外再定義一新的矩陣：

$$\mathbf{C} = [\mathbf{Ab}] = \begin{bmatrix} a_{11} & a_{12} & \cdots & a_{1n} & \vdots & b_1 \\ a_{21} & a_{22} & \cdots & a_{2n} & \vdots & b_2 \\ \vdots & \vdots & \ddots & \vdots & \vdots & \vdots \\ a_{m1} & a_{m2} & \cdots & a_{mn} & \vdots & b_m \end{bmatrix}_{m \times (n+1)}$$

稱 **C** 為**增廣矩陣**（augmented matrix）。

此處 n 為變數（未知數）之數目（永不改變），m 為方程式數目（可以改變，因為是「有效」方程式之數目），則方程組 $\mathbf{Ax} = \mathbf{b}$ 之解可由以下定理得到說明。

定理　解的分類判斷法

已知 $\mathbf{Ax} = \mathbf{b}$，$\mathbf{C} = [\mathbf{Ab}]$，則

1. $\operatorname{rank}(\mathbf{C}) > \operatorname{rank}(\mathbf{A})$：必無解。

2. $\operatorname{rank}(\mathbf{C}) = \operatorname{rank}(\mathbf{A}) = r$：必有解。

   此時由 r 與 n 之值區分以下二種情況：

   (1) $r < n$：有無限多組解，解含 $(n-r)$ 個未定係數。

   (2) $r = n$：唯一解，不含未定係數。

   　(a) 齊次方程式：$x_1 = x_2 = \cdots = x_n = 0$ 之解。

   　(b) 非齊次方程式：非全為 0 之解。

定理　秩數方程式（rank equation）

齊次方程式 $\mathbf{A}_{m \times n}\,\mathbf{x}_{n \times 1} = \mathbf{0}$ 必定有解，且滿足如下之關係：

$$n = r + c$$

其中 r：即 rank($\mathbf{A}$)

c：解之未定係數數目

n：變數之數目（永不改變）

定理　齊次方程式 $\mathbf{A}_{n \times n}\mathbf{x}_{n \times 1} = \mathbf{0}$ 的判斷

(1) $|\mathbf{A}| \neq 0$：具有唯一解 $\mathbf{x} = \mathbf{0}$

(2) $|\mathbf{A}| = 0$：具有無限多解（必含 $\mathbf{x} \neq \mathbf{0}$ 之解）

例題 4　基本題

以參數 α 表示下列聯立方程組 $\begin{cases} x_1 - 3x_2 = -2 \\ x_1 + 4x_2 = 3 \\ 3x_1 - x_2 = \alpha \end{cases}$ 的解之狀況。

解 由增廣矩陣為 $\mathbf{C} = \begin{bmatrix} 1 & -3 & -2 \\ 1 & 4 & 3 \\ 3 & -1 & \alpha \end{bmatrix} \xrightarrow{G} \begin{bmatrix} 1 & -3 & -2 \\ 0 & 7 & 5 \\ 0 & 8 & 6+\alpha \end{bmatrix} \xrightarrow{G} \begin{bmatrix} 1 & -3 & -2 \\ 0 & 7 & 5 \\ 0 & 0 & \alpha + \frac{2}{7} \end{bmatrix}$

若 $\alpha \neq -\dfrac{2}{7}$，則 rank($\mathbf{C}$) $= 3 >$ rank($\mathbf{A}$)，無解。

若 $\alpha = -\dfrac{2}{7}$，則 rank($\mathbf{C}$) $=$ rank($\mathbf{A}$)，有唯一解。

此題之幾何意義為：已有二條相交之直線，第三條直線僅當 $\alpha = -\dfrac{2}{7}$ 才會通過其交點，如下圖所示：

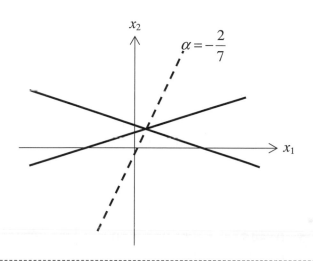

類題

已知 $\begin{cases} x_1 + 2x_2 + 3x_3 = 1 \\ 4x_1 + 5x_2 + 6x_3 = 4 \\ 9x_1 + 8x_2 + 7x_3 = \alpha \end{cases}$，以參數 α 表示解之狀況？

答 由 $\mathbf{C} = \begin{bmatrix} 1 & 2 & 3 & 1 \\ 4 & 5 & 6 & 4 \\ 9 & 8 & 7 & \alpha \end{bmatrix} \xrightarrow{\;G\;} \begin{bmatrix} 1 & 2 & 3 & 1 \\ 0 & -3 & -6 & 0 \\ 0 & -10 & -20 & \alpha-9 \end{bmatrix} \xrightarrow{\;G\;} \begin{bmatrix} 1 & 2 & 3 & 1 \\ 0 & 1 & 2 & 0 \\ 0 & 0 & 0 & \alpha-9 \end{bmatrix}$

若 $\alpha \neq 9$，則 $\mathrm{rank}(\mathbf{C}) = 3 > \mathrm{rank}(\mathbf{A})$，無解。

若 $\alpha = 9$，則 $\mathrm{rank}(\mathbf{C}) = \mathrm{rank}(\mathbf{A}) = 2$，即無限多解。 ■

例題 5　基本題

已知 $\mathbf{A} = \begin{bmatrix} 1 & 3 & 5 & 4 \\ -2 & 2 & 6 & 2 \\ 3 & 1 & -1 & 3 \end{bmatrix}$, $\mathbf{b} = \begin{bmatrix} 1 \\ 2 \\ 3 \end{bmatrix}$，求 $\mathbf{Ax} = \mathbf{b}$ 之解？

解 解方程式時，高斯消去法是萬能的！

$$[\mathbf{Ab}] = \begin{bmatrix} 1 & 3 & 5 & 4 & 1 \\ -2 & 2 & 6 & 2 & 2 \\ 3 & 1 & -1 & 3 & 3 \end{bmatrix} \xrightarrow{G} \begin{bmatrix} 1 & 3 & 5 & 4 & 1 \\ 0 & 8 & 16 & 10 & 4 \\ 0 & -8 & -16 & -9 & 0 \end{bmatrix}$$

$$\xrightarrow{G} \begin{bmatrix} 1 & 3 & 5 & 4 & 1 \\ 0 & 8 & 16 & 10 & 4 \\ 0 & 0 & 0 & 1 & 4 \end{bmatrix} \xrightarrow{G} \begin{bmatrix} 1 & 3 & 5 & 0 & -15 \\ 0 & 8 & 16 & 0 & -36 \\ 0 & 0 & 0 & 1 & 4 \end{bmatrix}$$

$$\xrightarrow{G} \begin{bmatrix} 1 & 3 & 5 & 0 & -15 \\ 0 & 1 & 2 & 0 & -\frac{9}{2} \\ 0 & 0 & 0 & 1 & 4 \end{bmatrix} \xrightarrow{G} \begin{bmatrix} 1 & 0 & -1 & 0 & -\frac{3}{2} \\ 0 & 1 & 2 & 0 & -\frac{9}{2} \\ 0 & 0 & 0 & 1 & 4 \end{bmatrix}$$

即 $\begin{cases} x_1 - x_3 = -\frac{3}{2} \\ x_2 + 2x_3 = -\frac{9}{2} \\ x_4 = 4 \end{cases} \to \begin{cases} x_1 = x_3 - \frac{3}{2} \\ x_2 = -2x_3 - \frac{9}{2} \\ x_4 = 4 \end{cases}$, $\therefore \mathbf{x} = \begin{bmatrix} x_3 - \frac{3}{2} \\ -2x_3 - \frac{9}{2} \\ x_3 \\ 4 \end{bmatrix} = x_3 \begin{bmatrix} 1 \\ -2 \\ 1 \\ 0 \end{bmatrix} + \begin{bmatrix} -\frac{3}{2} \\ -\frac{9}{2} \\ 0 \\ 4 \end{bmatrix}$

類題

解 $\begin{cases} x + 3y - 2z = -7 \\ 4x + y + 3z = 5 \\ 2x - 5y + 7z = 19 \end{cases}$

答 $\begin{bmatrix} 1 & 3 & -2 & -7 \\ 4 & 1 & 3 & 5 \\ 2 & -5 & 7 & 19 \end{bmatrix} \xrightarrow{G} \begin{bmatrix} 1 & 3 & -2 & -7 \\ 0 & -11 & 11 & 33 \\ 0 & -11 & 11 & 33 \end{bmatrix} \xrightarrow{G} \begin{bmatrix} 1 & 3 & -2 & -7 \\ 0 & 1 & -1 & -3 \\ 0 & 0 & 0 & 0 \end{bmatrix}$

$\xrightarrow{G} \begin{bmatrix} 1 & 0 & 1 & 2 \\ 0 & 1 & -1 & -3 \\ 0 & 0 & 0 & 0 \end{bmatrix}$，即 $\begin{cases} x + z = 2 \\ y - z = -3 \end{cases} \rightarrow \begin{cases} x = -z + 2 \\ y = z - 3 \end{cases}$

得解為 $\begin{bmatrix} x \\ y \\ z \end{bmatrix} = \begin{bmatrix} -z + 2 \\ z - 3 \\ z \end{bmatrix} = z \begin{bmatrix} -1 \\ 1 \\ 1 \end{bmatrix} + \begin{bmatrix} 2 \\ -3 \\ 0 \end{bmatrix}$

為了應付考試需要，特將本節之心得整理如下，其中 n 代表未知數之數目。

綜合整理

$\mathbf{A}_{n \times n} \mathbf{x}_{n \times 1} = \mathbf{0} \Rightarrow$ 必有解 $\begin{cases} \text{唯一解（零解）：} |\mathbf{A}| \neq 0 \\ \text{無限多解（必含非零解）：} |\mathbf{A}| = 0 \end{cases}$

$\mathbf{A}_{m \times n} \mathbf{x}_{n \times 1} = \mathbf{b} \Rightarrow \begin{cases} \text{無解：} \mathrm{rank}(\mathbf{Ab}) > \mathrm{rank}(\mathbf{A}) \\ \text{有解} \begin{cases} \text{唯一解：} \mathrm{rank}(\mathbf{Ab}) = \mathrm{rank}(\mathbf{A}) = r = n \\ \text{無限多解：} n = r + c，c：\text{未定係數數目} \end{cases} \end{cases}$

4-4 習題

1. 解 $\begin{cases} 2x_1 - x_2 + 2x_3 = 4 \\ -2x_1 + 2x_2 - 5x_3 = -2 \\ 4x_1 + x_2 + x_3 = 2 \end{cases}$

2. 解 $\begin{cases} 3x_1 + 2x_2 - 5x_3 = 21 \\ x_1 - 4x_2 + 2x_3 = -17 \\ 2x_1 + x_2 - x_3 = 4 \end{cases}$

3. 解 $\begin{cases} x_1 + x_2 = 0 \\ 2x_1 - 3x_3 = 0 \\ x_2 + 5x_3 = 0 \end{cases}$

4. 解 $\begin{cases} x_1 + 3x_2 - 2x_3 = 0 \\ 2x_1 - x_2 + x_3 = 3 \\ 4x_1 - 9x_2 + 7x_3 = 1 \end{cases}$

5. 解 $\begin{cases} x_1 + 2x_2 + x_3 - x_4 + 2x_5 = 2 \\ x_1 + 4x_2 + 5x_3 - 3x_4 + 8x_5 = -2 \\ -2x_1 - x_2 + 4x_3 - x_4 + 5x_5 = -10 \\ 3x_1 + 7x_2 + 5x_3 - 4x_4 + 9x_5 = 4 \end{cases}$

6. 探討此方程組解之情況：$\begin{cases} x_1 + 2x_2 + 3x_3 = 2 \\ 3x_1 + 2x_2 + x_3 = 0 \\ x_1 + x_2 + x_3 = \alpha \end{cases}$

7. 求矩陣 $\mathbf{A} = \begin{bmatrix} 1 & 0 & 3 & 0 \\ 0 & 1 & 0 & 3 \\ 1 & 0 & 3 & 0 \end{bmatrix}$ 之秩數？

8. 求矩陣 $\mathbf{A} = \begin{bmatrix} 1 & 0 & -2 & 1 & 0 \\ 0 & -1 & -3 & 1 & 3 \\ -2 & -1 & 1 & -1 & 3 \\ 0 & 3 & 9 & 0 & -12 \end{bmatrix}$ 之秩數？

4-5 特徵值與特徵向量

　　要分析一具物理意義的矩陣系統，包括控制或力學之聯立 O.D.E.，已和解代數方程組無關，而僅和此矩陣之「特徵值」與「特徵向量」有關！現考慮一方程組如下：

$$\mathbf{Ax} = \lambda\mathbf{x} \quad\cdots\cdots\cdots\cdots\cdots\cdots\cdots\cdots\cdots(1)$$

其中

$$\mathbf{A} = \left[a_{ij}\right]_{n\times n} = \begin{bmatrix} a_{11} & a_{12} & \cdots & a_{1n} \\ a_{21} & a_{22} & \cdots & a_{2n} \\ \vdots & \vdots & \ddots & \vdots \\ a_{n1} & a_{n2} & \cdots & a_{nn} \end{bmatrix} : \; n\,階方陣$$

$$\mathbf{x} = \begin{bmatrix} x_1 \\ x_2 \\ \vdots \\ x_n \end{bmatrix} 為行向量，\lambda\,是任意參數$$

　　顯然 $\mathbf{x} = \mathbf{0}$ 必定滿足 (1) 式，此解稱為**微解**（trivial solution），不予討論。感興趣的是：使 (1) 式產生 $\mathbf{x} \neq \mathbf{0}$ 之 λ，稱此 λ 為**特徵值**（eigenvalue），$\mathbf{x}$ 稱為**特徵向量**（eigenvector）。

　　有了以上之瞭解後，那要如何求得任意方陣 $\mathbf{A}$ 之特徵值呢？請看以下說明：由 (1) 式得 $\mathbf{Ax} = \lambda\mathbf{Ix}$，移項得

$$(\mathbf{A} - \lambda\mathbf{I})\mathbf{x} = \mathbf{0} \quad\cdots\cdots\cdots\cdots\cdots\cdots\cdots\cdots\cdots(2)$$

整理為

$$\begin{cases} (a_{11} - \lambda)x_1 + a_{12}x_2 + \cdots + a_{1n}x_n = 0 \\ a_{21}x_1 + (a_{22} - \lambda)x_2 + \cdots + a_{2n}x_n = 0 \\ \quad\vdots \qquad\quad \vdots \qquad\quad \vdots \qquad\quad \vdots \\ a_{n1}x_1 + a_{n2}x_2 + \cdots + (a_{nn} - \lambda)x_n = 0 \end{cases} \quad\cdots\cdots\cdots\cdots\cdots(3)$$

(3) 式為齊次方程組，欲使 (3) 式存在非零解 $\mathbf{x} \neq \mathbf{0}$，知：

$$\begin{vmatrix} a_{11} - \lambda & a_{12} & \cdots & a_{1n} \\ a_{21} & a_{22} - \lambda & \cdots & a_{2n} \\ \vdots & \vdots & \ddots & \vdots \\ a_{n1} & a_{n2} & \cdots & a_{nn} - \lambda \end{vmatrix} = 0 \quad\cdots\cdots\cdots\cdots\cdots\cdots (4)$$

故知 (4) 式即為求解特徵值的方程式，稱為**特徵方程式**（characteristic equation）。

　　由 (4) 式所求得的特徵值，再代入 (2) 式求出非零之解 $\mathbf{x}$，此 $\mathbf{x}$ 即稱為特徵向量，即：「先求出特徵值，再求出特徵向量」。探討求得矩陣特徵值的過程，你會更瞭解特徵值與特徵向量的含義。

例題 1　**基本題**

有一矩陣 $\mathbf{A} = \begin{bmatrix} -2 & 5 \\ 3 & -4 \end{bmatrix}$，求 $\mathbf{A}$ 之特徵值與對應之特徵向量。

解 (1) 直接代入 $|\mathbf{A} - \lambda\mathbf{I}| = \begin{vmatrix} -2-\lambda & 5 \\ 3 & -4-\lambda \end{vmatrix} = (\lambda-1)(\lambda+7) = 0$

　　　∴ 特徵值 $\lambda_1 = 1$, $\lambda_2 = -7$

(2) 當 $\lambda_1 = 1$ 時，代入 $(\mathbf{A} - \lambda\mathbf{I})\mathbf{x} = \mathbf{0}$ 得 $\begin{bmatrix} -3 & 5 \\ 3 & -5 \end{bmatrix}_{2\times2} \begin{bmatrix} x_1 \\ x_2 \end{bmatrix}_{2\times1} = \mathbf{0}$

　　此時之特徵向量即為滿足上式之 x_1, x_2 值。現解說如下：

　　由 $\begin{bmatrix} -3 & 5 \\ 3 & -5 \end{bmatrix}$ 之任一列

　　（**要訣：** 如這裡取第一列，由下面寫上來，然後對其中一個數加負號）

　　則 $\mathbf{x}_1 = \begin{bmatrix} x_1 \\ x_2 \end{bmatrix} = \begin{bmatrix} 5 \\ -(-3) \end{bmatrix} = \begin{bmatrix} 5 \\ 3 \end{bmatrix}$

(3) 當 $\lambda_2 = -7$ 時，代入 $(\mathbf{A} - \lambda\mathbf{I})\mathbf{x} = \mathbf{0}$ 得 $\begin{bmatrix} 5 & 5 \\ 3 & 3 \end{bmatrix}_{2\times2} \begin{bmatrix} x_1 \\ x_2 \end{bmatrix}_{2\times1} = \mathbf{0}$

　　由 $\begin{bmatrix} 5 & 5 \\ 3 & 3 \end{bmatrix}$ 之任一列（如此處取第一列），則

　　$\mathbf{x}_2 = \begin{bmatrix} x_1 \\ x_2 \end{bmatrix} = \begin{bmatrix} 5 \\ -5 \end{bmatrix} \xrightarrow{\text{化簡}} \begin{bmatrix} 1 \\ -1 \end{bmatrix}$

類題

有一矩陣 $\mathbf{A} = \begin{bmatrix} -2 & 2 \\ -3 & 3 \end{bmatrix}$，求 $\mathbf{A}$ 之特徵值與對應之特徵向量。

答 直接代入 $|\mathbf{A} - \lambda\mathbf{I}| = \begin{vmatrix} -2-\lambda & 2 \\ -3 & 3-\lambda \end{vmatrix} = \lambda(\lambda-1) = 0$，

∴特徵值 $\lambda_1 = 0$, $\lambda_2 = 1$

當 $\lambda_1 = 0$ 時，代入 $(\mathbf{A} - \lambda\mathbf{I})\mathbf{x} = \mathbf{0}$ 得 $\begin{bmatrix} -2 & 2 \\ -3 & 3 \end{bmatrix}_{2\times2} \begin{bmatrix} x_1 \\ x_2 \end{bmatrix}_{2\times1} = \mathbf{0}$

則 $\mathbf{x}_1 = \begin{bmatrix} x_1 \\ x_2 \end{bmatrix} = \begin{bmatrix} 2 \\ -(-2) \end{bmatrix} \xrightarrow{\text{化簡}} \begin{bmatrix} 1 \\ 1 \end{bmatrix}$

當 $\lambda_2 = 1$ 時，代入 $(\mathbf{A} - \lambda\mathbf{I})\mathbf{x} = \mathbf{0}$ 得 $\begin{bmatrix} -3 & 2 \\ -3 & 2 \end{bmatrix}_{2\times2} \begin{bmatrix} x_1 \\ x_2 \end{bmatrix}_{2\times1} = \mathbf{0}$

則 $\mathbf{x}_2 = \begin{bmatrix} x_1 \\ x_2 \end{bmatrix} = \begin{bmatrix} 2 \\ -(-3) \end{bmatrix} = \begin{bmatrix} 2 \\ 3 \end{bmatrix}$

例題 2 基本題

有一矩陣 $\mathbf{A} = \begin{bmatrix} 0 & 4 \\ -1 & -4 \end{bmatrix}$，求 $\mathbf{A}$ 之特徵值與對應之特徵向量。

解 (1) 直接代入 $|\mathbf{A} - \lambda\mathbf{I}| = \begin{vmatrix} 0-\lambda & 4 \\ -1 & -4-\lambda \end{vmatrix} = (\lambda+2)^2 = 0$

∴特徵值 $\lambda_1 = \lambda_2 = -2$

(2) 當 $\lambda_1 = \lambda_2 = -2$ 時，代入 $(\mathbf{A} - \lambda\mathbf{I})\mathbf{x} = \mathbf{0}$ 得 $\begin{bmatrix} 2 & 4 \\ -1 & -2 \end{bmatrix}_{2\times2} \begin{bmatrix} x_1 \\ x_2 \end{bmatrix}_{2\times1} = \mathbf{0}$

則 $\mathbf{x}_1 = \begin{bmatrix} x_1 \\ x_2 \end{bmatrix} = \begin{bmatrix} -1 \\ -(-2) \end{bmatrix} = \begin{bmatrix} -1 \\ 2 \end{bmatrix}$

(3) 此處二次重根特徵值僅得到一組特徵向量！

類題

有一矩陣 $\mathbf{A} = \begin{bmatrix} 1 & -1 \\ 1 & 3 \end{bmatrix}$，求 $\mathbf{A}$ 之特徵值與對應之特徵向量。

答 直接代入 $|\mathbf{A} - \lambda\mathbf{I}| = \begin{vmatrix} 1-\lambda & -1 \\ 1 & 3-\lambda \end{vmatrix} = (\lambda-2)^2 = 0$，$\therefore$特徵值 $\lambda_1 = \lambda_2 = 2$

當 $\lambda_1 = \lambda_2 = 2$ 時，代入 $(\mathbf{A} - \lambda\mathbf{I})\mathbf{x} = \mathbf{0}$ 得 $\begin{bmatrix} -1 & -1 \\ 1 & 1 \end{bmatrix}_{2\times2} \begin{bmatrix} x_1 \\ x_2 \end{bmatrix}_{2\times1} = \mathbf{0}$

則 $\mathbf{x}_1 = \begin{bmatrix} x_1 \\ x_2 \end{bmatrix} = \begin{bmatrix} -1 \\ -(-1) \end{bmatrix} = \begin{bmatrix} -1 \\ 1 \end{bmatrix}$

例題 3 **基本題**

有一矩陣 $\mathbf{A} = \begin{bmatrix} 5 & 7 & -5 \\ 0 & 4 & -1 \\ 2 & 8 & -3 \end{bmatrix}$，求 $\mathbf{A}$ 之特徵值與對應之特徵向量。

解 (1) 直接代入 $|\mathbf{A} - \lambda\mathbf{I}| = \begin{vmatrix} 5-\lambda & 7 & -5 \\ 0 & 4-\lambda & -1 \\ 2 & 8 & -3-\lambda \end{vmatrix} = 0$

將上式展開：$-\lambda^3 + 6\lambda^2 - 11\lambda + 6 = 0$ 為特徵方程式

因式分解得 $-(\lambda-1)(\lambda-2)(\lambda-3) = 0$

$\therefore$特徵值 $\lambda_1 = 1,\quad \lambda_2 = 2,\quad \lambda_3 = 3$

(2) 當 $\lambda_1 = 1$ 時，代入 $(\mathbf{A} - \lambda\mathbf{I})\mathbf{x} = \mathbf{0}$ 得 $\begin{bmatrix} 4 & 7 & -5 \\ 0 & 3 & -1 \\ 2 & 8 & -4 \end{bmatrix}_{3\times3} \begin{bmatrix} x_1 \\ x_2 \\ x_3 \end{bmatrix}_{3\times1} = \mathbf{0}$

此時之特徵向量即為滿足上式之 x_1, x_2, x_3 值。現解說如下：

幹掉 $\begin{bmatrix} 4 & 7 & -5 \\ 0 & 3 & -1 \\ 2 & 8 & -4 \end{bmatrix}$ 之任一列（如此處幹掉第三列），則

$x_1 : x_2 : x_3 = \begin{vmatrix} 7 & -5 \\ 3 & -1 \end{vmatrix} : \begin{vmatrix} -5 & 4 \\ -1 & 0 \end{vmatrix} : \begin{vmatrix} 4 & 7 \\ 0 & 3 \end{vmatrix} = 2:1:3,\ \therefore \begin{bmatrix} x_1 \\ x_2 \\ x_3 \end{bmatrix} = \mathbf{x}_1 = \begin{bmatrix} 2 \\ 1 \\ 3 \end{bmatrix}$

(3) 當 $\lambda_2 = 2$，代入 $(\mathbf{A} - \lambda\mathbf{I})\mathbf{x} = \mathbf{0}$ 得 $\begin{bmatrix} 3 & 7 & -5 \\ 0 & 2 & -1 \\ 2 & 8 & -5 \end{bmatrix}\begin{bmatrix} x_1 \\ x_2 \\ x_3 \end{bmatrix} = \mathbf{0}$

幹掉 $\begin{bmatrix} 3 & 7 & -5 \\ 0 & 2 & -1 \\ 2 & 8 & -5 \end{bmatrix}$ 之任一列（如此處幹掉第一列），則

$x_1 : x_2 : x_3 = \begin{vmatrix} 2 & -1 \\ 8 & -5 \end{vmatrix} : \begin{vmatrix} -1 & 0 \\ -5 & 2 \end{vmatrix} : \begin{vmatrix} 0 & 2 \\ 2 & 8 \end{vmatrix} = 1 : 1 : 2$，故特徵向量為 $\mathbf{x}_2 = \begin{bmatrix} 1 \\ 1 \\ 2 \end{bmatrix}$

(4) 當 $\lambda_3 = 3$，代入 $(\mathbf{A} - \lambda\mathbf{I})\mathbf{x} = \mathbf{0}$ 得 $\begin{bmatrix} 2 & 7 & -5 \\ 0 & 1 & -1 \\ 2 & 8 & -6 \end{bmatrix}\begin{bmatrix} x_1 \\ x_2 \\ x_3 \end{bmatrix} = \mathbf{0}$

同理，$x_1 : x_2 : x_3 = \begin{vmatrix} 7 & -5 \\ 1 & -1 \end{vmatrix} : \begin{vmatrix} -5 & 2 \\ -1 & 0 \end{vmatrix} : \begin{vmatrix} 2 & 7 \\ 0 & 1 \end{vmatrix} = -1 : 1 : 1$

故特徵向量為 $\mathbf{x}_3 = \begin{bmatrix} -1 \\ 1 \\ 1 \end{bmatrix}$

例題 4　基本題

有一矩陣 $\mathbf{A} = \begin{bmatrix} -2 & 2 & -3 \\ 2 & 1 & -6 \\ -1 & -2 & 0 \end{bmatrix}$，求 $\mathbf{A}$ 之特徵值與對應之特徵向量。

解 (1) 由 $|\mathbf{A} - \lambda\mathbf{I}| = \begin{vmatrix} -2-\lambda & 2 & -3 \\ 2 & 1-\lambda & -6 \\ -1 & -2 & -\lambda \end{vmatrix} = -(\lambda^3 + \lambda^2 - 21\lambda - 45) = 0$

因式分解得 $-(\lambda+3)^2(\lambda-5) = 0$

∴特徵值為 $\lambda_1 = \lambda_2 = -3,\ \lambda_3 = 5$，有二重根特徵值。「特徵值相同時，特徵向量是否會相同呢？」看下面解說。

(2) 當 $\lambda_1 = \lambda_2 = -3$ 代入 $(\mathbf{A} - \lambda\mathbf{I})\mathbf{x} = \mathbf{0}$ 得 $\begin{bmatrix} 1 & 2 & -3 \\ 2 & 4 & -6 \\ -1 & -2 & 3 \end{bmatrix} \begin{bmatrix} x_1 \\ x_2 \\ x_3 \end{bmatrix} = \mathbf{0}$

由觀察即知 $\begin{bmatrix} 1 & 2 & -3 \\ 2 & 4 & -6 \\ -1 & -2 & 3 \end{bmatrix}$ 之秩數 1，$n = 3$，$\therefore c = n - r = 3 - 1 = 2$

$\therefore$ 有二個未定係數來決定 x_1, x_2, x_3 之值！

由 $x_1 + 2x_2 - 3x_3 = 0$，解得 $x_1 = -2x_2 + 3x_3$

$\therefore \begin{bmatrix} x_1 \\ x_2 \\ x_3 \end{bmatrix} = \begin{bmatrix} -2x_2 + 3x_3 \\ x_2 \\ x_3 \end{bmatrix} = x_2 \begin{bmatrix} -2 \\ 1 \\ 0 \end{bmatrix} + x_3 \begin{bmatrix} 3 \\ 0 \\ 1 \end{bmatrix}$

故特徵向量為 $\mathbf{x}_1 = \begin{bmatrix} -2 \\ 1 \\ 0 \end{bmatrix}$, $\mathbf{x}_2 = \begin{bmatrix} 3 \\ 0 \\ 1 \end{bmatrix}$

(3) 當 $\lambda_3 = 5$，代入 $(\mathbf{A} - \lambda\mathbf{I})\mathbf{x} = \mathbf{0}$ 得 $\begin{bmatrix} -7 & 2 & -3 \\ 2 & -4 & -6 \\ -1 & -2 & -5 \end{bmatrix} \begin{bmatrix} x_1 \\ x_2 \\ x_3 \end{bmatrix} = \mathbf{0}$

故 $x_1 : x_2 : x_3 = \begin{vmatrix} 2 & -3 \\ 1 & 2 \end{vmatrix} : \begin{vmatrix} -3 & -7 \\ 2 & 0 \end{vmatrix} : \begin{vmatrix} -7 & 2 \\ 0 & 1 \end{vmatrix} = 1 : 2 : -1$

特徵向量為 $\mathbf{x}_3 = \begin{bmatrix} 1 \\ 2 \\ -1 \end{bmatrix}$

例題 5　**基本題**

有一矩陣 $\mathbf{A} = \begin{bmatrix} 4 & 6 & 6 \\ 1 & 3 & 2 \\ -1 & -5 & -2 \end{bmatrix}$，求 $\mathbf{A}$ 之特徵值與對應之特徵向量。

解 (1) $|\mathbf{A} - \lambda\mathbf{I}| = \begin{vmatrix} 4 - \lambda & 6 & 6 \\ 1 & 3 - \lambda & 2 \\ -1 & -5 & -2 - \lambda \end{vmatrix} = -\lambda^3 + 5\lambda^2 - 8\lambda + 4 = 0$

因式分解得 $-(\lambda - 1)(\lambda - 2)^2 = 0$，$\therefore$ 特徵值為 $\lambda_1 = 1, \lambda_2 = \lambda_3 = 2$

(2) 當 $\lambda_1 = 1$，代入 $(\mathbf{A} - \lambda\mathbf{I})\mathbf{x} = \mathbf{0}$ 得 $\begin{bmatrix} 3 & 6 & 6 \\ 1 & 2 & 2 \\ -1 & -5 & -3 \end{bmatrix}\begin{bmatrix} x_1 \\ x_2 \\ x_3 \end{bmatrix} = \mathbf{0}$

因為第一、二列成比例，所以不要幹掉第三列！

則 $x_1 : x_2 : x_3 = \begin{vmatrix} 2 & 2 \\ -5 & -3 \end{vmatrix} : \begin{vmatrix} 2 & 1 \\ -3 & -1 \end{vmatrix} : \begin{vmatrix} 1 & 2 \\ -1 & -5 \end{vmatrix} = 4:1:-3$，故 $\mathbf{x}_1 = \begin{bmatrix} 4 \\ 1 \\ -3 \end{bmatrix}$

(3) 當 $\lambda_2 = \lambda_3 = 2$ 時，代入 $(\mathbf{A} - \lambda\mathbf{I})\mathbf{x} = \mathbf{0}$ 得 $\begin{bmatrix} 2 & 6 & 6 \\ 1 & 1 & 2 \\ -1 & -5 & -4 \end{bmatrix}\begin{bmatrix} x_1 \\ x_2 \\ x_3 \end{bmatrix} = \mathbf{0}$

$x_1 : x_2 : x_3 = \begin{vmatrix} 1 & 2 \\ -5 & -4 \end{vmatrix} : \begin{vmatrix} 2 & 1 \\ -4 & -1 \end{vmatrix} : \begin{vmatrix} 1 & 1 \\ -1 & -5 \end{vmatrix} = 3:1:-2$，故 $\mathbf{x}_2 = \begin{bmatrix} 3 \\ 1 \\ -2 \end{bmatrix}$

此處二次重根特徵值僅能得到一組特徵向量！

▓ 注意：求矩陣之特徵值或特徵向量時，「絕對不可以先對原矩陣做高斯運算再求，如此做法將失真」。

定義 **特徵多項式**

若 $\mathbf{A}$ 為 n 階方陣，則

$$|\mathbf{A} - \lambda\mathbf{I}| = P(\lambda) \quad\cdots\cdots\cdots\cdots\cdots\cdots\cdots\cdots\cdots\cdots\cdots\cdots(5)$$

為 λ 之 n 次多項式，稱 (5) 式為 $\mathbf{A}$ 之**特徵多項式**（characteristic polynomial）。 ▓

特徵多項式 $P(\lambda)$ 之係數與特徵值 λ 有許多重要之關係，茲以 $n = 2$ 為例說明之：

$$|\mathbf{A} - \lambda\mathbf{I}| = \begin{vmatrix} a_{11} - \lambda & a_{12} \\ a_{21} & a_{22} - \lambda \end{vmatrix} = \lambda^2 - \lambda(a_{11} + a_{22}) + \begin{vmatrix} a_{11} & a_{12} \\ a_{21} & a_{22} \end{vmatrix}$$

$$\equiv (\lambda - \lambda_1)(\lambda - \lambda_2)$$

$$= \lambda^2 - (\lambda_1 + \lambda_2)\lambda + \lambda_1\lambda_2$$

比較 λ 之係數得：

$$\lambda_1 + \lambda_2 = a_{11} + a_{22} \cdots\cdots\cdots\cdots\cdots\cdots\cdots\cdots\cdots\cdots\cdots\cdots\cdots\cdots\cdots (6)$$

(6) 式之好處在於可以「檢查計算之特徵值是否有錯」。

比較常數項得：

$$\lambda_1 \lambda_2 = \begin{vmatrix} a_{11} & a_{12} \\ a_{21} & a_{22} \end{vmatrix} = |\mathbf{A}| \cdots\cdots\cdots\cdots\cdots\cdots\cdots\cdots\cdots\cdots\cdots\cdots\cdots (7)$$

由 (7) 式可以推得：$\begin{cases} |\mathbf{A}| = 0：特徵值至少一個零。 \\ |\mathbf{A}| \neq 0：特徵值全不為零。 \end{cases}$

另外，矩陣之特徵值尚有如下許多重要性質，對於計算矩陣特徵值助益甚大。

性質 1　若 $\mathbf{A}$ 之每一列或行之數字和皆為 a，則 a 為 $\mathbf{A}$ 之特徵值。

例題 6　說明題

(1) $\mathbf{A} = \begin{bmatrix} 3 & 2 \\ -1 & 6 \end{bmatrix}$，每一列之數字和皆為 5，則 $\lambda_1 = 5$ 為 $\mathbf{A}$ 之特徵值，並由

$5 + \lambda_2 = 3 + 6 = 9$ 得知 $\lambda_2 = 4$

(2) $\mathbf{A} = \begin{bmatrix} 1 & -2 \\ -4 & -1 \end{bmatrix}$，每一行之數字和皆為 -3，則 $\lambda_1 = -3$ 為 $\mathbf{A}$ 之特徵值，並由

$-3 + \lambda_2 = 1 - 1 = 0$ 得知 $\lambda_2 = 3$

性質 2　若 $\mathbf{A}$ 是三角矩陣，則其特徵值即為對角線之所有數字。

例題 7　說明題

$\mathbf{A} = \begin{bmatrix} 1 & 2 & 1 \\ 0 & -1 & 4 \\ 0 & 0 & 2 \end{bmatrix}$ 為上三角矩陣，則 $\mathbf{A}$ 之特徵值為 $1, -1, 2$。

性質 3 若 $\mathbf{A}$ 的特徵值為 λ，則 $\mathbf{A}^{-1}$ 的特徵值為 $\dfrac{1}{\lambda}$。

性質 4 若 $\mathbf{A}$ 之特徵值為 λ，則 $k\mathbf{A}$（k 為常數）之特徵值為 $k\lambda$。

性質 5 若 $\mathbf{A}$ 之特徵值為 λ，則 $\mathbf{A}^m$ 之特徵值為 λ^m。

例題 8 說明題

若 $\mathbf{A} = \begin{bmatrix} 1 & 4 \\ 2 & 3 \end{bmatrix}$ 之特徵值為 $5, -1$，則

(1) $\mathbf{A}^{-1}$ 的特徵值為 $\dfrac{1}{5}, -1$

(2) $2\mathbf{A}$ 的特徵值為 $10, -2$

(3) $\mathbf{A}^2$ 的特徵值為 $5^2, (-1)^2$

4-5 習題

求下列 $1 \sim 9$ 題矩陣之特徵值與對應之特徵向量。

1. $\begin{bmatrix} 4 & 6 \\ 1 & 3 \end{bmatrix}$

2. $\begin{bmatrix} 3 & 2 \\ 2 & 6 \end{bmatrix}$

3. $\begin{bmatrix} 8 & -1 \\ 5 & 2 \end{bmatrix}$

4. $\begin{bmatrix} 13 & 0 & -15 \\ -3 & 4 & 9 \\ 5 & 0 & -7 \end{bmatrix}$

5. $\begin{bmatrix} 3 & 1 & 4 \\ 0 & 2 & 6 \\ 0 & 0 & 5 \end{bmatrix}$

6. $\begin{bmatrix} 3 & -2 & -5 \\ 4 & -1 & -5 \\ -2 & -1 & -3 \end{bmatrix}$

7. $\begin{bmatrix} 7 & -2 & -4 \\ 3 & 0 & -2 \\ 6 & -2 & -3 \end{bmatrix}$

8. $\begin{bmatrix} -4 & 0 & 6 \\ 2 & 4 & -4 \\ 2 & 0 & 7 \end{bmatrix}$

9. 不要計算，請觀察出 $\mathbf{A} = \begin{bmatrix} -2 & 4 \\ -3 & 5 \end{bmatrix}$ 之特徵值？

4-6 方陣之對角化理論

在計算矩陣乘法時，總希望能將原矩陣經過適當的變換成為對角線矩陣，主要原因有二：

1. **對角線矩陣在計算上的簡易**
2. **對角線矩陣所涵括之物理意義**

但矩陣要**對角化**（diagonalize），首先必須瞭解矩陣「相似」的觀念，因為矩陣對角化可說是相似變換的特例。

定義 相似

若 $\mathbf{S}$ 為非奇異方陣，當矩陣 $\mathbf{A}$ 與 $\mathbf{B}$ 滿足如下之關係式

$$\mathbf{B} = \mathbf{S}^{-1}\mathbf{A}\mathbf{S}$$

稱 $\mathbf{A}$ 相似（similar）於 $\mathbf{B}$。從 $\mathbf{A}$ 變換到 $\mathbf{B}$ 的過程，稱為**相似變換**。 ∎

若 $\mathbf{B}$ 已為對角線矩陣，則如何選取適當的非奇異矩陣 $\mathbf{S}$ 使 $\mathbf{B} = \mathbf{S}^{-1}\mathbf{A}\mathbf{S}$ 呢？其實相似變換所需的非奇異矩陣 $\mathbf{S}$ 不必捨近求遠，找原矩陣 $\mathbf{A}$ 之特徵向量 $\mathbf{x}_1, \cdots, \mathbf{x}_n$ 組成矩陣 $[\mathbf{x}_1 \cdots \mathbf{x}_n]$ 即可！參見如下之定理。

| 定理 | 方陣對角化 |

　　若方陣 $\mathbf{A}$ 為 n 階方陣，且對應有 n 個線性獨立的特徵向量，則 $\mathbf{A}$ 可對角化。即

$$\mathbf{D} = \mathbf{S}^{-1}\mathbf{A}\mathbf{S} \cdots\cdots\cdots\cdots\cdots\cdots\cdots\cdots\cdots\cdots\cdots\cdots\cdots\cdots (1)$$

　　其中

$$\mathbf{D} = \begin{bmatrix} \lambda_1 & & & \mathbf{0} \\ & \lambda_2 & & \\ & & \ddots & \\ \mathbf{0} & & & \lambda_n \end{bmatrix} : 對角線矩陣$$

$\mathbf{S} = \begin{bmatrix} \mathbf{x}_1 & \mathbf{x}_2 & \cdots & \mathbf{x}_n \end{bmatrix}$：「以特徵向量為行組成的方陣」，稱為**特徵矩陣**（eigen matrix），又稱為**模態矩陣**（modal matrix）。

證明：(1) 首先計算：$\mathbf{A}\mathbf{S} = \mathbf{A}\begin{bmatrix} \mathbf{x}_1 & \mathbf{x}_2 & \cdots \mathbf{x}_n \end{bmatrix} = \begin{bmatrix} \mathbf{A}\mathbf{x}_1 & \mathbf{A}\mathbf{x}_2 & \cdots \mathbf{A}\mathbf{x}_n \end{bmatrix} = \begin{bmatrix} \lambda_1\mathbf{x}_1 & \lambda_2\mathbf{x}_2 & \cdots \lambda_n\mathbf{x}_n \end{bmatrix}$

$$(2) \; 又 \; \mathbf{S}\mathbf{D} = \begin{bmatrix} \mathbf{x}_1 & \mathbf{x}_2 & \cdots \mathbf{x}_n \end{bmatrix} \begin{bmatrix} \lambda_1 & & & \mathbf{0} \\ & \lambda_2 & & \\ & & \ddots & \\ \mathbf{0} & & & \lambda_n \end{bmatrix}$$

$$= \begin{bmatrix} x_{11} & x_{21} & \cdots & x_{n1} \\ x_{12} & x_{22} & \cdots & x_{n2} \\ \vdots & \vdots & \ddots & \vdots \\ x_{1n} & x_{2n} & \cdots & x_{nn} \end{bmatrix} \begin{bmatrix} \lambda_1 & & & \mathbf{0} \\ & \lambda_2 & & \\ & & \ddots & \\ \mathbf{0} & & & \lambda_n \end{bmatrix}$$

$$= \begin{bmatrix} \lambda_1 x_{11} & \lambda_2 x_{21} & \cdots & \lambda_n x_{n1} \\ \lambda_1 x_{12} & \lambda_2 x_{22} & \cdots & \lambda_n x_{n2} \\ \vdots & \vdots & \ddots & \vdots \\ \lambda_1 x_{1n} & \lambda_2 x_{2n} & \cdots & \lambda_n x_{nn} \end{bmatrix}$$

$$= \begin{bmatrix} \lambda_1\mathbf{x}_1 & \lambda_2\mathbf{x}_2 & \cdots & \lambda_n\mathbf{x}_n \end{bmatrix}$$

$\therefore \mathbf{A}\mathbf{S} = \mathbf{S}\mathbf{D} \;\; \Rightarrow \;\; \mathbf{D} = \mathbf{S}^{-1}\mathbf{A}\mathbf{S}$，故得證。

(3) 此處對角化之方法，依矩陣相似定義知：若 $\mathbf{D} = \mathbf{S}^{-1}\mathbf{AS}$，則稱 $\mathbf{D}$ 相似於 $\mathbf{A}$，故稱為**相似對角化法**。 ■

例題 1 **基本題**

設 $\mathbf{A} = \begin{bmatrix} 5 & 4 \\ 1 & 2 \end{bmatrix}$，求 $\mathbf{S}$ 使 $\mathbf{D} = \mathbf{S}^{-1}\mathbf{AS}$ 之 $\mathbf{D}$ 為對角線矩陣。

解 觀察知特徵值 $\lambda_1 = 1$，$\lambda_2 = 6$，計算得 $\lambda_1 = 1 \rightarrow \mathbf{x}_1 = \begin{bmatrix} 1 \\ -1 \end{bmatrix}$

$\lambda_2 = 6 \rightarrow \mathbf{x}_2 = \begin{bmatrix} 4 \\ 1 \end{bmatrix}$

故取 $\mathbf{S} = \begin{bmatrix} 1 & 4 \\ -1 & 1 \end{bmatrix}$, $\mathbf{S}^{-1} = \dfrac{1}{5}\begin{bmatrix} 1 & -4 \\ 1 & 1 \end{bmatrix}$

$\therefore \mathbf{D} = \mathbf{S}^{-1}\mathbf{AS} = \dfrac{1}{5}\begin{bmatrix} 1 & -4 \\ 1 & 1 \end{bmatrix}\begin{bmatrix} 5 & 4 \\ 1 & 2 \end{bmatrix}\begin{bmatrix} 1 & 4 \\ -1 & 1 \end{bmatrix} = \begin{bmatrix} 1 & 0 \\ 0 & 6 \end{bmatrix}$

類題

求對角線矩陣 $\mathbf{D} = \mathbf{S}^{-1}\mathbf{AS}$，其中 $\mathbf{A} = \begin{bmatrix} 3 & 8 \\ 5 & 0 \end{bmatrix}$

答 觀察知特徵值 $\lambda_1 = 8$，$\lambda_2 = -5$

計算得 $\lambda_1 = 8 \rightarrow \mathbf{x}_1 = \begin{bmatrix} 8 \\ 5 \end{bmatrix}$，$\lambda_2 = -5 \rightarrow \mathbf{x}_2 = \begin{bmatrix} 1 \\ -1 \end{bmatrix}$

故取 $\mathbf{S} = \begin{bmatrix} 8 & 1 \\ 5 & -1 \end{bmatrix}$, $\mathbf{S}^{-1} = \dfrac{1}{13}\begin{bmatrix} 1 & 1 \\ 5 & -8 \end{bmatrix}$

$\therefore \mathbf{D} = \mathbf{S}^{-1}\mathbf{AS} = \dfrac{1}{13}\begin{bmatrix} 1 & 1 \\ 5 & -8 \end{bmatrix}\begin{bmatrix} 3 & 8 \\ 5 & 0 \end{bmatrix}\begin{bmatrix} 8 & 1 \\ 5 & -1 \end{bmatrix} = \begin{bmatrix} 8 & 0 \\ 0 & -5 \end{bmatrix}$ ■

例題 2　基本題

設 $\mathbf{A} = \begin{bmatrix} 1 & 2 & 1 \\ 6 & -1 & 0 \\ -1 & -2 & -1 \end{bmatrix}$，求 $\mathbf{S}$ 使 $\mathbf{D} = \mathbf{S}^{-1}\mathbf{AS}$ 之 $\mathbf{D}$ 為對角線矩陣。

解 由 $|\mathbf{A} - \lambda\mathbf{I}| = \begin{vmatrix} 1-\lambda & 2 & 1 \\ 6 & -1-\lambda & 0 \\ -1 & -2 & -1-\lambda \end{vmatrix} = -\lambda(\lambda-3)(\lambda+4) = 0$

$$\lambda_1 = 0 \to \mathbf{x}_1 = \begin{bmatrix} 1 \\ 6 \\ -13 \end{bmatrix} ; \quad \lambda_2 = 3 \to \mathbf{x}_2 = \begin{bmatrix} 2 \\ 3 \\ -2 \end{bmatrix} ; \quad \lambda_3 = -4 \to \mathbf{x}_3 = \begin{bmatrix} -1 \\ 2 \\ 1 \end{bmatrix}$$

故取 $\mathbf{S} = \begin{bmatrix} 1 & 2 & -1 \\ 6 & 3 & 2 \\ -13 & -2 & 1 \end{bmatrix}$，$\therefore \mathbf{D} = \mathbf{S}^{-1}\mathbf{AS} = \begin{bmatrix} 0 & 0 & 0 \\ 0 & 3 & 0 \\ 0 & 0 & -4 \end{bmatrix}$

類題

求對角線矩陣 $\mathbf{D} = \mathbf{S}^{-1}\mathbf{AS}$，其中 $\mathbf{A} = \begin{bmatrix} 3 & -1 & -2 \\ 2 & 0 & -2 \\ 2 & -1 & -1 \end{bmatrix}$

答 $|\mathbf{A} - \lambda\mathbf{I}| = \begin{vmatrix} 3-\lambda & -1 & -2 \\ 2 & -\lambda & -2 \\ 2 & -1 & -1-\lambda \end{vmatrix} = -\lambda(\lambda-1)^2 = 0$

$$\lambda_1 = 0, \mathbf{x}_1 = \begin{bmatrix} 1 \\ 1 \\ 1 \end{bmatrix}, \quad \lambda_2 = \lambda_3 = 1, \ \mathbf{x}_2 = \begin{bmatrix} 1 \\ 2 \\ 0 \end{bmatrix}, \ \mathbf{x}_3 = \begin{bmatrix} 0 \\ -2 \\ 1 \end{bmatrix}$$

取 $\mathbf{S} = \begin{bmatrix} 1 & 1 & 0 \\ 1 & 2 & -2 \\ 1 & 0 & 1 \end{bmatrix}$，必有 $\mathbf{S}^{-1}\mathbf{AS} = \mathbf{D} = \begin{bmatrix} 0 & 0 & 0 \\ 0 & 1 & 0 \\ 0 & 0 & 1 \end{bmatrix}$

4-6 習題

求對角線矩陣 $\mathbf{D}$ 使得 $\mathbf{D} = \mathbf{S}^{-1}\mathbf{A}\mathbf{S}$，其中：

1. $\mathbf{A} = \begin{bmatrix} 5 & 4 \\ -6 & -5 \end{bmatrix}$

2. $\mathbf{A} = \begin{bmatrix} 1 & 3 \\ 2 & 0 \end{bmatrix}$

3. $\mathbf{A} = \begin{bmatrix} 9 & 1 & 1 \\ 1 & 9 & 1 \\ 1 & 1 & 9 \end{bmatrix}$

4. $\mathbf{A} = \begin{bmatrix} 5 & 10 & -10 \\ 10 & 5 & -20 \\ 5 & -5 & -10 \end{bmatrix}$

5. $\mathbf{A} = \begin{bmatrix} 0.75 & 0.25 & 0 \\ 0.25 & 0.75 & 0 \\ -0.25 & -0.25 & 0.5 \end{bmatrix}$

6. $\mathbf{A} = \begin{bmatrix} 9 & 4 & 0 \\ -6 & -1 & 0 \\ 6 & 4 & 3 \end{bmatrix}$

7. $\mathbf{A} = \begin{bmatrix} 8 & 0 & 3 \\ 2 & 2 & 1 \\ 2 & 0 & 3 \end{bmatrix}$

總整理

本章之心得：

1. 矩陣要會分類，矩陣乘法之規則中無交換律與消去律。

2. 行列式的運算是最基本的能力了，一定要會。

3. 以高斯消去法求反矩陣是最佳方法，一定要會。

4. 聯立方程組的萬能解法仍是高斯消去法。

5. 秩數的判斷仍是高斯消去法。秩數與聯立方程組之解數目關係需理解：

$$\mathbf{A}_{n \times n}\mathbf{x}_{n \times 1} = \mathbf{0} \Rightarrow \quad 必定有解 \begin{cases} 唯一解（零解）：|\mathbf{A}| \neq 0 \\ 無限多解（必含非零解）：|\mathbf{A}| = 0 \end{cases}$$

$$\mathbf{A}_{m \times n}\mathbf{x}_{n \times 1} = \mathbf{b} \Rightarrow \begin{cases} 無解：\mathrm{rank}(\mathbf{Ab}) > \mathrm{rank}(\mathbf{A}) \\ 有解 \begin{cases} 唯一解：n = r \\ 無限多解：n = r + c \end{cases} \end{cases}$$

6. 特徵值與特徵向量之定義式要記住。

7. 求得特徵值後要先驗算特徵值的和是否等於對角線數字和。特徵值與行列式之關係要會。特徵向量計算的「眉角」也要會。

8. 矩陣對角化之步驟要會計算。

CHAPTER

05

聯立 O.D.E. 之解法

■ 本章大綱 ■

學 習 目 標

1. 熟悉如何以消去法解聯立 O.D.E.
2. 瞭解拉氏變換法如何解聯立 O.D.E.
3. 聯立 O.D.E. 之矩陣解法有二種，瞭解其適用題型

在力學或電路學中常出現聯立 O.D.E.！對初學者而言，有時不易明瞭「聯立 O.D.E.」與「單一 O.D.E.」之異同，下表是一相當清楚之分類：

類別	自變數數目	因變數數目	解例
單一 O.D.E.	一個	一個	$y(t)$
聯立 O.D.E.	一個	二個或以上	$x(t), y(t)$
單一 P.D.E.	二個或以上	一個	$u(x, t)$
聯立 P.D.E.	二個或以上	二個或以上	$u_1(x, t), u_2(x, t)$

聯立 O.D.E. 的解法相當固定，可分為以下三種：

1. **消去法**
2. **拉氏變換法**
3. **矩陣法**

並不是每一個聯立 O.D.E. 都可應用任一種解法解題，但你要是有判斷能力，即可使用最適當的方法解題，讀完本章就知道答案了。

5-1 消去法

　　消去法（elimination method）的概念與國中時解聯立方程式的代入消去法概念是一樣的，即設法將聯立 O.D.E. 化為單一 O.D.E. 而解之，在本章所解之 O.D.E. 皆為常係數型，但即使是變係數 O.D.E.，其解法觀念仍同。

▌▌▌注意：消去法的適用題型～一個等號僅能有一個微分項！

例題 1 基本題

解 $\begin{cases} x' = 4x - 2y & \cdots① \\ y' = x + y & \cdots② \end{cases}$

解 (1) 題目之 x、y 為因變數，要先搞清楚！而代入消去法之主要精神乃在於將一聯立 O.D.E. 之二個因變數，藉著「代入消去」之過程而使 O.D.E. 僅剩下一個因變數，那自然可利用第二章之方法求解了！

(2) 從①式得 $y = \frac{1}{2}(4x - x')$，微分得 $y' = \frac{1}{2}(4x' - x'')$

將以上二式代入②式以消去 y，得

$$\frac{1}{2}(4x' - x'') = x + \frac{1}{2}(4x - x') \Rightarrow x'' - 5x' + 6x = 0$$

上式之通解為 $x(t) = c_1 e^{2t} + c_2 e^{3t}$ ，$\therefore x'(t) = 2c_1 e^{2t} + 3c_2 e^{3t}$

(3) 將 $x(t)$、$x'(t)$ 代回 $y = \frac{1}{2}(4x - x')$，得 $y(t) = c_1 e^{2t} + \frac{1}{2}c_2 e^{3t}$

- -

類題

解 $\begin{cases} x' = -2x + y & \cdots① \\ y' = 5x + 2y & \cdots② \end{cases}$

答 從①式得 $y = x' + 2x$，微分得 $y' = x'' + 2x'$

將以上二式代入②式以消去 y，得

$$x'' + 2x' = 5x + 2(x' + 2x) \Rightarrow x'' - 9x = 0$$

上式之通解為 $x(t) = c_1 e^{3t} + c_2 e^{-3t}$ ，$\therefore x'(t) = 3c_1 e^{3t} - 3c_2 e^{-3t}$

將 $x(t)$、$x'(t)$ 代回 $y = x' + 2x$，

得 $y(t) = 5c_1 e^{3t} - c_2 e^{-3t}$

例題 **2** **基本題**

解 $\begin{cases} x' = -2x + y & \cdots \text{①} \\ y' = -4x + 3y + 2e^t & \cdots \text{②} \end{cases}$

解 (1) 題目之 x、y 為因變數，t 為自變數，要先搞清楚！

(2) 從①式得 $y = x' + 2x$，微分得 $y' = x'' + 2x'$

將以上二式代入②式以消去 y，

得 $x'' + 2x' = -4x + 3(x' + 2x) + 2e^t$

整理得 $x'' - x' - 2x = 2e^t$

(3) 引用第二章之解法即可求得上式之解為 $x(t) = c_1 e^{-t} + c_2 e^{2t} - e^t$

(4) $\therefore \ x'(t) = -c_1 e^{-t} + 2c_2 e^{2t} - e^t$

將 $x(t)$、$x'(t)$ 代回 $y = x' + 2x$，

得 $y(t) = c_1 e^{-t} + 4c_2 e^{2t} - 3e^t$

類題

解 $\begin{cases} x' = 2x + y + e^t & \cdots \text{①} \\ y' = 4x - y - e^t & \cdots \text{②} \end{cases}$

答 從①式得 $y = x' - 2x - e^t$，微分得 $y' = x'' - 2x' - e^t$

將以上二式代入②式以消去 y，得

$x'' - 2x' - e^t = 4x - (x' - 2x - e^t) - e^t \Rightarrow x'' - x' - 6x = e^t$

上式之通解為 $x(t) = c_1 e^{3t} + c_2 e^{-2t} - \dfrac{1}{6} e^t$

將 $x(t)$、$x'(t)$ 代回 $y = x' - 2x - e^t$，

得 $y(t) = c_1 e^{3t} - 4c_2 e^{-2t} - \dfrac{5}{6} e^t$

5-1 習題

解下列聯立 O.D.E.。

1. $\begin{cases} x' - x - y = 0 \\ -x + y' + y = e^t \end{cases}$

2. $\begin{cases} x' = 2x + 5y \\ 2y' = -x - 3y \end{cases}$

3. $\begin{cases} x' + y' = 4\cos 2t \quad x(0) = 1.2 \\ x' - y' = 4\sin 2t \ ,\ y(0) = 3.2 \end{cases}$

4. $\begin{cases} y_1' = -y_1 + y_2 + 3e^{-3t} \\ y_2' = -y_1 - y_2 - 2e^{-3t} \end{cases}$

5. $\begin{cases} x' = 4x - y \quad x(1) = 5 \\ y' = x + 2y \ ,\ y(1) = 3 \end{cases}$

5-2　拉氏變換法

　　有些常係數聯立 O.D.E. 常附有起始條件（I.C.），此時以拉氏變換法計算最便捷，請看下例說明。

例題 1　基本題

解 $\begin{cases} x' = 2x - 3y \\ y' = -2x + y \end{cases}$，$x(0) = 6,\ y(0) = 1$

解 (1) 若令 $\mathscr{L}\{x(t)\} = X(s)$，$\mathscr{L}\{y(t)\} = Y(s)$，將原方程式取拉氏變換得

$$\begin{cases} sX - 6 = 2X - 3Y \\ sY - 1 = -2X + Y \end{cases} \Rightarrow \begin{cases} (s-2)X + 3Y = 6 \\ 2X + (s-1)Y = 1 \end{cases}$$

(2) 解得 $\begin{cases} X(s) = \dfrac{6s - 9}{s^2 - 3s - 4} = \dfrac{3}{s+1} + \dfrac{3}{s-4} \\ Y(s) = \dfrac{s - 14}{s^2 - 3s - 4} = \dfrac{3}{s+1} - \dfrac{2}{s-4} \end{cases}$，取反拉得 $\begin{cases} x(t) = 3e^{-t} + 3e^{4t} \\ y(t) = 3e^{-t} - 2e^{4t} \end{cases}$

類題

解 $\begin{cases} x_1' = x_1 + x_2 \\ x_2' = x_2 \end{cases}$，$x_1(0) = 1,\ x_2(0) = 0$

答 將原方程式取拉氏變換得

$$\begin{cases} sX_1 - 1 = X_1 + X_2 \\ sX_2 = X_2 \end{cases} \Rightarrow \begin{cases} (s-1)X_1 - X_2 = 1 \\ (s-1)X_2 = 0 \end{cases}$$

解得 $\begin{cases} X_1(s) = \dfrac{1}{s-1} \\ X_2(s) = 0 \end{cases}$，

取反拉得 $\begin{cases} x_1(t) = e^t \\ x_2(t) = 0 \end{cases}$

例題 2　基本題

解 $\begin{cases} 2x' - 3y' - 2y = 1 \\ -x' + 2y' + 3x = 0 \end{cases}$，$x(0) = y(0) = 0$

解 取拉氏變換得 $\begin{cases} 2sX - (3s+2)Y = \dfrac{1}{s} \\ (-s+3)X + 2sY = 0 \end{cases}$

$\xrightarrow{\text{解得}}$ $\begin{cases} X = \dfrac{2}{(s+1)(s+6)} = \dfrac{2/5}{s+1} - \dfrac{2/5}{s+6} \\ Y = \dfrac{s-3}{s(s+1)(s+6)} = \dfrac{-1/2}{s} + \dfrac{4/5}{s+1} - \dfrac{3/10}{s+6} \end{cases}$

取反拉得 $\begin{cases} x(t) = \dfrac{2}{5}e^{-t} - \dfrac{2}{5}e^{-6t} \\ y(t) = -\dfrac{1}{2} + \dfrac{4}{5}e^{-t} - \dfrac{3}{10}e^{-6t} \end{cases}$

類題

解 $\begin{cases} x' = 4x - 2y + 2u(t-1) \\ y' = 3x - y + u(t-1) \end{cases}$，$x(0) = 0$，$y(0) = \dfrac{1}{2}$

答 取拉氏變換得 $\begin{cases} sX = 4X - 2Y + \dfrac{2}{s}e^{-s} \\ sY - \dfrac{1}{2} = 3X - Y + \dfrac{1}{s}e^{-s} \end{cases}$ $\xrightarrow{\text{整理}}$ $\begin{cases} (s-4)X + 2Y = \dfrac{2}{s}e^{-s} \\ -3X + (s+1)Y = \dfrac{1}{2} + \dfrac{1}{s}e^{-s} \end{cases}$

$\xrightarrow{\text{解得}}$ $\begin{cases} X = (\dfrac{1}{s-1} - \dfrac{1}{s-2}) - 2(\dfrac{1}{s-1} - \dfrac{1}{s-2})e^{-s} \\ Y = (\dfrac{3/2}{s-1} - \dfrac{1}{s-2}) + (\dfrac{1}{s} - \dfrac{3}{s-1} + \dfrac{2}{s-2})e^{-s} \end{cases}$

取反拉得 $\begin{cases} x(t) = e^t - e^{2t} - 2\left[e^{t-1} - e^{2(t-1)}\right]u(t-1) \\ y(t) = \dfrac{3}{2}e^t - e^{2t} + \left[1 - 3e^{t-1} + e^{2(t-1)}\right]u(t-1) \end{cases}$

例題 3 基本題

解 $\begin{cases} x'' + 2x - y = 0 \\ y'' + 2y - x = 0 \end{cases}$, $x(0) = y(0) = 1$, $x'(0) = y'(0) = 0$

解 本題屬聯立二階 O.D.E.。

取拉氏變換得 $\begin{cases} s^2X - s + 2X - Y = 0 \\ s^2Y - s + 2Y - X = 0 \end{cases}$ $\Rightarrow$ $\begin{cases} (s^2+2)X - Y = s \\ -X + (s^2+2)Y = s \end{cases}$

$\xrightarrow{\text{解得}}$ $\begin{cases} X = \dfrac{s}{s^2+1} \\ Y = \dfrac{s}{s^2+1} \end{cases}$, 取反拉得 $\begin{cases} x(t) = \cos t \\ y(t) = \cos t \end{cases}$

類題

解 $\begin{cases} x'' - 2x' + 3y' + 2y = 4 \\ 2y' - x' + 3y = 0 \end{cases}$, $x(0) = x'(0) = y(0) = 0$

答 取拉氏變換得 $\begin{cases} (s^2 - 2s)X + (3s+2)Y = \dfrac{4}{s} \\ -sX + (2s+3)Y = 0 \end{cases}$

$$X = \frac{\begin{vmatrix} \dfrac{4}{s} & 3s+2 \\ 0 & 2s+3 \end{vmatrix}}{\begin{vmatrix} s^2 - 2s & 3s+2 \\ -s & 2s+3 \end{vmatrix}} = \frac{8 + \dfrac{12}{s}}{2s(s+2)(s-1)} = \frac{-\frac{7}{2}}{s} - \frac{3}{s^2} + \frac{\frac{1}{6}}{s+2} + \frac{\frac{10}{3}}{s-1}$$

$$Y = \frac{\begin{vmatrix} s^2 - 2s & \dfrac{4}{s} \\ -s & 0 \end{vmatrix}}{\begin{vmatrix} s^2 - 2s & 3s+2 \\ -s & 2s+3 \end{vmatrix}} = \frac{4}{2s(s+2)(s-1)} = \frac{-1}{s} + \frac{\frac{1}{3}}{s+2} + \frac{\frac{2}{3}}{s-1}$$

取反拉得 $\begin{cases} x(t) = -\dfrac{7}{2} - 3t + \dfrac{1}{6}e^{-2t} + \dfrac{10}{3}e^t \\ y(t) = -1 + \dfrac{1}{3}e^{-2t} + \dfrac{2}{3}e^t \end{cases}$

至此相信諸位皆已熟悉各種聯立 O.D.E. 的解法，有人認為拉氏變換法最簡捷，其實若題目有起始條件，那一定用拉氏變換法，否則消去法比較簡單。

5-2 習題

解下列聯立 O.D.E.。

1. $\begin{cases} x' = 3x + 4y \quad x(0) = 1 \\ y' = 4x - 3y \end{cases}$, $y(0) = 3$

2. $\begin{cases} x' + y' + 3y = 0 \\ y' - x + 3y = 1 \end{cases}$, $x(0)=0$, $y(0)=3$

3. $\begin{cases} y_1' - 2y_2' = 1 \\ y_1' - y_1 + y_2 = 0 \end{cases}$, $y_1(0) = y_2(0) = 0$

4. $\begin{cases} x_1' = 3x_1 + 3x_2 + 8 \\ x_2' = x_1 + 5x_2 + 4e^{3t} \end{cases}$; $\begin{bmatrix} x_1(0) \\ x_2(0) \end{bmatrix} = \begin{bmatrix} 2 \\ -7 \end{bmatrix}$

5. $\begin{cases} \dot{x} = -x \\ \dot{y} = x + y \end{cases}$, $x(0) = 2$, $y(0) = 1$

6. $\begin{cases} \dot{x} + x = 1 \\ 2\dot{y} + y = x \end{cases}$, $x(0) = 0$, $y(0) = 0$

7. $\begin{cases} x' + 2x - y' = 0 \\ x' + y + x = t^2 \end{cases}$, $x(0) = 0$, $y(0) = 0$

5-3 矩陣法

本節探討以矩陣理論解聯立 O.D.E.，包括「特徵值法」、「對角化法」，尤其後者可解「非齊次」聯立 O.D.E.。

1 特徵值法

若有聯立 O.D.E. 如下：

$$\mathbf{y}' = \mathbf{A}\mathbf{y} \quad\text{...(1)}$$

假設 $\mathbf{y} = \mathbf{x}e^{\lambda t}$，則 $\mathbf{y}' = \lambda\mathbf{x}e^{\lambda t}$，代入 (1) 式得 $\lambda\mathbf{x}e^{\lambda t} = \mathbf{A}\mathbf{x}e^{\lambda t}$，即 $\mathbf{A}\mathbf{x} = \lambda\mathbf{x}$。只要求出 $\mathbf{A}$ 之特徵向量 $\mathbf{x}$ 與對應之特徵值 λ，則其解即可表為

$$\mathbf{y}(t) = c_1\mathbf{x}_1 e^{\lambda_1 t} + c_2\mathbf{x}_2 e^{\lambda_2 t} \quad\text{.......................................(2)}$$

2 對角化法

對角化法（diagonalization method）是一種系統化的解法，以這種方法解「齊次」方程式比第一種方法慢，但若是碰上第一種方法不能應付的「非齊次」方程式，則唯有對角化法才可解，故此法很重要。

若有「非齊次」聯立 O.D.E. 如下：

$$\mathbf{y}' = \mathbf{A}\mathbf{y} + \mathbf{h}$$

其中 $\mathbf{h}$ 為非齊次部分。此處假設變數變換如下：

$$\mathbf{y} = \mathbf{S}\mathbf{z} \quad\text{...(3)}$$

其中 $\mathbf{S}$ 為 $\mathbf{A}$ 之特徵矩陣，因此 $\mathbf{y}' = \mathbf{S}\mathbf{z}'$，代入 (4) 式得 $\mathbf{S}\mathbf{z}' = \mathbf{A}\mathbf{S}\mathbf{z} + \mathbf{h}$，自左邊乘上 $\mathbf{S}^{-1}$ 得

$$\mathbf{z}' = \mathbf{S}^{-1}\mathbf{A}\mathbf{S}\mathbf{z} + \mathbf{S}^{-1}\mathbf{h} = \mathbf{D}\mathbf{z} + \mathbf{S}^{-1}\mathbf{h} \quad\text{.....................................(4)}$$

$\mathbf{D}$ 為 $\mathbf{A}$ 之對角線矩陣。

由 (4) 式解得 $\mathbf{z}$ 代回 (3) 式即可求得 $\mathbf{y}$。

例題　1　基本題

請解 $\begin{cases} y_1' = y_1 + y_2 \\ y_2' = 3y_1 - y_2 \end{cases}$

解 方法 1　特徵值法

首先將方程式表成矩陣形式 $\mathbf{y}' = \mathbf{Ay}$，其中 $\mathbf{y} = \begin{bmatrix} y_1 \\ y_2 \end{bmatrix}$，$\mathbf{A} = \begin{bmatrix} 1 & 1 \\ 3 & -1 \end{bmatrix}$

觀察 $\mathbf{A}$ 知 $\lambda_1 = 2$，$\mathbf{x}_1 = \begin{bmatrix} 1 \\ 1 \end{bmatrix}$；$\lambda_2 = -2$，$\mathbf{x}_2 = \begin{bmatrix} 1 \\ -3 \end{bmatrix}$

故得 $\mathbf{y} = c_1 \begin{bmatrix} 1 \\ 1 \end{bmatrix} e^{2t} + c_2 \begin{bmatrix} 1 \\ -3 \end{bmatrix} e^{-2t}$ 或 $\mathbf{y} = \begin{bmatrix} c_1 e^{2t} + c_2 e^{-2t} \\ c_1 e^{2t} - 3c_2 e^{-2t} \end{bmatrix}$

或 $\mathbf{y} = \begin{bmatrix} e^{2t} & e^{-2t} \\ e^{2t} & -3e^{-2t} \end{bmatrix} \begin{bmatrix} c_1 \\ c_2 \end{bmatrix} \equiv \begin{bmatrix} e^{2t} & e^{-2t} \\ e^{2t} & -3e^{-2t} \end{bmatrix} \mathbf{c}$（共計三種表示法）

其中 $\begin{bmatrix} e^{2t} & e^{-2t} \\ e^{2t} & -3e^{-2t} \end{bmatrix} \equiv \mathbf{W}$，稱為**基礎矩陣**（fundamental matrix）。

方法 2　對角化法

O.D.E.：$\mathbf{y}' = \mathbf{Ay}$，已知 $\mathbf{A}$ 之 $\lambda_1 = 2$，$\mathbf{x}_1 = \begin{bmatrix} 1 \\ 1 \end{bmatrix}$；$\lambda_2 = -2$，$\mathbf{x}_2 = \begin{bmatrix} 1 \\ -3 \end{bmatrix}$

故 $\mathbf{A}$ 之特徵矩陣為 $\mathbf{S} = \begin{bmatrix} 1 & 1 \\ 1 & -3 \end{bmatrix}$；對角線矩陣為 $\mathbf{D} = \begin{bmatrix} 2 & 0 \\ 0 & -2 \end{bmatrix}$

令 $\mathbf{y} = \mathbf{Sz}$，$\therefore \mathbf{z}' = \mathbf{Dz} \rightarrow \begin{bmatrix} z_1' \\ z_2' \end{bmatrix} = \begin{bmatrix} 2 & 0 \\ 0 & -2 \end{bmatrix} \begin{bmatrix} z_1 \\ z_2 \end{bmatrix} = \begin{bmatrix} 2z_1 \\ -2z_2 \end{bmatrix}$

即 $z_1' = 2z_1 \xrightarrow{\text{解出}} z_1 = c_1 e^{2t}$，$z_2' = -2z_2 \xrightarrow{\text{解出}} z_2 = c_2 e^{-2t}$

$\therefore \mathbf{y} = \mathbf{Sz} = \begin{bmatrix} 1 & 1 \\ 1 & -3 \end{bmatrix} \begin{bmatrix} c_1 e^{2t} \\ c_2 e^{-2t} \end{bmatrix} = \begin{bmatrix} e^{2t} & e^{-2t} \\ e^{2t} & -3e^{-2t} \end{bmatrix} \begin{bmatrix} c_1 \\ c_2 \end{bmatrix}$

類題

解 $\begin{bmatrix} y_1'(t) \\ y_2'(t) \end{bmatrix} = \begin{bmatrix} -3 & 1 \\ 1 & -3 \end{bmatrix} \begin{bmatrix} y_1(t) \\ y_2(t) \end{bmatrix}$

答 令 $\mathbf{A} = \begin{bmatrix} -3 & 1 \\ 1 & -3 \end{bmatrix}$，觀察 $\mathbf{A}$ 知 $\lambda_1 = -2 \rightarrow \mathbf{x}_1 = \begin{bmatrix} 1 \\ 1 \end{bmatrix}$，$\lambda_2 = -4 \rightarrow \mathbf{x}_2 = \begin{bmatrix} 1 \\ -1 \end{bmatrix}$

故得 $\mathbf{y} = c_1 \begin{bmatrix} 1 \\ 1 \end{bmatrix} e^{-2t} + c_2 \begin{bmatrix} 1 \\ -1 \end{bmatrix} e^{-4t}$

例題 2　基本題

請解 $\begin{cases} y_1' = 5y_1 + 8y_2 + 1 \\ y_2' = -6y_1 - 9y_2 + t \end{cases}$

解 本題屬非齊次，只能使用對角化法，將原方程式寫成矩陣形式如下：

$$\mathbf{y}' = \mathbf{Ay} + \mathbf{h} \text{，} \mathbf{A} = \begin{bmatrix} 5 & 8 \\ -6 & -9 \end{bmatrix}, \quad \mathbf{h} = \begin{bmatrix} 1 \\ t \end{bmatrix}$$

觀察知 $\mathbf{A}$ 之 $\lambda_1 = -1$ 時，$\mathbf{x}_1 = \begin{bmatrix} 4 \\ -3 \end{bmatrix}$，$\lambda_2 = -3$ 時，$\mathbf{x}_2 = \begin{bmatrix} 1 \\ -1 \end{bmatrix}$

$\therefore \quad \mathbf{S} = \begin{bmatrix} 4 & 1 \\ -3 & -1 \end{bmatrix}, \quad \mathbf{S}^{-1} = \begin{bmatrix} 1 & 1 \\ -3 & -4 \end{bmatrix}, \quad \mathbf{D} = \begin{bmatrix} -1 & 0 \\ 0 & -3 \end{bmatrix}$

令 $\mathbf{y} = \mathbf{Sz}$，代入得 $\mathbf{z}' = \mathbf{S}^{-1}\mathbf{ASz} + \mathbf{S}^{-1}\mathbf{h} = \mathbf{Dz} + \mathbf{S}^{-1}\mathbf{h}$

$$= \begin{bmatrix} -1 & 0 \\ 0 & -3 \end{bmatrix}\begin{bmatrix} z_1 \\ z_2 \end{bmatrix} + \begin{bmatrix} 1 & 1 \\ -3 & -4 \end{bmatrix}\begin{bmatrix} 1 \\ t \end{bmatrix} = \begin{bmatrix} -z_1 + 1 + t \\ -3z_2 - 3 - 4t \end{bmatrix}$$

解得 $\begin{cases} z_1' + z_1 = 1 + t \implies z_1 = c_1 e^{-t} + t \\ z_2' + 3z_2 = -3 - 4t \implies z_2 = c_2 e^{-3t} - \dfrac{5}{9} - \dfrac{4}{3}t \end{cases}$

$\therefore \quad \mathbf{y} = \mathbf{Sz} = \begin{bmatrix} 4 & 1 \\ -3 & -1 \end{bmatrix}\begin{bmatrix} c_1 e^{-t} + t \\ c_2 e^{-3t} - \dfrac{5}{9} - \dfrac{4}{3}t \end{bmatrix}$

即 $\begin{cases} y_1 = 4c_1 e^{-t} + c_2 e^{-3t} + \dfrac{8}{3}t - \dfrac{5}{9} \\ y_2 = -3c_1 e^{-t} - c_2 e^{-3t} - \dfrac{5}{3}t + \dfrac{5}{9} \end{cases}$

類題

解 $\begin{bmatrix} y_1'(t) \\ y_2'(t) \end{bmatrix} = \begin{bmatrix} 1 & 2 \\ 3 & 2 \end{bmatrix}\begin{bmatrix} y_1(t) \\ y_2(t) \end{bmatrix} + \begin{bmatrix} 0 \\ e^{2t} \end{bmatrix}$

答 令 $\mathbf{A} = \begin{bmatrix} 1 & 2 \\ 3 & 2 \end{bmatrix}$，觀察 $\mathbf{A}$ 知 $\lambda_1 = -1 \rightarrow \mathbf{x}_1 = \begin{bmatrix} 1 \\ -1 \end{bmatrix}$，$\lambda_2 = 4 \rightarrow \mathbf{x}_2 = \begin{bmatrix} 2 \\ 3 \end{bmatrix}$

$\therefore \mathbf{S} = \begin{bmatrix} 1 & 2 \\ -1 & 3 \end{bmatrix}, \quad \mathbf{S}^{-1} = \dfrac{1}{5}\begin{bmatrix} 3 & -2 \\ 1 & 1 \end{bmatrix}, \quad \mathbf{D} = \begin{bmatrix} -1 & 0 \\ 0 & 4 \end{bmatrix}$

令 $\mathbf{y} = \mathbf{Sz}$ 代入整理得 $\mathbf{z}' = \mathbf{Dz} + \mathbf{S}^{-1}\mathbf{h}$

$$\rightarrow \begin{bmatrix} z_1' \\ z_2' \end{bmatrix} = \begin{bmatrix} -1 & 0 \\ 0 & 4 \end{bmatrix} \begin{bmatrix} z_1 \\ z_2 \end{bmatrix} + \begin{bmatrix} \dfrac{3}{5} & -\dfrac{2}{5} \\ \dfrac{1}{5} & \dfrac{1}{5} \end{bmatrix} \begin{bmatrix} 0 \\ e^{2t} \end{bmatrix} \text{ , 得 } \begin{cases} z_1' + z_1 = -\dfrac{2}{5} e^{2t} \\ z_2' - 4z_2 = \dfrac{1}{5} e^{2t} \end{cases}$$

$$\text{解得 } \begin{cases} z_1(t) = c_1 e^{-t} - \dfrac{2}{15} e^{2t} \\ z_2(t) = c_2 e^{4t} - \dfrac{1}{10} e^{2t} \end{cases} \text{ , } \therefore \ \mathbf{y} = \mathbf{Sz} = \begin{bmatrix} 1 & 2 \\ -1 & 3 \end{bmatrix} \begin{bmatrix} c_1 e^{-t} - \dfrac{2}{15} e^{2t} \\ c_2 e^{4t} - \dfrac{1}{10} e^{2t} \end{bmatrix}$$

5-3 習題

請以矩陣法解下列聯立 O.D.E.。

1. $\begin{cases} y_1' = y_1 + 2y_2 \\ y_2' = -2y_1 + 6y_2 \end{cases}$

2. $\begin{cases} y_1' = -y_1 - 3y_2 \\ y_2' = y_1 - 5y_2 \end{cases}$

3. $\begin{cases} y_1' = 4y_1 + 2y_2 \\ y_2' = 3y_2 \end{cases}$

4. $\begin{cases} y_1' = -3y_1 + y_2 - 6e^{-t} \\ y_2' = y_1 - 3y_2 + 2e^{-t} \end{cases}$

總整理

本章之心得：

1. 消去法之適用題型：一階聯立 O.D.E.。

2. 拉氏變換法之適用題型：附 I.C. 之聯立常係數 O.D.E.。

3. 聯立 O.D.E. 之矩陣解法可分為：

   (1) 特徵值法：僅可解齊次 O.D.E.。

   (2) 對角化法：齊次與非齊次 O.D.E. 均可。

CHAPTER

06

向量微分學

■ 本章大綱 ■

　　向量分析（vector analysis）在電磁學、流體力學、動力學、單元操作等有大量應用，本章先複習基本觀念（讀者在高中或微積分都讀過）後，隨即探討向量分析之第一部分：**向量微分學**（vector differentiation），有了微分學知識後，向量分析的第二部分：**向量積分學**（vector integration），將於下章中研討。

　　向量，乃指具「大小」與「方向」之量，記為 $\vec{v}$，其大小以 $|\vec{v}|$ 表之。向量與純量之差別為純量只具大小，不具方向。以數學觀點而言，只要大小相等與方向相同，則二個向量即全等。

6-1 向量代數

　　在三度空間直角坐標下，其沿著三軸 x、y、z 方向上，存在三個正交之單位向量 $\vec{i}$、$\vec{j}$、$\vec{k}$，如左下圖所示：

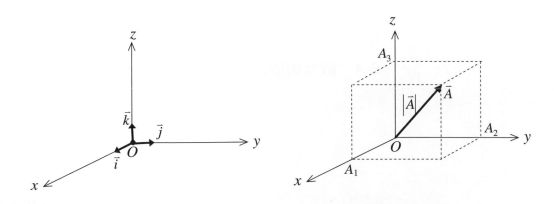

　　若已知 $\vec{A}$ 為三度空間之向量,其沿著 $\vec{i}$、$\vec{j}$、$\vec{k}$ 方向上之分量分別為 A_1、A_2、A_3,如右上圖所示,則 $\vec{A}$ 可以 A_1、A_2、A_3 表示如下:

$$\vec{A} = A_1\vec{i} + A_2\vec{j} + A_3\vec{k} \equiv (A_1, A_2, A_3) \text{ 或 } [A_1, A_2, A_3]$$

且 $|\vec{A}| = \sqrt{A_1^2 + A_2^2 + A_3^2}$(表 $\vec{A}$ 之長度)。

　　向量的加法依據合力原理,遵守**平行四邊形定律**(parallelogram law),如下圖所示,有 $\vec{C} = \vec{A} + \vec{B}$,$\vec{D} = \vec{A} - \vec{B} = \vec{A} + (-\vec{B})$。

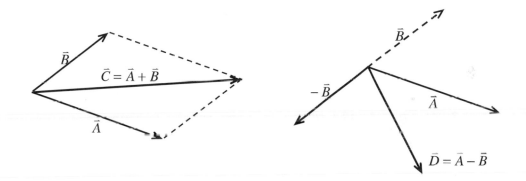

向量代數運算規則

　　已知 $\vec{A} = A_1\vec{i} + A_2\vec{j} + A_3\vec{k}$,$\vec{B} = B_1\vec{i} + B_2\vec{j} + B_3\vec{k}$,則

1.　$c\vec{A} = cA_1\vec{i} + cA_2\vec{j} + cA_3\vec{k}$

2.　$\vec{A} + \vec{B} = (A_1 + B_1)\vec{i} + (A_2 + B_2)\vec{j} + (A_3 + B_3)\vec{k}$

3.　$\vec{A} - \vec{B} = (A_1 - B_1)\vec{i} + (A_2 - B_2)\vec{j} + (A_3 - B_3)\vec{k}$

　　以下以例題說明在直角坐標下向量之常數倍、加法、減法之運算。

例題 1　基本題

設 $\vec{A} = 2\vec{i} + \vec{j} + 3\vec{k}$，$\vec{B} = -\vec{i} - \vec{j} + 3\vec{k}$，

(1) $|\vec{A}| = ?$　(2) $2\vec{A} = ?$　(3) $\vec{A} + \vec{B} = ?$　(4) $\vec{A} - \vec{B} = ?$

解 (1) $|\vec{A}| = \sqrt{2^2 + 1^2 + 3^2} = \sqrt{14}$

(2) $2\vec{A} = 2(2\vec{i} + \vec{j} + 3\vec{k}) = 4\vec{i} + 2\vec{j} + 6\vec{k}$

(3) $\vec{A} + \vec{B} = (2\vec{i} + \vec{j} + 3\vec{k}) + (-\vec{i} - \vec{j} + 3\vec{k}) = (2-1)\vec{i} + (1-1)\vec{j} + (3+3)\vec{k} = \vec{i} + 6\vec{k}$

(4) $\vec{A} - \vec{B} = (2\vec{i} + \vec{j} + 3\vec{k}) - (-\vec{i} - \vec{j} + 3\vec{k}) = (2+1)\vec{i} + (1+1)\vec{j} + (3-3)\vec{k} = 3\vec{i} + 2\vec{j}$

類題

設 $\vec{A} = -2\vec{i} - \vec{j} + 3\vec{k}$，$\vec{B} = -\vec{i} + 3\vec{j} + 4\vec{k}$，

(1) $|\vec{A}| = ?$　(2) $2\vec{A} = ?$　(3) $\vec{A} + \vec{B} = ?$　(4) $\vec{A} - \vec{B} = ?$

答 (1) $|\vec{A}| = \sqrt{(-2)^2 + (-1)^2 + 3^2} = \sqrt{14}$

(2) $2\vec{A} = 2(-2\vec{i} - \vec{j} + 3\vec{k}) = -4\vec{i} - 2\vec{j} + 6\vec{k}$

(3) $\vec{A} + \vec{B} = (-2\vec{i} - \vec{j} + 3\vec{k}) + (-\vec{i} + 3\vec{j} + 4\vec{k}) = (-2-1)\vec{i} + (-1+3)\vec{j} + (3+4)\vec{k}$
$= -3\vec{i} + 2\vec{j} + 7\vec{k}$

(4) $\vec{A} - \vec{B} = (-2\vec{i} - \vec{j} + 3\vec{k}) - (-\vec{i} + 3\vec{j} + 4\vec{k}) = (-2+1)\vec{i} + (-1-3)\vec{j} + (3-4)\vec{k}$
$= -\vec{i} - 4\vec{j} - \vec{k}$

　　向量與向量之乘積有二種定義，分別為**內積**（inner product）與**外積**（outer product），分述如下。

定義　內積

　　$\vec{A}$, $\vec{B}$ 的內積定義為

$$\vec{A} \cdot \vec{B} = |\vec{A}||\vec{B}|\cos\theta \quad \cdots\cdots\cdots\cdots\cdots (1)$$

其中 θ 為 $\vec{A}$, $\vec{B}$ 二向量的夾角。

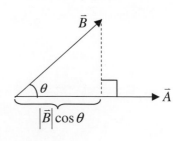

(1) 式之幾何意義為：$\vec{B}$ 在 $\vec{A}$ 方向上的投影大小乘上 $\vec{A}$ 的大小。由 (1) 式可看出三點結論：

1.　若 $\vec{A}, \vec{B}$ 互相垂直，則內積結果為 0

2.　$\vec{A} \cdot \vec{B} = \vec{B} \cdot \vec{A}$，具交換性

3.　$\vec{A} \cdot \vec{B} \le |\vec{A}||\vec{B}|$

另外若將 $\vec{A}, \vec{B}$ 表示如右：$\vec{A} = A_1\vec{i} + A_2\vec{j} + A_3\vec{k}$，$\vec{B} = B_1\vec{i} + B_2\vec{j} + B_3\vec{k}$，則由 (1) 式之定義，利用三角形之餘弦定理可以證得：

$$\vec{A} \cdot \vec{B} = A_1 B_1 + A_2 B_2 + A_3 B_3 \cdots\cdots\cdots\cdots\cdots\cdots(2)$$

例題 2　基本題

設 $\vec{A} = 2\vec{i} + \vec{j} + 3\vec{k}$, $\vec{B} = -\vec{i} - \vec{j} + \vec{k}$，

(1) $\vec{A} \cdot \vec{B} = ?$

(2) 此二向量之夾角？

解 (1) $\vec{A} \cdot \vec{B} = 2 \cdot (-1) + 1 \cdot (-1) + 3 \cdot 1 = -2 - 1 + 3 = 0$

(2) $\cos\theta = \dfrac{\vec{A} \cdot \vec{B}}{|\vec{A}||\vec{B}|} = \dfrac{0}{\sqrt{14} \cdot \sqrt{3}} = 0$，$\therefore \theta = \dfrac{\pi}{2}$

類題

設 $\vec{A} = -2\vec{i} - \vec{j} + 3\vec{k}$, $\vec{B} = -\vec{i} + 3\vec{j} + 4\vec{k}$，求 $\vec{A} \cdot \vec{B} = ?$ 此二向量之夾角為何？

答 (1) $\vec{A} \cdot \vec{B} = 2 - 3 + 12 = 11$

(2) $\cos\theta = \dfrac{\vec{A} \cdot \vec{B}}{|\vec{A}||\vec{B}|} = \dfrac{11}{\sqrt{14} \cdot \sqrt{26}} = \dfrac{11}{\sqrt{364}}$，$\therefore \theta = \cos^{-1}(\dfrac{11}{\sqrt{364}})$

定義 **外積**

$\vec{A}$ 與 $\vec{B}$ 的外積定義為

$$\vec{A} \times \vec{B} = \left(|\vec{A}||\vec{B}| \sin\theta \right) \vec{n} \quad\cdots\cdots\cdots\cdots\cdots (3)$$

其中 θ 為 $\vec{A}$, $\vec{B}$ 之夾角，$\vec{n}$ 為垂直 $\vec{A}$ 且又垂直 $\vec{B}$ 的單位向量，方向由右手定則決定。

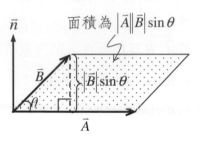

面積為 $|\vec{A}||\vec{B}| \sin\theta$

　　(3) 式之幾何意義為：$\vec{A} \times \vec{B}$ 的大小等於 $\vec{A}$, $\vec{B}$ 所決定的平行四邊形之面積，方向為垂直這個平行四邊形的向量，由外積之定義可得以下二點結論：

1.　若 $\vec{A}$ 與 $\vec{B}$ 平行，則外積結果為 0。

2.　$\vec{A} \times \vec{B} = -\vec{B} \times \vec{A}$，意即二者大小相同，方向相反。

　　在三維空間中，若 $\vec{A} = A_1\vec{i} + A_2\vec{j} + A_3\vec{k}$，$\vec{B} = B_1\vec{i} + B_2\vec{j} + B_3\vec{k}$

由 $\vec{i} \times \vec{i} = 0$，$\vec{i} \times \vec{j} = \vec{k}$，$\vec{i} \times \vec{k} = -\vec{j}$

$\vec{j} \times \vec{i} = -\vec{k}$，$\vec{j} \times \vec{j} = 0$，$\vec{j} \times \vec{k} = \vec{i}$

$\vec{k} \times \vec{i} = \vec{j}$，$\vec{k} \times \vec{j} = -\vec{i}$，$\vec{k} \times \vec{k} = 0$

則 $\vec{A} \times \vec{B}$ 可表示為

$$\vec{A} \times \vec{B} = \begin{vmatrix} \vec{i} & \vec{j} & \vec{k} \\ A_1 & A_2 & A_3 \\ B_1 & B_2 & B_3 \end{vmatrix} \quad\cdots\cdots\cdots\cdots\cdots (4)$$

　　(4) 式是要記憶之工具！

例題 **3** **基本題**

已知三向量 $\vec{a} = \vec{j} - 3\vec{k}$、$\vec{b} = \vec{i} - 2\vec{k}$、$\vec{c} = 3\vec{i} + \vec{j} + \vec{k}$，則 $(\vec{b} + 2\vec{c}) \times \vec{a} = ?$

解 算得 $(\vec{b} + 2\vec{c}) \times \vec{a} = (7\vec{i} + 2\vec{j}) \times (\vec{j} - 3\vec{k}) = -6\vec{i} + 21\vec{j} + 7\vec{k}$

- -

類題

已知三向量 $\vec{a} = \vec{j} - 2\vec{k}$、$\vec{b} = \vec{i} - 2\vec{k}$、$\vec{c} = 3\vec{i} + \vec{j} + \vec{k}$，則 $(\vec{a} + 2\vec{b}) \times \vec{c} = ?$

答 $(\vec{a} + 2\vec{b}) \times \vec{c} = (2\vec{i} + \vec{j} - 6\vec{k}) \times (3\vec{i} + \vec{j} + \vec{k}) = 7\vec{i} - 6\vec{j} - \vec{k}$

最後要描述的是**三乘積**（triple product）的觀念。三乘積可以分成：

(1) **純量三乘積**（scalar triple product）

$\vec{A}, \vec{B}, \vec{C}$ 的純量三乘積為

$$\left[\vec{A}\vec{B}\vec{C}\right] = \vec{A} \cdot (\vec{B} \times \vec{C}) \cdots\cdots\cdots\cdots\cdots\cdots\cdots (5)$$

若 $\vec{A} = A_1\vec{i} + A_2\vec{j} + A_3\vec{k}$ ， $\vec{B} = B_1\vec{i} + B_2\vec{j} + B_3\vec{k}$ ， $\vec{C} = C_1\vec{i} + C_2\vec{j} + C_3\vec{k}$ ，則

$$\vec{A} \cdot (\vec{B} \times \vec{C}) = \begin{vmatrix} A_1 & A_2 & A_3 \\ B_1 & B_2 & B_3 \\ C_1 & C_2 & C_3 \end{vmatrix} \cdots\cdots\cdots\cdots\cdots\cdots\cdots (6)$$

$\left[\vec{A}\vec{B}\vec{C}\right]$ 有一個有趣的幾何意義，即利用內積與外積之幾何意義可知：「它的大小等於由 $\vec{A}, \vec{B}, \vec{C}$ 所構成的平行六面體之體積」，如下左圖所示：

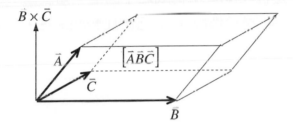 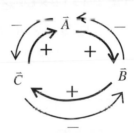

另外，由 (6) 式之行列式運算公式可得下列結論：

1. $\vec{A} \cdot (\vec{B} \times \vec{C}) = \vec{B} \cdot (\vec{C} \times \vec{A}) = \vec{C} \cdot (\vec{A} \times \vec{B})$

2. $\vec{A} \cdot (\vec{B} \times \vec{C}) = -\vec{B} \cdot (\vec{A} \times \vec{C})$

   現以右上圖顯示純量三乘積之順序與正負關係。

3. 若 $\vec{A} \cdot (\vec{B} \times \vec{C}) = 0$ ，則 $\vec{A}, \vec{B}, \vec{C}$ 為共面向量。

4. 若 $\vec{A} \cdot (\vec{B} \times \vec{C}) \neq 0$ ，則 $\vec{A}, \vec{B}, \vec{C}$ 不共面。

推論：由 $\vec{A}, \vec{B}, \vec{C}$ 所形成「**四面體**（tetrahedron）」

之體積為 $\frac{1}{6}\left[\vec{A}\vec{B}\vec{C}\right]$ ，如右圖所示：

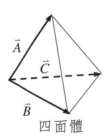

四面體

(2) **向量三乘積**（vector triple product）

$$\vec{A} \times (\vec{B} \times \vec{C}) = (\vec{A} \cdot \vec{C})\vec{B} - (\vec{A} \cdot \vec{B})\vec{C} \cdots\cdots\cdots\cdots\cdots\cdots\cdots\cdots(7)$$

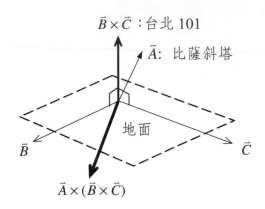

$\vec{B} \times \vec{C}$：台北 101

$\vec{A}$: 比薩斜塔

地面

$\vec{B}$

$\vec{C}$

$\vec{A} \times (\vec{B} \times \vec{C})$

▊▎幾何意義：$\vec{A} \times (\vec{B} \times \vec{C})$ 之方向一定位在 $\vec{B}, \vec{C}$ 所構成之平面上，如上圖所示，故可令 $\vec{A} \times (\vec{B} \times \vec{C}) = \alpha \vec{B} + \beta \vec{C}$ 至於係數 α、β 可由比較而決定，學習上將 (7) 式當成工具即可。

例題 4 | **基本題**

令向量 $\vec{u} = \vec{i} - 2\vec{j} - 2\vec{k}$，$\vec{v} = 2\vec{i} + \vec{j} - \vec{k}$，$\vec{w} = \vec{i} + 3\vec{j} - 2\vec{k}$，則

(1) $\vec{u} \cdot (\vec{v} \times \vec{w}) = ?$

(2) $\vec{u} \times (\vec{v} \times \vec{w}) = ?$

解 (1) $\vec{u} \cdot (\vec{v} \times \vec{w}) = \begin{vmatrix} 1 & -2 & -2 \\ 2 & 1 & -1 \\ 1 & 3 & -2 \end{vmatrix} = -15$

(2) 先算 $\vec{u} \cdot \vec{v} = (\vec{i} - 2\vec{j} - 2\vec{k}) \cdot (2\vec{i} + \vec{j} - \vec{k}) = 2 - 2 + 2 = 2$

$\vec{u} \cdot \vec{w} = (\vec{i} - 2\vec{j} - 2\vec{k}) \cdot (\vec{i} + 3\vec{j} - 2\vec{k}) = 1 - 6 + 4 = -1$

則

$\vec{u} \times (\vec{v} \times \vec{w}) = (\vec{u} \cdot \vec{w})\vec{v} - (\vec{u} \cdot \vec{v})\vec{w} = -1\,(2\vec{i} + \vec{j} - \vec{k}) - 2\,(\vec{i} + 3\vec{j} - 2\vec{k}) = -4\vec{i} - 7\vec{j} + 5\vec{k}$

類題

已知三向量 $\vec{a} = \vec{j} - 2\vec{k}$、$\vec{b} = \vec{i} - 2\vec{k}$、$\vec{c} = 3\vec{i} + \vec{j} + \vec{k}$，則

(1) $\vec{a} \cdot (\vec{b} \times \vec{c}) = ?$ (2) $\vec{a} \times (\vec{b} \times \vec{c}) = ?$

答 (1) $\vec{a} \cdot (\vec{b} \times \vec{c}) = \begin{vmatrix} 0 & 1 & -2 \\ 1 & 0 & -2 \\ 3 & 1 & 1 \end{vmatrix} = -9$

(2) 先算 $\vec{a} \cdot \vec{b} = (\vec{j} - 2\vec{k}) \cdot (\vec{i} - 2\vec{k}) = 4$

$\vec{a} \cdot \vec{c} = (\vec{j} - 2\vec{k}) \cdot (3\vec{i} + \vec{j} + \vec{k}) = 1 - 2 = -1$

則

$\vec{a} \times (\vec{b} \times \vec{c}) = (\vec{a} \cdot \vec{c})\vec{b} - (\vec{a} \cdot \vec{b})\vec{c} = -(\vec{i} - 2\vec{k}) - 4(3\vec{i} + \vec{j} + \vec{k}) = -13\vec{i} - 4\vec{j} - 2\vec{k}$ ∎

例題 5　基本題

若 A、B、C、D 之坐標分別為 $(-1, 2, 2)$、$(0, 1, 1)$、$(-4, 6, 8)$、$(-3, -2, 3)$，則以 $\overline{AB}$、$\overline{AC}$、$\overline{AD}$ 為三邊之平行六面體的體積為何？

解 $\overrightarrow{AB} = (1, -1, -1)$，$\overrightarrow{AC} = (-3, 4, 6)$，$\overrightarrow{AD} = (-2, -4, 1)$

故 $V = \begin{vmatrix} 1 & -1 & -1 \\ -3 & 4 & 6 \\ -2 & -4 & 1 \end{vmatrix} = 17$

類題

若 A、B、C、D 之坐標分別為 $(2, 0, 0)$、$(0, 1, 5)$、$(4, -2, 3)$、$(1, 2, -3)$，則以 $\overrightarrow{AB}$，$\overrightarrow{AC}$，$\overrightarrow{AD}$ 為三邊之平行六面體的體積為何？

答 $\overrightarrow{AB} = (-2, 1, 5)$，$\overrightarrow{AC} = (2, -2, 3)$，$\overrightarrow{AD} = (-1, 2, -3)$

故 $V = \begin{vmatrix} -2 & 1 & 5 \\ 2 & -2 & 3 \\ -1 & 2 & -3 \end{vmatrix} = 13$ ∎

例題 6 基本題

若三個向量 $2\vec{i}+a\vec{j}+\vec{k}$，$\vec{i}+2\vec{j}-3\vec{k}$ 及 $3\vec{i}-4\vec{j}+5\vec{k}$ 同在一個平面上，則常數 a 等於？

解 三個向量同在一個平面上，表示其組成之平行六面體的體積為 0！

$$\therefore \begin{vmatrix} 2 & a & 1 \\ 1 & 2 & -3 \\ 3 & -4 & 5 \end{vmatrix} = -14a-14 = 0 \to a = -1$$

類題

若三個向量 $a\vec{i}-3\vec{j}+2\vec{k}$，$-\vec{i}+2\vec{j}-2\vec{k}$ 及 $\vec{i}+\vec{j}-4\vec{k}$ 同在一個平面上，則常數 a 等於？

答 $\begin{vmatrix} a & -3 & 2 \\ -1 & 2 & -2 \\ 1 & 1 & -4 \end{vmatrix} = -6a+12 = 0 \to a = 2$

6-1 習題

1. 已知 $\vec{A}=3\vec{i}-\vec{j}+2\vec{k}$，$\vec{B}=\vec{i}+\vec{j}+4\vec{k}$，求：

    (1) $\vec{A}+\vec{B}=$？
    (2) 此兩向量的夾角？

2. 有三個向量 $\vec{a}=(-1,2,0)$，$\vec{b}=(2,3,1)$，$\vec{c}=(5,-7,2)$，求 $(\vec{a}\times\vec{b})\cdot\vec{c}=$？

3. 若 $\vec{u}=2\vec{i}+\vec{j}+\vec{k}$、$\vec{v}=\vec{i}+\vec{j}+2\vec{k}$ 及 $\vec{w}=\vec{i}+\vec{j}$，則 $(\vec{u}-\vec{v})\times\vec{w}$ 為何？

4. 令 $\vec{a}$、$\vec{b}$、$\vec{c}$ 為三向量，則下列有關其內積與外積的敘述何者錯誤？

    (A) $\vec{a}\times\vec{b}=\vec{b}\times\vec{a}$ (B) $\vec{a}\cdot\vec{b}=\vec{b}\cdot\vec{a}$
    (C) $\vec{a}\times(\vec{b}+\vec{c})=\vec{a}\times\vec{b}+\vec{a}\times\vec{c}$ (D) $\vec{a}\cdot(\vec{b}+\vec{c})=\vec{a}\cdot\vec{b}+\vec{a}\cdot\vec{c}$

5. 令 $\vec{u}=\vec{i}+2\vec{j}-4\vec{k}$，$\vec{v}=2\vec{i}+\vec{j}+\vec{k}$ 為兩個三維向量，則下列計算何者為錯誤？

    (A) $\vec{u}\cdot\vec{v}=0$ (B) $\vec{u}\times\vec{v}=6\vec{i}+9\vec{j}-3\vec{k}$ (C) $\vec{u}\cdot(\vec{u}\times\vec{v})=0$ (D) $\vec{v}\cdot(\vec{u}\times\vec{v})=0$

6. 求由空間中三個向量 $\overrightarrow{AB}=(3,3,3)$，$\overrightarrow{AC}=(7,-4,13)$，$\overrightarrow{AD}=(10,-1,16)$ 所組成平行六面體之體積？

6-2 向量函數之微分與弧長

首先簡介三度空間中,曲線與曲面之表示法如下。

1 曲線

三度空間中,「曲線」有二種表示法:

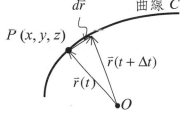

(1) 以曲線 C 上之動點表示,即表示為 $\begin{cases} x = x(t) \\ y = y(t) \\ z = z(t) \end{cases}$ (單參數)

若寫為向量形式,常以**位置向量**(position vector)表為:

$$\vec{r}(t) = x\vec{i} + y\vec{j} + z\vec{k} = x(t)\vec{i} + y(t)\vec{j} + z(t)\vec{k}$$

其中位置向量 $\vec{r}(t)$ 定義為:「由原點到 C 上之點 $P(x, y, z)$ 構成之向量」。

(2) $\begin{cases} F(x, y, z) = 0 \\ G(x, y, z) = 0 \end{cases}$ (二個曲面之交集亦為一條曲線)

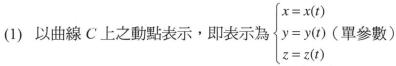

例題 1 　說明題

一螺旋線之參數式為: $\begin{cases} x = a\cos t \\ y = a\sin t \\ z = bt \end{cases}$

則其位置向量可以表為

$$\vec{r}(t) = a\cos t\vec{i} + a\sin t\vec{j} + bt\vec{k}$$

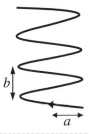

---

2 曲面

參數式(雙變數)為 $\begin{cases} x = f(u, v) \\ y = g(u, v) \\ z = h(u, v) \end{cases}$ 或 $F(x, y, z) = 0$

其「位置向量」之向量式為 $\vec{r}(u, v) = f(u, v)\vec{i} + g(u, v)\vec{j} + h(u, v)\vec{k}$

例題 2 說明題

三度空間中拋物面 $y = x^2$，$0 \le z \le 3$ 之位置向量參數
表示式如下：

$\vec{r}(x,z) = x\vec{i} + x^2\vec{j} + z\vec{k}$

即選擇 x、z 為參數。

亦可表為 $\vec{r}(u,v) = u\vec{i} + u^2\vec{j} + v\vec{k}$，即選擇 u、v 為參數。

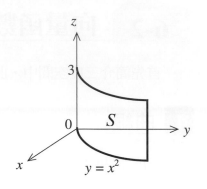

接著介紹空間中之「純量場」與「向量場」。

定義 純量場

若一純量函數 $f(x,y,z)$ 在空間中某一區域 R 隨 (x,y,z) 而變，則稱 $f(x,y,z)$ 為定義於 R 的**純量場**（scalar field）。 ∎

其實，純量場就是**純量函數**（scalar function）。已知 $f(x,y,z)$ 為物理上三度空間之任一純量函數（場），若要描述此一純量場之特性，因為 f 視為第四個變數，不易繪圖，因此數學上利用其部分集合 $f(x,y,z) = c$ 來表示，稱 $f(x,y,z) = c$ 為**等位面**（level surface），因為 $f(x,y,z) = c$ 之幾何意義與空間中之曲面相同，如下圖所示。

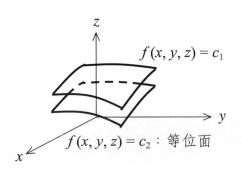

下圖則為台灣某港口在颱風來襲時的二維波高預測圖，屬於純量場之一：

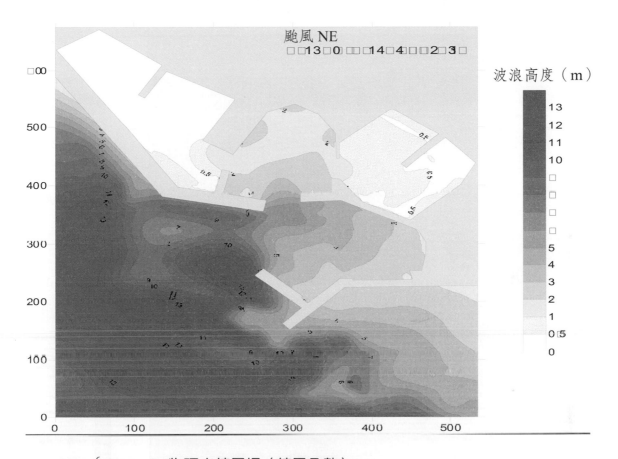

■‖‖ 心得：$\begin{cases} f(x,y,z)：物理之純量場（純量函數） \\ f(x,y,z)=c：等位面（純量場之部分集合） \end{cases}$

定義 **向量場**

　　若一向量函數 $\vec{v}(x,y,z)$ 在空間中某一區域 R 隨 (x,y,z) 而變，則稱 $\vec{v}(x,y,z)$ 為定義於 R 的**向量場**（vector field）。

下圖則為台灣海岸在潮差作用下之水流速度場，屬於向量場之一：

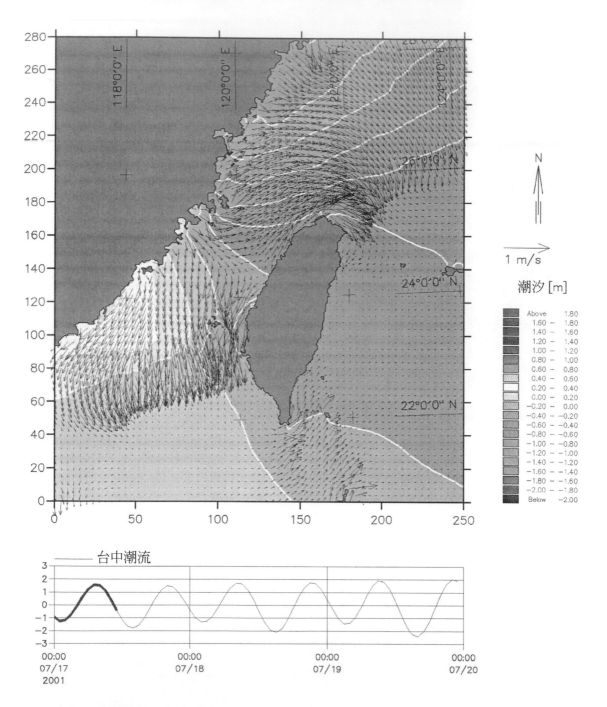

其實向量場就是**向量函數**（vector function），而有「函數」才有「微分」。有關向量函數的微分定義，皆與微積分中所學的相同，在此以最簡單的單變數向量函數之導函數說明之。

定義 **向量函數的導函數**

一向量函數 $\vec{A}(t)$，若 $\vec{A}'(t) = \dfrac{d\vec{A}}{dt} = \lim\limits_{\Delta t \to 0} \dfrac{\vec{A}(t+\Delta t) - \vec{A}(t)}{\Delta t}$ 存在，則稱 $\dfrac{d\vec{A}}{dt}$ 為 $\vec{A}(t)$ 的**導函數**（derivative function）。

此外，有一些向量微分之公式，其形式均與微積分中所見者相同，「惟含有外積時，須注意其順序」。

(1) $(\Phi\vec{A})' = \Phi\vec{A}' + \Phi'\vec{A}$

(2) $(\vec{A} \cdot \vec{B})' = \vec{A}' \cdot \vec{B} + \vec{A} \cdot \vec{B}'$

(3) $(\vec{A} \times \vec{B})' = \vec{A}' \times \vec{B} + \vec{A} \times \vec{B}'$

(4) $\left[\vec{A}\vec{B}\vec{C}\right]' = \left[\vec{A}'\vec{B}\vec{C}\right] + \left[\vec{A}\vec{B}'\vec{C}\right] + \left[\vec{A}\vec{B}\vec{C}'\right]$

由上面所述數學之定義，你也可以同法定義更高階的向量導函數，如 $\dfrac{d^2\vec{A}}{dt^2}$，$\dfrac{d^3\vec{A}}{dt^3}$，…，因此以純量函數微分的觀念學習向量函數之微分運算是可行的。

例題 3 **基本題**

由原點出發到曲線 C 上之點所形成之位置向量 $\vec{r}(t)$ 表示為

$\vec{r}(t) = (t^3 + 2t)\vec{i} - 3e^{-2t}\vec{j} + 2\sin 3t\vec{k}$，求下列 $t = 0$ 時為何？

(1) $\dfrac{d\vec{r}}{dt} = ?$ (2) $\dfrac{d^2\vec{r}}{dt^2} = ?$

解 (1) $\dfrac{d\vec{r}}{dt} = (3t^2 + 2)\vec{i} + 6e^{-2t}\vec{j} + 6\cos 3t\vec{k}$，$\therefore \left.\dfrac{d\vec{r}}{dt}\right|_{t=0} = 2\vec{i} + 6\vec{j} + 6\vec{k}$

(2) $\dfrac{d^2\vec{r}}{dt^2} = 6t\vec{i} - 12e^{-2t}\vec{j} - 18\sin 3t\vec{k}$，$\therefore \left.\dfrac{d^2\vec{r}}{dt^2}\right|_{t=0} = -12\vec{j}$

若 t 表時間，且 $\vec{r}(t)$ 代表在空間中一質點在曲線：$x(t) = t^3 + 2t$，$y(t) = -3e^{-2t}$，$z(t) = 2\sin 3t$ 上之位置向量，則 $\dfrac{d\vec{r}}{dt}$ 代表此質點的速度，$\left|\dfrac{d\vec{r}}{dt}\right|$ 為速率，$\dfrac{d^2\vec{r}}{dt^2}$ 則代表此質點之加速度，$\left|\dfrac{d^2\vec{r}}{dt^2}\right|$ 為加速度值。

類題

一曲線 C 上之點所形成之位置向量表示為 $\vec{r}(t) = t\vec{i} + t^2\vec{j} + t^3\vec{k}$，求 $t = 0$ 時之

(1) $\dfrac{d\vec{r}}{dt} = ?$　(2) $\dfrac{d^2\vec{r}}{dt^2} = ?$

答 (1) $\dfrac{d\vec{r}}{dt} = \vec{i} + 2t\vec{j} + 3t^2\vec{k}$，$\therefore \left.\dfrac{d\vec{r}}{dt}\right|_{t=0} = \vec{i}$

(2) $\dfrac{d^2\vec{r}}{dt^2} = 2\vec{j} + 6t\vec{k}$，$\therefore \left.\dfrac{d^2\vec{r}}{dt^2}\right|_{t=0} = 2\vec{j}$

空間曲線之切線向量與弧長

若一空間曲線可以用**位置向量**（position vector）$\vec{r}(t)$ 表示如下：

$$\vec{r}(t) = x(t)\vec{i} + y(t)\vec{j} + z(t)\vec{k} \quad\cdots\cdots\cdots(1)$$

(1) 式中之 t 為任意變數。對 (1) 式微分得

$$\dot{\vec{r}}(t) = \frac{d\vec{r}}{dt} = \frac{dx}{dt}\vec{i} + \frac{dy}{dt}\vec{j} + \frac{dz}{dt}\vec{k} \quad\cdots\cdots\cdots(2)$$

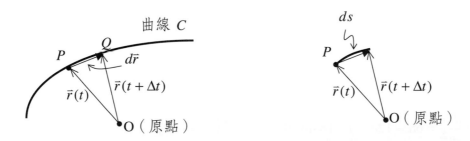

如上圖所示，(2) 式之方向恰與曲線之「切線」相同，故 $\dot{\vec{r}}(t)$ 之方向就是該曲線之切線方向！由 $\dot{\vec{r}}(t)$ 的幾何意義，亦可知

$$|d\vec{r}| = ds \quad\cdots\cdots\cdots\cdots\cdots(3)$$

其中變數 s 表示**弧長**（arc length），因此 $d\vec{r} \cdot d\vec{r} = (ds)^2$，$\left|\dfrac{d\vec{r}}{dt}\right| = \dfrac{ds}{dt}$

若曲線方程式以 (1) 式表示，則 $\dot{r}(t) \cdot \dot{r}(t) = (\dfrac{ds}{dt})^2$

$$ds = \sqrt{\dot{r}(t) \cdot \dot{r}(t)}dt \cdots\cdots\cdots\cdots\cdots\cdots\cdots\cdots\cdots\cdots\cdots\cdots(4)$$

$\sim$ 記！基本式

$$\xrightarrow{\text{積分}} \quad s(t) = \int \sqrt{\dot{r}(t) \cdot \dot{r}(t)}dt \cdots\cdots\cdots\cdots\cdots\cdots\cdots\cdots\cdots(5)$$

(5) 式之結果即為弧長，以參數 t 來表示，應用極廣，必須熟記其推導過程。

例題 4　基本題

設三度空間內之一曲線可表示為位置向量 $\vec{r}(t) = \cos(t)\vec{i} + \sin(t)\vec{j} + \sqrt{3}t\vec{k}$，
其中 $0 \leq t \leq 2\pi$，則該曲線長度為何？

解 $\vec{r}(t) = \cos t\vec{i} + \sin t\vec{j} + \sqrt{3}t\vec{k}$，$\dot{r}(t) = -\sin t\vec{i} + \cos t\vec{j} + \sqrt{3}\vec{k}$，$\dot{r} \cdot \dot{r} = 1 + 3 = 4$

$\therefore ds = \sqrt{4}dt = 2dt$，$\therefore s = \int \sqrt{4} = \int_0^{2\pi} 2dt = 4\pi$

類題

三度空間內有一曲線之參數方程式為 $x = 2\cos t,\ y = 2\sin t,\ z = \sqrt{5}t$，其中 $0 \leq t \leq 2\pi$，則該曲線弧長為何？

答 $\vec{r}(t) = 2\cos t\vec{i} + 2\sin t\vec{j} + \sqrt{5}t\vec{k}$，$\dot{r}(t) = -2\sin t\vec{i} + 2\cos t\vec{j} + \sqrt{5}\vec{k}$

$\dot{r} \cdot \dot{r} = 4 + 5 = 9$，$\therefore ds = \sqrt{9}dt = 3dt$，$\therefore s = \int 3dt = \int_0^{2\pi} 3dt = 6\pi$

例題 **5**　基本題

三度空間內一曲線之表示式為 $\begin{cases} 4x^2 + y^2 = 4 \\ z = -\sqrt{3}x \end{cases}$，則點 $P(1, 0, -\sqrt{3})$ 至點 $Q(-1, 0, \sqrt{3})$ 之總長度為何？

解 由 $\begin{cases} 4x^2 + y^2 = 4 \\ z = -\sqrt{3}x \end{cases}$，令其參數式為 $\begin{cases} x = \cos t \\ y = 2\sin t \\ z = -\sqrt{3}\cos t \end{cases}$

則 $P(1, 0, -\sqrt{3})$ 相當於 $t = 0$，$Q(-1, 0, \sqrt{3})$ 相當於 $t = \pi$

$\vec{r}(t) = \cos t\vec{i} + 2\sin t\vec{j} - \sqrt{3}\cos t\vec{k}$，$\dot{\vec{r}}(t) = -\sin t\vec{i} + 2\cos t\vec{j} + \sqrt{3}\sin t\vec{k}$

$\dot{\vec{r}} \cdot \dot{\vec{r}} = \sin^2 t + 4\cos^2 t + 3\sin^2 t = 4$，$\therefore ds = \sqrt{4}dt = 2dt$

$\therefore s = \int 2dt = \int_0^\pi 2dt = 2\pi$

類題

三度空間內一直線之參數方程式為 $\begin{cases} x = 3t - 1 \\ y = 4t + 2 \\ z = 5t + 3 \end{cases}$，$0 \le t \le 1$，則該直線之長度為何？

答 $\vec{r}(t) = (3t-1)\vec{i} + (4t+2)\vec{j} + (5t+3)\vec{k}$，$\dot{\vec{r}}(t) = 3\vec{i} + 4\vec{j} + 5\vec{k}$

$\dot{\vec{r}} \cdot \dot{\vec{r}} = 9 + 16 + 25 = 50$，$\therefore ds = \sqrt{50}dt = 5\sqrt{2}dt$，$\therefore s = \int_0^1 5\sqrt{2}dt = 5\sqrt{2}$

6-2　習題

1. 一質點沿曲線 $\vec{r}(t) = \cos(3t)\vec{i} + \sin(3t)\vec{j} + e^{-t}\vec{k}$ 移動，則 $t = 0$ 時之加速度大小為何？

2. 三度空間內曲線 C 的參數表示式為 $x = t^2$；$y = \frac{1}{2}t^2$；$z = t^2 + 3$，則從點 $P_1 = (0, 0, 3)$ 到點 $P_2 = (1, \frac{1}{2}, 4)$ 的弧長為何？

6-3 梯度與方向導數

我再次強調瞭解幾何意義在學習向量分析的重要性，本節與下節所出現的新名詞，均具有其幾何上的意義。

我們首先定義一如下之**微分運算符號「∇」**（念作 del）：

$$\nabla \equiv \frac{\partial}{\partial x}\vec{i} + \frac{\partial}{\partial y}\vec{j} + \frac{\partial}{\partial z}\vec{k} \quad\text{……………………………………}(1)$$

若 $f(x, y, z)$ 為物理上三維空間之任一純量函數（場），則定義 $f(x, y, z)$ 的**梯度**（gradient）為

$$\nabla f \equiv \frac{\partial f}{\partial x}\vec{i} + \frac{\partial f}{\partial y}\vec{j} + \frac{\partial f}{\partial z}\vec{k} \quad\text{……………………………………}(2)$$

要瞭解 (2) 式的意義，可由下面的定理得知。

定理

若 $f(x, y, z) = c$ 表空間中之一等位面，則 $\nabla f(x, y, z)$ 必垂直於該等位面 $f(x, y, z) = c$。

說明：已知 $\vec{r} = x\vec{i} + y\vec{j} + z\vec{k}$ 為位置向量

由全微分知 $df = \frac{\partial f}{\partial x}dx + \frac{\partial f}{\partial y}dy + \frac{\partial f}{\partial z}dz = (\frac{\partial f}{\partial x}\vec{i} + \frac{\partial f}{\partial y}\vec{j} + \frac{\partial f}{\partial z}\vec{k}) \cdot (dx\vec{i} + dy\vec{j} + dz\vec{k})$

$\qquad = \nabla f \cdot d\vec{r}$ （恆等式）

若 $P(x, y, z)$ 點在等位面 $f(x, y, z) = c$ 上，則 $d\vec{r}$ 即沿著等位面移動

此時會有：$df = 0$，即 $\nabla f \cdot d\vec{r} = 0$

意即 $\nabla f(x, y, z)$ 垂直於 $d\vec{r}$！

故 $\nabla f(x, y, z)$ 的方向即為該曲面的法線方向。圖示如下：

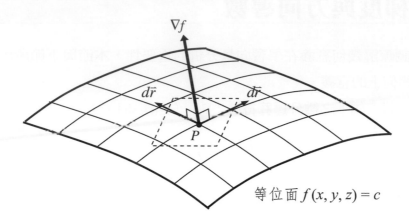

等位面 $f(x, y, z) = c$

梯度運算在幾何應用上順便可以得到單位法向量、切平面與法線方程式。

例題 1 **基本題**

求曲面 $2x^2 + 4yz - 5z^2 = 9$ 於 $P(3, -1, 1)$ 點的單位法向量。

解 令 $f(x, y, z) = 2x^2 + 4yz - 5z^2 - 9 = 0$

則 $\nabla f = \nabla(2x^2 + 4yz - 5z^2 - 9) = 4x\vec{i} + 4z\vec{j} + (4y - 10z)\vec{k}$

代入 $P(3, -1, 1)$ 得 $\left[4x\vec{i} + 4z\vec{j} + (4y - 10z)\vec{k}\right]\Big|_{(3,-1,1)} = 12\vec{i} + 4\vec{j} - 14\vec{k}$

故單位法向量為 $\dfrac{12\vec{i} + 4\vec{j} - 14\vec{k}}{\sqrt{(12)^2 + 4^2 + (-14)^2}} = \dfrac{1}{\sqrt{89}}(6\vec{i} + 2\vec{j} - 7\vec{k})$

類題

求曲面 $z = x^3 y^3 + x + 3$ 於 $(0, 0, 3)$ 點的單位法向量。

答 $\nabla(x^3 y^3 + x + 3 - z)\Big|_{(0,0,3)} = \left[(3x^2 y^3 + 1)\vec{i} + 3x^3 y^2 \vec{j} - \vec{k}\right]\Big|_{(0,0,3)} = \vec{i} - \vec{k}$

故單位法向量為 $\dfrac{\vec{i} - \vec{k}}{\sqrt{2}}$

例題 2 基本題

求曲面 $x^2 + 2y^2 + z^2 = 7$ 於 $(1, 1, 2)$ 點的切平面與法線方程式。

解 令 $f(x, y, z) = x^2 + 2y^2 + z^2 - 7 = 0$

則 $\nabla f|_{(1,1,2)} = [2x\,\vec{i} + 4y\,\vec{j} + 2z\,\vec{k}]\big|_{(1,1,2)} = 2\,\vec{i} + 4\,\vec{j} + 4\,\vec{k}$

故切平面為 $1(x-1) + 2(y-1) + 2(z-2) = 0 \to x + 2y + 2z = 7$

法線方程式為 $\dfrac{x-1}{1} = \dfrac{y-1}{2} = \dfrac{z-2}{2}$

類題

求通過曲面 $z = x^3 y^5$ 上一點 $(2, 1, 8)$ 之切平面與法線方程式。

答 令 $f(x, y, z) = x^3 y^5 - z = 0$

則 $\nabla f|_{(2,1,8)} = \left[3x^2 y^5 \vec{i} + 5x^3 y^4 \vec{j} - \vec{k}\right]\big|_{(2,1,8)} = 12\vec{i} + 40\vec{j} - \vec{k}$

故切平面 $12x + 40y - z = 56$，法線方程式 $\dfrac{x-2}{12} = \dfrac{y-1}{40} = \dfrac{z-8}{-1}$

由推導物理方程式的過程可知：若 $f(x, y, z)$ 表示某一**物理場**（field）（如溫度場、能量場、…），則梯度代表一種**驅動作用**（driving action）！如 $f(x, y, z)$ 表示能量場，則 ∇f 即為作用力；如 $f(x, y, z)$ 表示溫度場，則 ∇f 即為熱流，如 $f(x, y, z)$ 表示電位場，則 ∇f 即為電流。再由全微分知 $df = \dfrac{\partial f}{\partial x}\,dx + \dfrac{\partial f}{\partial y}\,dy + \dfrac{\partial f}{\partial z}\,dz$，但此式只有表示 $f(x, y, z)$ 的**變化量** df，若要表示 $f(x, y, z)$ 的**變化率**，對於超過二個自變數以上的函數而言，還要給定沿何種方向才能求**變化率**，因為沿著不同方向會有不同的變化率！（如同在玉山上，不同方向有不同的景色！）因此，如何求 $f(x, y, z)$ 在空間中一點 $P(x, y, z)$ 沿著某一個方向移動一小段距離 ds 的變化率 $\dfrac{df}{ds}$ 呢？令沿著某一方向之單位向量為 $\vec{u} = \dfrac{d\vec{r}}{ds}$。

▌注意：此處之 $\vec{r}$ 與 $f(x, y, z)$ 無關！

當 $f(x, y, z)$ 為可微分時，則

$$\frac{df}{ds} = \frac{\partial f}{\partial x}\frac{dx}{ds} + \frac{\partial f}{\partial y}\frac{dy}{ds} + \frac{\partial f}{\partial z}\frac{dz}{ds} \quad , \quad f\begin{cases} x - s \\ y - s \\ z - s \end{cases}$$

$$= \nabla f \cdot \frac{d\bar{r}}{ds} = |\nabla f|\left|\frac{d\bar{r}}{ds}\right|\cos\theta = |\nabla f|\cos\theta \quad \cdots\cdots\cdots\cdots (3)$$

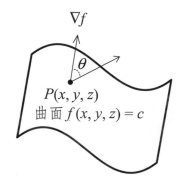

其中 θ 為 ∇f 與 $\dfrac{d\bar{r}}{ds}$ 之夾角，由 (3) 式可知當 $\dfrac{d\bar{r}}{ds}$ 與 ∇f 方向相同時，f 沿此方向變化最大。即「f 沿著 ∇f 之方向其變化率最大」，如右圖所示。

通常稱 $\dfrac{df}{ds}$ 為 f 之**方向導數**（directional derivative），即「純量場 f 沿某方向 $\bar{u}$ 之變化率」，又記為

$$\frac{df}{ds} = \nabla f \cdot \bar{u} = D_u f$$

並由 (3) 式知，欲求方向導數，題目必須給定二種條件才能計算：

> 條件一：$f(x, y, z)$ 之形式以求 ∇f
>
> 條件二：某一方向 $\dfrac{d\bar{r}}{ds}$

當欲求最大方向導數時，則只要給定條件一即可。請見如下諸例之說明。

例題 3 基本題

求 $f(x, y, z) = xy^2 + yz^3$ 在點 $(2, -1, 1)$ 沿 $\vec{i} - 2\vec{j} + 2\vec{k}$ 之變化率。

解 $\nabla f = y^2\vec{i} + (2xy + z^3)\vec{j} + 3yz^2\vec{k}$，$\because \nabla f|_{(2,-1,1)} = \vec{i} - 3\vec{j} - 3\vec{k}$

沿 $\vec{i} - 2\vec{j} + 2\vec{k}$ 之單位向量 $\dfrac{d\bar{r}}{ds} = \dfrac{1}{3}(\vec{i} - 2\vec{j} + 2\vec{k})$

$\therefore \dfrac{df}{ds}\bigg|_{(2,-1,1)} = \nabla f|_{(2,-1,1)} \cdot \dfrac{d\bar{r}}{ds} = (\vec{i} - 3\vec{j} - 3\vec{k}) \cdot \dfrac{1}{3}(\vec{i} - 2\vec{j} + 2\vec{k}) = \dfrac{1}{3}$

類題

求 $\varphi(x, y, z) = 2xz + e^y z^2$ 在點 $(2, 1, 1)$ 於 $2\vec{i} + 3\vec{j} - \vec{k}$ 之方向上之方向導數為何？

答 $\nabla\varphi = 2z\vec{i} + e^y z^2 \vec{j} + (2x + 2ze^y)\vec{k}$ ， $\nabla\varphi\big|_{(2,1,1)} = 2\vec{i} + e\vec{j} + (4 + 2e)\vec{k}$

$\therefore \dfrac{d\varphi}{ds} = \left[2\vec{i} + e\vec{j} + (4 + 2e)\vec{k}\right] \cdot \dfrac{1}{\sqrt{14}}(2\vec{i} + 3\vec{j} - \vec{k}) = \dfrac{e}{\sqrt{14}}$

例題 4 **基本題**

若 $f(x, y, z) = xyz$ ，求

(1) 在點 $(1, 3, 2)$ 沿 $2\vec{i} - \vec{k}$ 之方向導數。

(2) 在點 $(1, 3, 2)$ 之最大方向導數為何？沿何種方向？

(3) 在點 $(1, 3, 2)$ 之最小方向導數為何？沿何種方向？

解 (1) $\dfrac{df}{ds} = \nabla f \cdot \dfrac{d\vec{r}}{ds} = (yz\vec{i} + zx\vec{j} + xy\vec{k})\big|_{(1,3,2)} \cdot (\dfrac{2}{\sqrt{5}}\vec{i} - \dfrac{1}{\sqrt{5}}\vec{k})$

$\qquad = (6\vec{i} + 2\vec{j} + 3\vec{k}) \cdot (\dfrac{2}{\sqrt{5}}\vec{i} - \dfrac{1}{\sqrt{5}}\vec{k}) = \dfrac{9}{\sqrt{5}}$ 。

(2) $\dfrac{df}{ds}\Big|_{\max} = |\nabla f| = |6\vec{i} + 2\vec{j} + 3\vec{k}| = 7$ ，沿著 ∇f 之方向，即 $6\vec{i} + 2\vec{j} + 3\vec{k}$ 。

(3) $\dfrac{df}{ds}\Big|_{\min} = -|\nabla f| = -|6\vec{i} + 2\vec{j} + 3\vec{k}| = -7$ ，沿著 $-\nabla f$ 之方向，
即 $-(6\vec{i} + 2\vec{j} + 3\vec{k})$ 。

類題

函數 $f(x, y, z) = xy + yz + zx$，求

(1) 在點 $(0, 1, 1)$ 沿 $\vec{i} + 2\vec{j} - 3\vec{k}$ 之方向導數。

(2) 在點 $(0, 1, 1)$ 之最大方向導數為何？沿何種方向？

(3) 在點 $(0, 1, 1)$ 之最小方向導數為何？沿何種方向？

答 (1) $\dfrac{df}{ds} = \nabla f \cdot \dfrac{d\vec{r}}{ds} = [(y+z)\vec{i} + (x+z)\vec{j} + (x+y)\vec{k}]\Big|_{(0,1,1)} \cdot \dfrac{d\vec{r}}{ds}$

$= (2\vec{i} + \vec{j} + \vec{k}) \cdot (\dfrac{1}{\sqrt{14}}\vec{i} + \dfrac{2}{\sqrt{14}}\vec{j} - \dfrac{3}{\sqrt{14}}\vec{k}) = \dfrac{1}{\sqrt{14}}$ 。

(2) $\dfrac{df}{ds}\Big|_{\max} = |\nabla f| = |2\vec{i} + \vec{j} + \vec{k}| = \sqrt{6}$ ，沿著 ∇f 之方向，即 $2\vec{i} + \vec{j} + \vec{k}$ 。

(3) $\dfrac{df}{ds}\Big|_{\min} = -|\nabla f| = -|2\vec{i} + \vec{j} + \vec{k}| = -\sqrt{6}$ ，沿著 $-\nabla f$ 之方向，即 $-(2\vec{i} + \vec{j} + \vec{k})$ 。 ∎

至此知道梯度之意義，題目不可能有大變化，快樂地做下面習題吧！

6-3 習題

1. 若函數 $f(x, y, z) = 2xy + xe^z$，試求在點 $(1, 1, 1)$ 之梯度為何？

2. 求曲面 $z = x^2 + y^2$ 在點 $P(2, -2, 8)$ 的切平面與法線方程式。

3. 若 $\varphi(x, y) = x^2 + y^2$，則其在點 $P = (1, 1)$ 於方向 $\vec{u} = 2\vec{i} - 6\vec{j}$ 的變化率為何？

4. 若 $\varphi(x, y, z) = xy - yz + xyz$，則其在點 $P = (0, -1, 1)$ 於方向 $\vec{u} = \vec{i} + \vec{j} + \vec{k}$ 的變化率為何？

5. 求函數 $\varphi(x, y, z) = xy + yz + zx$ 於位置 $(1, 2, 3)$ 朝向點 $(0, 1, 2)$ 之方向導數。

6. 若 $f(x, y, z) = xy + yz + zx$，試求：

(1) $\dfrac{df}{ds}$ 在點 $(1, 1, 3)$ 沿 $-\vec{k}$ 之值。

(2) $\dfrac{df}{ds}$ 在點 $(1, 1, 3)$ 之最大值，並求出此時之方向。

6-4　散度與旋度

「散度」與「旋度」的觀念廣泛地應用在流體力學與電磁學中，且與梯度一樣，都有其物理意義。

定義　散度

已知一向量函數 $\vec{v} = v_1(x,y,z)\vec{i} + v_2(x,y,z)\vec{j} + v_3(x,y,z)\vec{k}$，定義其**散度**（divergence）為

$$\nabla \cdot \vec{v} = (\frac{\partial}{\partial x}\vec{i} + \frac{\partial}{\partial y}\vec{j} + \frac{\partial}{\partial z}\vec{k}) \cdot (v_1\vec{i} + v_2\vec{j} + v_3\vec{k}) = \frac{\partial v_1}{\partial x} + \frac{\partial v_2}{\partial y} + \frac{\partial v_3}{\partial z} \cdots\cdots\cdots\cdots\cdots(1)$$

例題 1　基本題

求 $\vec{v} = xz\vec{i} - y^2\vec{j} + x^2y\vec{k}$ 之散度？

解 $\nabla \cdot \vec{v} = \frac{\partial}{\partial x}(xz) + \frac{\partial}{\partial y}(-y^2) + \frac{\partial}{\partial z}(x^2y) = z - 2y$

類題

求 $\vec{v} = 2xy\vec{i} + xe^y\vec{j} + 2z\vec{k}$ 之散度？

答 $\nabla \cdot \vec{v} = \frac{\partial}{\partial x}(2xy) + \frac{\partial}{\partial y}(xe^y) + \frac{\partial}{\partial z}(2z) = 2y + xe^y + 2$

由散度的定義知，任一向量函數的散度為純量，其物理意義可由下段內容說明之。在三度空間中，設一流體之速度向量為 $\vec{v} = v_1\vec{i} + v_2\vec{j} + v_3\vec{k}$，現取下圖之微小立方體：

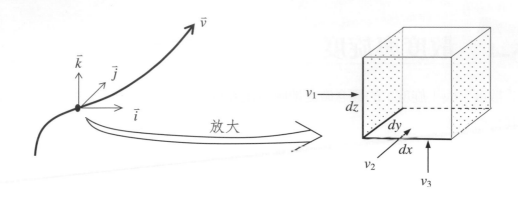

欲計算流體流經 P 點之進出量，先已知 $\underbrace{Q}_{\text{流量}} = \underbrace{A}_{\text{截面積}} \underbrace{v}_{\text{速度}}$（單位：$\dfrac{m^3}{\sec} = m^2 \cdot \dfrac{m}{\sec}$），以流入「$-$」，流出「$+$」表示如下：

左：$-\underbrace{v_1}_{\text{進入速度}} \underbrace{dydz}_{\text{截面積}}$　　　　　右：$+\underbrace{(v_1 + \dfrac{\partial v_1}{\partial x} dx)}_{\text{流出速度}} \underbrace{dydz}_{\text{截面積}}$

前：$-v_2 dxdz$　　　　　後：$+(v_2 + \dfrac{\partial v_2}{\partial y} dy)dxdz$

下：$-v_3 dxdy$　　　　　上：$+(v_3 + \dfrac{\partial v_3}{\partial z} dz)dxdy$

總進入量：$-(v_1 dydz + v_2 dxdz + v_3 dxdy)$

總流出量：$(v_1 dydz + v_2 dxdz + v_3 dxdy) + \left[\dfrac{\partial v_1}{\partial x} + \dfrac{\partial v_2}{\partial y} + \dfrac{\partial v_3}{\partial z}\right]dxdydz$

故經 P 點的「淨」進出量為 $\left[\dfrac{\partial v_1}{\partial x} + \dfrac{\partial v_2}{\partial y} + \dfrac{\partial v_3}{\partial z}\right]dxdydz$，單位體積內的淨進出量為 $\nabla \cdot \vec{v}$。

由此可知，$\nabla \cdot \vec{v}$ 表示：「單位體積內該物理量 $\vec{v}$ 在某一點之淨進出量」。意即對空間中某一點之向量場而言：

$$\nabla \cdot \vec{v} \begin{cases} >0 : 輸出 > 輸入 \\ =0 : 輸出 = 輸入 \\ <0 : 輸出 < 輸入 \end{cases}$$

若空間中滿足 $\nabla \cdot \vec{v} = 0$，稱 $\vec{v}$ 為**螺旋向量場**（solenoidal）。此一名稱起源於密度均勻、通電流的螺線管會產生均勻的磁通量，有「輸入＝輸出」之守恆意義，在流體力學則稱 $\nabla \cdot \vec{v} = 0$ 為**連續方程式**（continuity equation），在流場內每一點均需滿足連續方程式。

定義 旋度

任意向量函數 $\vec{v} = v_1(x,y,z)\vec{i} + v_2(x,y,z)\vec{j} + v_3(x,y,z)\vec{k}$，則 $\vec{v}$ 的 **旋度**（curl）定義為：

$$curl(\vec{v}) = \nabla \times \vec{v} = (\frac{\partial}{\partial x}\vec{i} + \frac{\partial}{\partial y}\vec{j} + \frac{\partial}{\partial z}\vec{k}) \times (v_1\vec{i} + v_2\vec{j} + v_3\vec{k}) \cdots\cdots\cdots\cdots\cdots (2)$$

$$= \begin{vmatrix} \vec{i} & \vec{j} & \vec{k} \\ \frac{\partial}{\partial x} & \frac{\partial}{\partial y} & \frac{\partial}{\partial z} \\ v_1 & v_2 & v_3 \end{vmatrix} = (\frac{\partial v_3}{\partial y} - \frac{\partial v_2}{\partial z})\vec{i} + (\frac{\partial v_1}{\partial z} - \frac{\partial v_3}{\partial x})\vec{j} + (\frac{\partial v_2}{\partial x} - \frac{\partial v_1}{\partial y})\vec{k} \cdots\cdots\cdots\cdots\blacksquare$$

例題 2 基本題

求 $\vec{v} = xz\vec{i} - y^2\vec{j} + x^2 y\vec{k}$ 之旋度？

解 $curl(\vec{v}) = \nabla \times \vec{v} = \begin{vmatrix} \vec{i} & \vec{j} & \vec{k} \\ \frac{\partial}{\partial x} & \frac{\partial}{\partial y} & \frac{\partial}{\partial z} \\ xz & -y^2 & x^2 y \end{vmatrix} = x^2\vec{i} + (x - 2xy)\vec{j}$

類題

求 $\vec{v} = e^{x-z}\vec{i} + 2y\vec{j} + (z - y^2)\vec{k}$ 之旋度？

答 $\nabla \times \vec{v} = \begin{vmatrix} \vec{i} & \vec{j} & \vec{k} \\ \frac{\partial}{\partial x} & \frac{\partial}{\partial y} & \frac{\partial}{\partial z} \\ e^{x-z} & 2y & z - y^2 \end{vmatrix} = -2y\vec{i} - e^{x-z}\vec{j}$ $\blacksquare$

為解釋旋度的物理意義，可考慮在一平面上以角速率 ω 繞 z 軸旋轉的物體 m，則其旋轉角速度為 $\vec{\Omega} = \omega\vec{k}$，如下圖所示，則由物理之運動學理論知：

因為 $\vec{r} = x\vec{i} + y\vec{j}$

其速度向量為

$\vec{v} = \vec{\Omega} \times \vec{r} = \omega\vec{k} \times \vec{r} = \omega\vec{k} \times (x\vec{i} + y\vec{j}) = -\omega y\vec{i} + \omega x\vec{j}$

若對 $\vec{v}$ 取旋度得

$$\nabla \times \vec{v} = \begin{vmatrix} \vec{i} & \vec{j} & \vec{k} \\ \dfrac{\partial}{\partial x} & \dfrac{\partial}{\partial y} & \dfrac{\partial}{\partial z} \\ -\omega y & \omega x & 0 \end{vmatrix} = (\omega + \omega)\vec{k} = 2\omega\vec{k} = 2\vec{\Omega}$$

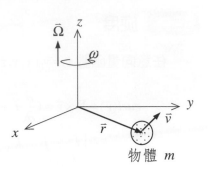

可知 $\vec{\Omega} = \dfrac{1}{2}\nabla \times \vec{v}$，這表示：

「一旋轉物體速度之旋度的一半即為角速度」！

　　若應用在流體力學上，速度場之旋度不為 0 之流場為 **旋轉流場**（rotational flow field），速度場之旋度為 0 之流場為 **非旋轉流場**（irrotational flow field）。

　　在曉得梯度、散度與旋度的運算後，接著再列出一個工程上常用之符號：

$$\nabla \cdot \nabla = \dfrac{\partial^2}{\partial x^2} + \dfrac{\partial^2}{\partial y^2} + \dfrac{\partial^2}{\partial z^2} \equiv \nabla^2 \text{（稱為 Laplace 運算子，屬於純量運算子）}$$

則 $\nabla^2 \Phi = \dfrac{\partial^2 \Phi}{\partial x^2} + \dfrac{\partial^2 \Phi}{\partial y^2} + \dfrac{\partial^2 \Phi}{\partial z^2}$

$$\nabla^2 \vec{A} = \left(\dfrac{\partial^2 A_1}{\partial x^2} + \dfrac{\partial^2 A_1}{\partial y^2} + \dfrac{\partial^2 A_1}{\partial z^2}\right)\vec{i} + \left(\dfrac{\partial^2 A_2}{\partial x^2} + \dfrac{\partial^2 A_2}{\partial y^2} + \dfrac{\partial^2 A_2}{\partial z^2}\right)\vec{j}$$

$$+ \left(\dfrac{\partial^2 A_3}{\partial x^2} + \dfrac{\partial^2 A_3}{\partial y^2} + \dfrac{\partial^2 A_3}{\partial z^2}\right)\vec{k}$$

　　最後有二個恆等式如下，也經常使用，其證明不再說明。

$\nabla \times \nabla f = 0$，意義：旋梯（踢）之結果為 0 ～ 記！ ⋯⋯⋯⋯⋯⋯⋯⋯⋯(3)

$\nabla \cdot (\nabla \times \vec{v}) = 0$，意義：散旋之結果為 0 ～ 記！ ⋯⋯⋯⋯⋯⋯⋯⋯⋯(4)

例題 3　基本題

(1) 若 $f(x, y, z) = x^2 + y^2 + z^2$，則 $\nabla^2 f = ?$

(2) 若 $\vec{v} = x^2 y\vec{i} - z^3\vec{j} + x\vec{k}$，則 $\nabla^2 \vec{v} = ?$

解 (1) $\nabla^2 f = \left(\dfrac{\partial^2}{\partial x^2} + \dfrac{\partial^2}{\partial y^2} + \dfrac{\partial^2}{\partial z^2}\right)(x^2 + y^2 + z^2) = 2 + 2 + 2 = 6$

(2) $\nabla^2 \vec{v} = \left(\dfrac{\partial^2}{\partial x^2} + \dfrac{\partial^2}{\partial y^2} + \dfrac{\partial^2}{\partial z^2}\right)(x^2 y\vec{i}) + \left(\dfrac{\partial^2}{\partial x^2} + \dfrac{\partial^2}{\partial y^2} + \dfrac{\partial^2}{\partial z^2}\right)(-z^3\vec{j})$

$\qquad + \left(\dfrac{\partial^2}{\partial x^2} + \dfrac{\partial^2}{\partial y^2} + \dfrac{\partial^2}{\partial z^2}\right)(x\vec{k})$

$\qquad = 2y\vec{i} - 6z\vec{j}$

類題

若 $f(x, y, z) = xz - yz$，$\vec{v} = y^2\vec{i} + (y^2 - x^2)\vec{j} + 2z^2\vec{k}$，求

(1) $\nabla^2(xzf) = ?$　(2) $\nabla^2\vec{v} = ?$

答 (1) $\nabla^2(xzf) = (\dfrac{\partial^2}{\partial x^2} + \dfrac{\partial^2}{\partial y^2} + \dfrac{\partial^2}{\partial z^2})(x^2z^2 - xyz^2) = 2z^2 + 2x^2 - 2xy$

(2) $\nabla^2\vec{v} = (\dfrac{\partial^2}{\partial x^2} + \dfrac{\partial^2}{\partial y^2} + \dfrac{\partial^2}{\partial z^2})(y^2\vec{i}) + (\dfrac{\partial^2}{\partial x^2} + \dfrac{\partial^2}{\partial y^2} + \dfrac{\partial^2}{\partial z^2})(y^2 - x^2)\vec{j}$

$\qquad + (\dfrac{\partial^2}{\partial x^2} + \dfrac{\partial^2}{\partial y^2} + \dfrac{\partial^2}{\partial z^2})(2z^2\vec{k})$

$\qquad = 2\vec{i} + 4\vec{k}$

例題 4　**基本題**

(1) 若 $f(x, y, z) = \sin(xy) - \cos(yz) + x^2yz^3$，則 $\nabla \times \nabla f = ?$

(2) 若 $\vec{v} = x^2y\vec{i} - z^3\vec{j} + x\vec{k}$，則 $\nabla \cdot (\nabla \times \vec{v}) = ?$

解 (1) 對任意純量場，必有 $\nabla \times \nabla f = 0$

(2) 對任意向量場，必有 $\nabla \cdot (\nabla \times \vec{v}) = 0$

6-4 習題

1. 向量場 $\vec{F} = xy\vec{i} + (zx - \sin y)\vec{j} + yz\vec{k}$ 在點 $(-1, 0, 1)$ 的旋度為何？

2. 若 $\vec{F} = x^2\vec{i} - 2x^2 y\vec{j} + 2yz^4\vec{k}$，求在點 $(1, -1, 1)$ 位置之 $\nabla \times \vec{F}$ 和 $\nabla \cdot \vec{F}$ 的值各為何？

3. 設 $\vec{F} = (z - \frac{3}{2}y)\vec{i} + (\frac{3}{2}x - \frac{1}{2}z)\vec{j} + (\frac{1}{2}y - x)\vec{k}$，令旋度 $\nabla \times \vec{F} = \alpha\vec{i} + \beta\vec{j} + \gamma\vec{k}$，則 $\alpha + \beta + \gamma$ 等於？

   (A) 6　　(B) 0　　(C) $-\frac{1}{2}$　　(D) -3

4. 設 $\vec{F} = (y^2 + axz + yz)\vec{i} + (z^2 + bxy + xz)\vec{j} + (x^2 + cyz + xy)\vec{k}$，令旋度 $\nabla \times \vec{F} = 0$，則常數 $a + b + c$ 等於？

▶▶▶ 總整理

本章之心得：

1. (1) 內積、外積運算之幾何意義要學會。

   (2) 純量三乘積與向量三乘積之結果要依幾何意義記住！

2. (1) 解析幾何中，位置向量之微分即為其切線向量。

   (2) 弧長與任意參數之關係式：$ds = \sqrt{\vec{r} \cdot \vec{r}}\, dt$ 要熟記之！

3. (1) 純量函數之梯度其幾何意義與計算都要學會。

   (2) 純量函數之方向導數在幾何上有何意義？出此題目該給哪二個條件？

4. 散度、旋度之定義與物理意義必須學會。

5. (1) 向量恆等式之推導要熟記。

   (2)「散旋」與「旋梯」二恆等式要熟記。

CHAPTER
07

向量積分學

■ 本章大綱 ■

學 習 目 標

1. 熟悉如何計算各種形式之線積分
2. 瞭解格林定理之外形與限制條件及相關應用
3. 熟悉各種形式曲面積分之計算要訣
4. 瞭解史托克定理之外形與限制條件及計算步驟，並理解史托克定理與格林定理之關聯性
5. 瞭解體積分在各種坐標系之計算
6. 瞭解高斯定理之外形與限制條件及計算步驟

　　向量積分依其外形可區分為**線積分**（line integral）、**面積分**（surface integral）與**體積分**（volume integral），各型積分之間有三個大定理組成交通的橋樑，關係如下圖所示：

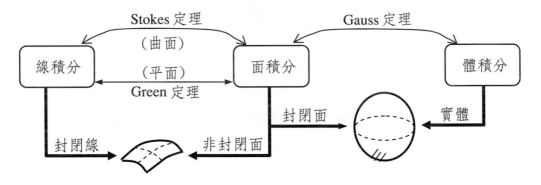

　　此示意圖之內容將於本章詳細說明之。

7-1 線積分

若 c 是空間曲線，現以弧長 s 為參數表示為

$$\vec{r}(s) = x(s)\vec{i} + y(s)\vec{j} + z(s)\vec{k}, \quad a \le s \le b$$

a、b 分別為曲線 c 之起點與終點所對應之參數值，又 $f(x, y, z)$ 為沿曲線 c 上均有定義的純量函數，若將曲線 c 分割成 n 個等分，其點分別為 $P_0(=a), P_1, P_2, \cdots, P_{n-1}, P_n(=b)$，如下圖所示：

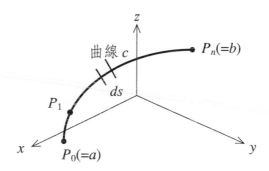

令 $ds_i = \widehat{P_{i-1}P_i}$（弧長），則定義 $f(x, y, z)$ 沿曲線 c 之線積分為（仍遵守積分四部曲：分割、取樣、求和、取極限）

$$\int_a^b f(x, y, z)ds = \int_c f(x, y, z)ds = \underbrace{\lim_{n \to \infty}}_{\text{取極限}} \underbrace{\sum_{i=1}^{n}}_{\text{求和}} \underbrace{f(x_i, y_i, z_i)}_{\text{取樣}} \underbrace{ds_i}_{\text{分割}}$$

其中 (x_i, y_i, z_i) 表第 i 段分割點之坐標。

由以上線積分之定義知：積分時 $f(x, y, z)$ 必須以曲線 c 的關係式代入！因此可知：即使有相同的起點與終點，若沿不同之積分路徑，其線積分值也不同，但有一種情況例外，這種情況將於後面再討論。當 $f(x, y, z)$ 為此線之「線密度」時，則線積分之結果為此曲線之總質量。又線積分之計算有如下的性質：

(1) $\int_c kfds = k\int_c fds$，$k$：常數

(2) $\int_c (f + g)ds = \int_c fds + \int_c gds$

(3) $\int_c fds = \int_{c_1} fds + \int_{c_2} fds$

$c = c_1 + c_2$，如右圖所示：

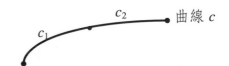

根據線積分之形式，將線積分分為「純量型」與「向量型」二種類型，說明如下。

1 純量型

若曲線 c 表為 $c : \vec{r}(t) = x(t)\vec{i} + y(t)\vec{j} + z(t)\vec{k}$，則

$$\int_c f(x, y, z)ds = \int_c f[x(t), y(t), z(t)]\sqrt{\dot{\vec{r}} \cdot \dot{\vec{r}}}\,dt \quad\cdots\cdots(1)$$

即「以描述曲線之參數 t 為變數做積分」（**函數要聽曲線的話！**）。可知計算線積分即：設法化為相同變數做積分，成為一維積分 $\int_{t_1}^{t_2} f(t)dt$！

例題 1 **基本題**

如圖所示，曲線 $c : 2x = y$，$f(x, y) = xy^3$，求 f 沿 c 由 $P(-1, -2)$ 至 $Q(1, 2)$ 的線積分。

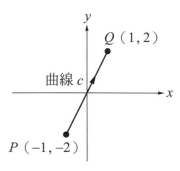

解 以 t 為變數，令 $\begin{cases} x = t \\ y = 2t \end{cases} \Rightarrow \vec{r} = t\,\vec{i} + 2t\,\vec{j}$

則 $\dot{\vec{r}} = \vec{i} + 2\,\vec{j}$

$ds = \sqrt{\dot{\vec{r}} \cdot \dot{\vec{r}}}\,dt = \sqrt{5}\,dt$

$\therefore \int_a^b xy^3\,ds = \int_{-1}^{1} t \cdot (2t)^3 \sqrt{5}\,dt = 8\sqrt{5}\left[\frac{1}{5}t^5\right]_{-1}^{1} = \frac{16\sqrt{5}}{5}$。

類題

求 $f(x, y) = xy$ 沿著曲線 $c : x = t,\ y = 2t,\ t : 0 \to 1$ 的線積分。

答 令 $\begin{cases} x = t \\ y = 2t \end{cases} \to \vec{r} = t\vec{i} + 2t\vec{j}$，則 $\dot{\vec{r}} = \vec{i} + 2\,\vec{j}$，$ds = \sqrt{\dot{\vec{r}} \cdot \dot{\vec{r}}}\,dt = \sqrt{5}\,dt$

$\therefore \int_a^b xy\,ds = \int_0^1 t \cdot (2t)\sqrt{5}\,dt = 2\sqrt{5}\left[\frac{t^3}{3}\right]_0^1 = \frac{2\sqrt{5}}{3}$

2　向量型

為了科學上的應用，線積分亦可表為向量內積之形式，如下圖所示。說明如下：

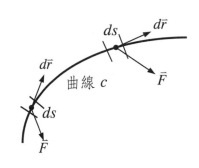

設向量函數：$\vec{F} = F_1\vec{i} + F_2\vec{j} + F_3\vec{k}$

曲線 $c : \vec{r} = x\vec{i} + y\vec{j} + z\vec{k}$，則 $d\vec{r} = dx\vec{i} + dy\vec{j} + dz\vec{k}$

$$\therefore \int_c \vec{F} \cdot d\vec{r} = \int_c (F_1\vec{i} + F_2\vec{j} + F_3\vec{k}) \cdot (dx\vec{i} + dy\vec{j} + dz\vec{k})$$
$$= \int_c (F_1 dx + F_2 dy + F_3 dz)$$

例題 2　基本題

求線積分 $I = \int_c \left[x^2 y dx + (x - z)dy + xyz dz \right] = ?$

$c : x^2 = y$，$z = 1$，$P\,(0, 0, 1)$，$Q\,(1, 1, 1)$，從 P 點到 Q 點。

解 以 t 為變數！

令 $x = t$，則 $dx = dt$；$y = t^2$，則 $dy = 2tdt$；$z = 1$，則 $dz = 0$

$$\therefore I = \int_c \left[t^2 \cdot t^2 dt + (t-1)2tdt + t \cdot t^2 \cdot 2(0) \right]$$
$$= \int_0^1 \left[t^4 + (t-1)2t \right] dt = -\frac{2}{15}$$

類題

求線積分 $I = \int_c \left[x^3 dx + 3zy^2 dy + x^2 y dz \right] = ?$　$c : a(3, 2, 1),\ b(0, 0, 0)$，從 a 點到 b 點之線段。

答 線段 c 之關係式為 $\dfrac{x}{3} = \dfrac{y}{2} = \dfrac{z}{1} = t$

$$\therefore \begin{cases} x = 3t \\ y = 2t \\ z = t \end{cases} \rightarrow \begin{cases} dx = 3dt \\ dy = 2dt \\ dz = dt \end{cases}$$

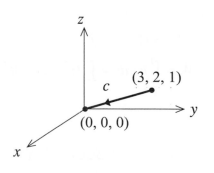

則 $I = \int_1^0 (27t^3 \cdot 3dt + 12t^3 \cdot 2dt + 18t^3 \cdot dt)$

$$= \int_1^0 123t^3 dt = -\frac{123}{4}$$

■‖ 應用：若向量函數 $\vec{F}$ 代表力，則 $\vec{F}$ 沿路徑 c 所做的功為

$$W = \int_c \vec{F} \cdot d\vec{r} \quad\text{...(2)}$$

例題 3 **基本題**

x-y 平面上有一力函數為 $\vec{F} = (x+y)\vec{i} + 2x\vec{j}$，求 $\vec{F}$ 沿著曲線 $c：y = x^2 - x$ 由 $(0, 0)$ 到 $(2, 2)$ 所做的功。

解 積分路徑如右圖所示：

令 $x = t$，$y = t^2 - t$，則

$\vec{r} = x\vec{i} + y\vec{j} = t\vec{i} + (t^2 - t)\vec{j}$

$d\vec{r} = dx\vec{i} + dy\vec{j} = dt\vec{i} + (2t-1)dt\vec{j} = [\vec{i} + (2t-1)\vec{j}]dt$

$\vec{F} = (x+y)\vec{i} + 2x\vec{j}$

$\quad = t^2\vec{i} + 2t\vec{j}$

$\therefore W = \int_0^2 \vec{F} \cdot d\vec{r} = \int_0^2 (t^2\vec{i} + 2t\vec{j}) \cdot [\vec{i} + (2t-1)\vec{j}]dt$

$\quad = \int_0^2 (5t^2 - 2t)dt = \dfrac{28}{3}$

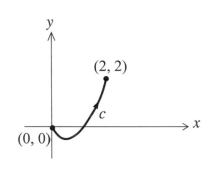

類題

x-y 平面上有一力函數為 $\vec{F} = x^2\vec{i} + y^2\vec{j}$，求 $\vec{F}$ 沿著曲線 $c : y = 1 - x^2$ 由 $(-1, 0)$ 到 $(1, 0)$ 所做的功。

答 令 $\begin{cases} x = t \\ y = 1 - t^2 \end{cases}$，則 $\vec{r} = t\vec{i} + (1-t^2)\vec{j}$

$d\vec{r} = dt\vec{i} - 2tdt\vec{j}$

$\vec{F} = t^2\vec{i} + (1-t^2)^2\vec{j}$

$\therefore W = \int_{-1}^1 \vec{F} \cdot d\vec{r} = \int_{-1}^1 (t^2 - 2t + 4t^3 - 2t^5)dt = \dfrac{2}{3}$

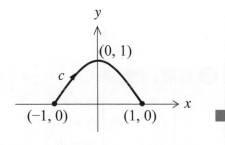

說明至此，各位應已知：線積分的結果既不是弧長也不是面積。

7-1 習題

1. 曲線 $c:y=x^2$，$f(x, y)=x$，求 f 沿 c 由 $a\,(0, 0)$ 至 $b\,(1, 1)$ 的線積分 $\int_c f ds$

2. 曲線 $c:y=x$，$f(x, y)=xy$，求 f 沿 c 由 $a\,(0, 0)$ 至 $b\,(1, 1)$ 的線積分 $\int_c f ds$

3. 求 $\int_c \vec{F} \cdot d\vec{r} = ?$ 其中 $\vec{F} = 3x\vec{i} - y^2\vec{j} + \vec{k}$，$c : \vec{r}(t) = 2t\vec{i} + (1-t)\vec{j} + (t^2+2)\vec{k}$，$t : 1 \to 3$

4. 求 $\int_c \vec{F} \cdot d\vec{r} = ?$ 其中 $\vec{F} = 4\vec{i} - 3x\vec{j} + z^2\vec{k}$，$c:$ 由 $(1, 0, 3)$ 至 $(2, 1, 1)$ 的直線

5. 求 $\int_c \vec{F} \cdot d\vec{r} = ?$ 其中 $\vec{F} = 2x\vec{i} + xz\vec{j} + xyz^4\vec{k}$，$c : x^2 + 4y^2 = 4, z = 8$

6. 求 $\int_c \vec{F} \cdot d\vec{r} = ?$ 其中 $\vec{F} = x^2\vec{i} + \vec{j} + yz\vec{k}$，$c : x = t,\ y = 2t,\ z = 3t,\ t = 0 \to t = 1$

7. 已知 $\vec{F}(x, y, z) = x\vec{i} + y\vec{j} + z\vec{k}$，$c : x = \sin t,\ y = \cos t,\ z = t,\ t : 0 \to 2\pi$
   求 $\int_c \vec{F} \cdot d\vec{r} = ?$

8. $\int_c \left[y^2 dx - xy dy \right] = ?$ $c : y = 3x - x^2$，從 $0 \le x \le 3$

9. 已知 $\vec{F}(x, y, z) = 4xy\vec{i} - 8y\vec{j} + 2\vec{k}$，求 $\int_c \vec{F} \cdot d\vec{r} = ?$ 其中 $c : x^2 + 4y^2 = 4, z = 0$，由 $(0, -1, 0) \to (0, 1, 0)$

7-2 格林定理

　　本節研討重要的**格林定理**，它是 x-y 平面上的重積分與線積分之間的一座「小橋」。

定理	格林定理（**Green's theorem**）

　　如右圖所示，$\Re$：在 x-y 平面之區域，C：$\Re$ 的

邊界，且 $f, g, \dfrac{\partial f}{\partial y}, \dfrac{\partial g}{\partial x}$ 在 $\Re$ 及 C 上均有定義，則

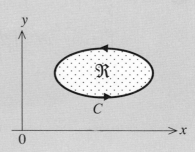

$$\iint_{\Re} \left(\frac{\partial g}{\partial x} - \frac{\partial f}{\partial y} \right) dx dy = \oint_C f dx + g dy \cdots\cdots\cdots\cdots (1)$$

▌▌注意：(1) 要應付考試時，(1) 式一定要熟記。

(2) C 為封閉路徑，數學上均以「逆時針」方向為正。

(3) $f, g, \dfrac{\partial f}{\partial y}, \dfrac{\partial g}{\partial x}$ 在積分區域內必須都有意義。

若在積分區域內存在使 $f, g, \dfrac{\partial f}{\partial y}, \dfrac{\partial g}{\partial x}$ 無意義的點 [數學上稱為 **異點**（singular point）]，則在積分時要「避開」此點。

例題 1 **基本題**

求 $\displaystyle\oint_c (3x+6y)dx + (2x+3y)dy = ?$　$c:(x-2)^2 + (y-3)^2 = 4$

解 直接利用格林定理得

$$
\begin{aligned}
原式 &= \iint_R \left[\frac{\partial}{\partial x}(2x+y) - \frac{\partial}{\partial y}(x+6y) \right] dxdy \\
&= \iint_R (2-6) dxdy \\
&= -4 \cdot 4\pi = -16\pi
\end{aligned}
$$

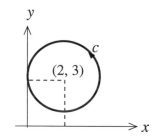

類題

求 $\displaystyle\oint_C (x^2 dx + 2xydy) = ?$　C 為頂點 $(0,0)$、$(12,0)$、$(12,9)$、$(0,9)$ 之長方形邊界（逆時針）。

答
$$
\begin{aligned}
原式 &= \iint_R (2y) dxdy = \int_0^9 \int_0^{12} 2y\,dxdy \\
&= \int_0^9 [2xy]_{x=0}^{x=12}\, dy = \int_0^9 24y\,dy \\
&= [12y^2]_0^9 = 972
\end{aligned}
$$

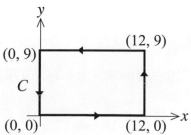

例題 2　基本題

求 $\oint_C ydx + xdy = ?$ C：下圖所示。

(1) 直接計算。

(2) 利用格林定理計算。

解 (1) C_1： $y = 0$，$\therefore dy = 0$

$I_1 = \int_0^2 (0dx + x \cdot 0) = 0$

C_2： $x = 2$，$\therefore dx = 0$

$I_2 = \int_0^1 (y \cdot 0) + 2dy = 2$

C_3： $y = \dfrac{1}{2}x$，$\therefore dy = \dfrac{1}{2}dx$

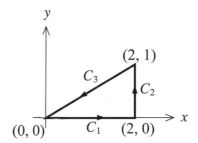

$I_3 = \int_2^0 (\dfrac{1}{2}x \cdot dx + x \cdot \dfrac{1}{2}dx) = \int_2^0 xdx = \left[\dfrac{x^2}{2}\right]_2^0 = -2$

$\therefore \oint_C (ydx + xdy) = 0 + 2 - 2 = 0$

(2) 利用格林定理得

原式 $= \iint\limits_R \left[\dfrac{\partial}{\partial x}(x) - \dfrac{\partial}{\partial y}(y)\right]dxdy = \iint\limits_R 0 dxdy = 0$

類題

求 $\oint_C ydx + x^2 ydy = ?$ 其中 C 表由 $y^3 = 4x$ 與 $y^2 = 2x$ 在 $(0, 0)$、$(2, 2)$ 之間所圍成之封閉曲線。(1) 直接計算。(2) 利用格林定理計算。

答 (1) C_1： $y^2 = 2x$，$\therefore ydy = dx$

$I_1 = \int_0^2 y \cdot ydy + (\dfrac{y^2}{2})^2 \cdot ydy = \dfrac{16}{3}$

C_2： $y^3 = 4x$，$\therefore 3y^2 dy = 4dx$

$I_1 = \int_2^0 y \cdot \dfrac{3}{4}y^2 dy + (\dfrac{y^3}{4})^2 \cdot ydy = -5$

$\therefore I = \dfrac{16}{3} - 5 = \dfrac{1}{3}$

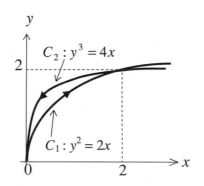

(2) 由格林定理

$$\oint_c ydx + x^2 ydy = \iint_R (2xy-1)dA$$

$$= \int_0^2 \int_{x=\frac{y^3}{4}}^{x=\frac{y^2}{2}} (2xy-1)dxdy$$

$$= \int_0^2 (\frac{y^5}{4} - \frac{y^2}{2} - \frac{y^7}{16} + \frac{y^3}{4})dy = \frac{1}{3}$$

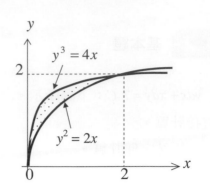

例題 3 **漂亮題**

求 $\oint_C xe^{-x}dx + (x+2x^2y)dy = ?$ 其中 C 表由 $x^2+y^2=1$ 與 $x^2+y^2=4$ 所圍成之封閉曲線。

解 本題若以線積分計算，會較繁！

利用 Green 定理化為重積分得

$$\oint_C xe^{-x}dx + (x+2x^2y)dy$$

$$= \iint_R (1+4xy)dxdy$$

$$= \int_0^{2\pi} \int_1^2 (1+4r^2\cos\theta\sin\theta)rdrd\theta$$

$$= 4\pi - \pi$$

$$= 3\pi \text{。}$$

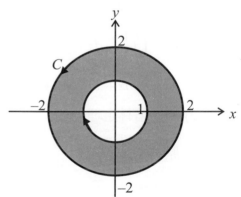

類題

求 $\oint_C 2xydx + (x^2+2x)dy = ?$ 其中 C 表由 $\frac{x^2}{9}+\frac{y^2}{4}=1$ 與 $x^2+y^2=1$ 所圍成之封閉曲線。

答 利用 Green 定理化為重積分得

$$\oint_C 2xydx + (x^2+2x)dy$$

$$= \iint_R (2x+2-2x)dxdy$$

$$= 2\iint_R dxdy$$

$$= 2(2\cdot3\pi - \pi)$$

$$= 10\pi \text{。}$$

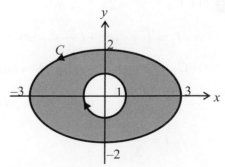

例題 4　基本題

若 $f = \dfrac{-y}{x^2 + y^2}$，$g = \dfrac{x}{x^2 + y^2}$，$c$ 為下左圖所示包含原點之任意封閉曲線，

求 $\displaystyle\oint_c f dx + g dy = ?$

解

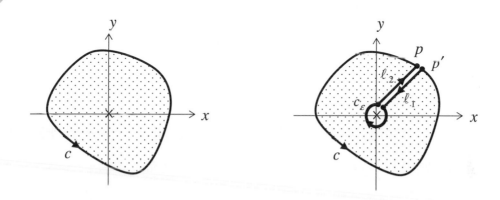

(1) 因為 c 所包圍的區域包含原點，而 f, g, $\dfrac{\partial f}{\partial y}$, $\dfrac{\partial g}{\partial x}$ 在原點均不存在（稱此點為**異點**），故不可直接使用格林定理！要避開異點才可使用格林定理，因此先將積分路徑修正如右上圖。

(2) 令 c_ε 為半徑很小的圓，沿路徑 $c \to \ell_1 \to c_\varepsilon \to \ell_2$ 所包圍之區域 $\mathfrak{R}^*$ 內（已經避開異點），f, g, $\dfrac{\partial f}{\partial y}$, $\dfrac{\partial g}{\partial x}$ 均存在且連續，故可使用格林定理！

先測試 $\dfrac{\partial g}{\partial x} = \dfrac{\partial}{\partial x}\left(\dfrac{x}{x^2 + y^2}\right) = \dfrac{x^2 + y^2 - x \cdot 2x}{(x^2 + y^2)^2} = \dfrac{-x^2 + y^2}{(x^2 + y^2)^2}$

$\dfrac{\partial f}{\partial y} = \dfrac{\partial}{\partial y}\left(\dfrac{-y}{x^2 + y^2}\right) = \dfrac{-(x^2 + y^2) + y \cdot 2y}{(x^2 + y^2)^2} = \dfrac{-x^2 + y^2}{(x^2 + y^2)^2}$

則 $\left[\displaystyle\int_c + \int_{\ell_1} + \int_{c_\varepsilon} + \int_{\ell_2}\right] f dx + g dy = \iint_{\mathfrak{R}^*}\left(\dfrac{\partial g}{\partial x} - \dfrac{\partial f}{\partial y}\right) dx dy = 0$

當 p 點與 p' 點無限靠近，則

① 路徑 ℓ_1 與 ℓ_2 視為重疊且方向相反，故積分互相抵消。

② 且有 $\displaystyle\int_c \equiv \oint_c$，$\displaystyle\int_{c_\varepsilon} \equiv \oint_{c_\varepsilon}$（即視為封閉線）

則上式成為 $\underbrace{\oint_c fdx + gdy}_{\text{逆時針}} + \underbrace{\oint_{c_\varepsilon} fdx + gdy}_{\text{順時針}} = 0$

$\therefore \underbrace{\oint_c fdx + gdy}_{\text{逆時針}} = \underbrace{-\oint_{c_\varepsilon} fdx + gdy}_{\text{順時針}} = \underbrace{\oint_{c_\varepsilon} fdx + gdy}_{\text{逆時針}}$ ～已皆為逆時針！

(3) 令 $c_\varepsilon : \begin{cases} x = \varepsilon\cos\theta \\ y = \varepsilon\sin\theta \end{cases}$ ，則 $\begin{cases} dx = -\varepsilon\sin\theta d\theta \\ dy = \varepsilon\cos\theta d\theta \end{cases}$

$\therefore \oint_c fdx + gdy = \oint_{c_\varepsilon} fdx + gdy$ ～考試時直接寫此式！

$\qquad = \lim_{\varepsilon \to 0} \int_0^{2\pi} \left[\frac{-\varepsilon\sin\theta}{\varepsilon^2}(-\varepsilon\sin\theta d\theta) + \frac{\varepsilon\cos\theta}{\varepsilon^2}(\varepsilon\cos\theta d\theta) \right]$

$\qquad = \int_0^{2\pi} (\sin^2\theta + \cos^2\theta)d\theta$

$\qquad = 2\pi$ ～與 c 之路徑無關！

(4) 若曲線 c 恰好通過原點（即異點），則必須避開異點而多繞小半圓，可得知

其積分結果為 $\oint_c fdx + gdy = \frac{1}{2} \cdot 2\pi = \pi$ ～與 c 之路徑無關！

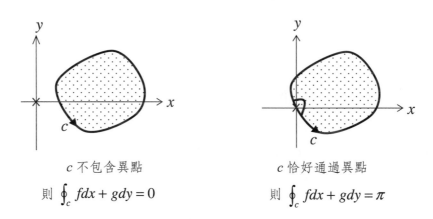

c 不包含異點
則 $\oint_c fdx + gdy = 0$

c 恰好通過異點
則 $\oint_c fdx + gdy = \pi$

類題

已知 $f(x,y) = \dfrac{x}{x^2 + y^2}$，$g(x,y) = \dfrac{y}{x^2 + y^2}$，$c$ 為 x-y 平面上包圍原點之任意封閉路線，求 $\oint_c fdx + gdy = ?$

答 $\dfrac{\partial g}{\partial x} = \dfrac{-2xy}{(x^2+y^2)^2}$, $\dfrac{\partial f}{\partial y} = \dfrac{-2xy}{(x^2+y^2)^2}$,即 $\dfrac{\partial g}{\partial x} = \dfrac{\partial f}{\partial y}$,又異點 $(0,0)$ 在 c 內

故 $\oint_c fdx + gdy = \oint_{c_\varepsilon} fdx + gdy$ (大圈積分 = 小圈積分)

在 c_ε 上,有 $c_\varepsilon : \begin{cases} x = \varepsilon \cos\theta \\ y = \varepsilon \sin\theta \end{cases}$,則 $\begin{cases} dx = -\varepsilon \sin\theta d\theta \\ dy = \varepsilon \cos\theta d\theta \end{cases}$

$\therefore \oint_c fdx + gdy = \oint_{c_\varepsilon} fdx + gdy = \int_0^{2\pi} \left[\dfrac{\varepsilon \cos\theta}{\varepsilon^2}(-\varepsilon \sin\theta) + \dfrac{\varepsilon \sin\theta}{\varepsilon^2}\varepsilon \cos\theta \right] d\theta$

$\qquad\qquad\qquad\qquad\quad = \int_0^{2\pi} 0 d\theta = 0$ ■

■‖ 心得:此型積分 $\oint_c fdx + gdy$,在問題設計上如果有 $\dfrac{\partial g}{\partial x} = \dfrac{\partial f}{\partial y}$,其意義即「與路徑無關」的線積分,因此路徑 c 的方程式給不給都無所謂,以下將詳細說明此現象。

與路徑無關之線積分

線積分的值不僅和端點有關,且和路徑有關。現在我們要探討什麼樣的情況下線積分只和端點有關,而和路徑無關,即如下圖所示:

$I = \int_P^Q \vec{F} \cdot d\vec{r} = I(P,Q)$ ~ 僅和端點 P 、 Q 有關

$\Rightarrow$ 表與路徑無關之線積分

當 $\int_P^Q \vec{F} \cdot d\vec{r}$ 與路徑無關時,如右圖所示,即表示了

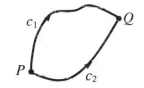

$$\int_{c_1} \vec{F} \cdot d\vec{r} = \int_{c_2} \vec{F} \cdot d\vec{r} \;\Rightarrow\; \int_{c_1} \vec{F} \cdot d\vec{r} - \int_{c_2} \vec{F} \cdot d\vec{r} = \int_{c_1} \vec{F} \cdot d\vec{r} + \int_{-c_2} \vec{F} \cdot d\vec{r} = \oint_c \vec{F} \cdot d\vec{r} = 0$$

此即:一看到 $\oint_c \vec{F} \cdot d\vec{r} = 0$, c 為任意路徑 $\Rightarrow$ 表示與路徑無關之線積分也。但要判斷與路徑無關之線積分時,測試 $\oint_c \vec{F} \cdot d\vec{r} = 0$ 會較麻煩!通常都判斷 $\vec{F}$, $\vec{F}$ 具有哪些特性才使 $\int_c \vec{F} \cdot d\vec{r}$ 與路徑無關,請見以下定理之說明。

定理

設 $\Phi(x, y, z)$ 為連續之可微分純量函數，有一向量函數 $\vec{F}(x, y, z)$，且 $\nabla\Phi = \vec{F}$，則連接任二點 P、Q 之曲線 c，$\vec{F}$ 在 c 上之線積分 $\int_{P}^{Q} \vec{F} \cdot d\vec{r}$ 與路徑無關，僅和端點 P、Q 有關。

定理

$\int_{c} \vec{F} \cdot d\vec{r}$ 與積分路徑無關之充要條件為 $\nabla \times \vec{F} = 0$

綜合結論

此處對 $\nabla \times \vec{F} = 0$ 之性質，綜合說明如下。

若 $\vec{F} = F_1\vec{i} + F_2\vec{j} + F_3\vec{k}$，且 $\nabla \times \vec{F} = 0$，即 $\vec{F}$ 為一非旋場，則必有：

(1) $\oint_{c} \vec{F} \cdot d\vec{r} = 0$，即封閉路徑線積分結果為 0。

(2) $\int_{c} \vec{F} \cdot d\vec{r}$ 之積分結果與路徑無關，物理上稱 $\vec{F}$ 為**保守場**（conservative field），例如重力場、靜電場、非黏性流場皆為保守場（即非旋場）。

(3) 存在一純量函數 $\Phi(x, y, z)$ 使得 $\nabla\Phi = \vec{F}$，稱 $\Phi(x, y, z)$ 為**位勢函數**（potential function）。

例題 5　基本題

證明 $\int_{(0,0)}^{(2,1)} 2xydx + x^2dy$ 與 $(0,0)$、$(2,1)$ 之間的路徑無關，並求此積分。

解 (1) $\vec{F} \cdot d\vec{r} = 2xydx + x^2dy$

$\therefore \vec{F} = 2xy\vec{i} + x^2\vec{j}$

(2) $\nabla \times \vec{F} = \begin{vmatrix} \vec{i} & \vec{j} & \vec{k} \\ \dfrac{\partial}{\partial x} & \dfrac{\partial}{\partial y} & \dfrac{\partial}{\partial z} \\ 2xy & x^2 & 0 \end{vmatrix} = 0$，故積分與路徑無關

(3) 又存在 Φ 使 $\nabla\Phi = \vec{F}$，即 $\begin{cases} \dfrac{\partial \Phi}{\partial x} = 2xy \rightarrow \Phi = x^2y \\ \dfrac{\partial \Phi}{\partial y} = x^2 \rightarrow \Phi = x^2y \end{cases}$

取聯集得 $\Phi = x^2y + c$

$\therefore \int_{(0,0)}^{(2,1)} 2xydx + x^2dy = (x^2y)\Big|_{(0,0)}^{(2,1)} = 4$

類題

證明 $\int_{(0,0)}^{(1,3)} 4x^3ydx + x^4dy$ 與 $(0,0)$、$(1,3)$ 之間的路徑無關，並求此積分。

答 由題目看出 $\vec{F} = 4x^3y\vec{i} + x^4\vec{j}$，$\nabla \times \vec{F} = \begin{vmatrix} \vec{i} & \vec{j} & \vec{k} \\ \dfrac{\partial}{\partial x} & \dfrac{\partial}{\partial y} & \dfrac{\partial}{\partial z} \\ 4x^3y & x^4 & 0 \end{vmatrix} = 0$

故存在 Φ 使 $\nabla\Phi = \vec{F}$，即 $\begin{cases} \dfrac{\partial \Phi}{\partial x} = 4x^3y \rightarrow \Phi = x^4y \\ \dfrac{\partial \Phi}{\partial y} = 4x^3 \rightarrow \Phi = x^4y \end{cases}$，取聯集得 $\Phi = x^4y + c$

$\therefore \int_{(0,0)}^{(1,3)} 4x^3ydx + x^4dy = \left[x^4y\right]_{(0,0)}^{(1,3)} = 3$

例題 6　基本題

求沿路徑 $2y = x$ 之線積分 $\int_{(0,0)}^{(2,1)} (2x - 2xy^3)dx - 3x^2y^2dy = ?$

解 (1) 此類問題不急著計算，應先判斷是否為與路徑無關之線積分。令

$$\vec{F} = (2x - 2xy^3)\vec{i} + (-3x^2y^2)\vec{j} \text{，則 } \nabla \times \vec{F} = \begin{vmatrix} \vec{i} & \vec{j} & \vec{k} \\ \dfrac{\partial}{\partial x} & \dfrac{\partial}{\partial y} & \dfrac{\partial}{\partial z} \\ 2x - 2xy^3 & -3x^2y^2 & 0 \end{vmatrix} = 0$$

(2) 故知此積分與路徑無關，因此存在 Φ 使 $\nabla\Phi = \vec{F}$，即

$$\begin{cases} \dfrac{\partial \Phi}{\partial x} = 2x - 2xy^3 \rightarrow \Phi = x^2 - x^2y^3 \\ \dfrac{\partial \Phi}{\partial y} = -3x^2y^2 \rightarrow \Phi = -x^2y^3 \end{cases} \text{，取聯集得 } \Phi = x^2 - x^2y^3 + c$$

$$\therefore \int_{(0,0)}^{(2,1)} (2x - 2xy^3)dx - 3x^2y^2dy = (x^2 - x^2y^3)\Big|_{(0,0)}^{(2,1)} = 0$$

類題

求沿著直線從點 $P(1, 1)$ 到點 $Q(3, 3)$ 之線積分 $\int_{(1,1)}^{(3,3)} (ydx + xdy) = ?$

答 $\vec{F} = y\vec{i} + x\vec{j}$，則 $\nabla \times \vec{F} = \begin{vmatrix} \vec{i} & \vec{j} & \vec{k} \\ \dfrac{\partial}{\partial x} & \dfrac{\partial}{\partial y} & \dfrac{\partial}{\partial z} \\ y & x & 0 \end{vmatrix} = 0$

存在 Φ 使 $\nabla\Phi = \vec{F}$，$\begin{cases} \dfrac{\partial \Phi}{\partial x} = y \rightarrow \Phi = xy \\ \dfrac{\partial \Phi}{\partial y} = x \rightarrow \Phi = xy \end{cases}$，取聯集得 $\Phi = xy + c$

$$\therefore \int_{(1,1)}^{(3,3)} (ydx + xdy) = (xy)\Big|_{(1,1)}^{(3,3)} = 9 - 1 = 8$$

例題 7 基本題

求線積分 $\int_C yz^2 dx + (xz^2 + ze^{yz})dy + (2xyz + ye^{yz})dz$，其中曲線 C 是
$\vec{r}(t) = t\vec{i} + t^2\vec{j} + t^3\vec{k}$，$0 \le t \le 1$。

解 (1) 令 $\vec{F} = yz^2\vec{i} + (xz^2 + ze^{yz})\vec{j} + (2xyz + ye^{yz})\vec{k}$，則

$$\nabla \times \vec{F} = \begin{vmatrix} \vec{i} & \vec{j} & \vec{k} \\ \dfrac{\partial}{\partial x} & \dfrac{\partial}{\partial y} & \dfrac{\partial}{\partial z} \\ yz^2 & xz^2 + ze^{yz} & 2xyz + ye^{yz} \end{vmatrix} = 0$$

(2) 故知此積分與路徑無關，即存在 Φ 使 $\nabla\Phi = \vec{F}$，即

$$\begin{cases} \dfrac{\partial \Phi}{\partial x} = yz^2 \to \Phi = xyz^2 \\ \dfrac{\partial \Phi}{\partial y} = xz^2 + ze^{yz} \to \Phi = xyz^2 + e^{yz} \\ \dfrac{\partial \Phi}{\partial z} = 2xyz + ye^{yz} \to \Phi = xyz^2 + e^{yz} \end{cases}$$

取聯集得 $\Phi = xyz^2 + e^{yz} + c$

$\therefore \int_C yz^2 dx + (xz^2 + ze^{yz})dy + (2xyz + ye^{yz})dz = \left[xyz^2 + e^{yz} \right]_{(0,0,0)}^{(1,1,1)}$

$= (1 + e) - (1) = e$

類題

求 $\int_C \vec{F} \cdot d\vec{r} = ?$ $\vec{F} = 2xyz\vec{i} + x^2z\vec{j} + x^2y\vec{k}$，$C$：$(0,0,0) \to (1,2,3)$ 之任意路線

答 由題意知與路徑無關，$\begin{cases} \dfrac{\partial \Phi}{\partial x} = 2xyz \to \Phi = x^2yz \\ \dfrac{\partial \Phi}{\partial y} = x^2z \to \Phi = x^2yz \\ \dfrac{\partial \Phi}{\partial z} = x^2y \to \Phi = x^2yz \end{cases}$，取聯集得 $\Phi = x^2yz + c$

故原式 $= \left[x^2yz \right]_{(0,0,0)}^{(1,2,3)} = 6$

解法總結

一、線積分與路徑無關：

　　1. 曲線為封閉：$\oint_c \vec{F} \cdot d\vec{r} = 0$。

　　2. 曲線為非封閉：求位勢 Φ，再代入端點。

二、線積分與路徑有關：

　　直接依線積分算法求之。

7-2　習題

1. 求 $\oint_c (x^5 + 3y)dx + (5x - e^{y^3})dy = ?$　$c: (x-1)^2 + (y-5)^2 = 4$

2. 請計算由點 $P(0, 0, 1)$ 到點 $Q(1, \frac{\pi}{4}, 2)$ 且依任意路徑之線積分

$$I = \int_C \left[2xyz^2 dx + (x^2 z^2 + z\cos yz)dy + (2x^2 yz + y\cos yz)dz \right] = ?$$

3. 求沿著直線之路徑，從點 $P(1, 1, 1)$ 到點 $Q(3, 3, 3)$ 之線積分

$$\int_{(1,1,1)}^{(3,3,3)} (yz\,dx + xz\,dy + xy\,dz) = ?$$

4. (1) $\vec{F} = (2xy + 3)\vec{i} + (x^2 - 4z)\vec{j} - 4y\vec{k}$ 為保守場嗎？

　 (2) 求 Φ 使得 $\nabla\Phi = \vec{F}$。

　 (3) 求 $\int_c \vec{F} \cdot d\vec{r} = ?$ c 為 $(3, -1, 2)$ 到 $(2, 1, -1)$ 的任意曲線。

5. 求 $\int_c \left[(x^2 + 6xy - 2y^2)dx + (3x^2 - 4xy + 2y)dy \right]$ 之值，c 為沿 $y = \tan x$ 從 $x = 0$ 到 $x = \frac{\pi}{4}$ 之路徑。

6. 力 $\vec{F} = [z, y, x]$ 由點 $P(1, 0, 0)$ 出發，沿著螺旋線 $\vec{r}(t) = \cos t\vec{i} + \sin t\vec{j} + 3t\vec{k}$ 施力至點 $Q(1, 0, 6\pi)$ 為止，總共做功多少？

　 (A) 0　(B) 6π　(C) $18\pi + 2$　(D) 7π

7-3　曲面積分

在探討**曲面**（surface）積分之前，首先要把曲面的表示式搞清楚。由前面之說明，知空間中任意曲線可以一個參數 t 表示為

$$c : \vec{r}(t) = x(t)\vec{i} + y(t)\vec{j} + z(t)\vec{k} \text{（單參數）}$$

因為曲線屬一維（一自由度），而曲面屬二維（二自由度），故要以參數式表示一曲面，就必須有「二」個參數 u、v，如下式：

$$\vec{r}(u,v) = x(u,v)\vec{i} + y(u,v)\vec{j} + z(u,v)\vec{k} \text{（雙參數）} \cdots\cdots(1)$$

例如一個底面半徑 a 的圓柱面與半徑為 a 的球面可分別表示如下：

$$\vec{r}(u,v) = a\cos u\,\vec{i} + a\sin u\,\vec{j} + v\vec{k} \text{（圓柱面）}$$

$$\vec{r}(\theta,\phi) = a\sin\phi\cos\theta\,\vec{i} + a\sin\phi\sin\theta\,\vec{j} + a\cos\phi\,\vec{k} \text{（球面）}$$

有了曲面的表示式後，接著我們要求出曲面上分割後之微小面積 dA 與 $\vec{r}(u,v)$ 之關係。

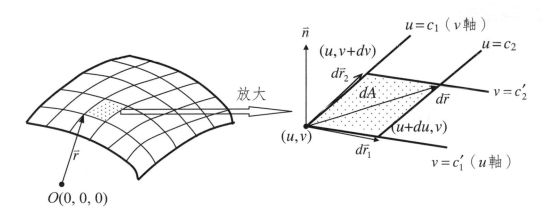

從 (1) 式中對 u、v 微分得 $d\vec{r} = \dfrac{\partial \vec{r}}{\partial u}du + \dfrac{\partial \vec{r}}{\partial v}dv = d\vec{r_1} + d\vec{r_2}$，如上圖所示，其中

$$d\vec{r_1} = \frac{\partial \vec{r}}{\partial u}du \text{，即與 } v = c_1' \text{ 相切之向量（即沿 } u \text{ 軸）}$$

$$d\vec{r_2} = \frac{\partial \vec{r}}{\partial v}dv \text{，即與 } u = c_1 \text{ 相切之向量（即沿 } v \text{ 軸）}$$

分割很細後，此時微小曲面面積 dA 相當於一個平面之「平行四邊形」面積，即

$$\underbrace{dA}_{\substack{曲面面積\\（面積分）}} = |d\vec{r}_1 \times d\vec{r}_2| = \left|\frac{\partial \vec{r}}{\partial u} du \times \frac{\partial \vec{r}}{\partial v} dv\right| = \underbrace{\left|\frac{\partial \vec{r}}{\partial u} \times \frac{\partial \vec{r}}{\partial v}\right|}_{Jacobian} \underbrace{dudv}_{\substack{坐標（參數）面積\\（重積分）}} \quad\text{……………}(2)$$

令 $\bar{n} = \dfrac{\dfrac{\partial \vec{r}}{\partial u} \times \dfrac{\partial \vec{r}}{\partial v}}{\left|\dfrac{\partial \vec{r}}{\partial u} \times \dfrac{\partial \vec{r}}{\partial v}\right|}$：表為「垂直 dA 的單位法向量」，則

$$\bar{n}dA = \frac{\partial \vec{r}}{\partial u} \times \frac{\partial \vec{r}}{\partial v} dudv \quad\text{（\textbf{曲面基本式}）} \quad\text{………………………}(3)$$

將 (3) 式取絕對值可得

$$dA = \left|\frac{\partial \vec{r}}{\partial u} \times \frac{\partial \vec{r}}{\partial v}\right| dudv \quad\text{（\textbf{純量型}）} \quad\text{……………………}(4)$$

(3) 與 (4) 式是計算曲面積分之基礎，亦即將曲面積分化為重積分也（在平面或是參數面），除了熟記外，最好還能明瞭其幾何意義，記起來才會輕鬆！

說明：有些書將 $\bar{n}dA$ 記為 $d\vec{A}$，同學需注意之。

根據面積分之形式，可將面積分區分為「純量型」與「向量型」二種類型：

1 純量型

$f(x, y, z)$ 為空間中任意純量函數，曲面 S 如右圖所示，則 $f(x, y, z)$ 在曲面 S 上之面積分為

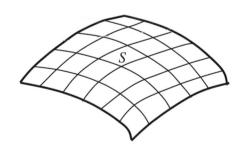

$$\iint_S f(x, y, z)dA \quad\text{…………………………}(5)$$

$\because dA = \left|\dfrac{\partial \vec{r}}{\partial u} \times \dfrac{\partial \vec{r}}{\partial v}\right| dudv$

$\therefore \displaystyle\iint_S f(x, y, z)dA = \iint_{S_{uv}} f[x(u,v), y(u,v), z(u,v)]\left|\frac{\partial \vec{r}}{\partial u} \times \frac{\partial \vec{r}}{\partial v}\right| dudv$

若 $f(x, y, z)$ 表示曲面 S 之「面密度」時，則 $\displaystyle\iint_S f(x, y, z)dA$ 之結果為 S 之「總質量」。

當 $f(x, y, z) = 1$ 時，(5) 式成為 $\displaystyle\iint_S 1dA$，其意義乃是：S 面之**表面面積**（surface area），屬工程數學上經常應用之公式，宜注意之。

2 向量型

$$\iint\limits_{S} \vec{F} \cdot \vec{n}\, dA \quad\text{……………………………………(6)}$$

(6)式之物理意義：$\vec{F}$ 從面內穿越 S 面往外流的**通量**（flux），如下圖所示。計算時，

若令 $\vec{F} = F_1\vec{i} + F_2\vec{j} + F_3\vec{k}$

$\qquad S：\vec{r}(u,v) = x(u,v)\vec{i} + y(u,v)\vec{j} + z(u,v)\vec{k}$

則 $\vec{n}\, dA = \dfrac{\partial \vec{r}}{\partial u} \times \dfrac{\partial \vec{r}}{\partial v}\, du\, dv$

$\qquad\quad \equiv (B_1\vec{i} + B_2\vec{j} + B_3\vec{k})du\, dv$

$\therefore \iint\limits_{S} \vec{F} \cdot \vec{n}\, dA = \iint\limits_{S_{uv}} (F_1 B_1 + F_2 B_2 + F_3 B_3)du\, dv$

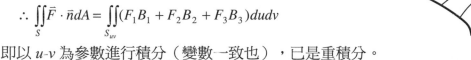

即以 $u\text{-}v$ 為參數進行積分（變數一致也），已是重積分。

說明：1. 此處曲面 S **可為封閉或非封閉**，計算時要看清題意。

2. **積分時** $f(x, y, z)$ **或** $\vec{F}\,(x, y, z)$ **都要聽曲面 S 的話！**

例題 1　**基本題**

求拋物線體：$z = x^2 + y^2$，$0 \le z < 1$ 之表面面積。

解 類似貼磁磚，計算要貼多少塊之磁磚！

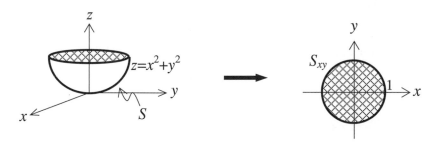

(1) 以 x、y 為雙參數，$\therefore S : \vec{r}(x, y) = x\vec{i} + y\vec{j} + (x^2 + y^2)\vec{k}$

(2) $\dfrac{\partial \vec{r}}{\partial x} = \vec{i} + 2x\vec{k},\ \dfrac{\partial \vec{r}}{\partial y} = \vec{j} + 2y\vec{k}$ ，$\therefore\ dA = \left| \dfrac{\partial \vec{r}}{\partial x} \times \dfrac{\partial \vec{r}}{\partial y} \right| dx\, dy = \sqrt{1 + 4x^2 + 4y^2}\, dx\, dy$

(3) $\iint\limits_{S}dA = \iint\limits_{S_{xy}}\sqrt{1+4x^2+4y^2}\,dxdy$ ，S_{xy}：S 投影在 x-y 平面之區域

則 $A = \iint\limits_{S_{xy}}\sqrt{1+4x^2+4y^2}\,dxdy = \int_0^{2\pi}\int_0^1\sqrt{1+4r^2}\,rdrd\theta$

$= 2\pi\left[\dfrac{1}{12}(1+4r^2)^{3/2}\right]_0^1 = \dfrac{\pi}{6}(5^{3/2}-1)$

類題

求曲面 $z=xy$ 在柱面 $x^2+y^2=1$ 之內的曲面面積。

答 由 $S:\vec{r}(x,y)=x\vec{i}+y\vec{j}+xy\vec{k}$ ， $\dfrac{\partial\vec{r}}{\partial x}=\vec{i}+y\vec{k},\ \dfrac{\partial\vec{r}}{\partial y}=\vec{j}+x\vec{k}$

$\dfrac{\partial\vec{r}}{\partial x}\times\dfrac{\partial\vec{r}}{\partial y}=-y\vec{i}-x\vec{j}+\vec{k}$ ， $dA=\left|\dfrac{\partial\vec{r}}{\partial x}\times\dfrac{\partial\vec{r}}{\partial y}\right|dxdy=\sqrt{1+x^2+y^2}\,dxdy$

$\therefore\ A=\iint\limits_{S}1\,dA=\iint\limits_{S_{xy}}\sqrt{1+x^2+y^2}\,dxdy$

$=\int_0^{2\pi}\int_0^1\sqrt{1+r^2}\,rdrd\theta$

$=2\pi\left[\dfrac{1}{3}(1+r^2)^{3/2}\right]_0^1=\dfrac{2\pi}{3}(2^{3/2}-1)$

積分區域

例題 2　基本題

若 $f(x,y,z)=x+y+z,\ S:z=x+y,\ 0\le y\le 1,\ 0\le x\le 1$ ，求 $\iint\limits_{S}f(x,y,z)dA=?$

解 選 x、y 當雙參數， $\therefore\ S:\vec{r}=x\vec{i}+y\vec{j}+(x+y)\vec{k}$

$\dfrac{\partial\vec{r}}{\partial x}=\vec{i}+\vec{k},\ \dfrac{\partial\vec{r}}{\partial y}=\vec{j}+\vec{k}$ ， $f(x,y,z)=x+y+(x+y)=2(x+y)$

$dA=\left|\dfrac{\partial\vec{r}}{\partial x}\times\dfrac{\partial\vec{r}}{\partial y}\right|dxdy=\sqrt{3}\,dxdy$

$\therefore\ \iint\limits_{S}f(x,y,z)dA=\iint\limits_{S^*}2(x+y)\cdot\sqrt{3}\,dxdy=\int_0^1\int_0^1 2\sqrt{3}(x+y)dydx=2\sqrt{3}$

類題

若 $f(x,y,z) = (1-x^2)y$，$S : \vec{r} = x\vec{i} + y\vec{j} + (1-y^2)\vec{k}$，$-1 \le x \le 1, 0 \le y \le 1$，

求 $\iint\limits_S f(x,y,z)dA = ?$

答 由 $S : \vec{r} = x\vec{i} + y\vec{j} + (1-y^2)\vec{k}$，$\dfrac{\partial \vec{r}}{\partial x} = \vec{i}$，$\dfrac{\partial \vec{r}}{\partial y} = \vec{j} - 2y\vec{k}$，$f = (1-x^2)y$

$dA = \left| \dfrac{\partial \vec{r}}{\partial x} \times \dfrac{\partial \vec{r}}{\partial y} \right| dxdy = \sqrt{1+4y^2}\,dxdy$

$\therefore \iint\limits_S f(x,y,z)dA = \int_0^1 \int_{-1}^1 (1-x^2)y \cdot \sqrt{1+y^2}\,dxdy = \dfrac{1}{9}(5^{3/2} - 1)$

例題 3　基本題

$\vec{F} = x\vec{i} + y^2\vec{k}$，$S$ 是 $x+y+z=1$ 在第一卦限之部分，如下圖所示，求 $\vec{F}$ 通過 S 上之通量？

解

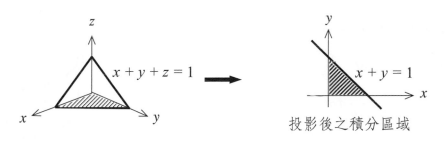

投影後之積分區域

(1) 選 x、y 為參數，$\therefore S : \vec{r} = x\vec{i} + y\vec{j} + (1-x-y)\vec{k}$

(2) $\dfrac{\partial \vec{r}}{\partial x} = \vec{i} - \vec{k}$，$\dfrac{\partial \vec{r}}{\partial y} = \vec{j} - \vec{k}$，$\vec{n}dA = \dfrac{\partial \vec{r}}{\partial x} \times \dfrac{\partial \vec{r}}{\partial y} dxdy = (\vec{i} + \vec{j} + \vec{k})dxdy$

$\vec{F} = x^2\vec{i} + 3y^2\vec{k}$，$\vec{F} \cdot \vec{n}dA = (x^2 + 3y^2)dxdy$

$\therefore \iint\limits_S \vec{F} \cdot \vec{n}dA = \iint\limits_{S_{xy}}(x+y^2)dxdy = \int_0^1 \int_0^{1-y}(x+y^2)dxdy$

$= \int_0^1 \left[\dfrac{1}{2}x^2 + xy^2 \right]_{x=0}^{x=1-y} dy = \int_0^1 (-y^3 + \dfrac{3}{2}y^2 - y + \dfrac{1}{2})dy$

$= \dfrac{1}{4}$

類題

$\vec{F} = e^y\vec{i} + e^x\vec{j} + 18y\vec{k}$，$S$ 是 $x + y + z = 6$ 在第一卦限之部分，求 $\vec{F}$ 通過 S 上之通量？

答 $S : \vec{r}(x, y) = x\vec{i} + y\vec{j} + (6 - x - y)\vec{k}$

$\dfrac{\partial \vec{r}}{\partial x} = \vec{i} - \vec{k}$, $\dfrac{\partial \vec{r}}{\partial y} = \vec{j} - \vec{k}$

$\vec{n}dA = \dfrac{\partial \vec{r}}{\partial x} \times \dfrac{\partial \vec{r}}{\partial y} dxdy = (\vec{i} + \vec{j} + \vec{k})dxdy$

$\therefore \iint\limits_{S} \vec{F} \cdot \vec{n}dA = \iint\limits_{S_{xy}} (e^y\vec{i} + e^x\vec{j} + 18y\vec{k}) \cdot (\vec{i} + \vec{j} + \vec{k})dxdy$

$\qquad\qquad = \int_0^6 \int_0^{6-x} (e^y + e^x + 18y)dydx = 2e^6 + 240$

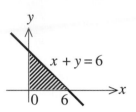

例題 4 基本題

求 $\vec{F} = y\vec{i} + \vec{j} + xz\vec{k}$ 通過曲面 $S : y = x^2$ ， $0 \le x \le 2$ ， $0 \le z \le 3$ 上之通量？

解 (1) 在 S 上，令 $\vec{r} = x\vec{i} + x^2\vec{j} + z\vec{k}$

(2) $\dfrac{\partial \vec{r}}{\partial x} = \vec{i} + 2x\vec{j}$, $\dfrac{\partial \vec{r}}{\partial z} = \vec{k}$, $\vec{F} = x^2\vec{i} + \vec{j} + xz\vec{k}$

$\vec{n}dA = \dfrac{\partial \vec{r}}{\partial x} \times \dfrac{\partial \vec{r}}{\partial z} dxdz = (2x\vec{i} - \vec{j})dxdz$

$\therefore \iint\limits_{S} \vec{F} \cdot \vec{n}dA = \int_0^3 \int_0^2 (2x^3 - 1)dxdz = 18$

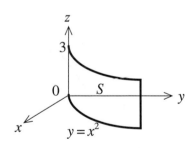

類題

求 $\vec{F} = yz\vec{i} - \vec{j} + \vec{k}$ 通過曲面 S：$z = \sqrt{x^2 + y^2}$, $x^2 + y^2 < 1$ 之通量？

答 在 S 上，令 $\vec{r} = x\vec{i} + y\vec{j} + \sqrt{x^2 + y^2}\,\vec{k}$

$\dfrac{\partial \vec{r}}{\partial x} = \vec{i} + \dfrac{x}{\sqrt{x^2 + y^2}}\vec{k}$, $\dfrac{\partial \vec{r}}{\partial y} = \vec{j} + \dfrac{y}{\sqrt{x^2 + y^2}}\vec{k}$, $\vec{F} = y\sqrt{x^2 + y^2}\,\vec{i} - \vec{j} + \vec{k}$

$\vec{n}dA = \dfrac{\partial \vec{r}}{\partial x} \times \dfrac{\partial \vec{r}}{\partial y}\,dxdy = (-\dfrac{x}{\sqrt{x^2 + y^2}}\vec{i} - \dfrac{y}{\sqrt{x^2 + y^2}}\vec{j} + \vec{k})dxdy$

$\therefore \iint\limits_{S}\vec{F} \cdot \vec{n}dA = \iint\limits_{S_{xy}}(-xy + \dfrac{y}{\sqrt{x^2 + y^2}} + 1)dxdy$

$\qquad = \int_0^{2\pi}\int_0^1 (-r^2\sin\theta\cos\theta + \sin\theta + 1)rdrd\theta = \pi$

　　在計算曲面積分時，主要使用一種方法：雙參數法即可，基本上就是化為重積分，且 $f(x, y, z)$、$\vec{F}$ 必須聽曲面的話。相信同學看完本節之說明後已無任何計算面積分之疑問，四兩撥千金即可輕鬆應付！

7-3 習題

1. 求 $\iint\limits_{S} f(x, y, z)dA = ?$ $f(x, y, z) = x + 1$, $S: \vec{r} = \cos u\vec{i} + \sin u\vec{j} + v\vec{k}$
   $0 \leq u \leq 2\pi$, $0 \leq v \leq 3$

2. 求 $\iint\limits_{S} f(x, y, z)dA = ?$ $f(x, y, z) = 3x^3 \sin y$, $S: \vec{r} = u\vec{i} + v\vec{j} + u^3\vec{k}$, $0 \leq u \leq 1$, $0 \leq v \leq \pi$

3. 求 $\iint\limits_{S} \dfrac{xy}{z} dA = ?$ 其中 $S: z = x^2 + y^2$, $4 \leq x^2 + y^2 \leq 9$, $x \geq 0$, $y \geq 0$

4. 求 $\iint\limits_{S}\vec{F} \cdot \vec{n}dA = ?$ $\vec{F} = xyz\vec{i} - \vec{j} + 2\vec{k}$，$S: z = \sqrt{x^2 + y^2}$，$x^2 + y^2 < 1$

5. 求 $\iint\limits_{S}\vec{F} \cdot \vec{n}dA = ?$ $\vec{F} = y\vec{i} - x\vec{j} + z^2\vec{k}$, $S: \vec{r} = u\cos v\vec{i} + u\sin v\vec{j} + v\vec{k}$, $0 \leq u \leq 1$, $0 \leq v \leq \dfrac{\pi}{2}$

6. 求 $\iint\limits_{S}\vec{F} \cdot \vec{n}dA = ?$ $\vec{F} = \vec{i} + \vec{j} + z^2\vec{k}$, $S: z = \sqrt{x^2 + y^2}$, $0 \leq z < 4$

7-4 史托克定理

瞭解了曲面積分的計算後，「史托克定理」是面積分與線積分的另一座橋樑，且格林定理也是史托克定理的特例。

定理 **史托克定理（Stokes's theorem）**

設 S 是空間上分區光滑的曲面，其邊界為封閉

曲線 c，$\vec{F}$ 為向量函數，則

$$\iint_S (\nabla \times \vec{F}) \cdot \vec{n}\, dA = \oint_c \vec{F} \cdot d\vec{r} \quad\dots\dots\dots\dots(1)$$

其中：$\vec{n}$ 有朝上（即 $+\vec{k}$）的分量時，取 c 為逆時針。

$\vec{n}$ 有朝下（即 $-\vec{k}$）的分量時，取 c 為順時針。

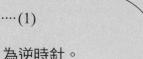

例題 1 **說明題**

請說明史托克定理與格林定理之關聯性。

解 令 $\vec{F} = f(x, y)\vec{i} + g(x, y)\vec{j}$，$S$：平面，$\vec{n} = \vec{k}$，由史托克定理：

$$\iint_S (\nabla \times \vec{F}) \cdot \vec{n}\, dA = \iint_S (\frac{\partial g}{\partial x} - \frac{\partial f}{\partial y})\vec{k} \cdot \vec{k}\, dxdy$$

$$= \iint_S (\frac{\partial g}{\partial x} - \frac{\partial f}{\partial y})dxdy$$

$$\oint_c \vec{F} \cdot d\vec{r} = \oint_c (f\vec{i} + g\vec{j}) \cdot (dx\vec{i} + dy\vec{j}) = \oint_c (fdx + gdy)$$

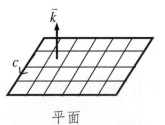

平面

得 $\iint_S (\frac{\partial g}{\partial x} - \frac{\partial f}{\partial y})dxdy = \oint_c fdx + gdy$

上式即為格林定理，故知格林定理是史托克定理之特例。

例題 2 基本題

驗證史托克定理：$\iint\limits_S (\nabla \times \vec{F}) \cdot \vec{n} dA = \oint_C \vec{F} \cdot d\vec{r}$（見下圖）

其中 $\vec{F} = y\vec{i} - z\vec{j} + 3x\vec{k}$；曲面 $S : z = 4 - (x^2 + y^2),\ z > 0$

解 由 $\iint\limits_S (\nabla \times \vec{F}) \cdot \vec{n} dA = \oint_C \vec{F} \cdot d\vec{r}$

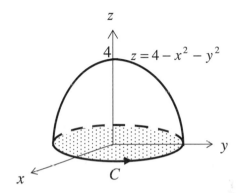

左：$\nabla \times \vec{F} = \begin{vmatrix} \vec{i} & \vec{j} & \vec{k} \\ \dfrac{\partial}{\partial x} & \dfrac{\partial}{\partial y} & \dfrac{\partial}{\partial z} \\ y & -z & 3x \end{vmatrix} = \vec{i} - 3\vec{j} - \vec{k}$

S：$\vec{r}(x,y) = x\vec{i} + y\vec{j} + \left[4 - (x^2 + y^2) \right] \vec{k}$

$\therefore \vec{n} dA = \dfrac{\partial \vec{r}}{\partial x} \times \dfrac{\partial \vec{r}}{\partial y} dxdy = (2x\vec{i} + 2y\vec{j} + \vec{k})dxdy$

$\therefore \iint\limits_S (\nabla \times \vec{F}) \cdot \vec{n} dA = \iint\limits_{S_{xy}} (\vec{i} - 3\vec{j} - \vec{k}) \cdot (2x\vec{i} + 2y\vec{j} + \vec{k})dxdy$

$= \iint\limits_{S_{xy}} (2x - 6y - 1)dxdy = \int_0^{2\pi} \int_0^2 (2r\cos\theta - 6r\sin\theta - 1)rdrd\theta = -4\pi$

右：曲線 C 即 $x^2 + y^2 = 4$，故令 $\begin{cases} x = 2\cos\theta \\ y = 2\sin\theta \end{cases}$

C：$\vec{r}(\theta) = 2\cos\theta\vec{i} + 2\sin\theta\vec{j}$，$d\vec{r} = (-2\sin\theta\vec{i} + 2\cos\theta\vec{j})d\theta$

$\therefore \oint_C \vec{F} \cdot d\vec{r} = \int_0^{2\pi} (2\sin\theta\vec{i} + 6\cos\theta\vec{k}) \cdot (-2\sin\theta\vec{i} + 2\cos\theta\vec{j})d\theta$

$= \int_0^{2\pi} (-4\sin^2\theta)d\theta = -4\pi$ （故得證）

類題

驗證史托克定理：$\iint\limits_S (\nabla \times \vec{F}) \cdot \vec{n} dA = \oint_C \vec{F} \cdot d\vec{r}$（見下圖）

其中 $\vec{F} = 3y\vec{i} - xz\vec{j} + yz^2\vec{k}$；曲面 $S : z = x^2 + y^2,\ z < 1$

答 由 $\iint\limits_S (\nabla \times \vec{F}) \cdot \vec{n} dA = \oint_C \vec{F} \cdot d\vec{r}$

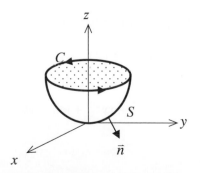

左：$\nabla \times \vec{F} = \begin{vmatrix} \vec{i} & \vec{j} & \vec{k} \\ \dfrac{\partial}{\partial x} & \dfrac{\partial}{\partial y} & \dfrac{\partial}{\partial z} \\ 3y & -xz & yz^2 \end{vmatrix}$

$= (x + z^2)\vec{i} - (z + 3)\vec{k}$

$$S：\vec{r}(x, y) = x\vec{i} + y\vec{j} + (x^2 + y^2)\vec{k}$$

$$\therefore \vec{n}dA = \frac{\partial \vec{r}}{\partial x} \times \frac{\partial \vec{r}}{\partial y} dxdy = (-2x\vec{i} - 2y\vec{j} + \vec{k})dxdy$$

此時 $\vec{n}dA$ 的符號，依據圖形要自動乘 -1（由 $\vec{k}$ 之正負看出）

$$\therefore \iint_S (\nabla \times \vec{F}) \cdot \vec{n}dA = \iint_{S_{xy}} \left[(x + z^2)\vec{i} - (z + 3)\vec{k}\right] \cdot (2x\vec{i} + 2y\vec{j} - \vec{k})dxdy$$

$$= \iint_{S_{xy}} \left[2x(x + z^2) + (z + 3)\right]dxdy$$

$$= \iint_{S_{xy}} \left[2x(x + x^4 + 2x^2 y^2 + y^4) + (x^2 + y^2 + 3)\right]dxdy$$

$$= \int_0^{2\pi} \int_0^1 \left[2r\cos\theta(r\cos\theta + r^4) + (r^2 + 3)\right]rdrd\theta$$

$$= \int_0^{2\pi} \left[\frac{1}{2}\cos^2\theta + \frac{2}{7}\cos\theta + \frac{7}{4}\right]d\theta = 4\pi$$

右：曲線 C 即 $x^2 + y^2 = 1,\ z = 1$，故令 $\begin{cases} x = \cos\theta \\ y = \sin\theta \end{cases}$

$$C：\vec{r}(\theta) = \cos\theta\vec{i} + \sin\theta\vec{j} + \vec{k}，\ d\vec{r} = (-\sin\theta\vec{i} + \cos\theta\vec{j})d\theta$$

依右手定則，C 需取順時針

$$\therefore \oint_C \vec{F} \cdot d\vec{r} = \int_{2\pi}^0 (3\sin\theta\vec{i} - \cos\theta\vec{j} + \sin\theta\vec{k}) \cdot (-\sin\theta\vec{i} + \cos\theta\vec{j})d\theta$$

$$= \int_{2\pi}^0 (-3\sin^2\theta - \cos^2\theta)d\theta = 4\pi \quad （故得證）$$

7-4　習題

1. 求 $\iint_S (\nabla \times \vec{F}) \cdot \vec{n}dA = ?$ 其中 $\vec{F} = e^{2z}\vec{i} + e^z \sin y\vec{j} + e^z \cos y\vec{k}$

   $S：0 \le x \le 2, 0 \le y \le 1, z = y^2$

2. 求 $\iint_S (\nabla \times \vec{F}) \cdot \vec{n}dA = ?$ 其中 $\vec{F} = y\vec{i}$，$S：x^2 + y^2 + z^2 = 1,\ z > 0$

   應用史托克定理，求 3 ～ 5 題之 $\oint_c \vec{F} \cdot d\vec{r}$。

3. $\vec{F} = (x + y)\vec{i} + (2x - z)\vec{j} + y\vec{k}$，$c$ 是頂點為 $(2, 0, 0)$、$(0, 3, 0)$、$(0, 0, 6)$ 的三角形邊界。

4. $\vec{F} = \sin z\vec{i} - \cos x\vec{j} + \sin y\vec{k}$，$c：0 \le x \le \pi,\ 0 \le y \le 1,\ z = 3$

5. $\vec{F} = z^2 e^{x^2}\vec{i} + xy^2\vec{j} + \tan^{-1}y\vec{k}$，$c：x^2 + y^2 = 9,\ z = 0$

7-5 體積分

同二維（或稱二重）積分之定義，我們也可以「照貓畫虎」來定義**體積分**（或稱**三重積分**）如下：

定義 **體積分**

設 $f(x, y, z)$ 為純量函數，且在空間中「體積 V」之各點均有意義且連續，若將 V 分割為 n 個小體積 ΔV_k, $k = 1, 2, \cdots, n$，如右圖所示，則

$$\iiint_V f(x, y, z)dV = \lim_{n \to \infty} \sum_{k=1}^{n} f(x_k, y_k, z_k)\Delta V_k \cdots\cdots\cdots(1)$$

稱為 $f(x, y, z)$ 在 V 上之體積分。

因為 $dV = dxdydz$，因此「體積分在計算上可直接積分三次，故又稱為三重積分（triple integral）」。

▓‖‖ 物理意義：若 $f(x, y, z)$ 表示密度函數，則體積分結果乃此物體之質量。

為積分方便，此處將常用之極坐標擴充為**圓柱坐標**（cylindrical coordinate）（或稱三維坐標），另外再介紹常用之**球坐標**（spherical coordinate）：

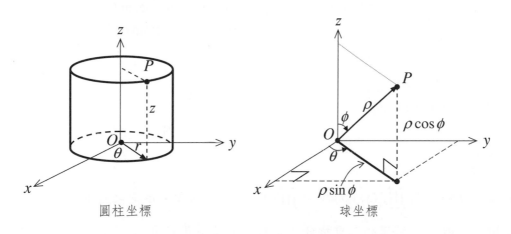

圓柱坐標　　　　　球坐標

以上二圖之坐標與直角坐標比較，可得其各變數間之轉換關係。

一、圓柱坐標：

$$\begin{cases} x = r\cos\theta \\ y = r\sin\theta \\ z = z \end{cases}, \quad x^2 + y^2 = r^2, \quad 其\ Jacobian\ 為$$

$$Jacobian = \begin{vmatrix} \dfrac{\partial x}{\partial r} & \dfrac{\partial x}{\partial \theta} & \dfrac{\partial x}{\partial z} \\ \dfrac{\partial y}{\partial r} & \dfrac{\partial y}{\partial \theta} & \dfrac{\partial y}{\partial z} \\ \dfrac{\partial z}{\partial r} & \dfrac{\partial z}{\partial \theta} & \dfrac{\partial z}{\partial z} \end{vmatrix} = \begin{vmatrix} \cos\theta & -r\sin\theta & 0 \\ \sin\theta & r\cos\theta & 0 \\ 0 & 0 & 1 \end{vmatrix} = r \quad \sim 記！$$

即 $dV = r\,dr\,d\theta\,dz$ ～結果應牢記！

二、球坐標 (ρ, θ, ϕ)：

幾何關係得 $\begin{cases} x = \rho\sin\phi\cos\theta \\ y = \rho\sin\phi\sin\theta \\ z = \rho\cos\phi \end{cases}, \quad x^2 + y^2 + z^2 = \rho^2$

其中 ϕ：與緯度意義相似（$0 \le \phi \le \pi$，$\overline{OP}$ 與正向 z 軸之夾角）

$\phi = 0 \sim$ 北極，$\phi = \dfrac{\pi}{2} \sim$ 赤道，$\phi = \pi \sim$ 南極

θ：經度（$0 \le \theta \le 2\pi$），同極坐標

$$Jacobian = \begin{vmatrix} \dfrac{\partial x}{\partial \rho} & \dfrac{\partial x}{\partial \theta} & \dfrac{\partial x}{\partial \phi} \\ \dfrac{\partial y}{\partial \rho} & \dfrac{\partial y}{\partial \theta} & \dfrac{\partial y}{\partial \phi} \\ \dfrac{\partial z}{\partial \rho} & \dfrac{\partial z}{\partial \theta} & \dfrac{\partial z}{\partial \phi} \end{vmatrix} = \begin{vmatrix} \sin\phi\cos\theta & -\rho\sin\phi\sin\theta & \rho\cos\phi\cos\theta \\ \sin\phi\sin\theta & \rho\sin\phi\cos\theta & \rho\cos\phi\sin\theta \\ \cos\phi & 0 & -\rho\sin\phi \end{vmatrix}$$

$$= \rho^2\sin\phi$$

即 $dV = \rho^2\sin\phi\,d\rho\,d\phi\,d\theta$ ～結果應牢記！

觀念說明

1. 當 $f(x, y, z) = 1$，則 $\iiint\limits_V f(x, y, z)\,dV = \iiint\limits_V 1\,dV = V$，結果即表示 V 之體積。

2. 逐次積分之觀念仍適用於三重積分（常數部分要最後積分）。

3. 圓柱坐標 (r, θ, z) 使用時機：當遇到積分函數含 $(x^2 + y^2)$ 或積分區域為圓柱體、積分區域的投影為圓形時用之。

4. 球坐標使用時機：遇到積分函數含 $(x^2 + y^2 + z^2)$ 或積分區域為球體、球體之部分時用之。

例題 1 基本題

求 $\iiint\limits_V xy^2z^3\,dxdydz = ?$ $V = \{(x,y,z)\,|\,0<x<2,\ 0<y<1,\ 0<z<1\}$

解 $\iiint\limits_V xy^2z^3\,dxdydz = \int_0^1\int_0^1\int_0^1 xy^2z^3\,dxdydz$

$= \left(\int_0^2 xdx\right)\left(\int_0^1 y^2dy\right)\left(\int_0^1 z^3dz\right) = 2\cdot\frac{1}{3}\cdot\frac{1}{4} = \frac{1}{6}$

類題

求 $\iiint\limits_V yz^3\cos(xyz)\,dxdydz = ?$ $V = \{(x,y,z)\,|\,0<x<1,\ 0<y<1,\ 0<z<1\}$

答 $\iiint\limits_V yz^3\cos(xyz)\,dxdydz = \int_0^1\int_0^1 \left[z^2\sin(xyz)\right]_{x=0}^{x=1}dydz$

$= \int_0^1\int_0^1 z^2\sin(yz)\,dydz = \int_0^1\left[-z\cos(yz)\right]_{y=0}^{y=1}dz$

$= \int_0^1 (z - z\cos z)\,dz = \left[\frac{1}{2}z^2 - z\sin z - \cos z\right]_0^1$

$= \frac{3}{2} - \sin 1 - \cos 1$

例題 2 基本題

求 $\int_0^1\int_0^{4z}\int_{y-z}^{y+z} x\,dxdydz = ?$

解 $\int_0^1\int_0^{4z}\int_{y-z}^{y+z} x\,dxdydz = \int_0^1\int_0^{4z}\left[\frac{x^2}{2}\right]_{x=y-z}^{x=y+z}dydz = \int_0^1\int_0^{4z} 2yz\,dydz$

$= \int_0^1\left[y^2z\right]_{y=0}^{y=4z}dz = \int_0^1 16z^3dz = \left[4z^4\right]_0^1 = 4$

類題

求 $\int_0^1 \int_0^{\sqrt{4-x^2}} \int_{2x-y}^{2x+y} z\,dz\,dy\,dx = ?$

答 $\int_0^1 \int_0^{\sqrt{4-x^2}} \int_{2x-y}^{2x+y} z\,dz\,dy\,dx = \int_0^1 \int_0^{\sqrt{4-x^2}} \left[\frac{1}{2}z^2\right]_{z=2x-y}^{z=2x+y} dy\,dx$

$\qquad\qquad = \int_0^1 \int_0^{\sqrt{4-x^2}} 4xy\,dy\,dx = \int_0^1 \left[2xy^2\right]_{y=0}^{y=\sqrt{4-x^2}} dx$

$\qquad\qquad = \int_0^1 2x(4-x^2)dx = \left[4x^2 - \frac{1}{2}x^4\right]_0^1 = \frac{7}{2}$

例題 3 　**基本題**

求拋物體 $z = x^2 + y^2$ 在 $0 \le z \le 4$ 之區域內之體積？

解 先從 z 積分！由平面 $z = 0 \xrightarrow{\text{積到}}$ 曲面 $z = x^2 + y^2$

當 $z = 0$、$z = 4$，曲面 $z = x^2 + y^2$ 投影在 x-y 平面時（$z = 0$）之區域為

$0 \le x^2 + y^2 \le 4$

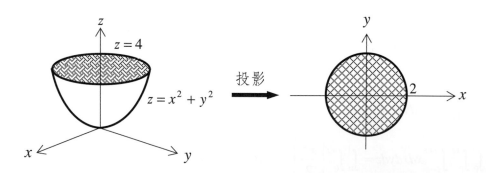

$\therefore \; V = \iint\int_{z=x^2+y^2}^{z=4} dz\,dx\,dy = \iint (4 - x^2 - y^2)dx\,dy = \int_0^{2\pi} \int_0^2 (4 - r^2)r\,dr\,d\theta$

$\qquad = \int_0^{2\pi} \left[2r^2 - \frac{1}{4}r^4\right]_{r=0}^{r=2} d\theta = \int_0^{2\pi} 4\,d\theta = 8\pi$

類題

求拋物體 $z = 10 - 3x^2 - 3y^2$ 與 $z = 4$ 所包圍區域內之體積？

答 所求之體積形狀如下：

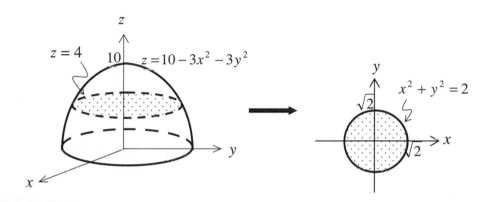

先從 z 積分，$z = 4$ 代入 $z = 10 - 3x^2 - 3y^2$ 得 $x^2 + y^2 = 2$

$$\therefore \ V = \iint \int_{z=4}^{z=10-3x^2-3y^2} dz\,dx\,dy \ = \iint (6 - 3x^2 - 3y^2)\,dx\,dy$$

$$= \int_0^{2\pi} \int_0^{\sqrt{2}} (6 - 3r^2) \cdot r\,dr\,d\theta = \int_0^{2\pi} \left[3r^2 - \frac{3}{4}r^4 \right]_{r=0}^{r=\sqrt{2}} d\theta = \int_0^{2\pi} 3\,d\theta = 6\pi$$

例題 4 **基本題**

求半徑為 a 之球體之體積？

解 $V = \iiint\limits_{x^2+y^2+z^2 \le a^2} 1\,dx\,dy\,dz = \int_0^{2\pi} \int_0^{\pi} \int_0^1 \rho^2 \sin\phi\,d\rho\,d\phi\,d\theta = \left(\int_0^{\pi} \sin\phi\,d\phi \right) \left(\int_0^{2\pi} d\theta \right) \left(\int_0^a \rho^2\,d\rho \right)$

$= 2 \cdot 2\pi \cdot \dfrac{a^3}{3} = \dfrac{4}{3}\pi a^3$

類題

求橢球體 $E = \left\{ (x, y, z) \middle| x^2 + 2y^2 + 3z^2 \le 1 \right\}$ 之體積？

答 先化為球！令 $\begin{cases} x = u \\ y = \dfrac{v}{\sqrt{2}} \\ z = \dfrac{w}{\sqrt{3}} \end{cases}$ ，則 $J = \begin{vmatrix} \dfrac{\partial x}{\partial u} & \dfrac{\partial x}{\partial v} & \dfrac{\partial x}{\partial w} \\ \dfrac{\partial y}{\partial u} & \dfrac{\partial y}{\partial v} & \dfrac{\partial y}{\partial w} \\ \dfrac{\partial z}{\partial u} & \dfrac{\partial z}{\partial v} & \dfrac{\partial z}{\partial w} \end{vmatrix} = \begin{vmatrix} 1 & 0 & 0 \\ 0 & \dfrac{1}{\sqrt{2}} & 0 \\ 0 & 0 & \dfrac{1}{\sqrt{3}} \end{vmatrix} = \dfrac{1}{\sqrt{6}}$

$\therefore dxdydz = \dfrac{1}{\sqrt{6}} dudvdw$

故 $V = \iiint\limits_{V} 1\, dxdydz = \iiint\limits_{u^2 + v^2 + w^2 \le 1} \dfrac{1}{\sqrt{6}} dudvdw = \dfrac{1}{\sqrt{6}} \int_0^{2\pi} \int_0^{\pi} \int_0^1 \rho^2 \sin\phi\, d\rho\, d\phi\, d\theta = \dfrac{2\sqrt{6}}{9}\pi$

速解法：橢球體之體積公式為 $\dfrac{4\pi}{3} abc = \dfrac{4\pi}{3} \cdot 1 \cdot \dfrac{1}{\sqrt{2}} \cdot \dfrac{1}{\sqrt{3}} = \dfrac{2\sqrt{6}}{9}\pi$

例題 5 **基本題**

求 $\displaystyle\int_{-\infty}^{\infty} \int_{-\infty}^{\infty} \int_{-\infty}^{\infty} e^{-(x^2 + y^2 + z^2)}\, dxdydz = ?$

解 積分函數含 $(x^2 + y^2 + z^2)$ 可以用球坐標！

方法 1　利用球坐標，則

$$\text{原式} = \int_0^{2\pi} \int_0^{\pi} \int_0^{\infty} e^{-\rho^2} \rho^2 \sin\phi\, d\rho\, d\phi\, d\theta$$

$$= \int_0^{2\pi} \int_0^{\pi} \left[-\frac{\rho}{2} e^{-\rho^2} \Big|_0^{\infty} + \frac{1}{2} \int_0^{\infty} e^{-\rho^2}\, d\rho \right] \sin\phi\, d\phi\, d\theta$$

$$= \int_0^{2\pi} \int_0^{\pi} \frac{\sqrt{\pi}}{4} \sin\phi\, d\phi\, d\theta = \frac{\sqrt{\pi}}{4} \cdot 2 \cdot 2\pi = \pi^{3/2}$$

方法 2　$\text{原式} = \displaystyle\int_{-\infty}^{\infty} e^{-x^2}\, dx \cdot \int_{-\infty}^{\infty} e^{-y^2}\, dy \cdot \int_{-\infty}^{\infty} e^{-z^2}\, dz = (\sqrt{\pi})^3 = \pi^{3/2}$

類題

$V = \left\{ (x, y, z) \middle| x^2 + y^2 + z^2 \leq 4 \right\}$，求 $\iiint\limits_{V} \dfrac{1}{x^2 + y^2 + z^2} dV = ?$

答 積分函數含 $(x^2 + y^2 + z^2)$ 可以用球坐標！

$$原式 = \iiint\limits_{V} \frac{1}{\rho^2} dV = \int_0^{2\pi} \int_0^{\pi} \int_0^2 \frac{1}{\rho^2} \rho^2 \sin\phi \, d\rho \, d\phi \, d\theta$$

$$= \int_0^{2\pi} \int_0^{\pi} [\rho]_0^2 \sin\phi \, d\phi \, d\theta = \int_0^{2\pi} \int_0^{\pi} 2\sin\phi \, d\phi \, d\theta$$

$$= 2\int_0^{2\pi} d\theta \cdot \int_0^{\pi} \sin\phi \, d\phi = 2 \cdot 2\pi \cdot 2 = 8\pi \ 。$$

▇‖‖ 心得：1. 線積分設法化為一維積分。

　　　　2. 平面積分直接就是重積分。

　　　　3. 曲面積分設法化為重積分。

　　　　4. 體積分直接就是三重積分。

7-5　習題

1. $\int_{\frac{\pi}{3}}^{\pi} \int_{\cos y}^{1} \int_0^{xy} \cos\dfrac{z}{x} dz dx dy = ?$

2. $\int_0^{\pi} \int_1^3 \int_0^1 (r^3 \sin\theta \cos\theta) z^2 \, dz \, dr \, d\theta = ?$

3. 設 $V = \left\{ (x, y, z) \middle| 0 \leq z \leq 1 - x - y, \ 0 \leq y \leq 1 - x, \ 0 \leq x \leq 1 \right\}$，求 V 之體積。

4. 由 $x = 0, \ y = 0, \ z = 0$ 與 $3x + 2y + 6z = 6$ 所圍成之區域體積為

　　(A) $\int_0^2 \int_0^{3-\frac{3}{2}x} \int_0^{1-\frac{x}{2}-\frac{y}{3}} dz dy dx$　　(B) $\int_0^2 \int_0^{6-3x} \int_0^{1-\frac{x}{2}-\frac{y}{3}} dz dy dx$

　　(C) $\int_0^2 \int_0^{3-\frac{3}{2}x} \int_0^{6-3x-2y} dz dy dx$　　(D) $\int_0^2 \int_0^{6-3x} \int_0^{6-3x-2y} dz dy dx$　　(E) 以上皆非

5. 求在第一卦限內，位於圓柱 $x^2 + y^2 = 1$ 與平面 $3x + 2y + 6z = 6$ 之間所包圍之體積。

6. $V = \left\{ (x, y, z) \middle| x^2 + y^2 + z^2 \leq 1 \right\}$，求 $\iiint\limits_{V} \dfrac{1}{\sqrt{x^2 + y^2 + z^2}} dV = ?$

7-6 高斯定理

在本節我們主要說明封閉面積分與體積分之間的橋樑：「高斯定理」，然後再研討體積分如何化為面積分來計算。

定理 **高斯定理（Gauss theorem）**

設空間中一封閉曲面 S 所包圍在內之體積為 V，

且 $\vec{F}$ 為一在 V 上連續之向量函數，則

$$\iiint_V \nabla \cdot \vec{F} dV = \oiint_S \vec{F} \cdot \vec{n} dA \cdots\cdots\cdots\cdots\cdots\cdots (1)$$

其中 $\vec{n}$ 為曲面 S 上朝外的單位法向量（unit normal）。

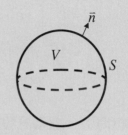

▓ 注意：利用高斯定理將體積分化為面積分時，計算曲面需為「封閉」面！

高斯定理在流體力學、電磁學方面的應用極廣，而比較其幾何意義，我們可推知高斯定理與格林定理必有關聯，即格林定理是高斯定理在 x-y 平面上之特例。接著來研討應用高斯定理，將封閉面積分化成體積分計算之方法！

例題 1 **基本題**

向量場 $\vec{F}(x, y, z) = (2x + ye^z)\vec{i} + (x - ye^z)\vec{j} + (e^z + 3z - xy)\vec{k}$ 流出 S 之通量（flux）= ？
其中 $S : x^2 + y^2 + z^2 = 9$

解 因為 $S : x^2 + y^2 + z^2 = 9$ 是封閉面，利用高斯定理較方便！

$\nabla \cdot \vec{F} = 2 - e^z + e^z + 3 = 5$

利用高斯定理，得

$$\oiint_S \vec{F} \cdot \vec{n} dA = \iiint_V \nabla \cdot \vec{F} dV = \iiint_V 5 dV$$

$$= 5 \cdot \frac{4}{3} \pi (3)^3$$

$$= 180\pi$$

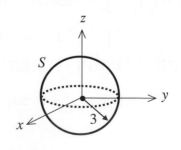

類題

向量場 $\vec{F}(x,y,z) = \left[x + y + \sin(z^2)\right]\vec{i} + (y + e^{x^2})\vec{j} + \left[z + \ln(x^2 + y^2 + 1)\right]\vec{k}$ 流出 S 之通量 $=$ ？

其中 $S : x^2 + y^2 + z^2 = 1$

答 因為 $S : x^2 + y^2 + z^2 = 1$ 是封閉面，利用高斯定理

$$\iiint\limits_V \nabla \cdot \vec{F} dV = \oiint\limits_S \vec{F} \cdot \vec{n} dA \text{ 較方便！}$$

$\nabla \cdot \vec{F} = 1 + 1 + 1 = 3$

$$\therefore \oiint\limits_S \vec{F} \cdot \vec{n} dA = \iiint\limits_V \nabla \cdot \vec{F} dV = \iiint\limits_V 3 dx dy dz$$

$$= 3 \cdot \frac{4}{3}\pi (1)^3 = 4\pi$$

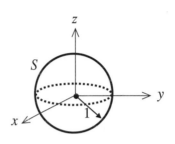

例題 2　基本題

求 $\oiint\limits_S \vec{F} \cdot \vec{n} dA = $ ？其中 $\vec{F} = x\vec{i} + y\vec{j} + z\vec{k}$，$S : x^2 + y^2 = a^2$，$0 \le z \le b$

解 依據題意知 S 為封閉曲面

$\nabla \cdot \vec{F} = 1 + 1 + 1 = 3$，故

$$\oiint\limits_S \vec{F} \cdot \vec{n} dA = \iiint\limits_V \nabla \cdot \vec{F} dV = \iiint\limits_V 3 dV$$

$$= 3 \cdot \pi a^2 b = 3\pi a^2 b$$

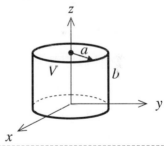

類題

求 $\oiint\limits_S \vec{F} \cdot \vec{n} dA = $ ？其中 $\vec{F} = 6x\vec{i} - 4y\vec{j} + \vec{k}$，$S : x^2 + y^2 = 4$，$0 \le z \le 3$

答 依據題意知 S 為封閉曲面

$\nabla \cdot \vec{F} = 6 - 4 + 0 = 2$，故

$$\oiint\limits_S \vec{F} \cdot \vec{n} dA = \iiint\limits_V \nabla \cdot \vec{F} dV = \iiint\limits_V 2 dV$$

$$= 2 \cdot \pi \cdot 2^2 \cdot 3 = 24\pi$$

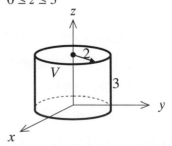

7-6 習題

1. 求 $\oiint_S \vec{F} \cdot \vec{n} dA = ?$ 其中 $\vec{F} = \left[xy, y^2z, z^3 \right]$ ，$S : 0 \le x \le 1, \ 0 \le y \le 1, \ 0 \le z \le 1$

2. 求 $\oiint_S \vec{F} \cdot \vec{n} dA = ?$ $\vec{F} = 10y\vec{j} + z^3\vec{k}$，$S : 0 \le x \le 6, \ 0 \le y \le 1, \ 0 \le z \le y$

3. 求 $\oiint_S \vec{F} \cdot \vec{n} dA = ?$ $\vec{F} = x^3\vec{i} + y^3\vec{j} + 3z(2 - x^2 - y^2)\vec{k}$，$S : 9x^2 + y^2 + 9z^2 = 9$

4. 求 $\oiint_S \vec{F} \cdot \vec{n} dA = ?$ $\vec{F} = \sin(2x)\vec{i} - 4y\cos^2 x\vec{j} + z\vec{k}$，$S : x^2 + y^2 + z^2 = 4$

5. 求 $\oiint_S \vec{F} \cdot \vec{n} dA = ?$ $\vec{F} = x\vec{i} + y\vec{j} + z\vec{k}$，$S : x^2 + y^2 = 9, \ 0 \le z \le 3$

6. 求 $\oiint_S \vec{F} \cdot \vec{n} dA = ?$ $S : x^2 + y^2 = 9, \ 0 \le z \le 5$，$\vec{F} = x\vec{i} + y\vec{j} + (z^2 - 1)\vec{k}$

7. 求 $\oiint_S \vec{F} \cdot \vec{n} dA = ?$ 其中 $\vec{F} = \left[x - y, y - z, z - x \right]$，$S : x^2 + y^2 + z^2 = 1$

8. 求 $\oiint_S \vec{F} \cdot \vec{n} dA = ?$ $\vec{F} = (x + z)\vec{i} + (y + z)\vec{j} + (x + y)\vec{k}$，$S : x^2 + y^2 + z^2 = 4$

總整理

本章之心得：

1. 線積分之計算要訣為 $\Rightarrow$ 化為同一變數才可積分。

2. (1) 重積分之計算要領需熟悉。

   (2) 格林定理之形式與限制條件要記住。

3. 要學會判斷與路徑無關之線積分。

4. (1) 曲面積分之計算要訣 $\Rightarrow$ 化為雙參數積分（即重積分）。

   (2) 記住微小面積元素互換之純量型與向量型基本式。

5. (1) 史托克定理與計算步驟要記住，且知格林定理為史托克定理之特例。

   (2) 格林定理：x-y 平面面積分 $\Leftrightarrow$ 封閉線積分

   　史托克定理：曲面面積分 $\Leftrightarrow$ 封閉線積分

   　高斯定理：體積分 $\Leftrightarrow$ 封閉面積分

6. 體積分就是三重積分。

7. (1) 高斯定理要記住，且格林定理為高斯定理之特例。

   (2) 應用高斯定理時，應確認曲面是否封閉。

CHAPTER

08

傅立葉分析

■ 本章大綱 ■

學習目標

1. 瞭解週期函數、奇偶函數之外形與傅立葉級數之計算，與應用迪里雷特條件計算傅立葉級數之副產品～求級數和
2. 熟悉傅立葉半幅展開式之公式由來
3. 瞭解傅立葉複數級數之公式與計算口訣
4. 熟悉傅立葉積分之推導與計算
5. 瞭解傅立葉變換之推導與計算
6. 瞭解傅立葉有二個主要功能：解 P.D.E.、訊號分析

　　法國大數學家傅立葉（Fourier，1768 ～ 1830）發明了傅立葉級數，對科學與工程界產生了很大的影響。不管函數是週期性或非週期性、連續性或不連續性，皆可應用，單是可以處理具不連續性之函數，泰勒級數就瞠乎其後了。在音樂、訊號處理、光學、近代物理、海洋波浪等皆有應用。

　　傅立葉分析共有三部分，各有其特性：

1. 傅立葉級數：處理具週期性之函數。
2. 傅立葉積分：處理不具週期性之函數。
3. 傅立葉變換：時域與頻域的互換。

8-1 傅立葉級數

　　在說明傅立葉級數之前，先介紹以下之預備知識：

一、週期函數：

　　若一函數 $f(x)$ 滿足下式：

$$f(x+T) = f(x)，T > 0 \text{ 對所有之 } x \cdots\cdots\cdots\cdots\cdots\cdots\cdots\cdots(1)$$

則稱 $f(x)$ 為：週期 T 之**週期函數**（periodic function）。

　　由 (1) 式我們知道：$f(x + 2T) = f[(x+T)+T] = f(x+T) = f(x)$

所以有

$$f(x + nT) = f(x), \quad n \in N \cdots\cdots\cdots\cdots\cdots\cdots\cdots\cdots\cdots\cdots\cdots(2)$$

故 $2T$、$3T$……也是 $f(x)$ 之週期，而 T 為「最小週期（基本週期）」也。

二、函數外形之三種分類：

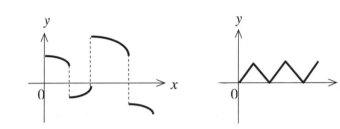
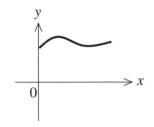

	分段連續	連續但不可微	可微分
可否積分	可	可	可
可否微分	不可	不可	可

三、偶函數與奇函數：

(1) 若函數 $g(x)$ 滿足：$g(x) = g(-x)$，對所有之 x，

則稱 $g(x)$ 為**偶函數**（even function）。

(2) 若函數 $h(x)$ 滿足：$h(x) = -h(-x)$，對所有之 x，

則稱 $h(x)$ 為**奇函數**（odd function）。

現將偶函數 $g(x)$ 與奇函數 $h(x)$ 以圖示之如下：

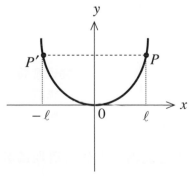

偶函數（對稱於 y 軸）

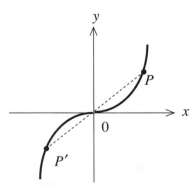

奇函數（對稱於原點）

依照偶函數與奇函數的定義，它們具有如下之積分性質：

(1) 若 $g(x)$ 是偶函數，則 $\int_{-\ell}^{\ell} g(x)dx = 2\int_0^{\ell} g(x)dx$

(2) 若 $h(x)$ 是奇函數，則 $\int_{-\ell}^{\ell} h(x)dx = 0$

有了這些基本概念後，我們便可探討傅立葉級數了。我們先聯想：若有一函數 $f(x)$ 之週期為 $2p$，則 $f(x)$ 是否可表成 $\sin\dfrac{n\pi x}{p}$、$\cos\dfrac{n\pi x}{p}$（因為這些函數之週期皆為 $2p$！）的級數和，如下式：

$$f(x) = a_0 + \sum_{n=1}^{\infty} a_n \cos\frac{n\pi x}{p} + b_n \sin\frac{n\pi x}{p} \quad\cdots\cdots\cdots\cdots\cdots(3)$$

其中係數 a_0、a_n、b_n 可由 $f(x)$ 的某些運算（即積分運算）而求得？答案是肯定的！(3) 式即稱為傅立葉級數，其係數表示如下：

$$a_0 = \frac{1}{2p}\int_{-p}^{p} f(x)dx$$

$$a_n = \frac{1}{p}\int_{-p}^{p} f(x)\cos\frac{n\pi x}{p}dx \ , \ n = 1, 2, 3, \cdots$$

$$b_n = \frac{1}{p}\int_{-p}^{p} f(x)\sin\frac{n\pi x}{p}dx \ , \ n = 1, 2, 3, \cdots \quad\cdots\cdots\cdots\cdots\cdots(4)$$

觀念說明

1. 函數 $f(x)$ 展開成傅立葉級數：$f(x) = a_0 + \sum_{n=1}^{\infty} a_n \cos\dfrac{n\pi x}{p} + b_n \sin\dfrac{n\pi x}{p}$

   其各項之意義如下：

   a_0 表 $f(x)$ 在其一週期 $2p$ 內之平均值

   a_n 為餘弦波 $\cos\dfrac{n\pi x}{p}$ 之振幅，b_n 為正弦波 $\sin\dfrac{n\pi x}{p}$ 之振幅

   整理如下：

Fourier 級數	數學意義	物理意義
a_n、b_n	係數	振幅
n	項數	頻率

當 $n \uparrow^{大}$，則有 $(a_n, b_n) \downarrow_{小}$，故傅立葉級數之真正意義為：「任意週期函數 = 振幅由大到小、頻率由低頻到高頻之三角函數組合」。

本節之傅立葉級數主要用於訊號分析！

2. 此處將函數分為三類：

(1)「可微分」函數。

(2)「連續但不可微分」之函數。

(3)「分段連續」之函數。

此三類函數皆可以展開為傅立葉級數。

3. $\cos n\pi = (-1)^n$ ，$n \in N$

4. 若 $f(x)$ 為奇函數，則 $a_0 = a_n = 0$；若 $f(x)$ 為偶函數，則 $b_n = 0$。

例題 1　基本題

設 $f(x) = \begin{cases} -k, & -\pi < x < 0 \\ k, & 0 < x < \pi \end{cases}$ ，$f(x) = f(x + 2\pi)$，求 $f(x)$ 之傅立葉級數？

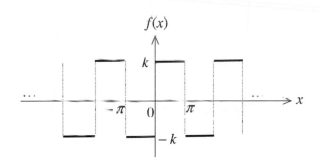

解 (1) $f(x)$ 之週期 $= 2p = 2\pi$ ，$\therefore$ $p = \pi$，由圖形知 $f(x)$ 為奇函數，

因此 $a_0 = a_n = 0$，又看出 $f(x)$ 為分段連續。

(2) 因此 $f(x) = \sum_{n=1}^{\infty} b_n \sin nx$

$$b_n = \frac{1}{\pi} \int_{-\pi}^{\pi} f(x) \sin nx\, dx = \frac{2}{\pi} \int_0^{\pi} k \sin nx\, dx = \frac{2}{\pi} \left[\frac{k \cos nx}{n} \right]_0^{\pi} = \frac{2k}{n\pi}(1 - \cos n\pi)$$

$$= \frac{2k}{n\pi} \left[1 - (-1)^n \right]$$

(3) $\therefore f(x) = \sum_{n=1}^{\infty} \dfrac{2k}{n\pi}\left[1-(-1)^n\right]\sin nx = \dfrac{4k}{\pi}\left(\sin x + \dfrac{1}{3}\sin 3x + \dfrac{1}{5}\sin 5x + \cdots\right)$

本題圖示如下：

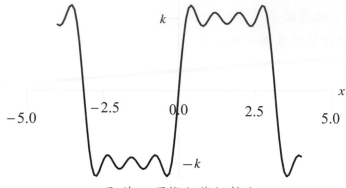

取前四項傅立葉級數和

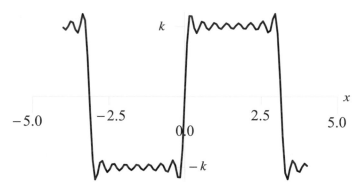

取前八項之傅立葉級數和

類題

求 $f(x) = x$, $-\pi \le x \le \pi$, $f(x) = f(x+2\pi)$ 之傅立葉級數？

 答

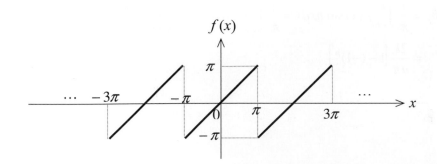

週期 $= 2p = 2\pi$ ， $\therefore \ p = \pi$ ，奇函數，令 $f(x) = \sum_{n=1}^{\infty} b_n \sin nx$

$b_n = \dfrac{1}{\pi} \int_{-\pi}^{\pi} f(x) \sin nx \, dx = \dfrac{2}{\pi} \int_{0}^{\pi} x \sin nx \, dx = \dfrac{2}{\pi} \left[-\dfrac{x}{n} \cos nx + \dfrac{1}{n^2} \sin nx \right]_{0}^{\pi} = \dfrac{2(-1)^{n+1}}{n}$

$\therefore \ f(x) = \sum_{n=1}^{\infty} \dfrac{2(-1)^{n+1}}{n} \sin nx = 2 \left(\sin x - \dfrac{1}{2} \sin x + \dfrac{1}{3} \sin 3x - \dfrac{1}{4} \sin 4x + \cdots \right)$ ■

例題 2　基本題

設 $f(x) = \begin{cases} 0, & -2 < x < -1 \\ k, & -1 < x < 1 \\ 0, & 1 < x < 2 \end{cases}$ ，　$f(x) = f(x+4)$ ，求 $f(x)$ 之傅立葉級數？

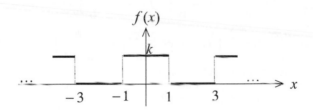

解 (1) $f(x)$ 之週期 $= 2p = 4$ ， $\therefore \ p = 2$ ， $f(x)$ 為偶函數， $b_n = 0$

(2) $\therefore \ f(x) = a_0 + \sum_{n=1}^{\infty} a_n \cos \dfrac{n\pi x}{2}$ ， $a_0 = \dfrac{1}{4} \int_{-2}^{2} f(x) \, dx = \dfrac{1}{4} \int_{-1}^{1} k \, dx = \dfrac{k}{2}$

$a_n = \dfrac{1}{2} \int_{-2}^{2} f(x) \cos \dfrac{n\pi x}{2} \, dx = \dfrac{1}{2} \int_{-1}^{1} k \cos \dfrac{n\pi x}{2} \, dx = \dfrac{2k}{n\pi} \sin \dfrac{n\pi}{2}$

(3) 故得 $f(x) = \dfrac{k}{2} + \dfrac{2k}{\pi} \left(\cos \dfrac{\pi}{2} x - \dfrac{1}{3} \cos \dfrac{3\pi}{2} x + \dfrac{1}{5} \cos \dfrac{5\pi}{2} x - \cdots \right)$

類題

求 $f(x) = 1 - |x|$，$|x| \le 3$，$f(x) = f(x+6)$ 之傅立葉級數？

答

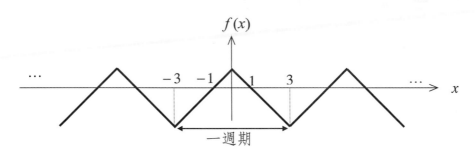

一週期

$f(x)$ 之週期 $= 2p = 6$，$\therefore p = 3$，且為偶函數，$b_n = 0$

$\therefore f(x) = a_0 + \sum_{n=1}^{\infty} a_n \cos\frac{n\pi x}{3}$，$a_0 = \frac{1}{6}\int_{-3}^{3} f(x)dx = \frac{2}{6}\int_0^3 (1-x)dx = -\frac{1}{2}$

$a_n = \frac{1}{3}\int_{-3}^{3} f(x)\cos\frac{n\pi x}{3}dx = \frac{2}{3}\int_0^3 (1-x)\cos\frac{n\pi x}{3}dx = \frac{6}{n^2\pi^2}\left[1-(-1)^n\right]$

故得 $f(x) = -\frac{1}{2} + \frac{6}{\pi^2}\sum_{n=1}^{\infty} \frac{1-(-1)^n}{n^2}\cos\frac{n\pi x}{3}$

■‖ 心得：$f(x)$ 之傅立葉級數，其係數與 $f(x)$ 之外形有關，結果如下：

$\begin{cases} \text{分段連續} \propto n^{-1} \\ \text{連續但不可微} \propto n^{-2} \\ \text{可微分} \propto n^{-3} \end{cases}$

例題 3 基本題

將 $f(x) = x^2$ 在區間 $(0, 2\pi)$ 以傅立葉級數展開，設其週期為 2π。

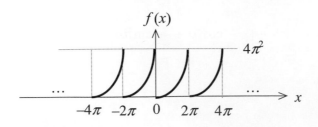

解 (1) $f(x)$ 之週期 $= 2p = 2\pi, \therefore p = \pi$，為非奇非偶、分段連續。

區間為 $(0, 2p)$，積分區間取為 $(0, 2\pi)$ 即可。

(2) $\therefore f(x) = a_0 + \sum_{n=1}^{\infty} a_n \cos nx + b_n \sin nx$

$$a_0 = \frac{1}{2\pi} \int_0^{2\pi} x^2 dx = \frac{4\pi^2}{3}$$

$$a_n = \frac{1}{\pi} \int_0^{2\pi} x^2 \cos nx dx = \frac{4}{n^2}$$

$$b_n = \frac{1}{\pi} \int_0^{2\pi} x^2 \sin nx dx = -\frac{4\pi}{n}$$

(3) 故得 $f(x) = \frac{4\pi^2}{3} + \sum_{n=1}^{\infty} \left(\frac{4}{n^2} \cos nx - \frac{4\pi}{n} \sin nx \right)$

類題

求 $f(x) = x,\ 0 < x \leq 2\pi$，$f(x) = f(x + 2\pi)$ 之傅立葉級數？

答

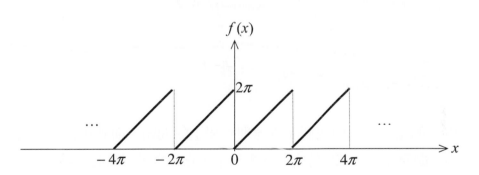

$f(x)$ 之週期 $= 2p = 2\pi$，$\therefore p = \pi$

$\therefore f(x) = a_0 + \sum_{n=1}^{\infty} a_n \cos nx + b_n \sin nx$

$a_0 = \frac{1}{2\pi} \int_0^{2\pi} x dx = \pi$

$a_n = \frac{1}{\pi} \int_0^{2\pi} x \cos nx dx = \frac{1}{\pi} \left[\frac{x}{n} \sin nx + \frac{1}{n^2} \cos nx \right]_0^{2\pi} = 0$

$b_n = \frac{1}{\pi} \int_0^{2\pi} x \sin nx dx = \frac{1}{\pi} \left[-\frac{x}{n} \cos nx + \frac{1}{n^2} \sin nx \right]_0^{2\pi} = -\frac{2}{n}$

故 $f(x) = \pi + \sum_{n=1}^{\infty} \left(-\frac{2}{n} \sin nx \right)$

在前面只說明週期為 $2p$ 的函數可以展開成傅立葉級數，但未說明級數之收斂結果，讀者可藉由下列的「狄里雷特定理」即知道其結果。

定理　狄里雷特定理（Dirichlet theorem）

假設週期為 $2p$ 的週期函數 $f(x)$ 具有下列二條件：

1. $f(x)$ 在區間 $(-p, p)$ 為有界（bounded）。

2. $f(x)$ 在區間 $(-p, p)$ 中，斷點之數目為有限個。

則 $f(x)$ 可以展開成傅立葉級數，且級數收斂值為：

1. 若 x 為連續點，則級數和 $= f(x)$（即為函數值）。

2. 若 x 為不連續點，則級數和 $= \dfrac{1}{2}\left[f(x^+) + f(x^-)\right]$。

此定理又稱為「狄里雷特條件」。如下圖所示：

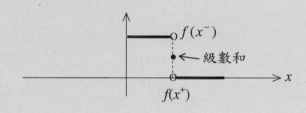

有了以上的定理，已使我們能夠處理科學上的問題。而利用狄里雷特定理可以得到重要的「**副產品——某些特定的級數和**」，它經常是考試的重點。

例題 4 基本題

設 $f(x) = \begin{cases} -k, & -\pi < x < 0 \\ k, & 0 < x < \pi \end{cases}$ ， $f(x) = f(x + 2\pi)$ ，求 $f(x)$ 之傅立葉級數與由此衍生之級數和？

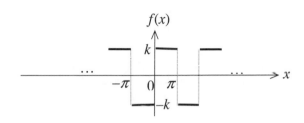

解 (1) 先算得 $f(x) = \dfrac{4k}{\pi}\left(\sin x + \dfrac{1}{3}\sin 3x + \dfrac{1}{5}\sin 5x + \cdots\right)$

(2) 令 $x = 0$ （為斷點）代入得 $\dfrac{4k}{\pi}\left(\sin 0 + \dfrac{1}{3}\sin 0 + \dfrac{1}{5}\sin 0 + \cdots\right) = 0$

收斂到

(3) 令 $x = \dfrac{\pi}{2}$ （為連續點）代入得 $\dfrac{4k}{\pi}\left(1 - \dfrac{1}{3} + \dfrac{1}{5} - \cdots\right) = k$

收斂到

整理得 $1 - \dfrac{1}{3} + \dfrac{1}{5} - \cdots = \dfrac{\pi}{4}$

此級數即為有名的**萊不尼茲級數**（Leibnitz series）！

例題 **5**　**基本題**

設 $f(x) = \dfrac{x^2}{4}$, $-\pi < x < \pi$, $f(x + 2\pi) = f(x)$，求 $f(x)$ 之傅立葉級數，並求由此衍生之級數和？

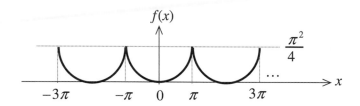

解 (1) $f(x)$ 之週期 $= 2p = 2\pi$，$\therefore p = \pi$，且為偶函數，屬於連續但不可微分。

(2) $f(x) = a_0 + \displaystyle\sum_{n=1}^{\infty} a_n \cos nx$，$a_0 = \dfrac{1}{2\pi}\displaystyle\int_{-\pi}^{\pi} \dfrac{x^2}{4}\,dx = \dfrac{\pi^2}{12}$

$a_n = \dfrac{1}{\pi}\displaystyle\int_{-\pi}^{\pi}\dfrac{x^2}{4}\cos nx\,dx = \dfrac{(-1)^n}{n^2}$，故 $f(x) = \dfrac{\pi}{12} - \cos x + \dfrac{1}{4}\cos 2x - \dfrac{1}{9}\cos 3x + \cdots$

(3) 當 $x = 0$（連續點）時，$f(x) = 0$，故其傅立葉級數和也要為 0，即

$$0 = \dfrac{\pi^2}{12} - 1 + \dfrac{1}{4} - \dfrac{1}{9} + \dfrac{1}{16} - \cdots \ \Rightarrow\ 1 - \dfrac{1}{4} + \dfrac{1}{9} - \dfrac{1}{16} + \cdots = \dfrac{\pi^2}{12} \quad\cdots\cdots\cdots\cdots(a)$$

(4) 當 $x = \pi$（連續點）時，$f(x) = \dfrac{\pi^2}{4}$，故其傅立葉級數和也必須是 $\dfrac{\pi^2}{4}$，

$$\therefore \dfrac{\pi^2}{4} = \dfrac{\pi^2}{12} + 1 + \dfrac{1}{4} + \dfrac{1}{9} + \dfrac{1}{16} + \cdots \ \Rightarrow\ 1 + \dfrac{1}{4} + \dfrac{1}{9} + \cdots = \dfrac{\pi^2}{6} \quad\cdots\cdots\cdots\cdots(b)$$

~ 有名，記！

將 (a)、(b) 二式相加得：

$$1 + \dfrac{1}{9} + \dfrac{1}{25} + \cdots = \dfrac{\pi^2}{8} \quad\cdots\cdots\cdots\cdots\cdots\cdots\cdots\cdots\cdots\cdots\cdots(c)$$

將 (a)、(b) 二式相減得：

$$\dfrac{1}{4} + \dfrac{1}{16} + \dfrac{1}{36} + \cdots = \dfrac{\pi^2}{24} \quad\cdots\cdots\cdots\cdots\cdots\cdots\cdots\cdots\cdots\cdots(d)$$

8-1 習題

1. 求 $f(x) = \begin{cases} 0, & -\pi < x < 0 \\ \pi, & 0 < x < \pi \end{cases}$，$f(x) = f(x+2\pi)$ 之傅立葉級數？

2. 求 $f(x) = \begin{cases} -\pi, & -\pi < x < 0 \\ \pi, & 0 < x < \pi \end{cases}$，$f(x) = f(x+2\pi)$ 之傅立葉級數？

3. 求 $f(x) = \begin{cases} x^2, & -\dfrac{\pi}{2} < x < \dfrac{\pi}{2} \\ \dfrac{\pi^2}{4}, & \dfrac{\pi}{2} < x < \dfrac{3\pi}{2} \end{cases}$，$f(x) = f(x+2\pi)$ 之傅立葉級數？

4. 求 $f(x) = \begin{cases} x, & -\dfrac{\pi}{2} < x < \dfrac{\pi}{2} \\ \pi - x, & \dfrac{\pi}{2} < x < \dfrac{3\pi}{2} \end{cases}$，$f(x) = f(x+2\pi)$，$f(x) = f(x+2\pi)$ 之傅立葉級數？

5. 求 $f(x) = \begin{cases} x-\pi, & 0 < x < \pi \\ -\pi, & \pi < x < 2\pi \end{cases}$，$f(x) = f(x+2\pi)$ 之傅立葉級數？

6. 已知 $f(x)$ 是週期為 2 的函數，在 $-1 < x < 1$ 的區間定義為 $f(x) = \begin{cases} 0, & -1 < x < 0 \\ x, & 0 \le x < 1 \end{cases}$。求 $f(x)$ 的傅立葉級數？

7. 求 $f(x) = |x|$，$-L < x < L$，$f(x) = f(x+2L)$ 之傅立葉級數？

8. (1) 求 $f(x) = \begin{cases} 1, & -\dfrac{\pi}{2} < x < \dfrac{\pi}{2} \\ 0, & \dfrac{\pi}{2} < x < \dfrac{3\pi}{2} \end{cases}$，$f(x) = f(x+2\pi)$ 之傅立葉級數？

   (2) 應用 (1)，證明 $1 - \dfrac{1}{3} + \dfrac{1}{5} - \dfrac{1}{7} + \cdots = \dfrac{\pi}{4}$

9. (1) 求 $f(x) = |x|$，$-\pi < x < \pi$，$f(x+2\pi) = f(x)$ 之傅立葉級數？

   (2) 應用 (1)，證明 $1 + \dfrac{1}{9} + \dfrac{1}{25} + \dfrac{1}{49} + \cdots = \dfrac{\pi^2}{8}$

10. (1) 求 $f(x) = \begin{cases} \pi x + x^2, & -\pi < x < 0 \\ \pi x - x^2, & 0 < x < \pi \end{cases}$，$f(x) = f(x+2\pi)$ 之傅立葉級數？

    (2) 應用 (1)，證明 $1 - \dfrac{1}{3^3} + \dfrac{1}{5^3} - \dfrac{1}{7^3} + \cdots = \dfrac{\pi^3}{32}$

8-2 半幅展開式

在工程與物理的實際問題中，函數 $f(x)$ 有時都只定義於區間 $(0, 1)$ 內（如右圖所示），因此若要將 $f(x)$ 展開成傅立葉級數，就必須「變通」，基本上有三種方法可以選擇：

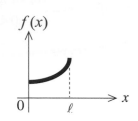

1. **將 $f(x)$ 擴充為偶函數**：即先令 $f(x)$ 為偶函數，且定義於 $-\ell \leq x \leq \ell$，再以 $-\ell \leq x \leq \ell$ 為一週期往左右蔓延，此方法稱為 $f(x)$ 之**傅立葉餘弦展開式**（Fourier cosine expansion）或**傅立葉餘弦級數**（Fourier cosine series），如下圖所示：

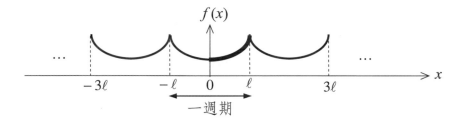

當 $f(x)$ 為偶函數，且週期 $2\ell = 2p$，得 $p = \ell$，所以

$$f(x) = a_0 + \sum_{n=1}^{\infty} a_n \cos \frac{n\pi x}{\ell} \quad , \quad 0 \leq x \leq \ell \cdots\cdots(1)$$

$$a_0 = \frac{1}{2\ell} \int_{-\ell}^{\ell} f(x)dx = \frac{1}{\ell} \int_0^{\ell} f(x)dx \cdots\cdots(2)$$

$$a_n = \frac{1}{\ell} \int_{-\ell}^{\ell} f(x) \cos \frac{n\pi x}{\ell} dx = \frac{2}{\ell} \int_0^{\ell} f(x) \cos \frac{n\pi x}{\ell} dx \cdots\cdots(3)$$

2. **將 $f(x)$ 擴充為奇函數**：即先令 $f(x)$ 為奇函數，且定義於 $-\ell \leq x \leq \ell$，再以 $-\ell \leq x \leq \ell$ 為一週期往左右蔓延，此方法稱為 $f(x)$ 之**傅立葉正弦展開式**（Fourier sine expansion）或**傅立葉正弦級數**（Fourier sine series），如下圖所示：

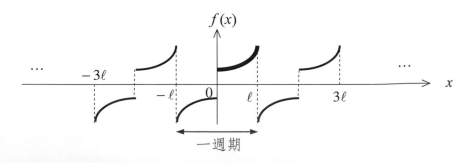

此時 $f(x)$ 為奇函數，且週期為 $2\ell = 2p$，得 $p = \ell$，故

$$f(x) = \sum_{n=1}^{\infty} b_n \sin \frac{n\pi x}{\ell} \quad , \quad 0 \le x \le \ell \quad\text{……………………………}(4)$$

$$b_n = \frac{1}{\ell} \int_{-\ell}^{\ell} f(x) \sin \frac{n\pi x}{\ell} dx = \frac{2}{\ell} \int_0^{\ell} f(x) \sin \frac{n\pi x}{\ell} dx\text{………………………}(5)$$

3.　**全幅展開式**：直接以 $f(x)$ 之定義區間 $0 \le x \le \ell$ 為一週期往左右蔓延，如下圖所示：

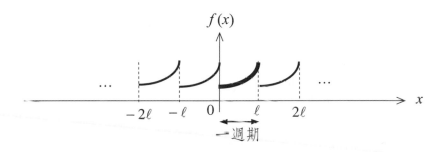

此時 $f(x)$ 為非奇非偶函數，且週期為 $\ell = 2p$，得 $p = \dfrac{\ell}{2}$，故

$$f(x) = a_0 + \sum_{n=1}^{\infty} a_n \cos \frac{n\pi x}{\ell/2} + b_n \sin \frac{n\pi x}{\ell/2} \quad , \quad 0 \le x \le \ell$$

$$a_0 = \frac{1}{\ell} \int_0^{\ell} f(x)dx \quad ; \quad a_n = \frac{1}{\ell/2} \int_0^{\ell} f(x) \cos \frac{n\pi x}{\ell/2} dx \quad ; \quad b_n = \frac{1}{\ell/2} \int_0^{\ell} f(x) \sin \frac{n\pi x}{\ell/2} dx$$

　　因為就傅立葉半幅正弦或餘弦展開式而言，乃將 $f(x)$ 於 $0 \le x \le \ell$（此區間即其定義域）先擴充至 $-\ell \le x \le \ell$ 後，再蔓延成週期函數，而得其展開週期為 2ℓ（觀察其圖形即知此事實），但 $f(x)$ 實際的「定義域」只為「展開週期」的一半，故以上二種展開方法皆稱為 $f(x)$ 的「**半幅展開式**（half-range expansion）」。要注意的是：不管是餘弦展開式或正弦展開式，$f(x)$ 之「有效區間」皆為 $0 \le x \le \ell$，主要用於求解直角坐標下之 P.D.E.（依據其邊界條件決定採用餘弦展開式或正弦展開式）。而第三種展開方法即稱為**全幅展開式**（full-range expansion），多用於求解極坐標下之 P.D.E.。

▓∭ 結論：任意一定義於 $0 \le x \le \ell$ 之函數 $f(x)$，皆可應實際需要將其擴充成奇函數或偶函數，以利於展開成傅立葉半幅展開式。即本節之傅立葉半幅展開式主要應用於解 P.D.E。

例題 1 基本題

將 $f(x) = \ell - x$ 於區間 $(0, \ell)$ 內展開成傅立葉半幅餘弦與正弦展開式。

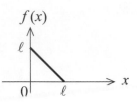

解 (1) 將 $f(x)$ 視為偶函數以化成餘弦展開式

$$f(x) = a_0 + \sum_{n=1}^{\infty} a_n \cos \frac{n\pi x}{\ell}, \quad 0 \le x \le \ell$$

$$a_0 = \frac{1}{2\ell} \int_{-\ell}^{\ell} f(x)dx = \frac{1}{\ell} \int_0^\ell (\ell - x)dx = \frac{\ell}{2}$$

$$a_n = \frac{1}{\ell} \int_{-\ell}^{\ell} f(x) \cos \frac{n\pi x}{\ell} dx = \frac{2}{\ell} \int_0^\ell (\ell - x) \cos \frac{n\pi x}{\ell} dx = \frac{2\ell}{n^2 \pi^2} \left[1 - (-1)^n \right]$$

$$\therefore \ f(x) = \frac{\ell}{2} + \sum_{n=1}^{\infty} \frac{2\ell}{n^2 \pi^2} \left[1 - (-1)^n \right] \cos \frac{n\pi x}{\ell} \quad , \quad 0 \le x \le \ell$$

如下圖所示：

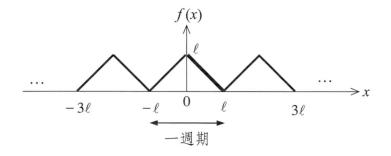

一週期

(2) 將 $f(x)$ 視為奇函數化成正弦展開式 $f(x) = \sum_{n=1}^{\infty} b_n \sin \frac{n\pi x}{\ell}$, $0 \le x \le \ell$

$$b_n = \frac{1}{\ell} \int_{-\ell}^{\ell} f(x) \sin \frac{n\pi x}{\ell} dx = \frac{2}{\ell} \int_0^\ell (\ell - x) \sin \frac{n\pi x}{\ell} dx = \frac{2\ell}{n\pi}$$

$$\therefore \ f(x) = \sum_{n=1}^{\infty} \frac{2\ell}{n\pi} \sin \frac{n\pi x}{\ell} \quad , \quad 0 \le x \le \ell$$

如下圖所示：

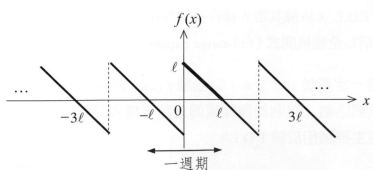

一週期

類題

將 $f(x) = x$，$0 \le x \le 2$ 於區間 $(0, 2)$ 內展開成傅立葉半幅餘弦與正弦展開式。

答 (1) 將 $f(x)$ 視為偶函數以化成餘弦展開式

$$f(x) = a_0 + \sum_{n=1}^{\infty} a_n \cos \frac{n\pi x}{2}, \quad 0 \le x \le 2$$

$$a_0 = \frac{1}{2} \int_0^2 x\, dx = 1$$

$$a_n = \frac{2}{2} \int_0^2 x \cos \frac{n\pi x}{2}\, dx = \left[\frac{2x}{n\pi} \sin \frac{n\pi x}{2} + \frac{4}{n^2\pi^2} \cos \frac{n\pi x}{2} \right]_0^2 = \frac{4}{n^2\pi^2} \left[(-1)^n - 1 \right]$$

$$\therefore \ f(x) = 1 + \sum_{n=1}^{\infty} \frac{4}{n^2\pi^2} \left[(-1)^n - 1 \right] \cos \frac{n\pi x}{2} \ , \quad 0 \le x \le 2$$

如下圖所示：

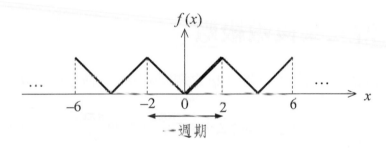

(2) 將 $f(x)$ 視為奇函數化成正弦展開式

$$f(x) = \sum_{n=1}^{\infty} b_n \sin \frac{n\pi x}{2} \ , \quad 0 \le x \le 2$$

$$b_n = \frac{2}{2} \int_0^2 x \sin \frac{n\pi x}{2}\, dx = \left[-\frac{2x}{n\pi} \cos \frac{n\pi x}{2} + \frac{4}{n^2\pi^2} \sin \frac{n\pi x}{2} \right]_0^2 = -\frac{4(-1)^n}{n\pi} = \frac{4(-1)^{n+1}}{n\pi}$$

$$\therefore \ f(x) = \sum_{n=1}^{\infty} \frac{4(-1)^{n+1}}{n\pi} \sin \frac{n\pi x}{2} \ , \quad 0 \le x \le 2$$

如下圖所示：

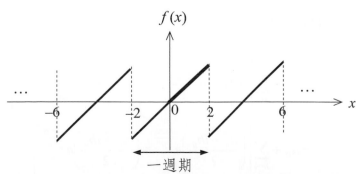

8-2 習題

1. 將 $f(x) = x, 0 \leq x \leq \ell$ 以 (1) 半幅餘弦；(2) 半幅正弦展開式表示。

2. 將函數 $f(x) = x^2, 0 \leq x \leq 1$ 展開成半幅正弦級數。

3. 設 $f(x) = \begin{cases} 1, & 0 < x < \dfrac{\ell}{2} \\ 0, & \dfrac{\ell}{2} < x < \ell \end{cases}$，將 $f(x)$ 展開成正弦級數與餘弦級數。

4. 設 $f(x) = \begin{cases} 2, & 0 \leq x \leq 1 \\ 0, & 1 \leq x \leq 3 \end{cases}$，將 $f(x)$ 展開成正弦級數與餘弦級數。

5. 設 $f(x) = \sin\dfrac{\pi x}{\ell}$, $0 \leq x \leq \ell$，請將 $f(x)$ 展開成半幅餘弦級數。

8-3 傅立葉複數級數

由前面討論之結果可知：一週期 $2p$ 之週期函數可以傅立葉級數表示如下：

$$f(x) = a_0 + \sum_{n=1}^{\infty} a_n \cos\frac{n\pi x}{p} + b_n \sin\frac{n\pi x}{p} \quad\text{.............................(1)}$$

為了方便爾後要探討的內容，必須先對**傅立葉複數級數**（complex Fourier series）有所瞭解。首先利用**尤拉公式**（Euler formula）：

$$\begin{cases} \cos\dfrac{n\pi x}{p} = \dfrac{1}{2}\left(e^{\frac{in\pi x}{p}} + e^{-\frac{in\pi x}{p}}\right) & \text{.............................(2)} \\ \sin\dfrac{n\pi x}{p} = \dfrac{1}{2i}\left(e^{\frac{in\pi x}{p}} - e^{-\frac{in\pi x}{p}}\right) & \text{.............................(3)} \end{cases}$$

將 (2)、(3) 二式代入 (1) 式得

$$f(x) = a_0 + \sum_{n=1}^{\infty}\left[a_n\left(\frac{e^{\frac{in\pi x}{p}} + e^{-\frac{in\pi x}{p}}}{2}\right) + b_n\left(\frac{e^{\frac{in\pi x}{p}} - e^{-\frac{in\pi x}{p}}}{2i}\right)\right]$$

$$= a_0 + \sum_{n=1}^{\infty}\left[\left(\frac{a_n - ib_n}{2}\right)e^{\frac{in\pi x}{p}} + \left(\frac{a_n + ib_n}{2}\right)e^{-\frac{in\pi x}{p}}\right]$$

此時令 $c_0 \equiv a_0$, $\quad c_n \equiv \dfrac{a_n - ib_n}{2}$, $\quad c_{-n} \equiv \dfrac{a_n + ib_n}{2}$，我們發現 c_n 與 c_{-n} 互為共軛複數，即 $c_{-n} = \overline{c}_n$，上式變成：

$$f(x) = c_0 + \sum_{n=1}^{\infty}\left[c_n e^{\frac{in\pi x}{p}} + c_{-n} e^{-\frac{in\pi x}{p}} \right] \equiv \sum_{n=-\infty}^{\infty} c_n e^{\frac{in\pi x}{p}} \quad\cdots\cdots\cdots\cdots\cdots(4)$$

其中 $c_n = \dfrac{a_n - ib_n}{2} = \dfrac{1}{2}\left[\dfrac{1}{p}\int_{-p}^{p} f(x)\cos\dfrac{n\pi x}{p}\,dx - \dfrac{i}{p}\int_{-p}^{p} f(x)\sin\dfrac{n\pi x}{p}\,dx \right]$

$= \dfrac{1}{2p}\int_{-p}^{p} f(x)\left[\cos\dfrac{n\pi x}{p} - i\sin\dfrac{n\pi x}{p} \right]dx = \dfrac{1}{2p}\int_{-p}^{p} f(x)e^{-\frac{in\pi x}{p}}\,dx$

故由以上之推演可得 c_n 之表示式：

$$c_n(n) = \dfrac{1}{2p}\int_{-p}^{p} f(x)e^{-\frac{in\pi x}{p}}\,dx \quad\cdots\cdots\cdots\cdots\cdots\cdots\cdots(5)$$

(4)、(5) 二式即為傅立葉複數級數，此處提供口訣使讀者能永遠牢記在心！

■⫿ 口訣：求負返正，意即在求傅立葉級數之係數時，必須乘上 $e^{-\frac{in\pi x}{p}}$；以傅立葉

係數表原來之函數時，必須乘上 $e^{\frac{in\pi x}{p}}$

求負（求富）：$c_n = \dfrac{1}{2p}\int_{-p}^{p} f(x)e^{\frac{in\pi x}{p}}\,dx$，$c_n \in C$ （複數）

返正（反正）：$f(x) = \displaystyle\sum_{n=-\infty}^{\infty} c_n e^{\frac{in\pi x}{p}}$

因為 $c_n \in$ 複數，故可表為 $c_n = |c_n|e^{i\phi_n}$，此處稱 $|c_n|$ 為 **振幅頻譜**（amplitude spectrum），ϕ_n 稱為 **相位頻譜**（phase spectrum）。又因 $|c_n| = |\overline{c}_n| = |c_{-n}|$，即 $|c_n|$ 為偶函數。即本節之傅立葉級數主要用於訊號分析，且電腦系統最喜歡使用，因為可以節省記憶體空間。

例題 1 基本題

將 $f(x) = e^{-x}$, $-1 \leq x \leq 1$, $f(x+2) = f(x)$ 展開成傅立葉複數級數。

解

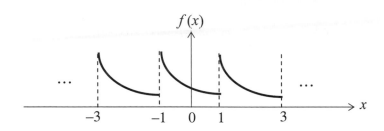

(1) 週期 $= 2p = 2$，$\therefore\ p = 1$

$$c_n = \frac{1}{2}\int_{-1}^{1} f(x)e^{-in\pi x}\,dx = \frac{1}{2}\int_{-1}^{1} e^{-x}e^{-in\pi x}\,dx = \frac{1}{2}\int_{-1}^{1} e^{-(1+in\pi)x}\,dx$$

$$= \frac{1}{2}\left[\frac{e^{-(1+in\pi)x}}{-(1+in\pi)}\right]_{-1}^{1} = \frac{1}{2}\left[\frac{e^{in\pi+1}-e^{-(1+in\pi)}}{1+in\pi}\right] = \frac{1}{2}\left[\frac{e\cdot e^{in\pi}-e^{-1}\cdot e^{-in\pi}}{1+in\pi}\right]$$

$$= \frac{(-1)^n}{1+in\pi}\cdot\frac{e-e^{-1}}{2} = (-1)^n\sinh 1\frac{1-in\pi}{(1+in\pi)(1-in\pi)} = (-1)^n\sinh 1\frac{1-in\pi}{1+n^2\pi^2}$$

此處有 $e^{in\pi} = \cos n\pi + i\sin n\pi = (-1)^n$，$e^{-in\pi} = \cos n\pi - i\sin n\pi = (-1)^n$

$\sinh 1 = \frac{1}{2}(e - e^{-1})$

(2) $\therefore\ f(x) = \displaystyle\sum_{n=-\infty}^{\infty}(-1)^n\sinh 1\frac{1-in\pi}{1+n^2\pi^2}e^{in\pi x}$。現計算振幅頻譜如下：

$$|c_n| = \left|(-1)^n\sinh 1\frac{1-in\pi}{1+n^2\pi^2}\right| = \sinh 1\sqrt{\left(\frac{1}{1+n^2\pi^2}\right)^2 + \left(\frac{-in\pi}{1+n^2\pi^2}\right)^2} = \frac{\sinh 1}{\sqrt{1+n^2\pi^2}}$$

圖示如下：

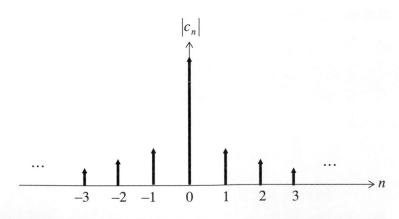

類題

將 $f(x) = x, -\pi \le x \le \pi, f(x + 2\pi) = f(x)$ 展開成傅立葉複數級數。

答 週期 $= 2p = 2\pi$，$\therefore p = \pi$，$f(x) = \sum_{n=-\infty}^{\infty} c_n e^{inx}$

$c_n = \dfrac{1}{2\pi} \int_{-\pi}^{\pi} x e^{-inx} dx = \dfrac{(-1)^n i}{n}$，$n \ne 0$，$c_0 = \dfrac{1}{2\pi} \int_{-\pi}^{\pi} x\, dx = 0$

$\therefore f(x) = \sum_{n=-\infty}^{\infty} \dfrac{(-1)^n i}{n} e^{inx}$，$n \ne 0$ ■

8-3 習題

1. 將 $f(x) = \begin{cases} -1, & -\pi < x < 0 \\ 1, & 0 < x < \pi \end{cases}$，$f(x) = f(x + 2\pi)$ 展開成傅立葉複數級數。

2. 求 $f(x) = \begin{cases} -1, & -2 < x < 0 \\ 1, & 0 < x < 2 \end{cases}$，$f(x) = f(x + 4)$ 之傅立葉複數級數？

3. 將 $f(x) = e^x, -\pi \le x \le \pi, f(x) = f(x + 2\pi)$ 展開成傅立葉複數級數。

4. 求 $f(x) = 2x, 0 \le x \le 3, f(x) = f(x + 3)$ 之傅立葉複數級數？

8-4 傅立葉積分

前面所處理的問題，均將週期函數 $f(x)$ 化成傅立葉級數，可是當 $f(x)$ 不具週期性或週期相當大時，若同樣以傅立葉級數來處理，我們發現結果將形成一種積分形式，稱為**傅立葉積分**（Fourier integral）。

仍從傅立葉級數開始，已知週期 $2p$ 的函數 $f(x)$ 其傅立葉級數如下：

$$f(x) = a_0 + \sum_{n=1}^{\infty} a_n \cos \frac{n\pi x}{p} + b_n \sin \frac{n\pi x}{p} \quad\text{.......................(1)}$$

其中

$$a_0 = \frac{1}{2p} \int_{-p}^{p} f(x)dx \qquad (2)$$

$$a_n = \frac{1}{p} \int_{-p}^{p} f(x)\cos\frac{n\pi x}{p}dx \qquad (3a)$$

$$b_n = \frac{1}{p} \int_{-p}^{p} f(x)\sin\frac{n\pi x}{p}dx \qquad (3b)$$

當 $p \to \infty$ 時，則 (1) 式變成：

$$f(x) = \int_0^\infty [A(\omega)\cos\omega x + B(\omega)\sin\omega x]d\omega \qquad (4)$$

其中

$$\begin{cases} A(\omega) = \frac{1}{\pi}\int_{-\infty}^{\infty} f(x)\cos\omega x dx & (5a) \\ B(\omega) = \frac{1}{\pi}\int_{-\infty}^{\infty} f(x)\sin\omega x dx & (5b) \end{cases}$$

　　(4) 式即為我們所要求的傅立葉積分式，它與原先之 Fourier 級數二者最大的差異在於：Fourier 級數之頻率為**離散**，但 Fourier 積分式由 $d\omega$ 可知其頻率為一個**連續值**！此外，它和傅立葉級數一樣也有「副產品」，一些有名的積分公式可由傅立葉積分求出。即利用「狄里雷特定理」，連續點收斂到函數值，斷點之積分式將收斂至那點的左極限值與右極限值和的一半！

　　接著我們再來探討當 $f(x)$ 是偶函數或奇函數，或可擴充為奇函數或偶函數時，其傅立葉積分式將有何特性。

　　當 $f(x)$ 是偶函數，則 (5b) 式之 $B(\omega) = 0$，故 (5a) 式可寫為

$$\begin{cases} A(\omega) = \frac{1}{\pi}\int_{-\infty}^{\infty} f(x)\cos\omega x dx = \frac{2}{\pi}\int_0^\infty f(x)\cos\omega x dx & (6) \\ f(x) = \int_0^\infty A(\omega)\cos\omega x d\omega, \quad f(x)\text{是偶函數} & (7) \end{cases}$$

(6) 式與 (7) 式稱為**傅立葉餘弦積分式**（Fourier cosine integral）。

同理，當 $f(x)$ 是奇函數時，則 $(5a)$ 式之 $A(\omega) = 0$，故 $(5b)$ 式可寫為

$$
\begin{cases}
B(\omega) = \dfrac{1}{\pi} \displaystyle\int_{-\infty}^{\infty} f(x) \sin \omega x\, dx = \dfrac{2}{\pi} \displaystyle\int_{0}^{\infty} f(x) \sin \omega x\, dx \cdots\cdots\cdots\cdots\cdots\cdots(8)\\[3mm]
f(x) = \displaystyle\int_{0}^{\infty} B(\omega) \sin \omega x\, d\omega,\ f(x) \text{ 是奇函數} \cdots\cdots\cdots\cdots\cdots\cdots(9)
\end{cases}
$$

(8) 式與 (9) 式稱為**傅立葉正弦積分式**（Fourier sine integral）。

經由以上之說明，可知：「傅立葉正弦與餘弦積分式和傅立葉級數半幅展開式，在擴充上之意義是相同的」，功能也相同，主要應用於解直角坐標下之 P.D.E.。

例題 1 常考題

求 $f(x) = \begin{cases} 1, & |x| < 1 \\ 0, & |x| > 1 \end{cases}$ 之傅立葉積分表示式。

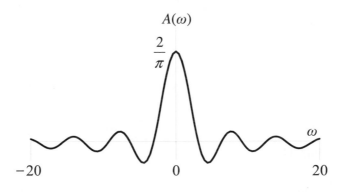

解 (1) 由 (5) 式得 $A(\omega) = \dfrac{1}{\pi} \displaystyle\int_{-\infty}^{\infty} f(x) \cos \omega x\, dx = \dfrac{1}{\pi} \displaystyle\int_{-1}^{1} \cos \omega x\, dx = \dfrac{2 \sin \omega}{\pi \omega}$

$B(\omega) = \dfrac{1}{\pi} \displaystyle\int_{-\infty}^{\infty} f(x) \sin \omega x\, dx = 0$ （因 $f(x)$ 是偶函數）

$\therefore f(x) = \dfrac{2}{\pi} \displaystyle\int_{0}^{\infty} \dfrac{\cos \omega x \sin \omega}{\omega} d\omega$

若將 $A(\omega)$ 之圖形繪出如下所示：

(2) 又 $\displaystyle\int_{0}^{\infty} \dfrac{\sin \omega \cos \omega x}{\omega} d\omega = \dfrac{\pi}{2} f(x)$ ～數學家喜歡之表示法！

當 $x = 0$ 時，$f(x) = 1$，代入上式得 $\displaystyle\int_{0}^{\infty} \dfrac{\sin \omega}{\omega} d\omega = \dfrac{\pi}{2}$ ～有名的積分式！

例題 **2** 基本題

求 $f(x) = e^{-kx}, \; x > 0, \; k > 0$
之傅立葉餘弦與正弦積分式。

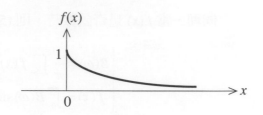

解 (1) 求傅立葉餘弦積分，相當於將 $f(x)$ 擴充為偶函數，如下圖所示：

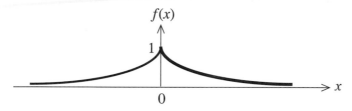

得 $A(\omega) = \dfrac{2}{\pi} \int_0^\infty f(x)\cos \omega x\, dx = \dfrac{2}{\pi} \int_0^\infty e^{-kx} \cos \omega x\, dx = \dfrac{2k}{\pi} \dfrac{1}{k^2 + \omega^2}$

將 $A(\omega)$ 代回得 $f(x) = e^{-kx} = \dfrac{2k}{\pi} \int_0^\infty \dfrac{\cos \omega x}{k^2 + \omega^2}\, d\omega$

整理後得有名的積分式：

$$\int_0^\infty \frac{\cos \omega x}{k^2 + \omega^2}\, d\omega = \frac{\pi}{2k} e^{-kx}, \; x \geq 0, \; k > 0 \quad\cdots\cdots (a)$$

(2) 求傅立葉正弦積分，相當於將 $f(x)$ 擴充為奇函數，如下圖所示：

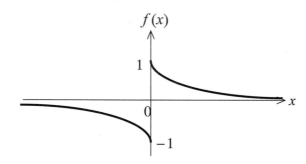

得 $B(\omega) = \dfrac{2}{\pi} \int_0^\infty f(x)\sin \omega x\, dx = \dfrac{2}{\pi} \int_0^\infty e^{-kx} \sin \omega x\, dx = \dfrac{2}{\pi} \dfrac{\omega}{k^2 + \omega^2}$

將 $B(\omega)$ 代回得 $f(x) = e^{-kx} = \dfrac{2}{\pi} \int_0^\infty \dfrac{\omega \sin \omega x}{k^2 + \omega^2}\, d\omega$

整理得有名的積分式：

$$\int_0^\infty \frac{\omega \sin \omega x}{k^2 + \omega^2}\, d\omega = \frac{\pi}{2} e^{-kx}, \; x > 0, \; k > 0 \quad\cdots\cdots (b)$$

8-4 習題

1. 已知 $f(x) = \begin{cases} 1+x, & -1 < x \le 0 \\ 1-x, & 0 < x \le 1 \\ 0, & \text{其他} \end{cases}$ ，試求 $f(x)$ 之傅立葉積分式？

2. 已知 $f(x) = \begin{cases} 0, & |x| < 1 \\ \pi, & 1 < |x| < 2 \\ 0, & |x| > 2 \end{cases}$ ，試求 $f(x)$ 之傅立葉積分式？

3. 求 $f(x) = \begin{cases} 1, & 0 \le x \le 1 \\ 0, & x > 1 \end{cases}$ 之傅立葉餘弦、傅立葉正弦積分？

4. 求 $f(x) = \begin{cases} \dfrac{\pi}{2}, & 0 < x < \pi \\ 0, & x > \pi \end{cases}$ 的傅立葉正弦積分？

5. 求 $f(x) = \begin{cases} x, & 0 < x < a \\ 0, & x > a \end{cases}$ 的傅立葉餘弦積分？

6. 求 $f(x) = e^{-x} + e^{2x}$ ，$x > 0$ 的傅立葉餘弦積分？

8-5 傅立葉變換

　　傅立葉變換在工程的應用上極廣，並且它包含一個物理上重要的觀念，即「時間」與「頻率」的互換，常常有人會覺得傅立葉變換之係數乘積為 2π 很奇怪，其實你只要看本節的說明即可知曉。

　　傅立葉變換共有三種類型：

1. **傅立葉餘弦變換**（Fourier cosine transform）：$f(x)$ 僅定義於 $(0, \infty)$，且視函數為偶函數。

2. **傅立葉正弦變換**（Fourier sine transform）：$f(x)$ 僅定義於 $(0, \infty)$，且視函數為奇函數。

3. **傅立葉變換**（Fourier transform）：$f(x)$ 定義於 $(-\infty, \infty)$，為時間與頻率的互換。

　　其中第 1、2 種類型只要上節中傅立葉積分的符號變化一下即得，常用於解 P.D.E.。

1 傅立葉餘弦變換

視 $f(x)$ 是偶函數時，由上節之傅立葉餘弦積分公式知

$$f(x) = \int_0^\infty A(\omega) \cos \omega x \, d\omega \ , \ A(\omega) = \frac{2}{\pi} \int_0^\infty f(x) \cos \omega x \, dx$$

若令 $F_c(\omega) \equiv \sqrt{\frac{\pi}{2}} A(\omega)$，其中下標 c 代表「cosine」，並將 $F_c(\omega)$ 視為一新的函數，即可得到 $f(x)$ 與 $F_c(\omega)$ 互換之傅立葉餘弦變換如下：

$$\begin{cases} F_c(\omega) = \sqrt{\dfrac{2}{\pi}} \int_0^\infty f(x) \cos \omega x \, dx \quad\quad\quad\quad\quad\quad\text{(1a)} \\ f(x) = \sqrt{\dfrac{2}{\pi}} \int_0^\infty F_c(\omega) \cos \omega x \, d\omega \quad\quad\quad\quad\quad\text{(1b)} \end{cases}$$

特別說明

1. 所謂傅立葉餘弦變換或稱為傅立葉餘弦積分，其實指的是同一個式子。
2. 由 (1a) 與 (1b) 式，令積分符號前之係數分別為 α、β，即

$$\begin{cases} F_c(\omega) = \sqrt{\dfrac{2}{\pi}} \int_0^\infty f(x) \cos \omega x \, dx \equiv \alpha \int_0^\infty f(x) \cos \omega x \, dx \\ f(x) = \sqrt{\dfrac{2}{\pi}} \int_0^\infty F_c(\omega) \cos \omega x \, d\omega \equiv \beta \int_0^\infty F_c(\omega) \cos \omega x \, d\omega \end{cases}$$

我們發現必有 $\alpha\beta = \dfrac{2}{\pi}$，亦即不論如何選取 α、β，只要其乘積等於 $\dfrac{2}{\pi}$ 皆可代表傅立葉餘弦積分！

2 傅立葉正弦變換

視 $f(x)$ 是奇函數時，由上節之傅立葉正弦積分公式知

$$f(x) = \int_0^\infty B(\omega) \sin \omega x \, d\omega \ , \ B(\omega) = \frac{2}{\pi} \int_0^\infty f(x) \sin \omega x \, dx$$

若令 $F_s(\omega) \equiv \sqrt{\frac{\pi}{2}} B(\omega)$，其中下標 s 代表「sine」，即可得到 $f(x)$ 與 $F_s(\omega)$ 互換之變換如下：

$$\begin{cases} F_s(\omega) = \sqrt{\dfrac{2}{\pi}} \int_0^\infty f(x)\sin \omega x\, dx \cdots\cdots\cdots (2a) \\[4mm] f(x) = \sqrt{\dfrac{2}{\pi}} \int_0^\infty F_s(\omega)\sin \omega x\, d\omega \cdots\cdots\cdots (2b) \end{cases}$$

$(2a)$、$(2b)$ 即稱為**傅立葉正弦變換公式**。

3 傅立葉變換

瞭解傅立葉正弦、餘弦變換之後，接著我們以傅立葉積分式來推導**傅立葉變換**（Fourier transform）。由前節傅立葉積分式知：

$$f(x) = \int_0^\infty \left[A(\omega)\cos \omega x + B(\omega)\sin \omega x \right] d\omega$$

其中 $A(\omega) = \dfrac{1}{\pi}\int_{-\infty}^\infty f(x)\cos \omega x\, dx$，$B(\omega) = \dfrac{1}{\pi}\int_{-\infty}^\infty f(x)\sin \omega x\, dx$。現將 $A(\omega)$、$B(\omega)$ 代入 $f(x)$ 的積分式（反代法也！），且以啞變數 v 代替 x 得

$$\begin{aligned} f(x) &= \frac{1}{\pi}\int_0^\infty \int_{-\infty}^\infty f(v)\left[\cos \omega x \cos \omega v + \sin \omega x \sin \omega v\right] dv\, d\omega \\ &= \frac{1}{\pi}\int_0^\infty \left\{\int_{-\infty}^\infty f(v)\cos \omega(x-v)dv\right\}d\omega \\ &= \frac{1}{2\pi}\int_{-\infty}^\infty \left\{\int_{-\infty}^\infty f(v)\cos \omega(x-v)dv\right\}d\omega \cdots\cdots\cdots (3) \end{aligned}$$

因為 $\{\cdots\}$ 之項對變數 ω 而言為偶函數！
又

$$\frac{1}{2\pi}\int_{-\infty}^\infty \left\{\int_{-\infty}^\infty f(v)\sin \omega(x-v)dv\right\}d\omega = 0 \cdots\cdots\cdots (4)$$

因為 $\{\cdots\}$ 之項對變數 ω 而言為奇函數！
再由 Euler 公式：$e^{i\theta} = \cos\theta + i\sin\theta$，令 $\theta \equiv \omega x - \omega v$
故由 $(3)+(4)\cdot i$ 得

$$f(x) = \frac{1}{2\pi}\int_{-\infty}^\infty \int_{-\infty}^\infty f(v)e^{i\omega(x-v)}dv\, d\omega \cdots\cdots\cdots (5)$$

若我們將 (5) 式改寫成

$$f(x) = \frac{1}{2\pi}\int_{-\infty}^\infty \left[\int_{-\infty}^\infty f(v)e^{-i\omega v}dv\right]e^{i\omega x}d\omega \cdots\cdots\cdots (6)$$

現將 (6) 式 […] 中之變數 v 還原為 x，並令

$$F(\omega) \equiv \int_{-\infty}^{\infty} f(x)e^{-i\omega x}dx \quad (\textbf{口訣：「求負」}) \quad\text{(7)}$$

故得

$$f(x) = \frac{1}{2\pi}\int_{-\infty}^{\infty} F(\omega)e^{i\omega x}d\omega \quad (\textbf{口訣：「返正」}) \quad\text{(8)}$$

(7)、(8) 二式即稱為「傅立葉變換式」，其中 $F(\omega)$ 稱為**譜函數**（spectrum function）（源自光學），而原函數 $f(x)$ 與譜函數 $F(\omega)$ 互稱為「傅立葉變換對」。其物理意義解釋為：「自然界存在之函數有二種表示模態，一個為時間領域 $f(x)$，另一個為頻率領域 $F(\omega)$，這二個領域是可以互換的！」即將 $f(x)$ 分解為一堆易算的 $F(\omega)$ 逐項處理。

此處 $|F(\omega)|$ 即表示在各種頻率下其「能量密度」之大小，稱為**量頻譜**（magnitude spectrum），$\phi(\omega)$ 稱為**相位頻譜**（phase spectrum）。例如通信波之收訊問題，需由已知之 $f(x)$ 出發（藉由測量得到），求其傅立葉變換 $|F(\omega)|$ 後即知在何種頻率有最大之能量，然後再依此頻率去設計所需配備以達工程應用目的。

例題 1 　基本題

求 $f(x) = \begin{cases} k, & 0 < x < a \\ 0, & x > a \end{cases}$ 之傅立葉餘弦與正弦變換？

解 (1) 由 (1a) 式，視 $f(x)$ 為偶函數

$$F_c(\omega) = \sqrt{\frac{2}{\pi}}\int_0^{\infty} f(x)\cos\omega x\,dx = \sqrt{\frac{2}{\pi}}\int_0^{a} k\cos\omega x\,dx = \sqrt{\frac{2}{\pi}}\frac{k\sin a\omega}{\omega}$$

其圖形如下：

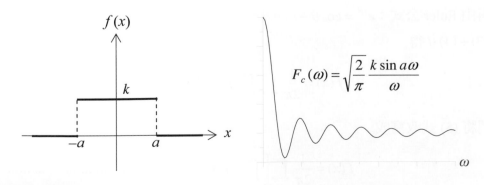

(2) 由 $(2a)$ 式，視 $f(x)$ 為奇函數

$$F_s(\omega) = \sqrt{\frac{2}{\pi}} \int_0^\infty f(x) \sin \omega x \, dx = \sqrt{\frac{2}{\pi}} \int_0^a k \sin \omega x \, dx = \sqrt{\frac{2}{\pi}} \frac{k(1 - \cos a\omega)}{\omega}$$

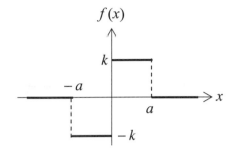
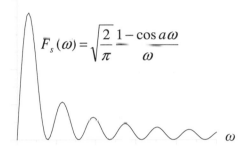

類題

求 $f(x) = e^{-x}$，$x \geq 0$ 之傅立葉餘弦與正弦變換。

答 傅立葉餘弦變換 $F_c(\omega) = \sqrt{\frac{2}{\pi}} \int_0^\infty e^{-x} \cos \omega x \, dx = \sqrt{\frac{2}{\pi}} \frac{1}{1 + \omega^2}$

$$\therefore f(x) = \sqrt{\frac{2}{\pi}} \int_0^\infty \sqrt{\frac{2}{\pi}} \frac{1}{1 + \omega^2} \cos \omega x \, d\omega$$

傅立葉正弦變換 $F_s(\omega) = \sqrt{\frac{2}{\pi}} \int_0^\infty e^{-x} \sin \omega x \, dx = \sqrt{\frac{2}{\pi}} \frac{\omega}{1 + \omega^2}$

$$\therefore f(x) = \sqrt{\frac{2}{\pi}} \int_0^\infty \sqrt{\frac{2}{\pi}} \frac{\omega}{1 + \omega^2} \sin \omega x \, d\omega$$

例題 2　基本題

求 $f(x) = \begin{cases} k, & 0 < x < a \\ 0, & x > a \end{cases}$ 之傅立葉變換？

解 由 (7) 式知 $F(\omega) = \int_{-\infty}^\infty f(x) e^{-i\omega x} \, dx = \int_0^a k e^{-i\omega x} \, dx = \frac{k(1 - e^{-i\omega a})}{i\omega}$

將 $F(\omega)$ 整理為 $F(\omega) = \frac{k}{\omega} [\sin a\omega + i(\cos a\omega - 1)]$

則 $|F(\omega)| = \frac{k}{\omega} \sqrt{\sin^2 a\omega + (\cos a\omega - 1)^2} = \frac{k}{\omega} \sqrt{2 - 2\cos a\omega} = \frac{2k}{\omega} \sin \frac{a\omega}{2}$

為能量密度函數或稱量頻譜，圖形如下所示：

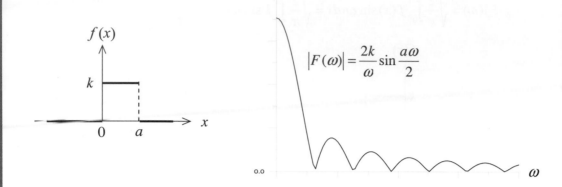

例題 3　基本題

求 $f(x) = e^{-a|x|}$，$x \in R$，$a > 0$ 之傅立葉變換？

解 $f(x) = e^{-a|x|}$，$x \in R$ 是偶函數。

$$F(\omega) = \Im\{f(x)\} = \int_{-\infty}^{\infty} e^{-a|x|} e^{-i\omega x} dx = \int_{-\infty}^{\infty} e^{-a|x|}(\cos \omega x - i \sin \omega x)dx$$

$$= \int_{-\infty}^{\infty} e^{-a|x|} \cos \omega x dx - i \int_{-\infty}^{\infty} e^{-a|x|} \sin \omega x dx = 2\int_{0}^{\infty} e^{-ax} \cos(\omega x)dx$$

$$= \frac{2a}{a^2 + \omega^2} \quad \sim 利用 \cos \omega x \ 之拉普拉斯變換結果$$

■∥ 結論：綜合函數 $f(x)$ 之傅立葉級數與傅立葉變換整理如下。

傅立葉分析	$f(x)$ 之特性	係數之特性	頻率特性與範圍
傅立葉級數	週期函數	$a_0, a_n, b_n \in R$	$n > 0$（離散）
傅立葉餘弦級數	週期函數，偶函數 $0 < x < \ell$	$a_0, a_n \in R$	$n > 0$（離散）
傅立葉正弦級數	週期函數，奇函數 $0 < x < \ell$	$b_n \in R$	$n > 0$（離散）
傅立葉複數級數	週期函數	$c_n \in C$	$-\infty < n < \infty$（離散）
傅立葉積分	非週期函數	$A(\omega), B(\omega) \in R$	$\omega > 0$（連續）
傅立葉餘弦積分	非週期函數，偶函數 $0 < x < \infty$	$A(\omega) \in R$	$\omega > 0$（連續）
傅立葉正弦積分	非週期函數，奇函數 $0 < x < \infty$	$B(\omega) \in R$	$\omega > 0$（連續）
傅立葉變換	非週期函數 $-\infty < x < \infty$	$F(\omega) \in C$	$-\infty < \omega < \infty$（連續）

8-5　習題

1. 求 $f(x) = \begin{cases} 1-x, & |x| < 1 \\ 0, & |x| > 1 \end{cases}$ 之傅立葉變換？

2. 求 $f(x) = \begin{cases} e^x, & |x| < 1 \\ 0, & |x| > 1 \end{cases}$ 之傅立葉變換？

3. 求 $f(x) = \begin{cases} 1-x^2, & |x| \leq 1 \\ 0, & |x| > 1 \end{cases}$ 之傅立葉變換？

4. 定義傅立葉變換為 $F(\omega) = \dfrac{1}{\sqrt{2\pi}} \displaystyle\int_{-\infty}^{\infty} f(x)e^{-i\omega x}\, dx$，求 $f(x) = \begin{cases} 1, & 0 < x < 2 \\ 0, & 其他 \end{cases}$ 的傅立葉變換？

總整理

本章之心得：

1. (1) 奇、偶函數具有之積分特性要知道。

    (2) 三種函數型態之傅立葉級數其係數收斂情形要知道。

    (3) 狄里雷特條件為傅立葉級數存在之充分定理。

    (4) 傅立葉級數之「副產品」。求級數和必考！

2. 半幅展開式之原始意義要懂，如何由原傅立葉級數推導出半幅展開式之過程要知道。

3. 熟記傅立葉複數級數之口訣求法：求負返正。

4. 傅立葉積分之公式要學會。當 $f(x)$ 是奇函數時，可以表示為傅立葉正弦積分，當 $f(x)$ 是偶函數時，可以表示為傅立葉餘弦積分。

5. 傅立葉變換之計算：求負返正之公式一定要記住！

偏微分方程式

■ 本章大綱 ■

學習目標

1. 熟悉如何判斷 P.D.E. 之類型
2. 熟悉以變數分離法來求解熱傳型 P.D.E.，與對非齊次 B.C. 之處理
3. 瞭解一維波動方程式之解法與附屬 二個 I.C. 之意義
4. 瞭解二維拉普拉斯方程式在求解上 需注意之處

如一個函數含有兩個或以上的自變數時，則對此函數之微分均屬偏微分型，此種類型之微分方程式稱為**偏微分方程式**（partial differential equation，簡稱為 P.D.E.），以有別於第一至第二章所探討僅含一個自變數的常微分方程式。在科學上凡是跟「時間」與「位置」相關之函數，其所導出的微分方程式均為 P.D.E.，如熱傳、波動、振動……，大部分的 P.D.E. 其解不易求得，以致近年來多使用電腦求解，本章僅針對可解的 P.D.E. 加以介紹。

9-1 定義與分類

在探討 P.D.E. 時，同學要先將方程式中之**自變數**與**因變數**分辨清楚。對一 P.D.E. 而言，其自變數至少二個以上，因變數至少一個以上。另外有關方程式分類的名詞，如階、線性與非線性、齊次與非齊次等等，其定義皆與在 O.D.E. 中所說明的相同，因此學起來可以駕輕就熟。

例題 1 說明題

判斷下列 P.D.E. 之類型。

解 (1) $\dfrac{\partial u}{\partial t} = \dfrac{\partial^2 u}{\partial x^2}$，為二階線性齊次 P.D.E.，自變數為 x、t，因變數為 $u(x,t)$。

(2) $u\dfrac{\partial^4 u}{\partial x^4} + \dfrac{\partial u}{\partial t} = 0$，為四階非線性 P.D.E.，自變數為 x、t，因變數為 $u(x,t)$。

(3) $\dfrac{\partial u}{\partial t} = \dfrac{\partial^2 u}{\partial x^2} + \sin x$，為二階線性非齊次 P.D.E.，自變數為 x、t，因變數為 $u(x,t)$。其中 $\sin x$ 為非齊次項。

(4) $(\dfrac{\partial u}{\partial x})^2 + (\dfrac{\partial u}{\partial y})^2 = 1$，為一階非線性 P.D.E.，自變數為 x、y，因變數為 $u(x,y)$。

二階線性 P.D.E.

在科學應用上，最常見的 P.D.E. 都是二階線性 P.D.E.，如下所示：

$$A(x,y)\frac{\partial^2 u}{\partial x^2} + B(x,y)\frac{\partial^2 u}{\partial x \partial y} + C(x,y)\frac{\partial^2 u}{\partial y^2} + D(x,y)\frac{\partial u}{\partial x} + E(x,y)\frac{\partial u}{\partial y} + F(x,y)u$$

$$= G(x,y)$$

二階線性 P.D.E. 有如下之分類：

1. **雙曲線型**（hyperbolic）：$B^2 - 4AC > 0$

2. **拋物線型**（parabolic）：$B^2 - 4AC = 0$

3. **橢圓型**（elliptic）：$B^2 - 4AC < 0$

例題 2 基本題

判斷下列二階線性 P.D.E. 之分類。

解 (1) $\dfrac{\partial u}{\partial t} = \dfrac{\partial^2 u}{\partial x^2}$：稱為**熱傳方程式**（heat equation），$A=1, B=0, C=0$，
$B^2 - 4AC = 0$ 屬於拋物線型。

(2) $\dfrac{\partial^2 u}{\partial t^2} = \dfrac{\partial^2 u}{\partial x^2}$：稱為**波動方程式**（wave equation），$A=1, B=0, C=-1$，
$B^2 - 4AC > 0$，屬於雙曲線型。

(3) $\dfrac{\partial^2 u}{\partial x^2} + \dfrac{\partial^2 u}{\partial y^2} = 0$：稱為**拉普拉斯方程式**（Laplace equation），$A=1, B=0$,
$C=1$，$B^2 - 4AC = -4 < 0$，屬於橢圓型。

接著再看看疊加原理。

定理 疊加原理（superposition principle）

若 u_1、u_2 皆為一「**齊次線性**」P.D.E. 的解，則 $u = c_1 u_1 + c_2 u_2$ 亦為原方程式之解，其中 c_1、c_2 為常數。

9-2 熱傳方程式

本節先介紹熱傳方程式：$\dfrac{\partial u}{\partial t} = c^2 \dfrac{\partial^2 u}{\partial x^2}$ 之解法。求解 P.D.E. 的主要想法乃將 P.D.E. $\xrightarrow{\text{化為}}$ O.D.E.！此處從熱傳方程式（為拋物線型 P.D.E. 之代表）開始，介紹**變數分離法**（separation of variable）在解 P.D.E. 的步驟與技巧。至於如何推導熱傳方程式，同學可在相關書籍上找到，此處不予推導。

考慮如下之熱傳方程式與附屬之條件：

P.D.E.：$\dfrac{\partial u}{\partial t} = c^2 \dfrac{\partial^2 u}{\partial x^2}$, $0 \le x \le \ell$, $t \ge 0$ ················(1)

B.C.：$u(0, t) = 0$, $u(\ell, t) = 0$（二端恆溫，且溫度 $= 0$）

I.C.：$u(x, 0) = f(x)$

其中 $u(x, t)$：溫度，c：導熱率

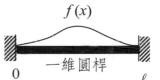

我們以有名的變數分離法，又稱**乘積解法**（multiplication method）（此想法由偉大的法國數學家 D'Alembert 所創）來解 (1) 式：

〈**步驟 1**〉設 $u(x, t)$ 可以分解成二個獨立函數 $X(x)$ 與 $T(t)$ 的乘積

即令 $u(x, t) = X(x)T(t)$ 代入 (1) 式得 $X\dot{T} = c^2 X''T$

同除 c^2XT 得 $\dfrac{\dot{T}}{c^2 T} = \dfrac{X''}{X}$

因為 x、t 為獨立自變數，故上式必須等於一常數 k 才合理

即 $\dfrac{\dot{T}}{c^2 T} = \dfrac{X''}{X} = k$ $\Rightarrow$ $\begin{cases} \dot{T} - c^2 kT = 0 \\ X'' - kX = 0 \end{cases}$

・若 $k > 0$，則 $T(t) = e^{c^2 kt}$，當 $t \to \infty$ 時，$T \to \infty$（不合）。

・若 $k = 0$，則 $T = c$，此時 $u(x, t)$ 不隨時間而變，所以不合。

故得結論：僅 $k < 0$ 適合，因此再令 $k = -p^2$, $0 < p < \infty$，則

$\begin{cases} \dot{T} + c^2 p^2 T = 0 \\ X'' + p^2 X = 0 \end{cases}$，即已將原 P.D.E. 分離成二個 O.D.E.。

〈步驟2〉先解與變數 x 有關之方程式及邊界條件 B.C.

$$X'' + p^2 X = 0 \quad\cdots\cdots\cdots\cdots\cdots\cdots\cdots\cdots\cdots\cdots\cdots\cdots\cdots\cdots\cdots\cdots\cdots\cdots\cdots\cdots\cdots\cdots\cdots\cdots\cdots\cdots\cdots\cdots (2)$$

B.C.：$\begin{cases} u(0,\ t) = 0 \Rightarrow X(0)T(t) = 0 \\ u(\ell,\ t) = 0 \Rightarrow X(\ell)T(t) = 0 \end{cases}$，$\therefore X(0) = X(\ell) = 0$

令 $X(x) = e^{\lambda x}$ 代入 (2) 式得 $\lambda^2 + p^2 = 0 \rightarrow \lambda = \pm pi$

其解為 $X(x) = A\cos px + B\sin px$

代入 $\begin{cases} X(0) = 0 \quad \Rightarrow \quad A = 0 \\ X(\ell) = 0 \quad \Rightarrow \quad B\sin p\ell = 0,\ \therefore p\ell = n\pi,\ n = 1, 2, 3, \cdots \end{cases}$

即 $p = \dfrac{n\pi}{\ell}$，並得 $X(x) = B\sin\dfrac{n\pi}{\ell}x$

〈步驟3〉次解與變數 t 有關之方程式

由 $\dot{T} + c^2 p^2 T = 0$ 解得 $T(t) = Ae^{-c^2 p^2 t} = Ae^{-(\frac{n\pi c}{\ell})^2 t}$

〈步驟4〉結合 $X(x)$、$T(t)$

$$u_n(x,\ t) = X(x)T(t) = A_n e^{-(\frac{n\pi c}{\ell})^2 t} \sin\frac{n\pi x}{\ell}$$

此時 $u_n(x,\ t)$ 尚未滿足起始條件，引用疊加原理得

$$u(x,\ t) = \sum_{n=1}^{\infty} u_n(x,\ t) = \sum_{n=1}^{\infty} A_n e^{-(\frac{n\pi c}{\ell})^2 t} \sin\frac{n\pi x}{\ell}$$

〈步驟5〉由起始條件決定係數 A_n

I.C.：$u(x, 0) = f(x) \Rightarrow \displaystyle\sum_{n=1}^{\infty} A_n \sin\frac{n\pi x}{\ell} = f(x)$

由傅立葉正弦級數知 $A_n = \dfrac{2}{\ell}\displaystyle\int_0^{\ell} f(x)\sin\frac{n\pi x}{\ell}\,dx$

故知原方程式之解為 $u(x,\ t) = \displaystyle\sum_{n=1}^{\infty} A_n e^{-(\frac{n\pi c}{\ell})^2 t}\sin\frac{n\pi x}{\ell}$

由解之外型可知：$u(x, \infty) = 0$

■∥ 意義：熱從左右二端之邊界傳遞出去，直到 $u(x, \infty) = 0$ 為止。

觀念說明

1. 使用變數分離法之條件限制：以下二條件稱為「雙齊」！

   (1) P.D.E. 本身可以被變數分離（需「齊次」P.D.E. 才可以）。

   (2) B.C. 需為「**齊次邊界條件**（homogeneous boundary condition，簡稱為 H.B.C.）」。

2. 解法順序：**先解** B.C.，**再解** I.C.。　～按英文字母順序

例題　1　基本題

解 P.D.E.：$\dfrac{\partial u}{\partial t} = c^2 \dfrac{\partial^2 u}{\partial x^2}$,　$0 \le x \le \ell$,　$t \ge 0$

　　B.C.：$u(0,\ t) = u(\ell,\ t) = 0$

　　I.C.：$u(x,\ 0) = 3\sin\dfrac{2\pi x}{\ell}$

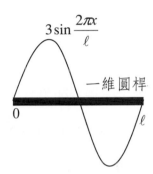

解 由本節說明知 $u(x,\ t) = \displaystyle\sum_{n=1}^{\infty} A_n e^{-\left(\frac{n\pi c}{\ell}\right)^2 t} \sin\dfrac{n\pi x}{\ell}$

　　代入 I.C.：$u(x, 0) = \displaystyle\sum_{n=1}^{\infty} A_n \sin\dfrac{n\pi x}{\ell} = 3\sin\dfrac{2\pi x}{\ell}$

　　比較得 $A_2 = 3$，其他 $A_n = 0$

　　$\therefore\ u(x,\ t) = 3 e^{-\left(\frac{2\pi c}{\ell}\right)^2 t} \sin\dfrac{2\pi x}{\ell}$

類題

解 P.D.E.：$\dfrac{\partial u}{\partial t} = c^2 \dfrac{\partial^2 u}{\partial x^2}$,　$0 \le x \le \ell$,　$t \ge 0$

　　B.C.：$u(0,\ t) = u(\ell,\ t) = 0$

　　I.C.：$u(x, 0) = 2\sin\dfrac{\pi x}{\ell}$

答 由本節說明知 $u(x,\ t) = \displaystyle\sum_{n=1}^{\infty} A_n e^{-\left(\frac{n\pi c}{\ell}\right)^2 t} \sin\dfrac{n\pi x}{\ell}$

　　代入 I.C.：$u(x, 0) = \displaystyle\sum_{n=1}^{\infty} A_n \sin\dfrac{n\pi x}{\ell} = 2\sin\dfrac{\pi x}{\ell}$

　　比較得 $A_1 = 2$，其他 $A_n = 0$

　　$\therefore\ u(x,\ t) = 2 e^{-\left(\frac{\pi c}{\ell}\right)^2 t} \sin\dfrac{\pi x}{\ell}$

例題 2   基本題

解 P.D.E.：$\dfrac{\partial u}{\partial t} = c^2 \dfrac{\partial^2 u}{\partial x^2}$, $0 \le x \le \ell$, $t \ge 0$

B.C.：$u(0, t) = u(\ell, t) = 0$

I.C.：$u(x, 0) = \begin{cases} x, & 0 < x < \dfrac{\ell}{2} \\ \ell - x, & \dfrac{\ell}{2} < x < \ell \end{cases}$

解 由本節說明知 $u(x, t) = \displaystyle\sum_{n=1}^{\infty} A_n e^{-(\frac{n\pi c}{\ell})^2 t} \sin \dfrac{n\pi x}{\ell}$

代入 I.C.：$u(x, 0) = \displaystyle\sum_{n=1}^{\infty} A_n \sin \dfrac{n\pi x}{\ell}$

$= \begin{cases} x, & 0 < x < \dfrac{\ell}{2} \\ \ell - x, & \dfrac{\ell}{2} < x < \ell \end{cases}$

一維圓桿

$A_n = \dfrac{2}{\ell} \displaystyle\int_0^{\ell} f(x) \sin \dfrac{n\pi x}{\ell} dx$

$= \dfrac{2}{\ell} \left[\displaystyle\int_0^{\frac{\ell}{2}} x \sin \dfrac{n\pi x}{\ell} dx + \int_{\frac{\ell}{2}}^{\ell} (\ell - x) \sin \dfrac{n\pi x}{\ell} dx \right] = \begin{cases} \dfrac{4\ell}{n^2 \pi^2}, & n = 1, 5, 9, \cdots \\ \dfrac{-4\ell}{n^2 \pi^2}, & n = 3, 7, 11, \cdots \end{cases}$

$\therefore u(x, t) = \dfrac{4\ell}{\pi^2} \left[e^{-(\frac{\pi c}{\ell})^2 t} \sin \dfrac{\pi x}{\ell} - \dfrac{1}{9} e^{-(\frac{3\pi c}{\ell})^2 t} \sin \dfrac{3\pi x}{\ell} + \cdots \right]$

類題

解 P.D.E.：$\dfrac{\partial u}{\partial t} = c^2 \dfrac{\partial^2 u}{\partial x^2}$, $0 \le x \le 1$, $t \ge 0$

B.C.：$u(0, t) = u(1, t) = 0$

I.C.：$u(x, 0) = x - x^2$

答 由本節說明知 $u(x, t) = \sum_{n=1}^{\infty} A_n e^{-(n\pi c)^2 t} \sin n\pi x$

代入 I.C.： $u(x, 0) = \sum_{n=1}^{\infty} A_n \sin n\pi x = x - x^2$

$A_n = \dfrac{2}{1} \int_0^1 (x - x^2) \sin n\pi x \, dx$

$= \dfrac{2}{1} \left[\dfrac{-x + x^2}{n\pi} \cos n\pi x + \dfrac{1 - 2x}{n^2 \pi^2} \sin n\pi x - \dfrac{2}{n^3 \pi^3} \cos n\pi x \right]_0^1$

$= \dfrac{4}{n^3 \pi^3} \left[1 - (-1)^n \right]$

$\therefore u(x, t) = \sum_{n=1}^{\infty} \dfrac{4}{n^3 \pi^3} \left[1 - (-1)^n \right] e^{-(n\pi c)^2 t} \sin n\pi x$ ∎

另外，當邊界條件為非齊次時，若要使用變數分離法解題，必須將方程式做巧妙的變換，成為「齊次的邊界條件」後才可以，此法稱為**因變數變更法**，此處以一個比較簡單的非齊次 B.C. 例說明其解題程序。

再考慮一個一維熱傳方程式：

P.D.E.： $\dfrac{\partial u}{\partial t} = c^2 \dfrac{\partial^2 u}{\partial x^2}$ ， $0 \le x \le \ell$ ， $t \ge 0$ ⋯⋯⋯⋯⋯⋯⋯⋯(3)

B.C.： $u(0, t) = T_0$， $u(\ell, t) = T_1$（二端恆溫）

I.C.： $u(x, 0) = f(x)$

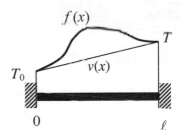

(3) 式乃非齊次 B.C.，因為 $X(0)T(t) = T_0 \Rightarrow X(0)$ 已無法表達，故不能直接應用變數分離法。

令 $\underbrace{u(x, t)}_{\substack{\text{H.P.D.E.}\\ \text{非 H.B.C.}}} = \underbrace{w(x, t)}_{\substack{\text{H.P.D.E.}\\ \text{H.B.C.}}} + \underbrace{v(x)}_{\text{修正項}}$ ，此處 $v(x)$ 稱為「修正項」

說明：因為欲將 B.C. 變為齊次，故知修正項 $v(x)$ 應僅與 x 有關。

即欲在 $v(x)$ 為已知之情形下，將非齊次 B.C. 的 $u(x, t)$ 轉換為齊次 B.C. 的 $w(x, t)$，再以變數分離法解 $w(x, t)$，則 (3) 式乃得解。

由 $\dfrac{\partial u}{\partial t} = c^2 \dfrac{\partial^2 u}{\partial x^2}$ $\Rightarrow$ $\dfrac{\partial w}{\partial t} = c^2 (\dfrac{\partial^2 w}{\partial x^2} + v'')$，知只要令 $v''(x) = 0$，上式即可化成

$\dfrac{\partial w}{\partial t} = c^2 \dfrac{\partial^2 w}{\partial x^2}$，為齊次 P.D.E.，由 $v''(x) = 0$ $\Rightarrow$ $v(x) = ax + b$，其中 a、b 為待定係數。

又 $\begin{cases} u(0,\ t)=w(0,\ t)+v(0)=T_0 \\ u(\ell,\ t)=w(\ell,\ t)+v(\ell)=T_1 \end{cases}$，上式中只要令 $v(0)=T_0$, $v(\ell)=T_1$，即可化為 $w(x,t)$ 之齊次 B.C.，因此有

$$\begin{cases} v(0)=b=T_0 \\ v(\ell)=a\ell+b=T_1 \end{cases} \quad \Rightarrow \quad v(x)=\frac{T_1-T_0}{\ell}x+T_0$$

故知原 P.D.E. 與 B.C.、I.C. 即可化為

$$\text{P.D.E.：} \quad \frac{\partial w}{\partial t}=c^2\frac{\partial^2 w}{\partial x^2}\ ,\ \ 0\leq x\leq \ell\ ,\ \ t\geq 0 \cdots\cdots\cdots\cdots\cdots\cdots\cdots\cdots(4)$$

$$\text{B.C.：} \quad w(0,t)=0,\ w(\ell,t)=0\ (\text{已為齊次之 B.C.})$$

$$\text{I.C.：} \quad w(x,0)=f(x)-\left[\frac{T_1-T_0}{\ell}x+T_0\right]$$

對 (4) 式而言，P.D.E. 與附屬之 B.C. 皆為「齊次」，已可利用變數分離法解之。

因為對大多數非 H.B.C. 之 P.D.E. 而言，修正項 $v(x)$ 是很難得到的，因此同學只要對上述之說明瞭解即可！

9-2 習題

1. 解 P.D.E.：$\dfrac{\partial u}{\partial t}=c^2\dfrac{\partial^2 u}{\partial x^2}$，$0\leq x\leq \ell$，$t\geq 0$

   B.C.：$u(0,\ t)=u(\ell,\ t)=0$

   I.C.：$u(x,0)=\sin\dfrac{\pi x}{\ell}+2\sin\dfrac{2\pi x}{\ell}$

2. 解 P.D.E.：$\dfrac{\partial u}{\partial t}=c^2\dfrac{\partial^2 u}{\partial x^2}$，$0\leq x\leq \ell$，$t\geq 0$

   B.C.：$u(0,\ t)=u(\ell,\ t)=0$

   I.C.：$u(x,0)=x(\ell-x)$

3. 解 P.D.E.：$\dfrac{\partial u}{\partial t}=\dfrac{\partial^2 u}{\partial x^2}$，$0\leq x\leq 1$，$t\geq 0$

   B.C.：$u(0,\ t)=10$，$u(1,\ t)=20$

   I.C.：$u(x,0)=10$

9-3　波動方程式

一維波動方程式：$\dfrac{\partial^2 u}{\partial t^2} = c^2 \dfrac{\partial^2 u}{\partial x^2}$，此處之因變數 $u(x, t)$ 代表繩子之「位移量」，c 為繩子之彈性係數，兩端固定之繩子所形成之波動（猶如吉他或是小提琴），其控制方程式早在 18 世紀即為尤拉（Euler）導得如下：

P.D.E.：$\dfrac{\partial^2 u}{\partial t^2} = c^2 \dfrac{\partial^2 u}{\partial x^2}$，$0 \le x \le \ell$，$t \ge 0$ ·····································(1)

B.C.：$u(0, t) = u(\ell, t) = 0$（二端固定不動）

I.C.：$u(x, 0) = f(x)$，相當「初位移」已知

$\dfrac{\partial u}{\partial t}(x, 0) = g(x)$，相當「初速度」已知

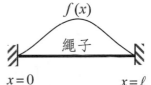

分類上，(1) 式屬於「雙曲線型」，且為齊次 P.D.E.，因其具有齊次的邊界條件，故可使用變數分離法解之，其步驟與解熱傳方程式相同，說明如下：

〈步驟 1〉　令 $u(x, t) = X(x)T(t)$ 代入 P.D.E. 得 $X\ddot{T} = c^2 X''T$　$\Rightarrow$　$\dfrac{\ddot{T}}{c^2 T} = \dfrac{X''}{X} = -p^2$

其中 $-p^2$ 之負號乃欲使 $T(t)$ 有波動形式（週期性）解。

$\therefore \begin{cases} X'' + p^2 X = 0 \\ \ddot{T} + c^2 p^2 T = 0 \end{cases}$

〈步驟 2〉　解與 $X(x)$ 有關的方程式與邊界條件

由 $X'' + p^2 X = 0$ 解得 $X(x) = A\cos px + B\sin px$

代入 B.C.：$\begin{cases} X(0) = 0 & \Rightarrow & A = 0 \\ X(\ell) = 0 & \Rightarrow & \sin p\ell = 0, & \therefore p = \dfrac{n\pi}{\ell}, & n = 1, 2, 3, \cdots \end{cases}$

$\therefore$　$X(x) = B\sin\dfrac{n\pi x}{\ell}$

〈步驟 3〉　解與 $T(t)$ 有關的方程式

$\ddot{T} + c^2 p^2 T = 0$，$\therefore T(t) = C\cos\dfrac{n\pi c}{\ell}t + D\sin\dfrac{n\pi c}{\ell}t$

〈步驟 4〉　結合 $X(x)$ 與 $T(t)$

$u(x, t) = X(x)T(t) = \displaystyle\sum_{n=1}^{\infty}\left(A_n \cos\dfrac{n\pi c}{\ell}t + B_n \sin\dfrac{n\pi c}{\ell}t\right)\sin\dfrac{n\pi x}{\ell}$

〈**步驟** 5〉由起始條件決定係數 A_n , B_n

代入 $u(x, 0) = f(x)$ $\Rightarrow$ $f(x) = \sum_{n=1}^{\infty} A_n \sin \frac{n\pi x}{\ell}$

$\therefore A_n = \frac{2}{\ell} \int_0^{\ell} f(x) \sin \frac{n\pi x}{\ell} dx$

又 $\frac{\partial u}{\partial t}(x, t) = \sum_{n=1}^{\infty} \frac{n\pi c}{\ell}(-A_n \sin \frac{n\pi c}{\ell}t + B_n \cos \frac{n\pi c}{\ell}t) \sin \frac{n\pi x}{\ell}$

代入 $\frac{\partial u}{\partial t}(x, 0) = g(x)$ $\Rightarrow$ $g(x) = \sum_{n=1}^{\infty} \frac{n\pi c}{\ell} B_n \sin \frac{n\pi x}{\ell}$

$\therefore B_n = \frac{1}{\frac{n\pi c}{\ell}} \frac{2}{\ell} \int_0^{\ell} g(x) \sin \frac{n\pi x}{\ell} dx$

因此解為 $u(x, t) = \sum_{n=1}^{\infty} (A_n \cos \frac{n\pi c}{\ell}t + B_n \sin \frac{n\pi c}{\ell}t) \sin \frac{n\pi x}{\ell}$

其中 $A_n = \frac{2}{\ell} \int_0^{\ell} f(x) \sin \frac{n\pi x}{\ell} dx$, $B_n = \frac{1}{\frac{n\pi c}{\ell}} \frac{2}{\ell} \int_0^{\ell} g(x) \sin \frac{n\pi x}{\ell} dx$, $n = 1, 2, 3, \cdots$

由上述之解可以發現：此解代表**駐波**（standing wave）運動，在 $x = \frac{\ell}{n}$（稱為「節點」）時，$u(\frac{\ell}{n}, t) = 0$，且繩波之角頻率為 $\frac{nc}{2\ell}$，即弦長（手要按住弦以控制長度）與彈性係數（弦之粗細與材質）會影響吉他的頻率。

例題 1 **基本題**

解 P.D.E.：$\dfrac{\partial^2 u}{\partial t^2} = c^2 \dfrac{\partial^2 u}{\partial x^2}$, $\quad 0 \le x \le \ell$, $\quad t \ge 0$

B.C.：$u(0, t) = u(\ell, t) = 0$

I.C.：$u(x, 0) = 2\sin \dfrac{\pi x}{\ell}$, $\dfrac{\partial u}{\partial t}(x, 0) = 0$

解 由本節之說明知 $u(x, t) = \sum_{n=1}^{\infty} \left[A_n \cos \dfrac{n\pi ct}{\ell} + B_n \sin \dfrac{n\pi ct}{\ell} \right] \sin \dfrac{n\pi x}{\ell}$

由 I.C. 直接看出 $B_n = 0$

再代入 $u(x, 0) = \sum_{n=1}^{\infty} A_n \sin \dfrac{n\pi x}{\ell} = 2\sin \dfrac{\pi x}{\ell}$

比較得 $A_1 = 2$，其他 $A_n = 0$

$\therefore u(x, t) = 2\cos \dfrac{\pi ct}{\ell} \sin \dfrac{\pi x}{\ell}$

類題

解 P.D.E.：$\dfrac{\partial^2 u}{\partial t^2} = c^2 \dfrac{\partial^2 u}{\partial x^2}$, $\quad 0 \le x \le \ell$, $\quad t \ge 0$

　B.C.：$u(0, t) = u(\ell, t) = 0$

　I.C.：$u(x, 0) = 3\sin\dfrac{2\pi x}{\ell}$, $\dfrac{\partial u}{\partial t}(x, 0) = 0$

答 由本節之說明知 $u(x, t) = \displaystyle\sum_{n=1}^{\infty}\left[A_n \cos\dfrac{n\pi ct}{\ell} + B_n \sin\dfrac{n\pi ct}{\ell} \right]\sin\dfrac{n\pi x}{\ell}$

由 I.C. 直接看出 $B_n = 0$

再代入 $u(x, 0) = \displaystyle\sum_{n=1}^{\infty} A_n \sin\dfrac{n\pi x}{\ell} = 3\sin\dfrac{2\pi x}{\ell}$

比較得 $A_2 = 3$，其他 $A_n = 0$

$\therefore u(x, t) = 3\cos\dfrac{2\pi ct}{\ell}\sin\dfrac{2\pi x}{\ell}$

例題 2　基本題

解 P.D.E.：$\dfrac{\partial^2 u}{\partial t^2} = c^2 \dfrac{\partial^2 u}{\partial x^2}$, $\quad 0 < x \le \ell$, $\quad t \ge 0$

　B.C.：$u(0, t) = u(\ell, t) = 0$

　I.C.：$u(x, 0) = 0$, $\dfrac{\partial u}{\partial t}(x, 0) = 2\sin\dfrac{\pi x}{\ell}$

解 由本節之說明知 $u(x, t) = \displaystyle\sum_{n=1}^{\infty}\left[A_n \cos\dfrac{n\pi ct}{\ell} + B_n \sin\dfrac{n\pi ct}{\ell} \right]\sin\dfrac{n\pi x}{\ell}$

由 I.C. 直接看出 $A_n = 0$

又 $\dfrac{\partial u}{\partial t} = \displaystyle\sum_{n=1}^{\infty}\dfrac{n\pi c}{\ell}\left[-A_n \sin\dfrac{n\pi ct}{\ell} + B_n \cos\dfrac{n\pi ct}{\ell} \right]\sin\dfrac{n\pi x}{\ell}$

再代入 $\dfrac{\partial u}{\partial t}(x, 0) = \displaystyle\sum_{n=1}^{\infty}\dfrac{n\pi c}{\ell} B_n \sin\dfrac{n\pi x}{\ell} = 2\sin\dfrac{\pi x}{\ell}$

比較得 $B_1 = 2 \cdot \dfrac{\ell}{\pi c}$，其他 $B_n = 0$

$\therefore u(x, t) = \dfrac{2\ell}{\pi c}\sin\dfrac{\pi ct}{\ell}\sin\dfrac{\pi x}{\ell}$

類題

解 P.D.E. ： $\dfrac{\partial^2 u}{\partial t^2} = c^2 \dfrac{\partial^2 u}{\partial x^2}$, $\quad 0 \le x \le \ell$, $\quad t \ge 0$

B.C. ： $u(0, t) = u(\ell, t) = 0$

I.C. ： $u(x, 0) = 0$, $\dfrac{\partial u}{\partial t}(x, 0) = 3\sin\dfrac{2\pi x}{\ell}$

答 由本節之說明知 $u(x, t) = \displaystyle\sum_{n=1}^{\infty} \left[A_n \cos\dfrac{n\pi ct}{\ell} + B_n \sin\dfrac{n\pi ct}{\ell} \right] \sin\dfrac{n\pi x}{\ell}$

由 I.C. 直接看出 $A_n = 0$

又 $\dfrac{\partial u}{\partial t} = \displaystyle\sum_{n=1}^{\infty} \dfrac{n\pi c}{\ell} \left[-A_n \sin\dfrac{n\pi ct}{\ell} + B_n \cos\dfrac{n\pi ct}{\ell} \right] \sin\dfrac{n\pi x}{\ell}$

再代入 $\dfrac{\partial u}{\partial t}(x, 0) = \displaystyle\sum_{n=1}^{\infty} \dfrac{n\pi c}{\ell} B_n \sin\dfrac{n\pi x}{\ell} = 3\sin\dfrac{2\pi x}{\ell}$

比較得 $B_2 = 3 \cdot \dfrac{\ell}{2\pi c}$，其他 $B_n = 0$

$\therefore u(x, t) = \dfrac{3\ell}{2\pi c} \sin\dfrac{2\pi ct}{\ell} \sin\dfrac{2\pi x}{\ell}$

9-3　習題

1. 解 P.D.E. ： $\dfrac{\partial^2 u}{\partial t^2} = \dfrac{\partial^2 u}{\partial x^2}$, $\quad 0 \le x \le \pi$, $\quad t \ge 0$

   B.C. ： $u(0, t) = u(\pi, t) = 0$

   I.C. ： $u(x, 0) = \sin x - \sin 2x$, $\dfrac{\partial u}{\partial t}(x, 0) = 0$

2. 解 P.D.E. ： $\dfrac{\partial^2 u}{\partial t^2} = \dfrac{\partial^2 u}{\partial x^2}$, $\quad 0 \le x \le L$, $\quad t \ge 0$

   B.C. ： $u(0, t) = u(L, t) = 0$

   I.C. ： $u(x, 0) = \dfrac{x}{L}$, $\dfrac{\partial u}{\partial t}(x, 0) = 0$

3. 解 P.D.E.：$\dfrac{\partial^2 u}{\partial t^2} = 4 \dfrac{\partial^2 u}{\partial x^2}$,　$0 \le x \le 3$,　$t \ge 0$

　　B.C.：$u(0, t) = u(3, t) = 0$

　　I.C.：$u(x, 0) = 0, \dfrac{\partial u}{\partial t}(x, 0) = 2 \sin \dfrac{\pi}{3} x + \sin \pi x$

4. 解 P.D.E.：$\dfrac{\partial^2 u}{\partial t^2} = c^2 \dfrac{\partial^2 u}{\partial x^2}$,　$0 \le x \le \pi$,　$t \ge 0$

　　B.C.：$u(0, t) = u(\pi, t) = 0$

　　I.C.：$u(x, 0) = 0, \dfrac{\partial u}{\partial t}(x, 0) = 1$

9-4 拉普拉斯方程式

　　二維拉普拉斯方程式如下：

$$\frac{\partial^2 u}{\partial x^2} + \frac{\partial^2 u}{\partial y^2} = 0$$

此處在直角坐標下探討拉普拉斯方程式，仍採用變數分離法。解拉普拉斯方程式時，最大的特點就是把求解範圍畫出來，並把 B.C. 標示在邊界上，即可知要先解 x 向或 y 向。

1　x 向之 B.C. 為齊次

　　二維拉普拉斯方程式形式如下：

　　P.D.E.：$\dfrac{\partial^2 u}{\partial x^2} + \dfrac{\partial^2 u}{\partial y^2} = 0$, $0 \le x \le a$, $0 \le y \le b$ ···(1)

　　B.C.：$u(0, y) = u(a, y) = 0$（x 向之 B.C. 為齊次）

　　　　　$u(x, 0) = 0$，$u(x, b) = f(x)$

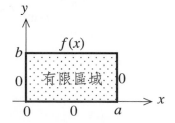

現以變數分離法解拉普拉斯方程式，步驟如下：

〈步驟 1〉 令 $u(x,y) = X(x)Y(y)$ 代入 P.D.E. 得

$$X''Y = -XY'' \implies \frac{X''}{X} = -\frac{Y''}{Y} = -p^2$$

上式中，$-p^2$ 之負號乃是配合 x 向之 B.C. 為齊次，整理得 $\begin{cases} X'' + p^2 X = 0 \\ Y'' - p^2 Y = 0 \end{cases}$

〈步驟 2〉 先解與 x 有關的方程式與 B.C.（$\because x$ 向為齊次）

$$X'' + p^2 X = 0 \xrightarrow{\quad 解 \quad} X(x) = A\cos px + B\sin px$$

代入 B.C.：$\begin{cases} X(0) = 0 \implies A = 0 \\ X(a) = 0 \implies \sin pa = 0，\therefore p = \dfrac{n\pi}{a}, \ n = 1, 2, 3, \cdots \end{cases}$

$$\therefore X(x) = B\sin\frac{n\pi x}{a}$$

〈步驟 3〉 次解與 $Y(y)$ 有關的方程式

$$Y'' - p^2 Y = 0，\therefore Y(y) = Ce^{py} + De^{-py} = Ce^{\frac{n\pi y}{a}} + De^{-\frac{n\pi y}{a}}$$

〈步驟 4〉 結合 $X(x)$ 與 $Y(y)$

$$u(x,y) = X(x)Y(y) = \sum_{n=1}^{\infty}\left(C_n e^{\frac{n\pi y}{a}} + D_n e^{-\frac{n\pi y}{a}}\right)\sin\frac{n\pi x}{a}$$

〈步驟 5〉 由 $Y(y)$ 之邊界條件決定係數 C_n、D_n

代入 $u(x, 0) = 0 \implies \sum_{n=1}^{\infty}(C_n + D_n)\sin\dfrac{n\pi x}{a} = 0$

$\therefore C_n + D_n = 0$ ，令 $D_n = -C_n$

$$\therefore u(x,y) = \sum_{n=1}^{\infty}C_n\left(e^{\frac{n\pi y}{a}} - e^{-\frac{n\pi y}{a}}\right)\sin\frac{n\pi x}{a} \equiv \sum_{n=1}^{\infty}C_n\sinh\frac{n\pi y}{a}\sin\frac{n\pi x}{a}$$

又代入 $u(x, b) = \sum_{n=1}^{\infty}C_n\sinh\dfrac{n\pi b}{a}\sin\dfrac{n\pi x}{a} = f(x)$

由傅立葉級數展開式知 $C_n\sinh\dfrac{n\pi b}{a} = \dfrac{2}{a}\displaystyle\int_0^a f(x)\sin\dfrac{n\pi x}{a}dx$

$$\therefore C_n = \frac{2}{a\sinh\dfrac{n\pi b}{a}}\int_0^a f(x)\sin\frac{n\pi x}{a}dx$$

2 y 向之 B.C. 為齊次

二維拉普拉斯方程式形式如下：

$$\text{P.D.E.}: \frac{\partial^2 u}{\partial x^2} + \frac{\partial^2 u}{\partial y^2} = 0, \ 0 \le x \le a, \ 0 \le y \le b \cdots\cdots\cdots (2)$$

B.C.：$u(0, y) = 0$，$u(a, y) = g(y)$

$u(x, 0) = u(x, b) = 0$（y 向之 B.C. 為齊次）

現以變數分離法解拉普拉斯方程式，步驟如下：

〈步驟 1〉 令 $u(x,y) = X(x)Y(y)$ 代入 P.D.E. 得

$$X''Y = -XY'' \ \Rightarrow \ \frac{X''}{X} = -\frac{Y''}{Y} = p^2$$

上式中 p^2 乃是配合 y 向之 B.C. 為齊次，整理得

$$\begin{cases} X'' - p^2 X = 0 \\ Y'' + p^2 Y = 0 \end{cases}$$

〈步驟 2〉 先解與 y 有關的方程式與 B.C.（$\because y$ 向為齊次）

$$Y'' + p^2 Y = 0 \xrightarrow{\ \text{解}\ } Y(y) = A\cos py + B\sin py$$

代入 B.C.：$\begin{cases} Y(0) = 0 \ \Rightarrow \ A = 0 \\ Y(b) = 0 \ \Rightarrow \ \sin pb = 0, \ \therefore p = \dfrac{n\pi}{b}, \ n = 1, 2, 3, \cdots \end{cases}$

$$\therefore Y(y) = B\sin\frac{n\pi y}{b}$$

〈步驟 3〉 次解與 $X(x)$ 有關的方程式

$$X'' - p^2 X = 0 \ , \ \therefore X(x) = Ce^{px} + De^{-px} = Ce^{\frac{n\pi x}{b}} + De^{-\frac{n\pi x}{b}}$$

〈步驟 4〉 結合 $X(x)$ 與 $Y(y)$

$$u(x, y) = X(x)Y(y) = \sum_{n=1}^{\infty} \left(C_n e^{\frac{n\pi x}{b}} + D_n e^{-\frac{n\pi x}{b}} \right) \sin\frac{n\pi y}{b}$$

〈步驟 5〉 由 $X(x)$ 之邊界條件決定係數 C_n、D_n

代入 $u(0, y) = 0 \Rightarrow \sum_{n=1}^{\infty} (C_n + D_n)\sin\frac{n\pi y}{b} = 0$

$\therefore C_n + D_n = 0$ ，令 $D_n = -C_n$

$$\therefore u(x, y) = \sum_{n=1}^{\infty} C_n \left(e^{\frac{n\pi x}{b}} - e^{-\frac{n\pi x}{b}} \right) \sin\frac{n\pi y}{b} \equiv \sum_{n=1}^{\infty} C_n \sinh\frac{n\pi x}{b} \sin\frac{n\pi y}{b}$$

又代入 $u(a, y) = \sum_{n=1}^{\infty} C_n \sinh \dfrac{n\pi a}{b} \sin \dfrac{n\pi y}{b} = g(y)$

由傅立葉級數展開式知 $C_n \sinh \dfrac{n\pi a}{b} = \dfrac{2}{b} \displaystyle\int_0^b g(y) \sin \dfrac{n\pi y}{b} dy$

$\therefore C_n = \dfrac{2}{b \sinh \dfrac{n\pi a}{b}} \displaystyle\int_0^b g(y) \sin \dfrac{n\pi y}{b} dy$

例題 1 **基本題**

解 P.D.E. ： $\dfrac{\partial^2 u}{\partial x^2} + \dfrac{\partial^2 u}{\partial y^2} = 0, \quad 0 \leq x \leq a, \quad 0 \leq y \leq b$

B.C. ： $u(0, y) = u(a, y) = 0$ ， $u(x, 0) = 0$ ， $u(x, b) = 2\sin\dfrac{\pi x}{a}$

解 由本節之說明知

$u(x, y) = \sum_{n=1}^{\infty} A_n \sinh \dfrac{n\pi y}{a} \sin \dfrac{n\pi x}{a}$

代入 $u(x, b) = \sum_{n=1}^{\infty} A_n \sinh \dfrac{n\pi b}{a} \sin \dfrac{n\pi x}{a} = 2\sin\dfrac{\pi x}{a}$

比較得 $A_1 = \dfrac{2}{\sinh\dfrac{\pi b}{a}}$ ，其他 $A_n = 0$

故 $u(x, y) = \dfrac{2}{\sinh\dfrac{\pi b}{a}} \sinh\dfrac{\pi y}{a} \sin\dfrac{\pi x}{a}$

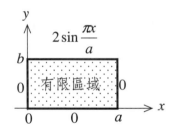

類題

解 P.D.E. ： $\dfrac{\partial^2 u}{\partial x^2} + \dfrac{\partial^2 u}{\partial y^2} = 0, \quad 0 \leq x \leq a, \quad 0 \leq y \leq b$

B.C. ： $u(0, y) = u(a, y) = 0$ ， $u(x, 0) = 0$ ， $u(x, b) = 3\sin\dfrac{2\pi x}{a}$

答 由本節之說明知

$$u(x, y) = \sum_{n=1}^{\infty} A_n \sinh \frac{n\pi y}{a} \sin \frac{n\pi x}{a}$$

代入 $u(x, b) = \sum_{n=1}^{\infty} A_n \sinh \frac{n\pi b}{a} \sin \frac{n\pi x}{a} = 3 \sin \frac{2\pi x}{a}$

比較得 $A_2 = \dfrac{3}{\sinh \dfrac{2\pi b}{a}}$ ，其他 $A_n = 0$

故 $u(x, y) = \dfrac{3}{\sinh \dfrac{2\pi b}{a}} \sinh \dfrac{2\pi y}{a} \sin \dfrac{2\pi x}{a}$

例題 2 　**基本題**

解 P.D.E. : $\dfrac{\partial^2 u}{\partial x^2} + \dfrac{\partial^2 u}{\partial y^2} = 0, \quad 0 \le x \le a, \quad 0 \le y \le b$

B.C. : $u(0, y) = u(a, y) = 0$ ，$u(x, 0) = 2 \sin \dfrac{\pi x}{a}$ ，$u(x, b) = 0$

解 由本節之說明知

$$u(x, y) = \sum_{n=1}^{\infty} \left(A_n e^{\frac{n\pi y}{a}} + B_n e^{-\frac{n\pi y}{a}} \right) \sin \frac{n\pi x}{a}$$

此時 B.C. 為 0 要優先代入！

先代入 $u(x, b) = \sum_{n=1}^{\infty} \left(A_n e^{\frac{n\pi b}{a}} + B_n e^{\frac{n\pi b}{a}} \right) \sin \dfrac{n\pi x}{a} = 0$

$\therefore A_n e^{\frac{n\pi b}{a}} + B_n e^{-\frac{n\pi b}{a}} = 0 \rightarrow B_n = -A_n e^{\frac{2n\pi b}{a}}$

$\therefore u(x, y) = \sum_{n=1}^{\infty} \left(A_n e^{\frac{n\pi y}{a}} - A_n e^{\frac{2n\pi b}{a}} e^{-\frac{n\pi y}{a}} \right) \sin \dfrac{n\pi x}{a} = \sum_{n=1}^{\infty} A_n \left(e^{\frac{n\pi y}{a}} - e^{\frac{2n\pi b}{a}} e^{-\frac{n\pi y}{a}} \right) \sin \dfrac{n\pi x}{a}$

再代入 $u(x, 0) = \sum_{n=1}^{\infty} A_n \left(1 - e^{\frac{2n\pi b}{a}} \right) \sin \dfrac{n\pi x}{a} = 2 \sin \dfrac{\pi x}{a}$

比較得 $A_1 = \dfrac{2}{1 - e^{\frac{2\pi b}{a}}}$ ，其他 $A_n = 0$

故 $u(x, y) = \dfrac{2}{1 - e^{\frac{2\pi b}{a}}} \left(e^{\frac{\pi y}{a}} - e^{\frac{2\pi b}{a}} e^{-\frac{\pi y}{a}} \right) \sin \dfrac{\pi x}{a}$

類題

解 P.D.E.：$\dfrac{\partial^2 u}{\partial x^2} + \dfrac{\partial^2 u}{\partial y^2} = 0, \quad 0 \le x \le a, \quad 0 \le y \le b$

B.C.：$u(0, y) = u(a, y) = 0$，$u(x, 0) = 3\sin\dfrac{2\pi x}{a}$，$u(x, b) = 0$

答 由本節之說明知

$$u(x, y) = \sum_{n=1}^{\infty} \left(A_n e^{\frac{n\pi y}{a}} + B_n e^{-\frac{n\pi y}{a}} \right) \sin\frac{n\pi x}{a}$$

此時 B.C. 為 0 要優先代入！

先代入 $u(x, b) = \sum_{n=1}^{\infty} \left(A_n e^{\frac{n\pi b}{a}} + B_n e^{-\frac{n\pi b}{a}} \right) \sin\dfrac{n\pi x}{a} = 0$

$\therefore A_n e^{\frac{n\pi b}{a}} + B_n e^{-\frac{n\pi b}{a}} = 0 \rightarrow B_n = -A_n e^{\frac{2n\pi b}{a}}$

$\therefore u(x, y) = \sum_{n=1}^{\infty} \left(A_n e^{\frac{n\pi y}{a}} - A_n e^{\frac{2n\pi b}{a}} e^{-\frac{n\pi y}{a}} \right) \sin\dfrac{n\pi x}{a} = \sum_{n=1}^{\infty} A_n \left(e^{\frac{n\pi y}{a}} - e^{\frac{2n\pi b}{a}} e^{-\frac{n\pi y}{a}} \right) \sin\dfrac{n\pi x}{a}$

再代入 $u(x, 0) = \sum_{n=1}^{\infty} A_n \left(1 - e^{\frac{2n\pi b}{a}} \right) \sin\dfrac{n\pi x}{a} = 3\sin\dfrac{2\pi x}{a}$

比較得 $A_2 = \dfrac{3}{1 - e^{\frac{4\pi b}{a}}}$，其他 $A_n = 0$

故 $u(x, y) = \dfrac{3}{1 - e^{\frac{4\pi b}{a}}} \left(e^{\frac{2\pi y}{a}} - e^{\frac{4\pi b}{a}} e^{-\frac{2\pi y}{a}} \right) \sin\dfrac{2\pi x}{a}$

例題 3　基本題

解 P.D.E.：$\dfrac{\partial^2 u}{\partial x^2} + \dfrac{\partial^2 u}{\partial y^2} = 0, \quad 0 \le x \le a, \quad 0 \le y \le b$

B.C.：$u(0, y) = 0$，$u(a, y) = 2\sin\dfrac{\pi y}{b}$，$u(x, 0) = u(x, b) = 0$

解 由本節之說明知

$$u(x, y) = \sum_{n=1}^{\infty} A_n \sinh \frac{n\pi x}{b} \sin \frac{n\pi y}{b}$$

代入 $u(a, y) = \sum_{n=1}^{\infty} A_n \sinh \frac{n\pi a}{b} \sin \frac{n\pi y}{b} = 2\sin \frac{\pi y}{b}$

比較得 $A_1 = \dfrac{2}{\sinh \dfrac{\pi a}{b}}$，其他 $A_n - 0$

故 $u(x, y) = \dfrac{2}{\sinh \dfrac{\pi a}{b}} \sinh \dfrac{\pi x}{b} \sin \dfrac{\pi y}{b}$

類題

解 P.D.E.： $\dfrac{\partial^2 u}{\partial x^2} + \dfrac{\partial^2 u}{\partial y^2} = 0, \quad 0 \le x \le a, \quad 0 \le y \le b$

B.C.： $u(0, y) = 0$，$u(a, y) = 3\sin \dfrac{2\pi y}{b}$，$u(x, 0) = u(x, b) = 0$

答 由本節之說明知

$$u(x, y) = \sum_{n=1}^{\infty} A_n \sinh \frac{n\pi x}{b} \sin \frac{n\pi y}{b}$$

代入 $u(a, y) = \sum_{n-1}^{\infty} A_n \sinh \frac{n\pi a}{b} \sin \frac{n\pi y}{b} = 3\sin \frac{2\pi y}{b}$

比較得 $A_1 = \dfrac{3}{\sinh \dfrac{2\pi a}{b}}$，其他 $A_n = 0$

故 $u(x, y) = \dfrac{3}{\sinh \dfrac{2\pi a}{b}} \sinh \dfrac{2\pi x}{b} \sin \dfrac{2\pi y}{b}$

例題 4　基本題

解 P.D.E. ： $\dfrac{\partial^2 u}{\partial x^2} + \dfrac{\partial^2 u}{\partial y^2} = 0, \quad 0 \le x \le a, \quad 0 \le y \le b$

B.C. ： $u(0, y) = 2\sin\dfrac{\pi y}{b}$, $u(a, y) = 0$ ， $u(x, 0) = u(x, b) = 0$

解 由本節之說明知

$$u(x, y) = \sum_{n=1}^{\infty} \left(A_n e^{\frac{n\pi x}{b}} + B_n e^{-\frac{n\pi x}{b}} \right) \sin\frac{n\pi y}{b}$$

此時 B.C. 為 0 要優先代入！

先代入 $u(a, y) = \sum_{n=1}^{\infty} \left(A_n e^{\frac{n\pi a}{b}} + B_n e^{-\frac{n\pi a}{b}} \right) \sin\dfrac{n\pi y}{b} = 0$

$\therefore A_n e^{\frac{n\pi a}{b}} + B_n e^{-\frac{n\pi a}{b}} = 0 \rightarrow B_n = -A_n e^{\frac{2n\pi a}{b}}$

$\therefore u(x, y) = \sum_{n=1}^{\infty} \left(A_n e^{\frac{n\pi x}{b}} - A_n e^{\frac{2n\pi a}{b}} e^{-\frac{n\pi x}{b}} \right) \sin\dfrac{n\pi y}{b} = \sum_{n=1}^{\infty} A_n \left(e^{\frac{n\pi x}{b}} - e^{\frac{2n\pi a}{b}} e^{-\frac{n\pi x}{b}} \right) \sin\dfrac{n\pi y}{b}$

再代入 $u(0, y) = \sum_{n=1}^{\infty} A_n \left(1 - e^{\frac{2n\pi a}{b}} \right) \sin\dfrac{n\pi y}{b} = 2\sin\dfrac{\pi y}{b}$

比較得 $A_1 = \dfrac{2}{1 - e^{\frac{2\pi a}{b}}}$ ，其他 $A_n = 0$

故 $u(x, y) = \dfrac{2}{1 - e^{\frac{2\pi a}{b}}} \left(e^{\frac{\pi x}{b}} - e^{\frac{2\pi a}{b}} e^{-\frac{\pi x}{b}} \right) \sin\dfrac{\pi y}{b}$

類題

解 P.D.E.：$\dfrac{\partial^2 u}{\partial x^2} + \dfrac{\partial^2 u}{\partial y^2} = 0, \quad 0 \le x \le a, \quad 0 \le y \le b$

B.C.：$u(0, y) = 3\sin\dfrac{2\pi y}{b}$，$u(a, y) = 0$，$u(x, 0) = u(x, b) = 0$

答 由本節之說明知

$$u(x, y) = \sum_{n=1}^{\infty}\left(A_n e^{\frac{n\pi x}{b}} + B_n e^{-\frac{n\pi x}{b}} \right)\sin\frac{n\pi y}{b}$$

此時 B.C. 為 0 要優先代入！

先代入 $u(a, y) = \displaystyle\sum_{n=1}^{\infty}\left(A_n e^{\frac{n\pi a}{b}} + B_n e^{-\frac{n\pi a}{b}} \right)\sin\frac{n\pi y}{b} = 0$

$\therefore A_n e^{\frac{n\pi a}{b}} + B_n e^{-\frac{n\pi a}{b}} = 0 \to B_n = -A_n e^{\frac{2n\pi a}{b}}$

$\therefore u(x, y) = \displaystyle\sum_{n=1}^{\infty}\left(A_n e^{\frac{n\pi x}{b}} - A_n e^{\frac{2n\pi a}{b}} e^{-\frac{n\pi x}{b}} \right)\sin\frac{n\pi y}{b} = \sum_{n=1}^{\infty} A_n\left(e^{\frac{n\pi x}{b}} - e^{\frac{2n\pi a}{b}} e^{-\frac{n\pi x}{b}} \right)\sin\frac{n\pi y}{b}$

再代入 $u(0, y) = \displaystyle\sum_{n=1}^{\infty} A_n\left(1 - e^{\frac{2n\pi a}{b}} \right)\sin\frac{n\pi y}{b} = 3\sin\frac{2\pi y}{b}$

比較得 $A_1 = \dfrac{3}{1 - e^{\frac{4\pi a}{b}}}$，其他 $A_n = 0$

故 $u(x, y) = \dfrac{3}{1 - e^{\frac{4\pi a}{b}}}\left(e^{\frac{2\pi x}{b}} - e^{\frac{4\pi a}{b}} e^{-\frac{2\pi x}{b}} \right)\sin\frac{2\pi y}{b}$

9-4 習題

1. 解 P.D.E.：$\dfrac{\partial^2 u}{\partial x^2} + \dfrac{\partial^2 u}{\partial y^2} = 0$，$0 \le x \le \pi$，$0 \le y \le \pi$

    B.C.：$u(0, y) = u(\pi, y) = 0$，$u(x, 0) = 0$，$u(x, \pi) = 2\sin x$

2. 解 P.D.E.：$\dfrac{\partial^2 u}{\partial x^2} + \dfrac{\partial^2 u}{\partial y^2} = 0$，$0 \le x \le \pi$，$0 \le y \le \pi$

    B.C.：$u(0, y) = u(\pi, y) = 0$，$u(x, 0) = 2\sin x$，$u(x, \pi) = 0$

3. 解 P.D.E.：$\dfrac{\partial^2 u}{\partial x^2} + \dfrac{\partial^2 u}{\partial y^2} = 0$，$0 \le x \le \pi$，$0 \le y \le \pi$

    B.C.：$u(0, y) = 0$，$u(\pi, y) = 2\sin y$，$u(x, 0) = u(x, \pi) = 0$

4. 解 P.D.E.：$\dfrac{\partial^2 u}{\partial x^2} + \dfrac{\partial^2 u}{\partial y^2} = 0$，$0 \le x \le \pi$，$0 \le y \le \pi$

    B.C.：$u(0, y) = 2\sin y$，$u(\pi, y) = 0$，$u(x, 0) = u(x, \pi) = 0$

總整理

本章之心得：

1. 要會判斷二階線性 P.D.E. 之類型。由 $B^2 - 4AC$ 之值可知：

    (1) 雙曲線型：$B^2 - 4AC > 0$

    (2) 拋物線型：$B^2 - 4AC = 0$

    (3) 橢圓型：$B^2 - 4AC < 0$

2. (1) 以變數分離法解 P.D.E. 之基本條件為何？答：雙齊

    (2) 齊次 P.D.E. ＋非齊次 B.C. ⇒ 因變數變更法

3. 一維波動方程式之解法仍為變數分離法，但此時有二個 I.C. ～注意：一維熱傳方程式僅需一個 I.C.！

4. 拉普拉斯方程式在求解上需注意：齊次 B.C. 為 x 向或 y 向，以決定特徵值。

CHAPTER

10

複變函數分析

■ 本章大綱 ■

學習目標

1. 熟悉複數之基本表法、複數之旋轉、對數、n 次方根、次冪等基本計算

2. 瞭解複變函數在坐標表示上之特色與基本複變函數（含指數、對數、三角）之定義與由來

3. 瞭解複變函數中解析性與可微分之定義及柯西－里曼方程式之功用與相關應用

4. 瞭解勞倫級數之求法及其與泰勒級數之關係

5. 熟悉柯西定理與柯西積分公式之由來、條件、結果

6. 瞭解留數定理之理論依據與如何計算

7. 瞭解實數積分與複數積分在何種路徑時可互換，並學習二種標準圍線之積分計算

複數（complex number）對同學並不陌生（國中即有），如 $x^2 + 1 = 0$ 之解即為複數。若從以下之數系出發，同學更明瞭各種數之間的關係：

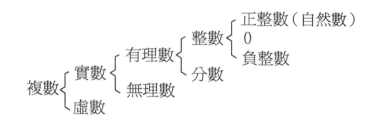

複數 $\begin{cases} 實數 \begin{cases} 有理數 \begin{cases} 整數 \begin{cases} 正整數（自然數） \\ 0 \\ 負整數 \end{cases} \\ 分數 \end{cases} \\ 無理數 \end{cases} \\ 虛數 \end{cases}$

至於**複變數函數**（function of complex variable），即是以往所學習之實變數函數的擴充，將自變數與因變數由實數擴充到複數而已，但在學習時，需注意其與實變數函數在相關領域間之異同，學習成效必能事半功倍！

10-1 複數基本運算

本節將扼要地說明複數基本運算法則，複數系以 C 表之。

▥ 複數之形式

任何數均可表為 $z = x + iy$，$x, y \in R$，$i = \sqrt{-1}$，且 $i^2 = -1$，其中 $x = \text{Re}(z)$，稱為 z 之**實部**（real part）；$y = \text{Im}(z)$ 稱為 z 之**虛部**（imaginary part）。

定義 複數四則運算

若有二複數分別為$z_1 = a + bi,\ z_2 = c + di$，其四則運算為：

加法：$z_1 + z_2 = (a + c) + i(b + d)$（同向量之加法運算）

減法：$z_1 - z_2 = (a - c) + i(b - d)$（為加法之反運算）

乘法：$z_1 z_2 = (a + bi)(c + di) = (ac - bd) + (ad + bc)i$

除法：$\dfrac{z_1}{z_2} = \dfrac{a + bi}{c + di} = \dfrac{(a + bi)(c - di)}{(c + di)(c - di)} = \dfrac{ac + bd}{c^2 + d^2} + \dfrac{bc - ad}{c^2 + d^2}i$

為了便於計算除法，也定義「共軛複數」。

定義 共軛複數

若 $z = x + iy$，則 $\bar{z} \equiv x - iy$，並稱 $\bar{z}$ 為 z 之共軛複數（conjugate complex number）。

共軛複數之運算亦有下列性質（讀者可自行導證）：

(1) $\overline{z_1 + z_2} = \bar{z_1} \pm \bar{z_2}$ ～先加減，再取共軛 = 先取共軛，再加減

(2) $\overline{z_1 z_2} = \bar{z_1}\,\bar{z_2}$ ～此式常用！先乘，再取共軛 = 先取共軛，再乘

(3) $\overline{\left(\dfrac{z_1}{z_2}\right)} = \dfrac{\bar{z_1}}{\bar{z_2}}$ ～此式常用！先除，再取共軛 = 先取共軛，再除

(4) $x = \dfrac{1}{2}(z + \bar{z})$

(5) $y = \dfrac{1}{2i}(z - \bar{z})$

▮▮▮ z 平面或複數平面

令 $z = x + iy$，在二維平面上欲表示 z，取水平軸為實數軸，垂直軸為虛數軸，如右圖所示：

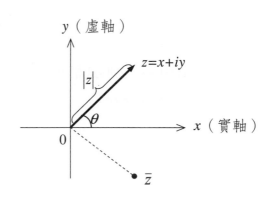

此平面稱為「z 平面」或「複數平面」，任意複數皆可表示在複數平面上，因此衍生出許多相關之定義，如下分項之敘述：

1. **絕對值**：z 之絕對值記為 $|z|$，表示 z 點到原點之距離，亦稱為**模數**（modulus），在 z 平面上 $|z|$ 可以下式表之：

$$|z| = \sqrt{x^2 + y^2} = (z\bar{z})^{1/2}$$

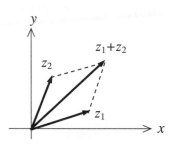

並由右圖看出：$|z_1 + z_2| \leq |z_1| + |z_2|$
（由幾何意義即知！）
且 $|z - z_0| = a$ 之動點 z：表在 z 平面上以 $z = z_0$ 為圓心、半徑為 a 之圓。

2. **幅角**：如前一圖中之 θ 角，記為 $\theta = \arg(z)$，幅角由 z 值決定，規定 $-\infty < \arg(z) < \infty$。現若從某一點 z 出發，逆時針繞原點一圈後回到原起點，幅角將增加 2π，因此對同一點 z 所對應之幅角有無窮多個，每個幅角之差為 $2n\pi$。

3. **主幅角**：從幅角中挑出一個角度落在針對題意或計算上需要所制訂之角度範圍內，記為 $Arg(z)$，以下二種範圍最常見：

   (1) $0 \leq Arg(z) < 2\pi$

   (2) $-\pi \leq Arg(z) < \pi$

   因此，同一點 z 所對應之主幅角僅有一個，並有

$$\arg(z) = Arg(z) \pm 2k\pi, \quad k = 0, 1, 2, \cdots$$

4. **極式**：若 z 之幅角為 θ，依三角函數關係可得

   $z = x + iy = |z|(\cos\theta + i\sin\theta)$
   再令 $r \equiv |z|$，並利用尤拉恆等式：$e^{i\theta} = \cos\theta + i\sin\theta$
   可將 z 表示為 $z = x + iy = re^{i\theta}$
   其中 $re^{i\theta}$ 之形式稱為複數 z 之**極式**（polar form），同理亦可得
   $\bar{z} = x - iy = re^{-i\theta}$

例題 1 說明題

求 $z = 1 + i$ 之幅角與主幅角，並說明其相關性。

解 $\because z = 1 + i = \sqrt{2} e^{i(\frac{\pi}{4} \pm 2k\pi)}$, $k = 0, 1, 2, \cdots$

主動

故幅角為 $\cdots, -\frac{7\pi}{4}, \frac{\pi}{4}, \frac{9\pi}{4}, \frac{17\pi}{4}, \cdots$

(1) 若規定主幅角範圍為 $0 \sim 2\pi$，則 $Arg(1 + i) = \frac{\pi}{4}$

(2) 若規定主幅角範圍為 $2\pi \sim 4\pi$，則 $Arg(1 + i) = \frac{9\pi}{4}$

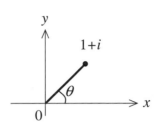

定理 利美弗（De Moivre）定理

若複數以極式表示，則 $z_1 z_2 = (r_1 e^{i\theta_1})(r_2 e^{i\theta_2}) = r_1 r_2 e^{i(\theta_1 + \theta_2)}$

$$\frac{z_1}{z_2} = \frac{r_1}{r_2} e^{i(\theta_1 - \theta_2)}$$

上式稱為利美弗定理。

引申之有：

(1) $|z_1 z_2| = |z_1||z_2|$ 　　　　　(2) $\arg(z_1 z_2) = \arg(z_1) + \arg(z_2)$

(3) $\left|\frac{z_1}{z_2}\right| = \frac{|z_1|}{|z_2|}$ 　　　　　(4) $\arg(\frac{z_1}{z_2}) = \arg(z_1) - \arg(z_2)$

(5) $z = re^{i\theta}$，則 $z^n = r^n e^{in\theta}$

以下說明相關複數的運算，以作為爾後計算複數之基礎。

1. **旋轉**：如右圖，z 繞原點旋轉了 α 角成 z'，若 $z = re^{i\theta}$，則 z' 之表示式為

$$z' = re^{i(\theta + \alpha)} = ze^{i\alpha}$$

意即「旋轉後的新值為舊值的 $e^{i\alpha}$ 倍」。

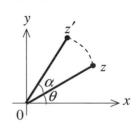

2. **對數**：若 $z = x + iy = re^{i\theta}$，則

$$\ln z = \ln(re^{i\theta}) = \ln r + i\theta = \ln r + i[Arg(z) \pm 2k\pi] \text{ , } k = 0, 1, 2, \cdots$$

其中 $\ln z$ 之實部為 $\ln r$，虛部為 $Arg(z) \pm 2k\pi$

若令 $k = 0$，稱 $\ln z = \ln r + iArg(z)$ 為**主值**（principal value）。

3. **複數根**：若 $z^n = x + iy = w = re^{i\theta} = re^{i[Arg(w) + 2k\pi]}$，$n \in N$，依代數基本定理知共有 n 個根會滿足此一方程式，利用「利美彿定理」可得所有根如下：

$$z = w^{1/n} \quad \Rightarrow \quad z_k = \sqrt[n]{r}\, e^{\frac{i[2k\pi + Arg(w)]}{n}} \text{ , } \quad k = 0, 1, 2, \cdots, n-1$$

亦可表為

$$z_k = \sqrt[n]{r}\, e^{\frac{i[2k\pi - Arg(w)]}{n}} \text{ , } \quad k = 0, 1, 2, \cdots, n-1 \quad \sim 少用！$$

4. **z 之次冪**：定義 $z^\alpha \equiv e^{\alpha \ln z} = e^{\alpha[\ln r + i\theta]}$ ，$\alpha \in C$

例題 2　基本題

若 $z_1 = 1 - i$，$z_2 = -2 + 4i$，$z_3 = 3 - 2i$，求 $\dfrac{z_1 z_2}{z_3}$ 之值為？

解 $\dfrac{z_1 z_2}{z_3} = \dfrac{(1-i)(-2+4i)}{3-2i} = \dfrac{(2+6i)(3+2i)}{(3-2i)(3+2i)} = \dfrac{-6+22i}{13}$

類題

若 $z_1 = 1 - i$，$z_2 = -2 + 4i$，$z_3 = \sqrt{3} - 2i$，則 $\left| z_1^2 + \overline{z}_2^2 \right|^2 + \left| \overline{z}_3^2 - z_2^2 \right|^2 = ?$

答 即 $\left| -2i + 16i - 12 \right|^2 + \left| -1 + 4\sqrt{3}i + 12 + 16i \right|^2 = \left| -12 + 14i \right|^2 + \left| 11 + (16 + 4\sqrt{3})i \right|^2$

$= 340 + 425 + 128\sqrt{3} = 765 + 128\sqrt{3}$

例題 3　**基本題**

求 $\ln(i) = ?$ 又其主值為何？

解　$\ln(i) = \ln\left[1e^{i(\frac{\pi}{2} \pm 2k\pi)} \right] = \ln 1 + i\left[\frac{\pi}{2} \pm 2k\pi \right] = i\left[\frac{\pi}{2} \pm 2k\pi \right]$，$k = 0, 1, 2, \cdots$

將 $k = 0$ 代入得 $\ln(i) = \dfrac{\pi}{2} i$（主值）

類題

求 $\ln(-1 + \sqrt{3}i) = ?$ 又其主值為何？

答　$\ln(-1 + \sqrt{3}i) = \ln\left(2e^{i(\frac{2}{3}\pi \pm 2k\pi)} \right) = \ln 2 + i(\frac{2}{3}\pi \pm 2k\pi)$

將 $k = 0$ 代入得 $\ln(-1 + \sqrt{3}i) = \ln 2 + i\dfrac{2}{3}\pi$（主值）

例題 4　**基本題**

求 $i^i = ?$ 又其主值為何？

解　$i^i = e^{i\ln(i)} = e^{i \cdot i\left[\frac{\pi}{2} \pm 2k\pi \right]} = e^{-\left[\frac{\pi}{2} \pm 2k\pi \right]} \in R$（實數！）

將 $k = 0$ 代入得 $i^i = e^{-\frac{\pi}{2}}$（主值！）

類題

求 $(1 + i)^i = ?$ 又其主值為何？

答　$(1 + i)^i = e^{i\ln(1+i)} = e^{i\ln\left[\sqrt{2}e^{i(\frac{\pi}{4} \pm 2k\pi)} \right]} = e^{i\left[\ln\sqrt{2} + i(\frac{\pi}{4} \pm 2k\pi) \right]} = e^{-(\frac{\pi}{4} \pm 2k\pi)} e^{i\ln\sqrt{2}}$

$\qquad = e^{-(\frac{\pi}{4} \pm 2k\pi)}\left[\cos(\ln\sqrt{2}) + i\sin(\ln\sqrt{2}) \right]$

將 $k = 0$ 代入得 $(1 + i)^i = e^{-\frac{\pi}{4}}\left[\cos(\ln\sqrt{2}) + i\sin(\ln\sqrt{2}) \right]$（主值！）

例題 5 基本題

求 $z^5 = -32$ 之所有根。

解 $\because z^5 = -32 = 32e^{i(\pi \pm 2k\pi)}$，$\therefore z_k = \sqrt[5]{32}e^{i\frac{\pi + 2k\pi}{5}}$，$k = 0, 1, 2, 3, 4$ 所以此五根如下：

$z_0 = \sqrt[5]{32}e^{i\frac{\pi}{5}} = 2e^{i\frac{\pi}{5}}$

$z_1 = \sqrt[5]{32}e^{i(\frac{2\pi + \pi}{5})} = 2e^{i\frac{3\pi}{5}}$

$z_2 = \sqrt[5]{32}e^{i(\frac{4\pi + \pi}{5})} = 2e^{i\pi} = -2$

$z_3 = \sqrt[5]{32}e^{i(\frac{6\pi + \pi}{5})} = 2e^{i\frac{7\pi}{5}}$

$z_4 = \sqrt[5]{32}e^{i(\frac{8\pi + \pi}{5})} = 2e^{i\frac{9\pi}{5}}$

在 z 平面上，此五個根形成以原點為中心之正五邊形之五個頂點，如上圖所示。

類題

求 $z^4 = 16$ 之所有根。

答 $\because z^4 = 16 = 16e^{i(0 \pm 2k\pi)}$，$\therefore z_k = \sqrt[4]{16}e^{i\frac{0 + 2k\pi}{4}}$，$k = 0, 1, 2, 3$，所以此四根如下：

$z_0 = \sqrt[4]{16}e^{i\frac{0}{4}} = 2$，$z_1 = \sqrt[4]{16}e^{i(\frac{2\pi + 0}{4})} = 2e^{i\frac{\pi}{2}} = 2i$

$z_2 = \sqrt[4]{16}e^{i(\frac{4\pi + 0}{4})} = 2e^{i\pi} = -2$，$z_3 = \sqrt[4]{16}e^{i(\frac{6\pi + 0}{4})} = 2e^{i\frac{3\pi}{2}} = -2i$

例題 6 基本題

若 $z = \frac{\sqrt{3}}{2} + i\frac{1}{2}$，則 $z^{16} = ?$

解 $z = \frac{\sqrt{3}}{2} + i\frac{1}{2} = e^{i\frac{\pi}{6}}$，$\therefore z^{16} = e^{i\frac{16\pi}{6}} = e^{i\frac{4\pi}{6}} = -\frac{1}{2} + i\frac{\sqrt{3}}{2}$

類題

若 $z = -\dfrac{\sqrt{3}}{2} + i\dfrac{1}{2}$，則 $z^{10} = ?$

答 $z = -\dfrac{\sqrt{3}}{2} + i\dfrac{1}{2} = e^{i\frac{5\pi}{6}}$， $\therefore z^{10} = e^{i\frac{50\pi}{6}} = e^{i\frac{2\pi}{6}} = \dfrac{1}{2} + i\dfrac{\sqrt{3}}{2}$

例題 7 **基本題**

請決定 $\left|\dfrac{z+1}{z-1}\right| = 2$ 在 z 平面上之圖形。

解 由 $\left|\dfrac{z+1}{z-1}\right| = 2$ 得 $\dfrac{|z+1|}{|z-1|} = 2 \Rightarrow |z+1| = 2|z-1|$，令 $z = x + iy$ 代入得

$|x+iy+1| = 2|x+iy-1|$，則 $(x+1)^2 + y^2 = 4\left[(x-1)^2 + y^2\right]$

整理後得 $(x - \dfrac{5}{3})^2 + y^2 = \dfrac{16}{9}$（圓！）

類題

請決定 $\left|\dfrac{z+1}{z-1}\right| = 1$ 在 z 平面上之圖形。

答 由 $\left|\dfrac{z+1}{z-1}\right| = 1$ 得 $\dfrac{|z+1|}{|z-1|} = 1$，

令 $z = x + iy$ 代入 2 得 $|x+iy+1| = |x+iy-1|$

則 $(x+1)^2 + y^2 = (x-1)^2 + y^2$，整理後得 $x = 0$（y 軸）

10-1 習題

1. 求 $z^3 = 27$ 之所有根。

2. 求 $(1-i)^i = ?$ 又其主值為何？

3. $(1+i)^{20} = ?$

4. $\dfrac{2^{12}}{(1-i)^{20}} = ?$

5. $(1+\sqrt{3}i)^{-10} = ?$

6. 決定 $|z-1| = |z+i|$ 在 z 平面上之圖形。

7. 決定 $z^2 + \bar{z}^2 = 2$ 在 z 平面上之圖形。

10-2 複變函數之觀念

在實函數之理論中，最簡單的函數形式為 $y = f(x)$，意即由每一個 x 值即可決定 y 值，並在 x-y 平面上可繪出此函數之圖形。例如 $y = x^2$ 在 x-y 平面上之圖形如下所示：

同理，我們在處理複變函數時，也可假設其形式為：

$$w = f(z)$$

其中

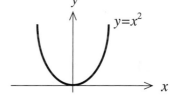

$$z = x + iy，為自變數$$

$$w \equiv u(x, y) + iv(x, y)，為因變數$$

但在複變函數中無法像實數函數 $y = f(x)$ 一樣，直接在 x-y 平面可以將圖形畫出。在 $w = f(z)$ 中，須以二個複數平面來表示 z 與 w 之關係，一個稱為 z 平面，另一個稱為 w 平面，利用此二個平面才能表達 z 與 w 之關係，此處 w 相當於二個實函數 $u(x, y)$ 與 $v(x, y)$ 之組合。下圖所示即為其中之一種關係：

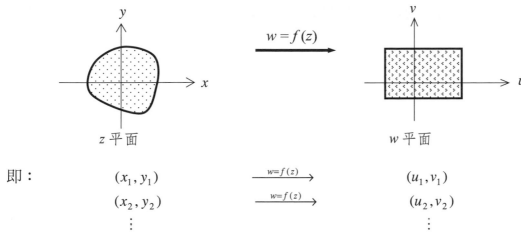

z 平面   w 平面

即： (x_1, y_1) $\xrightarrow{\quad w=f(z)\quad}$ (u_1, v_1)

(x_2, y_2) $\xrightarrow{\quad w=f(z)\quad}$ (u_2, v_2)

⋮   ⋮

由於 $w = f(z) = f(x+iy) = u+iv$，可知 z 平面上之 (x, y) 值，均可求出在 w 平面上對應之 (u, v) 值，w 平面上之圖形稱為**影**（image）。這種需要藉著 z、w 二平面所表示的複變函數關係（如此才不會人與影互相重疊），和實函數只要以一個 $x\text{-}y$ 平面即可表示的情形不一樣，希望讀者留意。因此複變函數表示的意義為：二個坐標系統間之坐標變換，不是圖形！

例題 1　說明題

若 $w = f(z) = z^2$，分別求 z 平面之點 $(-1, 2)$ 與 $(3, -1)$ 所對應至 w 平面上的影像。

解 (1) z 平面之點 $(-1, 2)$，即 $z = -1+2i$，$\therefore w = (-1+2i)^2 = -3-4i$，影為 $(-3, -4)$。

(2) z 平面之點 $(3, -1)$，即 $z = 3-i$，$\therefore w = (3-i)^2 = 8-6i$，影為 $(8, -6)$。

如下圖示：

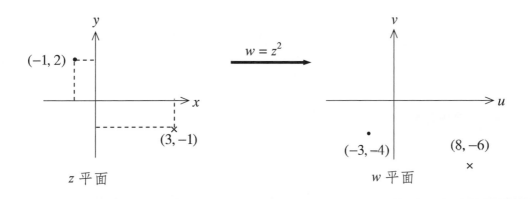

z 平面   w 平面

接著介紹一些常見的基本複變函數，除了作為運算基本工具外，亦將說明其與實函數之差異。

■ 指數函數

定義：$w = e^z$

說明：$w = e^z = e^{x+iy} = e^x(\cos y + i \sin y) = u + iv \Rightarrow \begin{cases} u = e^x \cos y \\ v = e^x \sin y \end{cases}$

■ 自然對數

定義：$w = \ln z$

說明：令 $z = re^{i\theta}$ 代入得 $u + iv = \ln r + i\theta$，$\therefore u = \ln r$，$v = \theta$

■ 三角函數

定義：$\sin z = \dfrac{1}{2i}\left(e^{iz} - e^{-iz}\right)$，$\cos z = \dfrac{1}{2}\left(e^{iz} + e^{-iz}\right)$

說明：源自尤拉恆等式！將原來之實數寫成複數也。依照此定義，可以得到以下有關三角函數之性質（均與實函數同）。

1. $\sin(z + 2\pi) = \sin z$，$\cos(z + 2\pi) = \cos z$

2. $\sin^2 z + \cos^2 z = 1$

3. $\sin(z_1 \pm z_2) = \sin z_1 \cos z_2 \pm \cos z_1 \sin z_2$

4. $\cos(z_1 \pm z_2) = \cos z_1 \cos z_2 \mp \sin z_1 \sin z_2$

5. $\sin 2z = 2 \sin z \cos z$，$\cos 2z = \cos^2 z - \sin^2 z$

而其他之三角函數，如 $\tan z$、$\cot z$ 等可由以上之定義得：

$\tan z \equiv \dfrac{\sin z}{\cos z}$，$\cot z \equiv \dfrac{\cos z}{\sin z}$，$\sec z \equiv \dfrac{1}{\cos z}$，$\csc z \equiv \dfrac{1}{\sin z}$

■ 注意：複數三角函數 $\sin z$、$\cos z$ 為無界，這是與實函數之唯一不同！

例題 2 說明題

請問 $e^{2+3i} = ?$

解 $e^{2+3i} = e^2 \cdot e^{3i} = e^2(\cos 3 + i \sin 3)$

例題 **3** 說明題

請問 (1) $\cos(2i) = ?$ (2) $\sin(2i) = ?$

解 (1) $\cos(2i) = \dfrac{1}{2}(e^{-2} + e^2) \approx 3.72 > 1$ (2) $\sin(2i) = \dfrac{1}{2i}(e^{-2} - e^2) \approx 3.58i$

例題 **4** 基本題

解 $e^{4z} = 1$。

解 $e^{4z} = 1 = e^{i(0 \pm 2k\pi)}, \quad k = 0, 1, 2, \cdots$

取對數得 $4z = \pm 2ik\pi$，故解為 $z = \pm \dfrac{ik\pi}{2}$

類題

解 $e^{iz} = 3$

答 $e^{iz} = 3 = 3e^{i(0 \pm 2k\pi)} = e^{\ln 3 \pm i2k\pi}, \quad k = 0, 1, 2, \cdots$

取對數得 $iz = \ln 3 + i2k\pi$，故解為 $z = -i\ln 3 \pm 2k\pi$ ， $k = 0, 1, 2, \cdots$

10-2 習題

1. 計算 $e^{2+7\pi i} = ?$
2. 解 $e^z = -2$
3. 解 $e^z = 1 + \sqrt{3}i$

10-3 複變函數之微分

微積分中對實函數的微分觀念，在複變函數仍相同，請看以下定義。

定義 導函數與可微分

若 $f(z)$ 於 z 平面上之某區域內均有定義，且對某一點 z 而言，其 $\lim\limits_{\Delta z \to 0} \dfrac{f(z+\Delta z)-f(z)}{\Delta z}$ 之極限存在，則稱 $f(z)$ 在點 z 為**可微分**（differentiable），記為 $f'(z) \equiv \lim\limits_{\Delta z \to 0} \dfrac{f(z+\Delta z)-f(z)}{\Delta z}$，並稱 $f'(z)$ 為 $f(z)$ 之**導函數**（derivative function）。 ■

▥ 注意：因為 $z = x + iy$，即 $\Delta z = \Delta x + i\Delta y$，故在 z 平面上使 $\Delta z \to 0$ 之路徑有無限多條！如右圖所示，因此，不論依任何路徑逼近，均得相同極限，才可微分！這是相當重要的觀念。

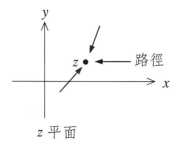

▥ 導函數基本公式

設 $f(z)$、$g(z)$ 均為可微分函數，c 為常數，則：

1. $\left[cf(z)\right]' = cf'(z)$

2. $\left[f(z) \pm g(z)\right]' = f'(z) \pm g'(z)$

3. $\left[f(z)g(z)\right]' = f'(z)g(z) + f(z)g'(z)$

4. $\left[\dfrac{f(z)}{g(z)}\right]' = \dfrac{f'(z)g(z) - f(z)g'(z)}{g^2(z)}$ ，$g(z) \neq 0$

5. 若 $f(z) = a_n z^n + a_{n-1}z^{n-1} + \cdots + a_1 z + a_0$，$n \in R$

    則 $f'(z) = na_n z^{n-1} + (n-1)a_{n-1}z^{n-2} + \cdots + a_1$

6. 三角函數之微分性質如下：

    $(\sin z)' = \cos z$ ；$(\cos z)' = -\sin z$ ；$(\tan z)' = \sec^2 z$ ；$(\cot z)' = -\csc^2 z$

    $(\sec z)' = \sec z \tan z$ ；$(\csc z)' = -\csc z \cot z$

7. $\left(e^z\right)' = e^z$

8. $(\ln z)' = \dfrac{1}{z}$ ，$z \neq 0$

定義 **解析性**

一複變函數 $f(z)$ 在 z 平面上某一區域 $\Re$ 內之所有點皆可微分，則稱 $f(z)$ 在 $\Re$ 內為可**解析**（analytic），如右圖所示：

解析性與可微分有一個基本之差異，即：可解析是針對「**一個區域**」而定義，但可微分是針對「**一個點**」而定義。對大部分的複變函數 $f(z)$ 而言，$f(z)$ 在 z 點可微分，則 $f(z)$ 在包含 z 點之附近區域亦皆可微分，因此經常以可解析代替可微分來描述。

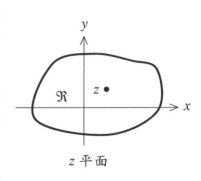

z 平面

定義 **全函數**

若 $f(z)$ 在整個複平面上皆可解析，稱 $f(z)$ 為**全函數**（entire function）。如多項式、$\cos z$、$\sin z$、e^z 皆為全函數。

因為判斷一函數是否可解析在應用上相當重要，因此在本節裡要談到判斷一函數是否可解析的方法，下面的定理相當重要，屬複變函數理論第一個重要定理。

定理 **柯西－里曼方程式（Cauchy-Riemann equation）**

若 $w = f(z) = u(x, y) + iv(x, y)$ 於 z 平面上某一區域 $\Re$ 內具有解析性，且 $u(x, y)$、$v(x, y)$ 具有連續的一階偏導數，則 $u(x, y)$、$v(x, y)$ 必滿足下式：

$$\frac{\partial u}{\partial x} = \frac{\partial v}{\partial y}, \quad -\frac{\partial u}{\partial y} = \frac{\partial v}{\partial x} \quad \text{............................} (1)$$

(1) 式即稱為柯西－里曼方程式。

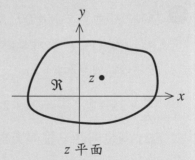

z 平面

■ 注意：(1) 依據邏輯理論，本定理的同義敘述如下：

若 $f(z)$ 不滿足柯西－里曼方程式，則 $f(z)$ 不可解析。

即此一事實已得證。

(2) 至於：「若 $f(z)$ 滿足柯西－里曼方程式，則 $f(z)$ 可解析」在大部分情況下此敘述仍正確，但證明較偏數學理論，此處從略。因此對理工的學生而言，柯西－里曼方程式已是很好的工具。

例題 1　基本題

請問 $f(z) = z^2$ 可解析嗎？若可解析，則 $f'(z) = ?$

解 $f(z) = z^2 = (x + iy)^2 = x^2 - y^2 + 2ixy = u + iv$，故 $\begin{cases} u(x, y) = x^2 - y^2 \\ v(x, y) = 2xy \end{cases}$

$\dfrac{\partial u}{\partial x} = 2x$, $\dfrac{\partial v}{\partial y} = 2x$; $\dfrac{\partial u}{\partial y} = -2y$, $\dfrac{\partial v}{\partial x} = 2y$

$f(z)$ 滿足柯西－里曼方程式，故 $f(z)$ 可解析，且 $f'(z) = 2z$

類題

請問 $f(z) = z^2 + 2z$ 可解析嗎？若可解析，則 $f'(z) = ?$

答 $f(z) = z^2 + 2z = (x + iy)^2 + 2(x + iy) = x^2 + 2x - y^2 + i(2xy + 2y) = u + iv$

$\therefore \begin{cases} u(x, y) = x^2 + 2x - y^2 \\ v(x, y) = 2xy + 2y \end{cases}$

$\dfrac{\partial u}{\partial x} = 2x + 2$, $\dfrac{\partial v}{\partial y} = 2x + 2$; $\dfrac{\partial u}{\partial y} = -2y$, $\dfrac{\partial v}{\partial x} = 2y$

$f(z)$ 滿足柯西－里曼方程式，故 $f(z)$ 可解析，且 $f'(z) = 2z + 2$

例題 2 基本題

請問 $f(z)=\bar{z}$ 可解析嗎？若可解析，則 $f'(z)=?$

解 $f(z)=\bar{z}=x-iy=u+iv$，故 $u=x,\ v=-y$

$\dfrac{\partial u}{\partial x}=1$，$\dfrac{\partial v}{\partial y}=-1$， $f(z)$ 不可解析，故 $f'(z)$ 不存在。

類題

請問 $f(z)=2z+\bar{z}$ 可解析嗎？若可解析，則 $f'(z)=?$

答 $f(z)=2z+\bar{z}=2x+2iy+x-iy=3x+iy=u+iv$，故 $u=3x,\ v=y$

$\dfrac{\partial u}{\partial x}=3$，$\dfrac{\partial v}{\partial y}=1$， $f(z)$ 不可解析，故 $f(z)$ 不存在。

■ 心得：只要 $f(z)$ 不含 $\bar{z}$，則 $f(z)$ 可解析；$f(z)$ 含 $\bar{z}$，則 $f(z)$ 不可解析。

例題 3 基本題

若 $f(z)=e^{z^2}+\cos(2z)$，則 $f'(z)=?$

解 $f'(z)=2ze^{z^2}-2\sin(2z)$

類題

若 $f(z)=ze^z+\sin(2z)$，則 $f'(z)=?$

答 $f'(z)=e^z+ze^z+2\cos(2z)$

10-3 習題

1. 下列哪一個複數函數不是可解析函數？

   (A) $f(z) = \sin(z)$ (B) $f(z) = \cos(z)$

   (C) $f(z) = e^{-z}$ (D) $f(z) = z\bar{z}$

2. 求 a、b、c 之值使得 $f(z) = -x^2 + xy + y^2 + i(ax^2 + bxy + cy^2)$ 為可解析函數。

3. 若 $f(z) = z^2 e^{2z} + z \sin z$，則 $f'(z) = ?$

10-4 複變函數之級數：勞倫級數

　　本節要探討在複變函數中特有之級數表示法。因為在複變函數中，常會碰到一些函數在某些點並非解析，可是卻又要在這點展開成級數，為了使級數能滿足這種特殊條件，乃有專為複變函數而生的**勞倫級數**（Laurent's series）出現，此級數的出現可使下節要談的複數積分理論更完美。在探討勞倫級數之前，我們先說明一些專有名詞的定義，要瞭解這些專有名詞，只要聯想其稱呼的由來即可！

定義 異點

　　若函數 $f(z)$ 在 $z = a$ 點之 $f'(a)$ 不存在，則 $z = a$ 稱為函數 $f(z)$ 的異點（singular point）。例如：

$$f(z) = \frac{1}{z-1}, \ z = 1 \text{ 為 } f(z) \text{ 的異點}$$

　　以下將異點分為二類：

1 m 階異點與本性異點

　　若 $f(z)$ 在點 $z = a$ 表示如下：

$$f(z) = \frac{c_{-m}}{(z-a)^m} + \cdots + \frac{c_{-1}}{z-a} \ , \quad m \in N$$

即點 $z = a$ 為一異點，但是函數 $f(z)$ 只要乘上 $(z - a)^m$ 後對新的函數 $(z - a)^m f(z)$ 而言，點 $z = a$ 已不是異點，具有這種性質的異點稱為 **m 階異點**（m-order singular point）或稱為 **m 階極點**（m-order pole），要是乘上 $\lim\limits_{m \to \infty}(z - a)^m$ 後仍不能將新的函數 $(z - a)^m f(z)$ 之異點去掉，這種異點稱為**本性異點**（essential singular point），意即永遠去不掉的異點或稱為「無限階異點」。

例題 1　說明題

分別說明下列各函數之異點分類。

解 (1) $f(z) = \dfrac{z^2}{(z + i)^2 (z - i)}$，$z = i$ 為一階異點，$z = -i$ 為二階異點。

(2) $f(z) = e^{\frac{1}{z}}$，將 $f(z)$ 在 $z = 0$ 做泰勒級數展開得

$$f(z) = e^{\frac{1}{z}} = 1 + \frac{1}{z} + \frac{1}{2!}\frac{1}{z^2} + \frac{1}{3!}\frac{1}{z^3} + \cdots$$

我們發現在點 $z = 0$ 為本性異點。

2　可去異點

函數 $f(z)$ 在點 $z = a$ 無定義，但 $\lim\limits_{z \to a} f(z)$ 卻存在，稱為**可去異點**（removable singular point），即「這種異點已不具有異點特性，故可移去」。

例題 2　說明題

函數 $f(z) = \dfrac{\sin z}{z}$，$z \neq 0$，因為 $\lim\limits_{z \to 0} f(z) = \lim\limits_{z \to 0} \dfrac{\sin z}{z} = 1$，故點 $z = 0$ 為一個可去異點。

　　現在我們已可以介紹「勞倫級數」。大家都知道函數 $f(z)$ 若在點 $z = a$ 具解析性，則可將 $f(z)$ 在點 $z = a$ 展開成泰勒級數；現在的問題是：若 $f(z)$ 在點 $z = a$ 為不可解析（即 $z = a$ 為一異點），我們仍要將 $f(z)$ 在點 $z = a$ 展開成冪級數，則會產生何種結果呢？假設此類冪級數存在，這種級數稱為「勞倫級數」。產生此一級數之理論有如下之定理。

定理　　勞倫級數（Laurent's series）

　　若函數 $f(z)$ 在圓 c 所圍區域（$|z-a| \leq r$）內除點 $z = a$ 外均為解析，則 $f(z)$ 可在點 $z = a$ 展開成如下之勞倫級數形式：

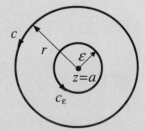

$$f(z) = \sum_{n=-\infty}^{\infty} c_n(z-a)^n$$
$$= \sum_{n=-\infty}^{-1} c_n(z-a)^n + \sum_{n=0}^{\infty} c_n(z-a)^n \cdots\cdots\cdots (1)$$

其中 $\displaystyle\sum_{n=-\infty}^{-1} c_n(z-a)^n$ 即為分式形式，$|z-a| > 0$

$\displaystyle\sum_{n=0}^{\infty} c_n(z-a)^n$ 即為多項式（泰勒）形式，$|z-a| < r$

其收斂區域為圓環 $0 < |z-a| < r$。

　　要計算一個複變函數之勞倫級數，通常僅用泰勒級數理論就夠，也較簡便，以下諸例將詳細說明之。

例題 3　說明題

將下列函數依所指定之點求其勞倫級數，並由此說明各點之種類與此級數之收斂區域。

(1) $\dfrac{e^z}{(z-1)^2}$, $z = 1$　　　(2) $z\cos\dfrac{1}{z}$, $z = 0$　　　(3) $\dfrac{\sin z}{z - \pi}$, $z = \pi$

解 (1) 先變數變換（平移），令 $z - 1 = u$，則 $z = u + 1$

$$\therefore \frac{e^z}{(z-1)^2} = \frac{e^{u+1}}{u^2} = \frac{e}{u^2}e^u$$

$$= \frac{e}{u^2}(1 + u + \frac{u^2}{2!} + \frac{u^3}{3!} + \frac{u^4}{4!} + \cdots)$$

$$= e\left(\frac{1}{u^2} + \frac{1}{u} + \frac{1}{2!} + \frac{1}{3!}u + \frac{1}{4!}u^2 + \cdots\right)$$

$$= e\left[\frac{1}{(z-1)^2} + \frac{1}{z-1} + \frac{1}{2!} + \frac{1}{3!}(z-1) + \frac{1}{4!}(z-1)^2 + \cdots\right]$$

由上式知點 $z = 1$ 為二階異點，其收斂區域為

$0 < |z-1| < \infty$（圓環區域），如右圖所示：

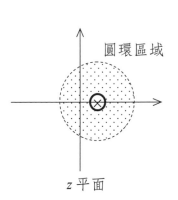

圓環區域

z 平面

(2) $z\cos\dfrac{1}{z}$

$$= z\left(1 - \frac{1}{2! z^2} + \frac{1}{4! z^4} - \frac{1}{6! z^6} + \cdots\right)$$

$$= z - \frac{1}{2! z} + \frac{1}{4! z^3} - \frac{1}{6! z^5} + \cdots$$

由上式知點 $z = 0$ 為本性異點，其收斂區域

只要 $z \neq 0$ 即可。如右圖所示：

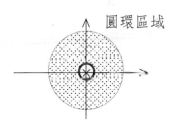

圓環區域

(3) 先變數變換，令 $z - \pi = u$，則 $z = u + \pi$

$$\therefore \frac{\sin z}{z - \pi} = \frac{\sin(u + \pi)}{u} = -\frac{\sin u}{u}$$

$$= -\frac{1}{u}(u - \frac{u^3}{3!} + \frac{u^5}{5!} - \cdots)$$

$$= -1 + \frac{u^2}{3!} - \frac{u^4}{5!} + \cdots$$

$$= -1 + \frac{(z-\pi)^2}{3!} - \frac{(z-\pi)^4}{5!} + \cdots$$

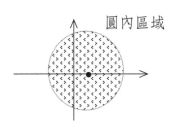

圓內區域

由上式可知此級數對所有 z 值均收斂（亦即已是泰勒級數），即點 $z = \pi$ 為一可去異點。

■‖‖ 結論：由勞倫級數的外形可得如下三種異點之意義。

(1) n 階異點：分母之次數恰好到 n 次，如上題之第 (1) 小題。

(2) 本性異點：分母之次數到 ∞ 次，如上題之第 (2) 小題。

(3) 可去異點：無分式，即已成為泰勒級數！如上題之第 (3) 小題。

例題 4 基本題

在下列區域內，將函數 $f(z) = \dfrac{z}{(z-1)(z-2)}$ 作勞倫級數展開：

(1) $|z| < 1$ (2) $1 < |z| < 2$ (3) $|z| > 2$

(4) $0 < |z-1| < 1$ (5) $|z-1| > 1$ (6) $0 < |z-2| < 1$

解 $f(z) = \dfrac{z}{(z-1)(z-2)} = \dfrac{-1}{z-1} + \dfrac{2}{z-2}$

以下先寫出二個常用之等比級數運算工具：

$$\frac{1}{1-r} = 1 + r + r^2 + r^3 + \cdots, \quad |r| < 1 \text{（} r \text{ 比 1 小，故寫後面）}$$

$$\frac{1}{1+r} = 1 - r + r^2 - r^3 + \cdots, \quad |r| < 1 \text{（} r \text{ 比 1 小，故寫後面）}$$

只要依所給區域，寫出等比級數之形式，即可求出勞倫級數。

(1) $|z| < 1$：一看即知乃以 $z = 0$ 為中心點展開（即展開點必為圓心也）

故 $\dfrac{-1}{z-1} = \dfrac{1}{1-z} = 1 + z + z^2 + z^3 + \cdots$，

$\quad \dfrac{2}{z-2} = \dfrac{-2}{2(1-\frac{z}{2})} = -(1 + \dfrac{z}{2} + \dfrac{z^2}{4} + \dfrac{z^3}{8} + \cdots)$

$\therefore f(z) = \dfrac{-1}{z-1} + \dfrac{2}{z-2} = (1 + z + z^2 + z^3 + \cdots) - (1 + \dfrac{z}{2} + \dfrac{z^2}{4} + \dfrac{z^3}{8} + \cdots)$

$\quad = \dfrac{z}{2} + \dfrac{3}{4}z^2 + \dfrac{7}{8}z^3 + \cdots$

其收斂區域如右圖所示，為一圓內區域（如同泰勒 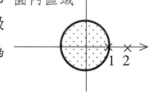 圓內區域
級數），因為本級數僅有多項式！且此處無法從級
數和之外形去判斷 $z = 1$ 或 $z = 2$ 為一階異點，因為
這二點不在其收斂區域內。

(2) $1 < |z| < 2$：乃以 $z = 0$ 為中心點展開之一圓環區域。

$\dfrac{-1}{z-1} = \dfrac{-1}{z(1-\frac{1}{z})} = \dfrac{-1}{z}(1 + \dfrac{1}{z} + \dfrac{1}{z^2} + \dfrac{1}{z^3} + \cdots)$

$\dfrac{2}{z-2} = \dfrac{-2}{2-z} = \dfrac{-2}{2(1-\frac{z}{2})} = -(1 + \dfrac{z}{2} + \dfrac{z^2}{4} + \dfrac{z^3}{8} + \cdots)$

$\therefore f(z) = \dfrac{-1}{z-1} + \dfrac{2}{z-2} = \dfrac{-1}{z}(1 + \dfrac{1}{z} + \dfrac{1}{z^2} + \dfrac{1}{z^3} + \cdots) - (1 + \dfrac{z}{2} + \dfrac{z^2}{4} + \dfrac{z^3}{8} + \cdots)$

$\quad = \cdots - \dfrac{1}{z^2} - \dfrac{1}{z} - 1 - \dfrac{z}{2} - \dfrac{z^2}{4} - \cdots$

其中 $\cdots -\dfrac{1}{z^2} - \dfrac{1}{z}$：分式

$-1 - \dfrac{z}{2} - \dfrac{z^2}{4} - \cdots$：多項式

因為本級數收斂區域為圓環！且此處亦無法從級數和之外形去判斷 $z=1$ 或 $z=2$ 為一階異點，因為這二點不在其收斂區域內。

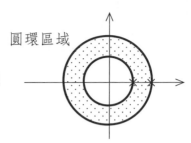

圓環區域

(3) $|z|>2$： $\dfrac{-1}{z-1} = \dfrac{-1}{z(1-\frac{1}{z})} = \dfrac{-1}{z}(1+\dfrac{1}{z}+\dfrac{1}{z^2}+\cdots)$

$\dfrac{2}{z-2} = \dfrac{2}{z(1-\frac{2}{z})} = \dfrac{2}{z}(1+\dfrac{2}{z}+\dfrac{4}{z^2}+\cdots)$

$\therefore f(z) = \dfrac{-1}{z-1} + \dfrac{2}{z-2}$

$= \dfrac{-1}{z}(1+\dfrac{1}{z}+\dfrac{1}{z^2}+\cdots) + \dfrac{2}{z}(1+\dfrac{2}{z}+\dfrac{4}{z^2}+\cdots)$

$= \dfrac{1}{z} + \dfrac{3}{z^2} + \dfrac{7}{z^3} + \cdots$

收斂區域為圓外，故僅有分式！如右圖：

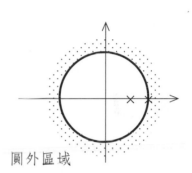

圓外區域

(4) $0<|z-1|<1$：先平移，令 $z-1=u,\ |u|<1$

$\dfrac{z}{(z-1)(z-2)} = \dfrac{u+1}{u(u-1)} = -\dfrac{1}{u} + \dfrac{2}{u-1} = -\dfrac{1}{u} + \dfrac{-2}{1-u}$

$= -\dfrac{1}{u} - 2(1+u+u^2+\cdots)$

$= -\dfrac{1}{z-1} - 2[1+(z-1)+(z-1)^2+\cdots]$

收斂區域如右圖所示，為圓環區域，此處可以判斷 $z=1$ 為一階異點，因為區域可以極接近 $z=1$ 也。

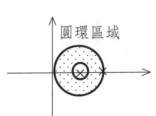

圓環區域

(5) $|z-1|>1$：先平移，令 $z-1=u,\ |u|>1$

$\dfrac{z}{(z-1)(z-2)} = \dfrac{u+1}{u(u-1)} = -\dfrac{1}{u} + \dfrac{2}{u-1} = -\dfrac{1}{u} + \dfrac{2}{u(1-\frac{1}{u})}$

$= -\dfrac{1}{u} + \dfrac{2}{u}(1+\dfrac{1}{u}+\dfrac{1}{u^2}+\cdots) = \dfrac{1}{u} + \dfrac{2}{u^2} + \dfrac{2}{u^3} + \cdots$

$= \dfrac{1}{z-1} + \dfrac{2}{(z-1)^2} + \dfrac{2}{(z-1)^3} + \cdots$

收斂區域為圓外，故僅有分式！如右圖所示：

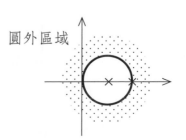

圓外區域

(6) $0 < |z-2| < 1$：先平移，令 $z-2 = u$, $0 < |u| < 1$

$$\frac{-1}{z-1} + \frac{2}{z-2} = \frac{-1}{u+1} + \frac{2}{u} = \frac{2}{u} + \frac{-1}{1+u}$$

$$= \frac{2}{u} - (1 - u + u^2 - u^3 + \cdots)$$

$$= \frac{2}{u} - 1 + u - u^2 + u^3 - \cdots$$

$$= \frac{2}{z-2} - 1 + (z-2) - (z-2)^2 + (z-2)^3 - \cdots$$

本級數有分式又有多項式，本級數收斂區域為圓環區域！

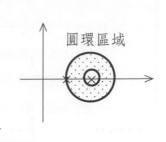

圓環區域

類題

在 $1 < |z| < 2$ 區域內，將函數 $f(z) = \dfrac{-1}{(z-1)(z-2)}$ 做勞倫級數展開。

答 $f(z) = \dfrac{-1}{(z-1)(z-2)}$

$$= \frac{1}{z-1} - \frac{1}{z-2}$$

$$= \frac{1}{z-1} + \frac{1}{2-z}$$

$$= \frac{1}{z(1-\frac{1}{z})} + \frac{1}{2(1-\frac{z}{2})}$$

$$= \frac{1}{z}(1 + \frac{1}{z} + \frac{1}{z^2} + \frac{1}{z^3} + \cdots) + \frac{1}{2}(1 + \frac{z}{2} + \frac{z^2}{4} + \frac{z^3}{8} + \cdots)$$

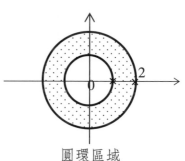

圓環區域

■‖心得：1. 勞倫級數的「求法」$\begin{cases} (1) \text{ 泰勒級數法} \\ (2) \text{ 等比級數法} \end{cases}$

2. 計算勞倫級數的「技巧」（即等比級數法）

$$\frac{1}{a-b} = \begin{cases} (1)\text{當 } |a| > |b| \Rightarrow \dfrac{1}{a(1-\frac{b}{a})} = \dfrac{1}{a}(1 + \dfrac{b}{a} + \dfrac{b^2}{a^2} + \cdots) \\ (2)\text{當 } |a| < |b| \Rightarrow \dfrac{-1}{b(1-\frac{a}{b})} = \dfrac{-1}{b}(1 + \dfrac{a}{b} + \dfrac{a^2}{b^2} + \cdots) \end{cases}$$

口訣：「大」的放前面，「大」的提出來。

3. 勞倫級數的「計算」$\begin{cases} (1) \text{ 展開點可以是任意點} \\ (2) \text{ 必須以異點當分段點} \end{cases}$

■‖ 總結：勞倫級數以下列三種形式出現：

（一）多項式（即泰勒級數）：收斂區域為圓內，即 $|z-a| < r$

（二）多項式＋分式形式：收斂區域為圓環，即 $0 < |z-a| < r$

（三）分式形式：收斂區域為圓外，即 $|z-a| > 0$

10-4　習題

1. 求函數 $\dfrac{1-\cos z}{z}$ 在 $z=0$ 展開之勞倫級數。

2. 求函數 $\dfrac{e^{z^2}}{z^3}$ 在 $z=0$ 展開之勞倫級數。

3. 將函數 $\dfrac{\sin\sqrt{z}}{\sqrt{z}}$ 在 $z=0$ 展開成勞倫級數，並判斷該異點之類別。

4. 求 $f(z)=e^{\frac{z}{z-2}}$ 在 $z=2$ 之勞倫級數？

5. 求 $f(z)=\dfrac{1}{z^2(1-z)}$ 在下列區域之勞倫級數展開：

(1) $0 < |z| < 1$　　(2) $|z| > 1$

10-5 複數積分

　　有了複數微分與級數展開之觀念後，我們已有能力去處理複數積分之內容。看完本節之說明後，同學可知複數積分的定義同線積分，結果則類似與路徑無關的線積分！

定義　**複數積分**

$f(z) = u + iv$ 在複平面上之某一區域 $\Re$ 內沿曲線 c，從點 $z_1(= x_1 + iy_1)$ 到點 $z_2(= x_2 + iy_2)$ 的積分為

$$\int_c f(z)dz = \lim_{\substack{n \to \infty \\ \text{取極限}}} \sum_{\substack{i=1 \\ \text{求和}}}^{n} \underset{\text{取樣}}{f(z_i)} \underset{\text{分割}}{\Delta z}$$

$$= \int_{(x_1, y_1)}^{(x_2, y_2)} (u + iv)(dx + idy)$$

$$= \int_{(x_1, y_1)}^{(x_2, y_2)} (udx - vdy) + i \int_{(x_1, y_1)}^{(x_2, y_2)} (vdx + udy) \cdots\cdots (1)$$

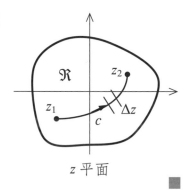

z 平面

　　由 (1) 式之定義看出：一個複數積分就是二個實函數線積分之組合！既是線積分，我們先探討積分路徑對積分結果是否有影響，如以下之定理：

定理一　　**柯西定理（Cauchy theorem）**

　　設 c 為簡單封閉曲線，函數 $f(z)$ 在 c 上及其所包圍的區域 $\Re$ 內均可解析，則

$$\oint_c f(z)dz = 0 \cdots\cdots\cdots\cdots\cdots\cdots\cdots (2)$$

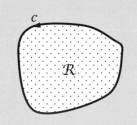

說明：從 (2) 式知，若 $f(z)$ 在 c 內可解析，則 $\int_c f(z)\, dz$ 與路徑無關。

定理二

如右圖所示，$f(z)$ 在曲線 c_1、c_2 所包夾之環狀
區域內可解析，則

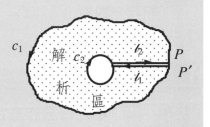

$$\oint_{c_1} f(z)dz = \oint_{c_2} f(z)dz \quad\text{............(3)}$$

說明：從 (3) 式知，$f(z)$ 在環狀區可解析，則大圈積分 = 小圈積分。 ■

定理三

如右圖所示，c 為包含 $z = a$ 之任一簡單封閉曲線，則

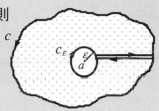

$$\oint_c \frac{1}{(z-a)^n}dz = \begin{cases} 2\pi i, & n=1 \\ 0, & n=2,3,\cdots \end{cases} \quad\text{............(4)}$$

說明：$f(z) = \dfrac{1}{(z-a)^n}$ 在環狀區可解析（因為要扣除以 $z = a$ 為圓心之小圈）的函數代
表，稱為「簡單分式」。 ■

定理四　　柯西積分公式（Cauchy integral formula）

若 $f(z)$ 於簡單封閉曲線 c 及其內部具有解析性，
點 $z = a$ 為 c 內部的點，則

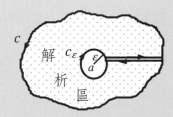

$$f(a) = \frac{1}{2\pi i} \oint_c \frac{f(z)}{z-a}dz \quad\text{.....................(5)}$$

且上式連續微分 n 次為

$$f^{(n)}(a) = \frac{n!}{2\pi i} \oint_c \frac{f(z)}{(z-a)^{n+1}}dz \quad\text{.................(6)}$$

說明：本定理若令 $f(z) = 1$ 即可推出定理三，故定理三僅是定理四之特例，此乃人類均先觀察出「特例」，再由特例得到「規律」也。形如 $\dfrac{f(z)}{(z-a)^n}$ 稱為「一般分式」。 ∎

定理五 **不定積分存在定理（同微積分基本定理）**

若函數 $f(z)$ 在區域 $\Re$（環狀區或非環狀區皆可）內為可解析，且點 z_1、z_2 在 $\Re$ 內，如下圖所示：

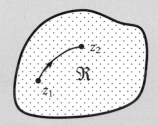 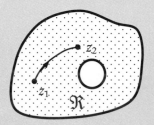

則存在 $f(z)$ 之積分函數 $F(z)$（又稱為 $f(z)$ 之不定積分），使 $F(z)$ 在 $\Re$ 內為解析，且滿足 $F'(z) = f(z)$，則

$$\int_{z_1}^{z_2} f(z)dz = F(z)\Big|_{z_1}^{z_2} = F(z_2) - F(z_1) \quad\text{.............................(7)}$$

說明：(7) 式的外形僅與端點有關，因此就是與路徑無關的結果。 ∎

有了這五個定理的幫助，就很容易計算複數積分！而計算時，最好依題意將積分路徑畫出，並確認異點位置！若異點在路徑包圍之區域內，則利用 (4)、(5)、(6) 這三式，此三式記憶上使用「一手遮天」的口訣即大功告成，例題中會說明；若異點不在區域內，則利用 (2)、(7) 這二式即可。

例題 1 基本題

求 $\oint_c \dfrac{1}{z-2}\,dz = ?$ 其中 c 為 (1) 圓 $|z|=1$；(2) 圓 $|z|=3$

解 $\dfrac{1}{z-2}$ 的異點為 $z=2$！

(1) 因為異點 $z=2$ 不在圓 $|z|=1$ 之內部，

$\therefore \oint_c \dfrac{1}{z-2}\,dz = 0$

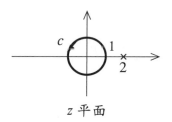
z 平面

(2) 因為異點 $z=2$ 在圓 $|z|=3$ 之內部，

$\therefore \oint_c \dfrac{1}{z-2}\,dz = 2\pi i$

一手遮天：將 $\dfrac{1}{z-2}$ 的分母遮住，直接寫 $2\pi i$ 就得分！

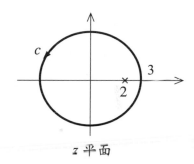
z 平面

類題

求 $\oint_c \dfrac{1}{z-1}\,dz = ?$ 其中 c 為 (1) 圓 $|z|=\dfrac{1}{2}$；(2) 圓 $|z|=2$

答 $\dfrac{1}{z-1}$ 的異點為 $z=1$！

(1) 因為異點 $z=1$ 不在圓 $|z|=\dfrac{1}{2}$ 之內部，

$\therefore \oint_c \dfrac{1}{z-1}\,dz = 0$

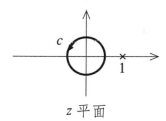
z 平面

(2) 因為異點 $z=1$ 在圓 $|z|=2$ 之內部，

$\therefore \oint_c \dfrac{1}{z-1}\,dz = 2\pi i$

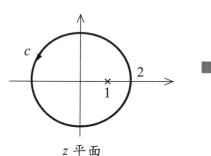
z 平面

例題 2 基本題

求 $\oint_c \dfrac{1}{(z-2)^2} dz = ?$ 其中 c 為 (1) 圓 $|z|=1$；(2) 圓 $|z|=3$

解 $\dfrac{1}{(z-2)^2}$：分母次方大於分子次方二次！

(1) 因為異點 $z=2$ 不在圓 $|z|=1$ 之內部

   $\therefore \oint_c \dfrac{1}{(z-2)^2} dz = 0$

(2) 因為異點 $z=2$ 在圓 $|z|=3$ 之內部，

   $\therefore \oint_c \dfrac{1}{(z-2)^2} dz = 0$

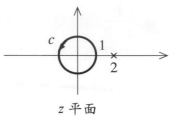

z 平面

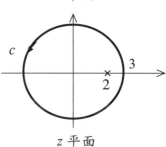

z 平面

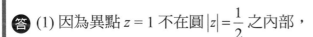

類題

求 $\oint_c \dfrac{1}{(z-1)^2} dz = ?$ 其中 c 為 (1) 圓 $|z|=\dfrac{1}{2}$；(2) 圓 $|z|=2$

答 (1) 因為異點 $z=1$ 不在圓 $|z|=\dfrac{1}{2}$ 之內部，

   $\therefore \oint_c \dfrac{1}{(z-1)^2} dz = 0$

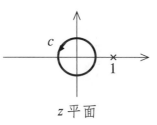

z 平面

(2) 因為異點 $z=1$ 在圓 $|z|=2$ 之內部，

   $\therefore \oint_c \dfrac{1}{(z-1)^2} = 0$

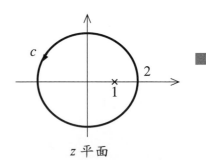

z 平面

例題 3　基本題

求 $\oint_c \dfrac{\cos z}{z-\pi} dz = ?$ 　 $c:|z|=4$

解 ∵ $z = \pi$ 位於 c 內，如右圖所示：

∴ $\oint_c \dfrac{\cos z}{z-\pi} dz = 2\pi i \cdot \cos z\big|_{z=\pi}$

$= 2\pi i \cdot (-1) = -2\pi i$

一手遮天：將 $\dfrac{\cos z}{z-\pi}$ 的分母遮住，再將 $z = \pi$

代入分子，再乘 $2\pi i$ 就得分！

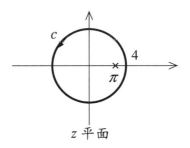

z 平面

類題

求 $\oint_c \dfrac{e^z}{z+1} dz = ?$ 　 $c:|z-1|=3$

答 ∵ $z = -1$ 在 c 內，如右圖所示：

∴ $\oint_v \dfrac{e^z}{z+1} dz = 2\pi i \cdot e^z\big|_{z=-1}$

$= 2\pi i \cdot e^{-1}$

$= \dfrac{2\pi i}{e}$

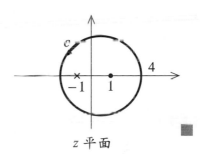

z 平面

例題 4 基本題

求 $\oint_c \dfrac{\cos z}{(z-1)^3} dz = ?$　$c:|z-1|=3$

解 $z=1$ 是三階異點，位於 c 內，如右圖所示：

由定理四知 $f^{(n)}(a) = \dfrac{n!}{2\pi i} \oint_c \dfrac{f(z)}{(z-a)^{n+1}} dz$

$f(z) = \cos z \Rightarrow f''(z) = -\cos z$

$\therefore \oint_c \dfrac{\cos z}{(z-1)^3} dz = \dfrac{2\pi i}{2!} \cdot (-\cos z)\big|_{z=1}$

$\qquad\qquad\qquad = (-\cos 1)\pi i$

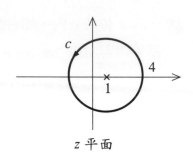

z 平面

一手遮天：將 $\dfrac{\cos z}{(z-1)^3}$ 的分母遮住，再對分子 $\cos z$ 微分二次後把 $z=1$ 代入，然後乘 $2\pi i$、除 $2!$ 就得分！

類題

求 $\oint_c \dfrac{\cos z}{z^3} dz = ?$ 其中 $c:|z|=1$

答 $\oint_c \dfrac{\cos z}{z^3} dz = 2\pi i \cdot \dfrac{-\cos z}{2!}\big|_{z=0} = -\pi i$

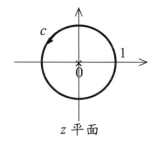

z 平面

例題 5　基本題

求 $\oint_c \bar{z}\,dz = ?$　$c:|z|=1$

解　本題之積分函數 $\bar{z}$ 為一處處不可解析之函數，
屬於「與路徑有關」之線積分，
因此函數要聽線的話！
$c:|z|=1$，令 $z=e^{i\theta}$
則 $dz=ie^{i\theta}d\theta$，$\bar{z}=e^{-i\theta}$　～要聽線的話！
$\therefore \oint_c \bar{z}\,dz = \int_0^{2\pi} e^{-i\theta}\,ie^{i\theta}\,d\theta = \int_0^{2\pi} i\,d\theta = 2\pi i$

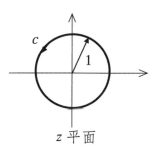
c
1
z 平面

類題

求 $\oint_c (\bar{z})^2\,dz = ?$ 其中 $c:|z|=1$

答　本題之積分函數 $(\bar{z})^2$ 為一處處不可解析之函數，
屬於與路徑有關之線積分，
因此函數要聽線的話！
$c:|z|=1$，令 $z=e^{i\theta}$
則 $dz=ie^{i\theta}d\theta$，$(\bar{z})^2=e^{-2i\theta}$
$\therefore \oint_c (\bar{z})^2\,dz = \int_0^{2\pi} e^{-2i\theta}\,ie^{i\theta}\,d\theta = \int_0^{2\pi} ie^{-i\theta}\,d\theta = \left[-e^{-i\theta}\right]_0^{2\pi} = -(1-1) = 0$

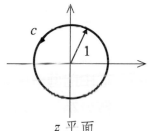
c
1
z 平面

例題 6　基本題

求 $\int_1^i (z+2)dz = ?$

解 本題之積分函數 $z+2$ 為一可解析之函數，
屬於與路徑無關之線積分！
僅與端點有關。

$\therefore \int_1^i (z+2)dz = \left[\dfrac{1}{2}z^2 + 2z \right]_1^i = \left(-\dfrac{1}{2} + 2i \right) - \left(\dfrac{1}{2} + 2 \right)$

$\qquad\qquad\qquad\qquad = -3 + 2i$

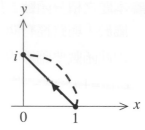

類題

求 $\int_0^{1+i} (z-1)dz = ?$

答 原式 $= \left[\dfrac{1}{2}z^2 - z \right]_0^{1+i} = (i - 1 - i) - 0 = -1$　■

▌心得：經由前面數例之說明，我們在計算複變函數之積分問題時，宜將積分函
　　　　數分為三類如下：

　(1) 處處可解析之函數：如 $f(z) = z^2 + z + 1$，則 $\oint_c f(z)dz$ 之值必為零，且
　　　此結果與曲線 c 之形式無關，亦即 c 之形式（方程式）不必已知。若
　　　為非封閉之線積分，則積完後代入端點即得！

　(2) 僅在某些點不可解析：如 $f(z) = \dfrac{1}{z-a}, \dfrac{\cos z}{z-a}, \cdots$，則 $\oint_c f(z)dz$ 之值依
　　　$z = a$ 點是否在曲線 c 內而定，且此結果與曲線 c 之形式無關，亦即
　　　曲線 c 之形式（方程式）皆不必已知，計算上則依據柯西積分公式
　　　即可。

　(3) 處處不可解析之函數：如 $f(z) = \bar{z}, z\bar{z}$，則不論是封閉積分 $\oint_c f(z)dz$ 或
　　　是非封閉積分 $\int_c f(z)dz$，其結果僅能依複數積分路徑之定義計算，因
　　　為此時曲線 c 之形式（方程式）必為已知，亦即此為與路徑有關之
　　　線積分也。

10-5 習題

1. 求 $\oint_c e^z dz = ?$ $c : |z| = 1$

2. 求 $\oint_c f(z)dz = ?$ $f(z) = \dfrac{\cos z}{(z+1)^2}$ ，c 是頂點為 $\pm 2, \pm 2i$ 之正方形。

3. 求 $\oint_c f(z)dz = ?$ $f(z) = \dfrac{z+1}{z-1}, \quad c : |z-1| = 3$

4. 求 $\oint_c f(z)dz = ?$ $f(z) = \dfrac{z^3}{(z-i)^3}$ ，c：是頂點為 $\pm 2, 2i$ 之三角形。

5. 求 $\oint_c (5z^2 - z + 3)dz = ?$ $c : |z| = 1$

6. 求 $\displaystyle\int_{-l}^{i} (z-2)dz = ?$

7. 求 $\displaystyle\int_0^i e^{iz} dz = ?$

10-6 留數定理

由前節之說明知 $\oint_c \dfrac{1}{z-a} dz = 2\pi i$ ， $z = a$ 在 c 內。

由於只有當 $f(z) = \dfrac{1}{z-a}$ 時，其封閉線積分才不會是 0，因此當我們將 $f(z)$ 在其異點 $z = a$ 展開成勞倫級數時，其 $(z-a)^{-1}$ 項之係數 c_{-1} 便倍受矚目，特稱 c_{-1} 為 $f(z)$ 在 $z = a$ 之**留數**（residue），記為 $\mathrm{Res}(a)$。當 $f(z)$ 在 c 內有二個以上之異點時，如 $f(z) = \dfrac{e^z}{z(z-1)}$，若欲計算其積分，用前節的柯西積分公式已不行（因為柯西積分公式僅能算一個異點），可利用如下之「留數定理」較快。

定理　　**留數定理（residue theorem）**

　　若 $f(z)$ 在區域 $\mathfrak{R}$ 上的界線 c 及其內部，除 $\mathfrak{R}$ 內的有限個異點 a、b、$\cdots$外，餘均具有解析性，則

$$\oint_c f(z)dz = 2\pi i[\mathrm{Res}(a) + \mathrm{Res}(b) + \cdots]$$

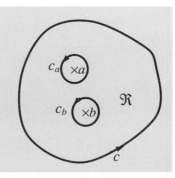

試問：要如何求一函數 $f(z)$ 在某一異點之留數呢？

設 $z = a$ 為 $f(z)$ 之 m 階異點，$m \geq 1$，將 $f(z)$ 表成勞倫級數得

$$f(z) = \frac{c_{-m}}{(z-a)^m} + \frac{c_{-m+1}}{(z-a)^{m-1}} + \cdots + \frac{c_{-1}}{z-a} + c_0 + c_1(z-a) + \cdots$$

上式兩邊乘上 $(z-a)^m$ 得

$$(z-a)^m f(z) = c_{-m} + c_{-m+1}(z-a) + \cdots + c_{-1}(z-a)^{m-1} + c_0(z-a)^m + \cdots$$

由上式知：$f(z)$ 在 $z = a$ 之留數 c_{-1} 即為 $(z-a)^m f(z)$ 之泰勒展開式中 $(z-a)^{m-1}$ 之係數，$\therefore$ $c_{-1} = \frac{1}{(m-1)!} \frac{d^{m-1}}{dz^{m-1}}(z-a)^m f(z)\Big|_{z=a}$，故得 $f(z)$ 在 m 階異點 $z = a$ 之留數為

$$\mathrm{Res}(a) = \frac{1}{(m-1)!} \lim_{z \to a}\left[\frac{d^{m-1}}{dz^{m-1}}(z-a)^m f(z)\right] \quad \sim \text{一手遮天！} \quad \cdots\cdots\cdots\cdots(1)$$

當 $m = 1$，屬一階異點時，則

$$\mathrm{Res}(a) = \lim_{z \to a}(z-a)f(z) \cdots\cdots\cdots\cdots\cdots\cdots\cdots\cdots\cdots\cdots\cdots\cdots(2)$$

(1)、(2) 二式即為計算留數之公式，必須牢記，乃導自泰勒級數！

觀念說明

勞倫級數：全部係數都得到，但對複數積分運算而言，效率太低了點！

留數定理：起源於柯西定理，集中火力僅得到「留數」，對複數之積分運算已屬足夠，
故「效率」最高！

例題 1 基本題

求 $f(z) = \dfrac{z^2}{(z-2)(z-i)}$ 在各異點之留數。

解 (1) $f(z)$ 有二個一階異點：$z = 2, i$，如右圖所示，使用公式 (2) 求之。

(2) $z = 2$，$\mathrm{Res}(2) = \lim\limits_{z \to 2}(z-2)\dfrac{z^2}{(z-2)(z-i)} = \dfrac{4}{2-i}$

$z = i$，$\mathrm{Res}(i) = \lim\limits_{z \to i}(z-i)\dfrac{z^2}{(z-2)(z-i)} = \dfrac{-1}{i-2}$

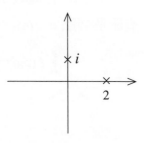

類題

求 $f(z) = \dfrac{1}{(z-1)(z-2)}$ 在各異點之留數。

答 $z = 1$ ， $\text{Res}(1) = \lim\limits_{z \to 1}(z-1)\dfrac{1}{(z-1)(z-2)} = -1$

　　$z = 2$ ， $\text{Res}(2) = \lim\limits_{z \to 2}(z-2)\dfrac{1}{(z-1)(z-2)} = 1$

例題 2 基本題

求 $f(z) = \dfrac{1}{z(z+2)^3}$ 在各異點之留數。

解 $z = 0$ 為一階異點， $z = -2$ 為三階異點

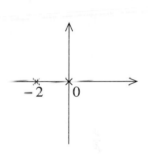

　　$z = 0$ ， $\text{Res}(0) = \lim\limits_{z \to 0} z \dfrac{1}{z(z+2)^3} = \dfrac{1}{8}$

　　$z = -2$ ， $\text{Res}(-2) = \dfrac{1}{2!}\lim\limits_{z \to -2}\dfrac{d^2}{dz^2}\left[(z+2)^3\dfrac{1}{z(z+2)^3}\right]$

　　　　　　　　　　$= -\dfrac{1}{8}$

類題

求 $f(z) = \dfrac{1}{(z-2)(z-1)^2}$ 在各異點之留數。

答 $z = 1$ ， $\text{Res}(1) = \dfrac{1}{1!}\lim\limits_{z \to 1}\dfrac{d}{dz}\left[(z-1)^2\dfrac{1}{(z-2)(z-1)^2}\right] = -1$

　　$z = 2$ ， $\text{Res}(2) = \lim\limits_{z \to 2}(z-2)\dfrac{1}{(z-2)(z-1)^2} = 1$

例題 3 基本題

求 $\displaystyle\oint_c \frac{e^z}{(z-1)(z+3)^2}\,dz = ?$ 其中 c 為 $|z| = \frac{3}{2}$

解 $|z| = \dfrac{3}{2}$ 僅包含異點 $z = 1$ ！

$$\mathrm{Res}(1) = \lim_{z \to 1}(z-1)\frac{e^z}{(z-1)(z+3)^2} = \frac{e}{16}$$

所求積分 $= 2\pi i \cdot \dfrac{e}{16} = \dfrac{e\pi i}{8}$

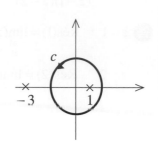

類題

求 $\displaystyle\oint_c \frac{\cos z}{(z-1)(z+3)}\,dz = ?$ 其中 c 為 $|z| = 2$

答 $|z| = 2$ 僅包含異點 $z = 1$ ！

$$\mathrm{Res}(1) = \lim_{z \to 1}(z-1)\frac{\cos z}{(z-1)(z+3)} = \frac{\cos 1}{4}$$

所求積分 $= 2\pi i \cdot \dfrac{\cos 1}{4} = \dfrac{\pi i \cos 1}{2}$

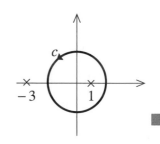

例題 4 基本題

求複變函數積分 $\displaystyle\oint_c \frac{z^5}{(z+2i)^3}\,dz$ 之值，其中積分路徑 c 為複數平面上包圍點 $-2i$ 的任意逆時針方向封閉曲線。

解 $z = -2i$ 屬於三階異點！

$\therefore\ I = 2\pi i\ \mathrm{Res}(-2i)$

$\quad = 2\pi i \cdot \dfrac{1}{2!} \lim_{z \to -2i}\left[\dfrac{d^2}{dz^2}z^5\right]$

$\quad = \pi i \cdot \lim_{z \to -2i}\left[20z^3\right] = -160\pi$

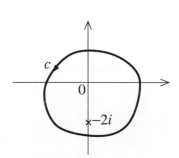

類題

求複變函數積分 $\oint_c \dfrac{z^4}{(z+i)^3}\,dz$ 之值，其中積分路徑 c 為複數平面上包圍點 $-i$ 的任意逆時針方向封閉曲線。

答 $z = -i$ 屬於三階異點！

$$\therefore I = 2\pi i\ \mathrm{Res}(-i)$$
$$= 2\pi i \cdot \frac{1}{2!} \lim_{z \to -i} \left[\frac{d^2}{dz^2} z^4 \right]$$
$$= \pi i \cdot \lim_{z \to -i} \left[12z^2 \right]$$
$$= -12\pi i$$

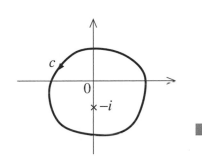

10-6　習題

1. 求 $f(z) = \dfrac{1}{(z+1)(z+2)}$ 在各異點之留數。

2. 求 $f(z) = \dfrac{1}{(z+2)(z+1)^2}$ 在各異點之留數。

3. 求 $\oint_c \dfrac{\sin z}{(z+1)(z+3)}\,dz = ?$ 其中 c 為 $|z| = 2$。

4. 求複變函數積分 $\oint_c \dfrac{z^4}{(z+i)^4}\,dz$ 之值，其中積分路徑 c 為複數平面上包圍點 $-i$ 的任意逆時針方向封閉曲線。

10-7 實函數積分

在微積分的課程中曾經學過一些積分技巧以應付積分，即用以下觀念：

$$\int_a^b f(x)dx = F(x)\Big|_a^b \text{，其中 } F'(x) = f(x)$$

但 $F(x)$ 總是難求！此處提出一種不必求出 $F(x)$ 而仍能計算積分之做法，可謂「**突破性**」的解法，即依據複數積分是線積分之定義，在 z 平面上設計封閉路徑並配合留數定理求出實函數積分！本節探討三種標準路徑之積分形式。

【第一型】 $I = \int_0^{2\pi} f(\cos\theta, \sin\theta)d\theta$

此型即三角函數之定積分，還不必設計路線，僅變數變換即可！

令 $z = e^{i\theta}$ 表複數平面上半徑為 1 之單位圓，由尤拉公式知：

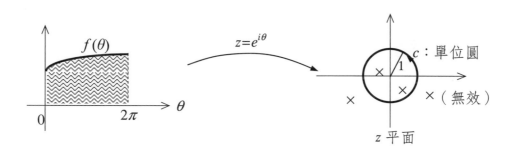

$$\frac{1}{z} = e^{-i\theta} \text{ , } \cos\theta = \frac{1}{2}(e^{i\theta} + e^{-i\theta}) = \frac{1}{2}(z + \frac{1}{z})$$

$$\sin\theta = \frac{1}{2i}(e^{i\theta} - e^{-i\theta}) = \frac{1}{2i}(z - \frac{1}{z})$$

又 $dz = ie^{i\theta}d\theta = izd\theta \Rightarrow d\theta = \dfrac{dz}{iz}$，故可將原積分式經變數代換得

$$\int_0^{2\pi} f(\cos\theta, \sin\theta)d\theta = \oint_c f\left[\frac{1}{2}(z+\frac{1}{z}), \frac{1}{2i}(z-\frac{1}{z})\right] \cdot \frac{dz}{iz} \quad\text{.........................}(1)$$

當 θ 由 0 積到 2π 時，z 即沿單位圓 $|z|=1$ 繞一圈。讀者對於 (1) 式不必記憶，從尤拉恆等式出發推導即可！

▌▌▌注意：此類積分之異點需位於單位圓內才屬有效！

例題　1　基本題

求 $I = \int_0^{2\pi} \dfrac{1}{2+\cos\theta}\,d\theta = ?$

解　積分函數之圖形如右（供參考）：

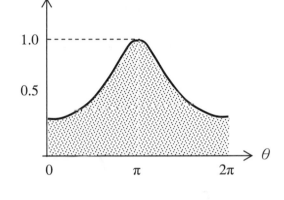

(1) 令 $z = e^{i\theta}$，則 $\cos\theta = \dfrac{1}{2}\left(z + \dfrac{1}{z}\right)$

$\therefore \displaystyle\int_0^{2\pi} \dfrac{1}{2+\cos\theta}\,d\theta$

$= \displaystyle\oint_c \dfrac{1}{2+\dfrac{1}{2}\left(z+\dfrac{1}{z}\right)}\dfrac{dz}{iz}$

$= \dfrac{2}{i}\displaystyle\oint_c \dfrac{1}{z^2+4z+1}\,dz$

$= \dfrac{2}{i}\displaystyle\oint_c \dfrac{1}{(z+2+\sqrt{3})(z+2-\sqrt{3})}\,dz$

(2) 上面之積分式有二個異點：

$z = -2+\sqrt{3}$，　$z = -2-\sqrt{3}$

其中只有 $z = -2+\sqrt{3}$ 在單位圓內，

故僅需計算此項留數。

$\mathrm{Res}(-2+\sqrt{3})$

$= \displaystyle\lim_{z\to -2+\sqrt{3}}(z+2-\sqrt{3})\dfrac{1}{(z+2+\sqrt{3})(z+2-\sqrt{3})} = \dfrac{1}{2\sqrt{3}}$

$\therefore I = \dfrac{2}{i}\cdot 2\pi i \cdot \dfrac{1}{2\sqrt{3}} = \dfrac{2\pi}{\sqrt{3}}$

類題

$\displaystyle\int_0^{2\pi} \dfrac{1}{25-24\cos\theta}\,d\theta = ?$

答　$I = \displaystyle\oint_c \dfrac{1}{25-12\left(z+\dfrac{1}{z}\right)}\dfrac{dz}{iz} = \dfrac{-1}{12i}\oint_c \dfrac{1}{\left(z-\dfrac{4}{3}\right)\left(z-\dfrac{3}{4}\right)}\,dz = \dfrac{-1}{12i}\cdot 2\pi i\,\mathrm{Res}\left(\dfrac{3}{4}\right) = \dfrac{2}{7}\pi$

【第二型】$I = \int_{-\infty}^{\infty} f(x)dx$

現有如下所示之積分：

$$I = \int_{-\infty}^{\infty} f(x)dx$$

為了使上式能化成複變函數積分，可考慮如下圖所示之半徑無限大之上半圓積分路徑或稱**圍線**（contour）c：

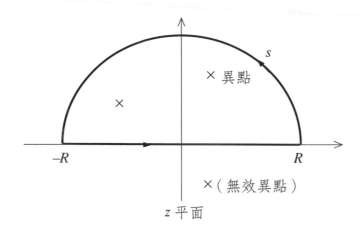

一般學生最常出現的疑問是：實數積分與複數積分二者之間如何互換呢？此處讀者只要明瞭一個事實，即「在複平面上沿著實數軸（x 軸）積分時，複數 z 相當於實數 x」，所以：

$$\int_{-R}^{R} f(z)dz = \int_{-R}^{R} f(x + iy)(dx + idy) = \int_{-R}^{R} f(x)dx$$

（$\because z = x + iy$，在實數軸上會有 $y = 0$，即 $dy = 0$，$\therefore z = x$，$dz = dx$）

此一事實在本節是相當重要的。接著再探討上述之圍線，此處圍線 c 包括二部分：

(1) 從 $-\infty$ 到 ∞ 之實數軸

(2) 半徑為 ∞ 之上半圓周，記為 s

故

$$\oint_c f(z)dz = \int_{-R}^{R} f(x)dx + \int_s f(z)dz = 2\pi i \sum \mathrm{Res}[f(z)]$$

其中 $\sum \mathrm{Res}[f(z)]$ 表圍線內所有留數之和

$$\therefore \int_{-R}^{R} f(x)dx = 2\pi i \sum \mathrm{Res}[f(z)] - \int_s f(z)dz$$

當 $R \to \infty$ 時，若 $f(z)$ 為一簡單分式，「且分母次數至少高於分子次數二次」，會有 $\int_s f(z)\,dz \to 0$（此處不證明），故得

$$\int_{-\infty}^{\infty} f(x)dx = 2\pi i \sum \text{Res}[f(z)] \cdots\cdots (2)$$

使用 (2) 式時必須注意 $f(z)$ 之限制。若 $f(z) = \dfrac{p(z)}{q(z)}$，則必須符合

$$\deg[q(z)] \ge 2 + \deg[p(z)] \cdots\cdots (3)$$

才可適用，不要忘記。（能當考題，都已經符合 (3) 式之條件！）

觀念說明

1. 計算此類實函數之積分路線是上半圓，正好是逆時針方向。
2. 是否可取繞下半圓之圍線？當然可以！但較少用。

例題 2　基本題

求 $\int_{-\infty}^{\infty} \dfrac{1}{(x^2+1)(x^2+9)}dx = ?$

解 (1) 本題中分母之次數為四，分子為零次，故可利用複變積分計算。

(2) $\oint_c \dfrac{1}{(z^2+1)(z^2+9)}dz = \int_{-\infty}^{\infty} \dfrac{1}{(x^2+1)(x^2+9)}dx + 0$ ← 大圈積分

$= 2\pi i[\text{Res}(i) + \text{Res}(3i)]$

$\therefore \text{Res}(i) = \lim_{z \to i} \dfrac{1}{(z+i)(z^2+9)} = \dfrac{1}{16i}$

$\text{Res}(3i) = \lim_{z \to 3i} \dfrac{1}{(z^2+1)(z+3i)} = -\dfrac{1}{48i}$

故 $\int_{-\infty}^{\infty} \dfrac{1}{(x^2+1)(x^2+9)}dx = 2\pi i\left[\dfrac{1}{16i} - \dfrac{1}{48i}\right] = \dfrac{\pi}{12}$

類題

求 $\int_{-\infty}^{\infty} \dfrac{x^2}{(x^2+1)(x^2+9)} dx = ?$

答 $\oint_c \dfrac{z^2}{(z^2+1)(z^2+9)} dz = \int_{-\infty}^{\infty} \dfrac{x^2}{(x^2+1)(x^2+9)} dx + 0$

大圈積分

$$= 2\pi i \left[\mathrm{Res}(i) + \mathrm{Res}(3i) \right]$$

$$\therefore \int_{-\infty}^{\infty} \dfrac{x^2}{(x^2+1)(x^2+9)} dx = 2\pi i \left[\mathrm{Res}(i) + \mathrm{Res}(3i) \right]$$

$$= 2\pi i \cdot \left[\lim_{z \to i} \dfrac{z^2}{(z+i)(z^2+9)} + \lim_{z \to 3i} \dfrac{z^2}{(z^2+1)(z+3i)} \right]$$

$$= 2\pi i \cdot \left[-\dfrac{1}{16i} + \dfrac{3}{16i} \right] = \dfrac{\pi}{4}$$

【第三型】 $I = \int_{-\infty}^{\infty} f(x) \cdot \left\{ \begin{matrix} \cos mx \\ \sin mx \end{matrix} \right\} dx$

$$I = \int_{-\infty}^{\infty} f(x) \cdot \left\{ \begin{matrix} \cos mx \\ \sin mx \end{matrix} \right\} dx \quad （m > 0）\cdots\cdots\cdots\cdots\cdots\cdots\cdots(4)$$

因為 $e^{imx} = \cos mx + i \sin mx$，故

$$\int_{-\infty}^{\infty} f(x)e^{imx} dx \quad \xrightarrow{\text{推得}} \quad \oint_c f(z)e^{imz} dz$$

這種類型的瑕積分應用在傅立葉積分理論中。如同前面的做法，可將 (4) 式以複變函數表為

$$\oint_c f(z)e^{imz} dz \quad （m > 0）\cdots\cdots\cdots\cdots\cdots\cdots\cdots(5)$$

取如同前面第二型的圍線 c（依其形狀稱為上半圓圍線），則

$$\oint_c f(z)e^{imz} dz = \int_{-\infty}^{\infty} f(x)e^{imx} dx + \int_s f(z)e^{imz} dz = 2\pi i \sum \mathrm{Res}\left[f(z)e^{imz} \right]$$

當 $f(z)$ 在某些條件限制下會使 $\int_s f(z)e^{imz}\,dz = 0$ 時，則

$$\int_{-\infty}^{\infty} f(x)e^{imx}\,dx = 2\pi i \sum \operatorname{Res}\left[f(z)e^{imz}\right] \cdots\cdots\cdots\cdots\cdots (6)$$

$\because\ e^{imx} = \cos mx + i\sin mx = \operatorname{Re}\!\left(e^{imx}\right) + i\operatorname{Im}\!\left(e^{imx}\right)$，其中「Re」代表實部，「Im」代表虛部。因此 (6) 式亦可寫為

$$\int_{-\infty}^{\infty} f(x)[\cos mx + i\sin mx]\,dx = 2\pi i \sum \operatorname{Res}\left[f(z)e^{imz}\right] \cdots\cdots\cdots\cdots (7)$$

一般均將 (7) 式分別以實部與虛部來表示如下：

$$\int_{-\infty}^{\infty} f(x)\cos mx\,dx = \operatorname{Re}\left\{2\pi i \sum \operatorname{Res}\left[f(z)e^{imz}\right]\right\}$$
$$\int_{-\infty}^{\infty} f(x)\sin mx\,dx = \operatorname{Im}\left\{2\pi i \sum \operatorname{Res}\left[f(z)e^{imz}\right]\right\} \cdots\cdots\cdots\cdots (8)$$

在此要特別注意的是積分函數 $f(z)$ 之限制與第二型之情況不太相同！此處若 $f(z)=\dfrac{p(z)}{q(z)}$，則只要

$$\deg[q(x)] \geq 1 + \deg[p(x)] \cdots\cdots\cdots\cdots\cdots\cdots (9)$$

即可使 $\displaystyle\lim_{R\to\infty}\int_s f(z)e^{imz}\,dz \to 0$。

觀念說明

1. 作者喜稱 (4) 式為「一箭雙鵰」型，因為不論原題目之積分函數是 $f(x)\cos mx$ 或是 $f(x)\sin mx$，計算上皆需求出 $2\pi i \sum\left[f(z)e^{imz}\right]$ 之結果後再取其實部或虛部。

2. 此類實函數之積分圍線取上半圓，這是在 $m>0$ 時才成立之圍線。

例題 3　基本題

求 $I = \int_{-\infty}^{\infty} \dfrac{\cos 4x}{(x^2+1)(x^2+4)} dx = ?$

解　(1) $\oint_c \dfrac{e^{i4z}}{(z^2+1)(z^2+4)} dz = \int_{-\infty}^{\infty} \dfrac{e^{i4x}}{(x^2+1)(x^2+4)} dx + 0$

$\qquad\qquad\qquad = 2\pi i \big[\text{Res}(i) + \text{Res}(2i) \big]$

$\dfrac{e^{i4z}}{(z^2+1)(z^2+4)}$ 有四個異點：$z = \pm i, \pm 2i$

其中只有 i、$2i$ 在上半圓圍線內

$\therefore \text{Res}(i) = \lim\limits_{z \to i} \dfrac{e^{4iz}}{(z+i)(z^2+4)} = \dfrac{1}{6i} e^{-4}$

$\text{Res}(2i) = \lim\limits_{z \to 2i} \dfrac{e^{4iz}}{(z+2i)(z^2+1)} = -\dfrac{1}{12i} e^{-8}$

(2) 故得 $I = \text{Re}\left\{ 2\pi i (\dfrac{1}{6i} e^{-4} - \dfrac{1}{12i} e^{-8}) \right\} = \dfrac{\pi}{6}(2e^{-4} - e^{-8})$

類題

求 $\int_{-\infty}^{\infty} \dfrac{\cos x}{(x^2+1)(x^2+9)} dx = ?$

答　$\oint_c \dfrac{e^{iz}}{(z^2+1)(z^2+9)} dz = \int_{-\infty}^{\infty} \dfrac{e^{ix}}{(x^2+1)(x^2+9)} dx + 0$

$\qquad\qquad\qquad = 2\pi i \big[\text{Res}(i) + \text{Res}(3i) \big]$

$\therefore \text{Res}(i) = \lim\limits_{z \to i} \dfrac{e^{iz}}{(z+i)(z^2+9)} = \dfrac{1}{16i} e^{-1}$

$\text{Res}(3i) = \lim\limits_{z \to 3i} \dfrac{e^{iz}}{(z+3i)(z^2+1)} = -\dfrac{1}{48i} e^{-3}$

故 $I = \text{Re}\left\{ 2\pi i (\dfrac{1}{6i} e^{-1} - \dfrac{1}{48i} e^{-3}) \right\} = 2\pi(\dfrac{1}{6} e^{-1} - \dfrac{1}{48} e^{-3})$

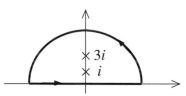

例題 4 基本題

求 $I = \int_{-\infty}^{\infty} \frac{x\sin x}{x^2 + 1} dx = ?$

解 採用如右之積分路徑：

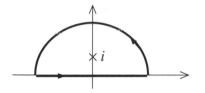

(1) $\oint_c \frac{ze^{iz}}{z^2 + 1} dz = \int_{-\infty}^{\infty} \frac{xe^{ix}}{x^2 + 1} dx + 0 = 2\pi i \operatorname{Res}(i)$

$\frac{ze^{iz}}{z^2 + 1}$ 有二個異點：$z = \pm i$

其中只有 i 在上半圓圍線內

$\therefore \operatorname{Res}(i) = \lim_{z \to i} \frac{ze^{iz}}{z + i} = \frac{1}{2}e^{-1} = \frac{1}{2e}$

(2) 故得 $I = \operatorname{Im}\left\{ 2\pi i \cdot (\frac{1}{2e}) \right\} = \operatorname{Im}\left\{ \frac{\pi}{e}i \right\} = \frac{\pi}{e}$

類題

求 $\int_{-\infty}^{\infty} \frac{x\sin x}{x^2 + 4} dx = ?$

答 $\oint_c \frac{ze^{iz}}{z^2 + 4} dz = \int_{-\infty}^{\infty} \frac{xe^{ix}}{x^2 + 4} dx + 0 = 2\pi i \operatorname{Res}(2i)$

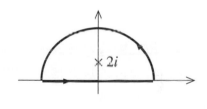

$\therefore \operatorname{Res}(2i) = \lim_{z \to 2i} \frac{ze^{iz}}{z + 2i} = \frac{1}{2}e^{-2} = \frac{1}{2e^2}$

故 $I = \operatorname{Im}\left\{ 2\pi i \cdot (\frac{1}{2e^2}) \right\} = \operatorname{Im}\left\{ \frac{\pi}{e^2}i \right\} = \frac{\pi}{e^2}$

以上探討的三種類型積分，其圍線不是單位圓就是半徑無限大的半圓，此處稱這兩種圍線為「標準型」圍線，是最容易理解之內容。

10-7　習題

1. $\displaystyle\int_0^{2\pi} \frac{1}{13-5\sin\theta}\,d\theta = ?$

2. $\displaystyle\int_0^{2\pi} \frac{1}{5+4\sin\theta}\,d\theta = ?$

3. $\displaystyle\int_0^{2\pi} \frac{1+4\cos\theta}{17-8\cos\theta}\,d\theta = ?$

4. $\displaystyle\int_0^{2\pi} \frac{\cos\theta}{4+\frac{4}{3}\sin\theta}\,d\theta = ?$

5. $\displaystyle\int_{-\infty}^{\infty} \frac{x^2}{(x^2+1)(x^2+4)}\,dx = ?$

6. $\displaystyle\int_{-\infty}^{\infty} \frac{1}{(x^2+1)(x^2+4)}\,dx = ?$

7. $\displaystyle\int_{-\infty}^{\infty} \frac{1}{(x^2+4)(x^2+9)}\,dx = ?$

8. $\displaystyle\int_{-\infty}^{\infty} \frac{1}{x^2+2x+2}\,dx = ?$

9. $\displaystyle\int_{-\infty}^{\infty} \frac{\cos x}{(x^2+4)(x^2+9)}\,dx$

10. $\displaystyle\int_{-\infty}^{\infty} \frac{x\sin 2x}{x^2+9}\,dx$

總整理

本章之心得：

1. 一個複數之極式要會表示。複數之旋轉、對數、n 次方根、次冪等基本計算皆要會。

2. 複變函數與實函數之基本差異要瞭解，基本複變函數（含指數、對數、三角函數）之定義皆要知道。

3. 瞭解複變函數中解析性與可微分之定義，且記住柯西－里曼方程式之功用及形式。

4. 勞倫級數之求法要訣為何？其結果可分為哪三種形式？各級數形式與適用區域有何關連？

5. 柯西定理與柯西積分公式之由來、內容、結果均要熟記；計算題需將積分函數分為三類解之。

6. 如何計算留數是基本能力，一定要會！

7. 二種標準圍線（但有三種題型）之積分要會計算。

習題解答

第 1 章

1-1 解答

1. 二階一次線性 O.D.E.
2. 一階一次非線性 O.D.E.
3. 二階一次非線性 O.D.E.
4. 一階二次非線性 O.D.E.
5. 二階一次非線性 O.D.E.

1-2 解答

1. $y = 3e^{\tan x}$
2. $x^2 + y^2 = c$
3. $\ln|y| = \sqrt{x-1}$
4. $-e^{-y} = x - 2$ 或整理為 $e^{-y} = 2 - x$
5. $y = \sqrt{x^2 + 9} + 1$
6. $\ln|y+1| = x^3 + c$
7. $x^2 + \dfrac{3y^2}{4} = 1$
8. $\dfrac{-1}{3}\ln|y+2| + \dfrac{1}{3}\ln|y-1| = \ln|x| + c$
9. $y(x) = \tan(x+c)$
10. $2\ln|y| = e^x + c$
11. $x^2 = -\ln|\tan y| + c$
12. $\ln|x| = \dfrac{y}{x} + c$

1-3 解答

1. $x^2 y^2 - 3x + 4y = c$
2. $x^2 y - \dfrac{1}{3} xy^3 + \dfrac{1}{3} x + \dfrac{2}{3} y^2 = c$
3. $x^2 y^3 + 2x + e^y = c$
4. $e^{2x} \sin y + x^2 y = c$
5. $x^2 y - xe^y = c$
6. $\dfrac{1}{2} x^2 y - xy + x = c$
7. $\dfrac{1}{2} x^4 y^2 - \dfrac{1}{3} x^3 = c$
8. $x^2 \cos y + \dfrac{1}{4} x^4 = c$
9. $\dfrac{x}{y} - \dfrac{1}{3} y^3 = -8$
10. $xy^3 + \dfrac{1}{6} y^6 = c$
11. $(x + 2y + 2)e^{-y} = 2$
12. $2\ln|y| + xy = c$

1-4 解答

1. $y = ce^{-3x} + 2$
2. $y = ce^{-2x} + 2x - 1$
3. $y = ce^{-x} + \dfrac{1}{2} e^x$
4. $y = (x-2)\ln|x-2| + c(x-2)$
5. $y = \dfrac{1}{x^2 - 1}\left[\dfrac{1}{3} x^3 - x - 3\right]$
6. $y = 2e^{-x^2} + 1$
7. $y = \dfrac{1}{x+1}\left[2xe^x + c\right]$
8. $\dfrac{1}{y} = \dfrac{1}{x^2} + \dfrac{c}{x}$
9. $\dfrac{1}{y} = \dfrac{1}{2x} + cx$

10. $\dfrac{1}{y^2} = \dfrac{x}{2} + \dfrac{1}{8} + ce^{4x}$

11. $\dfrac{1}{y} = ce^{-x} + \dfrac{1}{2}e^{x}$

12. $y^2 = ce^{-2x} + 3x - \dfrac{3}{2}$

1-5 解答

1. $\dfrac{1}{2}y^2 = x^2 + c$

2. (1) $\dfrac{dy}{dt} = 5 - \dfrac{y}{100}$，$y(0) = 50$
   (2) 1 公斤 / 公升

3. $T = 5$ 年

4. $T(t) = 10 + 22e^{-0.258t}$

第 2 章

2-1 解答

1. 線性相依

2. 線性獨立

3. 線性獨立

4. 線性相依

2-2 解答

1. $y(x) = -\dfrac{1}{2}e^{-x} + \dfrac{1}{3}e^{-2x} + \dfrac{1}{6}e^{x}$

2. $y(x) = 2e^{x} - e^{2x} + \dfrac{1}{12}e^{5x}$

3. $y(x) = \dfrac{3}{10}\sin 2x - \dfrac{1}{5}\sin 3x$

4. $y(x) = e^{-2x}\cos\dfrac{1}{2}x$

5. $y(x) = c_1 e^{x} + c_2 e^{-3x} - \dfrac{1}{4}xe^{-x}$

6. $y(x) = e^{x}(c_1\cos x + c_2\sin x) + e^{x}$

7. $y(x) = c_1 + c_2 e^{x} + e^{2x}$

8. $y(x) = e^{-x}(-\cos x - 3\sin x) + \cos x + 2\sin x$

9. $y(x) = c_1 e^{-x} + c_2 xe^{-x} + \dfrac{1}{6}x^3 e^{-x}$

10. $y(x) = c_1 e^{2x} + c_2 xe^{2x} + (6x^2 + 24x + 40)e^{x}$

11. $y(x) = c_1 e^{-x} + c_2 xe^{-x} + \dfrac{x^2}{2}e^{-x}\ln x - \dfrac{3}{4}x^2 e^{-x}$

12. $y(x) = c_1\cos 3x + c_2\sin 3x - \dfrac{1}{12}x\cos 3x + \dfrac{1}{36}(\sin 3x)\ln|\sin 3x|$

13. $y(x) = c_1\cos 2x + c_2\sin 2x + (\dfrac{1}{4}\cos 2x)\ln|\cos 2x| + \dfrac{1}{2}x\sin 2x$

14. $y(x) = e^{-x}(\cos 2x + 2\sin 2x) + e^{3x}$

15. $y(x) = -e^{x} + 3e^{3x}$

16. $y(x) = c_1 e^{3x} + c_2 e^{5x} + \dfrac{1}{8}e^{x}$

2-3 解答

1. $y(x) = c_1 x + c_2 x^{-4}$

2. $y(x) = c_1 x + c_2 x^4$

3. $y(x) = c_1 x + c_2 x\ln x + \dfrac{1}{36}x^7$

4. $y(x) = c_1 x^2 + c_2 x^{-1} + x^2\ln x$

5. $y(x) = c_1 x^3 + c_2 x^4 + x^3 e^{x}$

6. $y(x) = c_1 x + c_2 x^2 + \dfrac{1}{6x}$

7. $y(x) = c_1 + c_2\ln x - \dfrac{4}{25}x^{5/2}$

8. $y(x) = -\sqrt{x}\cos(2\ln x)$

2-4 解答

1. (1) $y(t) = e^{-t}(\cos 2t + \dfrac{1}{2}\sin 2t)$
   (2) 不足阻尼

2. (1) $q(t) = e^{-t}(\cos 3t + \dfrac{1}{3}\sin 3t)$
   (2) 不足阻尼

第 3 章

3-2 解答

1. $\dfrac{s+1}{(s+1)^2+16}$

2. $\dfrac{5}{(s+3)^2+25}$

3. $\dfrac{s^2-2}{s(s^2-4)}$

4. $\dfrac{8s}{(s^2+16)^2}$

5. $\dfrac{2(2s+6)}{(s^2+6s+13)^2}$

6. $\dfrac{1-5s}{s^2+2s-3}$

7. $\dfrac{6}{(s+3)^4}$

8. $\dfrac{2}{(s+1)(s^2+2s+5)}$

9. $\dfrac{1}{s^2(s-1)}$

10. $\dfrac{1}{(s+1)(s^2+1)}$

11. (1) 0　(2) 4

12. (1) 3　(2) 0

3-3 解答

1. $\dfrac{1}{s^2}-\dfrac{e^{-s}}{s^2}$

2. $\dfrac{e^{-s}}{s^2}-\dfrac{e^{-2s}}{s^2}$

3. $e\cdot\dfrac{e^{-s}}{s-1}$

4. e^{-3s}

5. $\dfrac{1}{1-e^{-2s}}\left(\dfrac{-e^{-s}}{s}-\dfrac{e^{-s}}{s^2}+\dfrac{1}{s^2}\right)$

6. $\dfrac{1-e^{-(s+1)}}{(s+1)(1-e^{-s})}$

3-4 解答

1. $\dfrac{1}{3}\left[1-\cos\sqrt{3}t\right]$

2. $1-6e^{-t}+9e^{-2t}$

3. $3e^{-3t}\cos 4t-\dfrac{11}{4}e^{-3t}\sin 4t$

4. $-t+te^{-t}$

5. $\delta(t)+\sin t$

6. $(t-1)u(t-1)$

7. $\sin(t-1)u(t-1)$

8. $\dfrac{1}{a^2}e^{at}-\dfrac{1}{a^2}-\dfrac{t}{a}$

9. $\dfrac{e^t-e^{-t}}{t}$

10. $\dfrac{2(1-\cos 2t)}{t}$

11. D

3-5 解答

1. $y(t)=2\cos 2t+\dfrac{1}{4}u(t-\pi)-\dfrac{1}{4}u(t-\pi)$
   $\cos 2(t-\pi)$

2. $y(t)=-2+5t-\dfrac{1}{5}u(t-\pi)+e^{-(t-\pi)}u(t-\pi)$
   $\left[\dfrac{1}{10}\sin 2(t-\pi)+\dfrac{1}{5}\cos 2(t-\pi)\right]$

3. $y(t)=e^{-t}(\dfrac{1}{10}\cos 2t-\dfrac{3}{10}\sin 2t)-\dfrac{1}{10}\cos t$
   $+\dfrac{7}{10}\sin t$

4. $y(t)=2e^{-t}+5te^{-t}+(t-1)e^{-(t-1)}u(t-1)$

5. $y(t)=2e^{-t}+e^{2t}-e^{-(t-\pi)}u(t-\pi)+e^{2(t-\pi)}$
   $u(t-\pi)$

6. $y(t)=\dfrac{5}{3}\sin t-\dfrac{1}{3}\sin 2t$

7. $y(t)=\dfrac{1}{5}\sin 2t+\dfrac{1}{5}\sin 3t+\dfrac{1}{3}\sin 3(t-1)u(t-1)$

8. $y(t) = \dfrac{1}{4} + \dfrac{3}{4}e^{-2t} + \dfrac{7}{2}te^{-2t} + \left[-\dfrac{1}{4} + \dfrac{1}{4}e^{-2(-2)t} \right.$
$\left. + \dfrac{1}{2}(t-2)e^{-2(t-2)} \right] u(t-2)$

9. $y(t) = \sqrt{2}\sin\sqrt{2}t$

10. $y(t) = 1 + t$

11. $y(t) = t^2$

12. $y(t) = e^{-3t}$

13. $y(t) = 2t^2 + \dfrac{2t^3}{3}$

14. 將原方程式取拉氏變換得

$s^2 Y(s) - sy(0) - y'(0) + \omega^2 Y(s) = R(s)$

代入啟始條件得 $s^2 Y - sk_1 - k_2 + \omega^2 Y = R$

整理後得

$Y(s) = \dfrac{1}{s^2 + \omega^2}R + \dfrac{k_1}{s^2 + \omega^2}s + \dfrac{k_2}{s^2 + \omega^2}$

取反拉氏變換後得證：

$y(t) = \dfrac{1}{\omega}r(t)*\sin\omega t + k_1\cos\omega t + \dfrac{k_2}{\omega}\sin\omega t$

第 4 章

4-1 解答

1. $\mathbf{AB}^T = \begin{bmatrix} 34 & -6 & 28 \\ 16 & -19 & 17 \\ 1 & -39 & 10 \end{bmatrix}$

$\mathbf{A}^T\mathbf{B} = \begin{bmatrix} 5 & 45 \\ -3 & 20 \end{bmatrix}$

2. 正確

3. $a = 2 + \sqrt{3}$，$b = 2 - \sqrt{3}$

4-2 解答

1. (1) 135　(2) 25

2. D

3. 略

4-3 解答

1. $\mathbf{A}^{-1} = \begin{bmatrix} 0 & 1 \\ -1 & 0 \end{bmatrix}$

2. $\mathbf{A}^{-1} = \begin{bmatrix} \cos\theta & \sin\theta \\ -\sin\theta & \cos\theta \end{bmatrix}$

3. $\mathbf{A}^{-1} = \begin{bmatrix} 1 & 0 & 0 \\ 0 & 0 & 1 \\ 0 & 1 & 0 \end{bmatrix}$

4. $\mathbf{A}^{-1} = \begin{bmatrix} -\frac{7}{2} & -\frac{1}{2} & 1 \\ -\frac{13}{2} & -\frac{3}{2} & 2 \\ 4 & 1 & -1 \end{bmatrix}$

5. $\mathbf{A}^{-1} = \begin{bmatrix} 1 & 1 & 2 \\ 1 & 2 & 3 \\ 2 & 3 & 3 \end{bmatrix}$

6. $\mathbf{A}^{-1} = \begin{bmatrix} -5 & 2 & -2 \\ 3 & -1 & 1 \\ -3 & 1 & 0 \end{bmatrix}$

4-4 解答

1. 唯一解：$x_1 = 2,\ x_2 = -4,\ x_3 = -2$

2. 唯一解：$x_1 = -1,\ x_2 = 2,\ x_3 = -4$

3. 唯一解：$x_1 = x_2 = x_3 = 0$

4. 無解

5. 無限多解，解為

$\mathbf{x} = c_1\begin{bmatrix} 3 \\ -2 \\ 1 \\ 0 \\ 0 \end{bmatrix} + c_2\begin{bmatrix} -1 \\ 1 \\ 0 \\ 1 \\ 0 \end{bmatrix} + c_3\begin{bmatrix} 4 \\ -3 \\ 0 \\ 0 \\ 1 \end{bmatrix} + \begin{bmatrix} 6 \\ -2 \\ 0 \\ 0 \\ 0 \end{bmatrix}$

6. $\alpha = 0.5$ 時才有解，$\alpha \neq 0.5$ 時無解

7. $\text{rank}(\mathbf{A}) = 2$

8. $\text{rank}(\mathbf{A}) = 3$

4-5 解答

1. 當 $\lambda_1 = 1$ 時，則 $\mathbf{x}_1 = \begin{bmatrix} 2 \\ -1 \end{bmatrix}$

   當 $\lambda_2 = 6$ 時，則 $\mathbf{x}_2 = \begin{bmatrix} 3 \\ 1 \end{bmatrix}$

2. 當 $\lambda_1 = 2$ 時，則 $\mathbf{x}_1 = \begin{bmatrix} 2 \\ -1 \end{bmatrix}$

   當 $\lambda_2 = 7$ 時，則 $\mathbf{x}_2 = \begin{bmatrix} 1 \\ 2 \end{bmatrix}$

3. 當 $\lambda_1 = 3$ 時，則 $\mathbf{x}_1 = \begin{bmatrix} 1 \\ 5 \end{bmatrix}$

   當 $\lambda_2 = 7$ 時，則 $\mathbf{x}_2 = \begin{bmatrix} 1 \\ 1 \end{bmatrix}$

4. $\lambda_1 = 8$, $\mathbf{x}_1 = \begin{bmatrix} 3 \\ 0 \\ 1 \end{bmatrix}$; $\lambda_2 = 4$, $\mathbf{x}_2 = \begin{bmatrix} 0 \\ 1 \\ 0 \end{bmatrix}$;

   $\lambda_3 = -2$, $\mathbf{x}_3 = \begin{bmatrix} 1 \\ -1 \\ 1 \end{bmatrix}$

5. $\lambda_1 = 3$, $\mathbf{x}_1 = \begin{bmatrix} 1 \\ 0 \\ 0 \end{bmatrix}$; $\lambda_2 = 2$, $\mathbf{x}_2 = \begin{bmatrix} 1 \\ -1 \\ 0 \end{bmatrix}$;

   $\lambda_3 = 5$, $\mathbf{x}_3 = \begin{bmatrix} 3 \\ 2 \\ 1 \end{bmatrix}$

6. $\lambda_1 = -5$，$\mathbf{x}_1 = \begin{bmatrix} 3 \\ 2 \\ 4 \end{bmatrix}$；$\lambda_2 = \lambda_3 = 2$，只有一個

   特徵向量 $\mathbf{x}_2 = \begin{bmatrix} 1 \\ 3 \\ -1 \end{bmatrix}$

7. $\lambda_1 = 2$, $\mathbf{x}_1 = \begin{bmatrix} 2 \\ 1 \\ 2 \end{bmatrix}$; $\lambda_2 = \lambda_3 = 1$,

   $\mathbf{x}_2 = \begin{bmatrix} 1 \\ 3 \\ 0 \end{bmatrix}$, $\mathbf{x}_3 = \begin{bmatrix} 0 \\ -2 \\ 1 \end{bmatrix}$

8. $\lambda_1 = 4$, $\mathbf{x}_1 = \begin{bmatrix} 0 \\ 1 \\ 0 \end{bmatrix}$; $\lambda_2 = 8$, $\mathbf{x}_2 = \begin{bmatrix} 2 \\ -3 \\ 4 \end{bmatrix}$;

   $\lambda_3 = -5$, $\mathbf{x}_3 = \begin{bmatrix} -54 \\ 16 \\ 9 \end{bmatrix}$

9. 觀察知 $\mathbf{A}$ 之每一列數字和是 2，故有一個特徵值為 2；又特徵值之和為 3，故另一個特徵值為 1

4-6 解答

1. 取 $\mathbf{S} = \begin{bmatrix} 1 & 2 \\ -1 & -3 \end{bmatrix}$，必有 $\mathbf{S}^{-1}\mathbf{AS} = \mathbf{D} = \begin{bmatrix} 1 & 0 \\ 0 & -1 \end{bmatrix}$

2. 取 $\mathbf{S} = \begin{bmatrix} 3 & 1 \\ 2 & -1 \end{bmatrix}$，必有 $\mathbf{S}^{-1}\mathbf{AS} = \mathbf{D} = \begin{bmatrix} 3 & 0 \\ 0 & -2 \end{bmatrix}$

3. 取 $\mathbf{S} = \begin{bmatrix} 1 & 1 & 0 \\ 1 & 0 & 1 \\ 1 & -1 & -1 \end{bmatrix}$，必有

   $\mathbf{S}^{-1}\mathbf{AS} = \mathbf{D} = \begin{bmatrix} 11 & 0 & 0 \\ 0 & 8 & 0 \\ 0 & 0 & 8 \end{bmatrix}$

4. 取 $\mathbf{S} = \begin{bmatrix} 2 & 1 & 0 \\ 0 & 1 & 1 \\ 1 & 0 & 1 \end{bmatrix}$，必有

   $\mathbf{S}^{-1}\mathbf{AS} = \mathbf{D} = \begin{bmatrix} 0 & 0 & 0 \\ 0 & 15 & 0 \\ 0 & 0 & -15 \end{bmatrix}$

5. 取 $\mathbf{S} = \begin{bmatrix} 1 & 1 & 0 \\ 1 & -1 & 0 \\ -1 & 0 & 1 \end{bmatrix}$，必有

   $\mathbf{S}^{-1}\mathbf{AS} = \mathbf{D} = \begin{bmatrix} 1 & 0 & 0 \\ 0 & 0.5 & 0 \\ 0 & 0 & 0.5 \end{bmatrix}$

6. 取 $S = \begin{bmatrix} 1 & 2 & 0 \\ -1 & -3 & 0 \\ 1 & 0 & 1 \end{bmatrix}$，必有

$$S^{-1}AS = D = \begin{bmatrix} 5 & 0 & 0 \\ 0 & 3 & 0 \\ 0 & 0 & 3 \end{bmatrix}$$

7. 取 $S = \begin{bmatrix} 3 & 1 & 0 \\ 1 & 0 & 1 \\ 1 & -2 & 0 \end{bmatrix}$，必有

$$S^{-1}AS = D = \begin{bmatrix} 9 & 0 & 0 \\ 0 & 2 & 0 \\ 0 & 0 & 2 \end{bmatrix}$$

第 5 章

5-1 解答

1. $\begin{cases} x(t) = c_1 e^{\sqrt{2}t} + c_2 e^{-\sqrt{2}t} - e^t \\ y(t) = (\sqrt{2}-1)c_1 e^{\sqrt{2}t} - (\sqrt{2}+1)c_2 e^{-\sqrt{2}t} \end{cases}$

2. $\begin{cases} x(t) = c_1 e^t + c_2 e^{-0.5t} \\ y(t) = -\dfrac{1}{5}c_1 e^t - 0.5c_2 e^{-0.5t} \end{cases}$

3. $\begin{cases} x(t) = 2.2 + \sin 2t - \cos 2t \\ y(t) = 2.2 + \sin 2t + \cos 2t \end{cases}$

4. $\begin{cases} x(t) = e^{-t}(c_1 \cos t + c_2 \sin t) - \dfrac{8}{5}e^{-3t} \\ y(t) = e^{-t}(-c_1 \sin t + c_2 \cos t) + \dfrac{1}{5}e^{-3t} \end{cases}$

5. $\begin{cases} x(t) = 3e^{-3}e^{3t} + 2e^{-3}te^{3t} \\ y(t) = 3e^{-3}e^{3t} + 2e^{-3}(t-1)e^{3t} \end{cases}$

5-2 解答

1. $\begin{cases} x(t) = 2e^{5t} - e^{-5t} \\ y(t) = e^{5t} + 2e^{-5t} \end{cases}$

2. $\begin{cases} x(t) = -1 + e^{-t} \\ y(t) = \dfrac{1}{2}e^{-t} + \dfrac{5}{2}e^{-3t} \end{cases}$

3. $\begin{cases} x(t) = -2 - t + 2e^{\frac{t}{2}} \\ y(t) = -1 - t + e^{\frac{t}{2}} \end{cases}$

4. $\begin{cases} x_1(t) = -\dfrac{10}{3} + \dfrac{51}{4}e^{2t} - 4e^{3t} - \dfrac{41}{12}e^{6t} \\ x_2(t) = \dfrac{2}{3} - \dfrac{17}{4}e^{2t} - \dfrac{41}{12}e^{6t} \end{cases}$

5. $\begin{cases} x(t) = 2e^{-t} \\ y(t) = 2e^t - e^{-t} \end{cases}$

6. $\begin{cases} x(t) = 1 - e^{-t} \\ y(t) = 1 + e^{-t} - 2e^{-\frac{1}{2}t} \end{cases}$

7. $\begin{cases} x(t) = -1 + t + e^{-t}\cos t \\ y(t) = -t + t^2 + e^{-t}\sin t \end{cases}$

5-3 解答

1. $\begin{bmatrix} y_1 \\ y_2 \end{bmatrix} = c_1 \begin{bmatrix} 1 \\ 2 \end{bmatrix} e^{5t} + c_2 \begin{bmatrix} 2 \\ 1 \end{bmatrix} e^{2t}$

2. $\begin{bmatrix} y_1 \\ y_2 \end{bmatrix} = c_1 \begin{bmatrix} 3 \\ 1 \end{bmatrix} e^{-2t} + c_2 \begin{bmatrix} 1 \\ 1 \end{bmatrix} e^{-4t}$

3. $\mathbf{y}(t) = c_1 \begin{bmatrix} 1 \\ 0 \end{bmatrix} e^{4t} + c_2 \begin{bmatrix} -2 \\ 1 \end{bmatrix} e^{3t}$

4. $\mathbf{y}(t) = \begin{bmatrix} 1 & 1 \\ 1 & -1 \end{bmatrix} \begin{bmatrix} c_1 e^{-2t} + 4e^{-t} \\ c_2 e^{-4t} + \dfrac{2}{3}e^{-t} \end{bmatrix}$

第 6 章

6-1 解答

1. (1) $4\vec{i} + 6\vec{k}$

   (2) $\theta = \cos^{-1}\left(\dfrac{5}{3\sqrt{7}}\right)$

2. -11

3. $\vec{i} - \vec{j} + \vec{k}$

4. A

5. B

6. 0

6-2 解答

1. $\sqrt{82}$

2. $\dfrac{3}{2}$

6-3 解答

1. $(2+e)\vec{i} + 2\vec{j} + e\vec{k}$

2. 切平面：$4x - 4y - z = 8$；

法線：$\dfrac{x-2}{4} = \dfrac{y+2}{-4} = \dfrac{z-8}{-1}$

3. $\dfrac{-4}{\sqrt{10}}$

4. $\dfrac{-2}{\sqrt{3}}$

5. $-4\sqrt{3}$

6. (1) -2

(2) $4\vec{i} + 4\vec{j} + 2\vec{k}$，即 $\left|4\vec{i} + 4\vec{j} + 2\vec{k}\right| = 6$

6-4 解答

1. $2\vec{i} + 2\vec{k}$

2. $\nabla \cdot \vec{F}\big|_{(1,-1,1)} = -8$
$\nabla \times \vec{F}\big|_{(1,-1,1)} = 2\vec{i} + 4\vec{k}$

3. A

4. 6

第 7 章

7-1 解答

1. $\dfrac{1}{3}$

2. $\dfrac{\sqrt{2}}{3}$

3. $\dfrac{176}{3}$

4. $-\dfrac{55}{6}$

5. 16π

6. $\dfrac{25}{3}$

7. $2\pi^2$

8. $\dfrac{243}{20}$

9. $-\dfrac{32}{3}$

7-2 解答

1. 8π

2. $\pi + 1$

3. 26

4. (1) 是

(2) $\Phi = x^2 y + 3x - 4yz + c$

(3) 6

5. $\dfrac{\pi^3}{192} + \dfrac{3}{16}\pi^2 - \dfrac{\pi}{2} + 1$

6. B

7-3 解答

1. 6π

2. $\dfrac{1}{9}(10^{3/2} - 1)$

3. $\dfrac{1}{24}(37^{3/2} - 17^{3/2})$

4. 2π

5. $\dfrac{\pi}{4} + \dfrac{\pi^3}{48}$

6. 128π

7-4 解答

1. $-2(e^2-1)$

2. $-\pi$

3. 21

4. 2

5. $\dfrac{81}{4}\pi$

7-5 解答

1. $\dfrac{9}{16}$

2. 0

3. $\dfrac{1}{6}$

4. A

5. $\dfrac{\pi}{4}-\dfrac{5}{18}$

6. 2π

7-6 解答

1. 2

2. $\dfrac{63}{2}$

3. 24π

4. $\dfrac{32}{3}\pi$

5. 81π

6. 315π

7. 4π

8. $\dfrac{64}{3}\pi$

第 8 章

8-1 解答

1. $f(x)=\dfrac{\pi}{2}+\displaystyle\sum_{n=1}^{\infty}\dfrac{1}{n}\left[1-(-1)^n\right]\sin nx$

2. $f(x)=\displaystyle\sum_{n=1}^{\infty}\dfrac{2}{n}\left[1-(-1)^n\right]\sin nx$

3. $f(x)=\dfrac{\pi^2}{6}+\displaystyle\sum_{n=1}^{\infty}\left(\dfrac{2}{n^2}\cos\dfrac{n\pi}{2}-\dfrac{4}{n^3\pi}\sin\dfrac{n\pi}{2}\right)$
$\cos nx$

4. $f(x)=\displaystyle\sum_{n=1}^{\infty}\left(\dfrac{4}{n^2\pi}\sin\dfrac{n\pi}{2}\right)\sin nx$

5. $f(x)=-\dfrac{3\pi}{4}+\displaystyle\sum_{n=1}^{\infty}\dfrac{1}{n^2\pi}\left[(-1)^n-1\right]\cos nx$
$+\dfrac{(-1)^{n+1}}{n}\sin nx$

6. $f(x)=\dfrac{1}{4}+\displaystyle\sum_{n=1}^{\infty}\dfrac{1}{n^2\pi^2}\left[(-1)^n-1\right]\cos n\pi x$
$-\dfrac{(-1)^n}{n\pi}\sin n\pi x$

7. $f(x)=\dfrac{L}{2}+\displaystyle\sum_{n=1}^{\infty}\dfrac{2L}{n^2\pi^2}\left[(-1)^n-1\right]\cos\dfrac{n\pi x}{L}$

8. (1) $f(x)=\dfrac{1}{2}+\dfrac{2}{\pi}\left(\cos x-\dfrac{1}{3}\cos 3x+\dfrac{1}{5}\cos 5x-\cdots\right)$

(2) 略

9. (1) $f(x)=\dfrac{\pi}{2}-\dfrac{4}{\pi}\left(\cos x+\dfrac{1}{9}\cos 3x+\dfrac{1}{25}\cos 5x+\cdots\right)$

(2) 略

10.

(1) $f(x)=\dfrac{8}{\pi}\left(\sin x+\dfrac{1}{3^3}\sin 3x+\dfrac{1}{5^3}\sin 5x+\cdots\right)$

(2) 略

8-2 解答

1. (1) $f(x) = \dfrac{\ell}{2} + \sum\limits_{n=1}^{\infty} \dfrac{-2\ell\left[1-(-1)^n\right]}{n^2\pi^2} \cos\dfrac{n\pi x}{\ell}$

(2) $f(x) = \sum\limits_{n=1}^{\infty} \dfrac{-2\ell(-1)^n}{n\pi} \sin\dfrac{n\pi x}{\ell}$

2. $f(x) = \sum\limits_{n=1}^{\infty} \left\{ \dfrac{-2(-1)^n}{n\pi} + \dfrac{4\left[(-1)^n - 1\right]}{n^3\pi^3} \right\} \sin n\pi x$

3. 正弦級數：

$f(x) = \sum\limits_{n=1}^{\infty} \left[\dfrac{2}{n\pi}\left(1-\cos\dfrac{n\pi}{2}\right) \right] \sin\dfrac{n\pi x}{\ell}$

餘弦級數：

$f(x) = \dfrac{1}{2} + \sum\limits_{n=1}^{\infty} \left(\dfrac{2}{n\pi}\sin\dfrac{n\pi}{2} \right) \cos\dfrac{n\pi x}{\ell}$

4. 正弦級數：

$f(x) = \sum\limits_{n=1}^{\infty} \dfrac{4}{n\pi} \left[1-\cos\dfrac{n\pi}{3} \right] \sin\dfrac{n\pi x}{3}$

餘弦級數：

$f(x) = \dfrac{2}{3} + \sum\limits_{n=1}^{\infty} \left(\dfrac{4}{n\pi}\sin\dfrac{n\pi}{3} \right) \cos\dfrac{n\pi x}{3}$

5. $f(x) = \dfrac{2}{\pi} + \sum\limits_{n=2}^{\infty} \left\{ \dfrac{2\left[1+(-1)^n\right]}{(1-n^2)\pi} \right\} \cos\dfrac{n\pi x}{\ell}$

8-3 解答

1. $f(x) = \sum\limits_{n=-\infty}^{\infty} \dfrac{1-(-1)^n}{in\pi} e^{inx}$ ， $n \neq 0$

2. $f(x) = \sum\limits_{n=-\infty}^{\infty} \dfrac{1}{in\pi}\left[1-(-1)^n\right] e^{i\frac{n\pi x}{2}}$

3. $f(x) = \sum\limits_{n=-\infty}^{\infty} (-1)^n \dfrac{\sinh\pi}{\pi} \dfrac{1+in}{1+n^2} e^{inx}$

4. $f(x) = 3 + \sum\limits_{n=-\infty, n\neq 0}^{\infty} \dfrac{-3}{in\pi} e^{i\frac{2n\pi x}{3}}$

8-4 解答

1. $f(x) = \int_0^{\infty} \dfrac{2}{\pi\omega^2}(1-\cos\omega)\cos\omega x\, d\omega$

2. $f(x) = \int_0^{\infty} \dfrac{2(\sin 2\omega - \sin\omega)}{\omega}\cos\omega x\, d\omega$

3. 傅立葉餘弦積分：

$f(x) = \int_0^{\infty} \dfrac{2\sin\omega}{\pi\omega}\cos\omega x\, d\omega$

傅立葉正弦積分：

$f(x) = \int_0^{\infty} \dfrac{2(1-\cos\omega)}{\pi\omega}\sin\omega x\, d\omega$

4. $f(x) = \int_0^{\infty} \dfrac{1-\cos(\pi\omega)}{\omega}\sin\omega x\, d\omega$

5.

$f(x) = \dfrac{2}{\pi}\int_0^{\infty}\left(\dfrac{a\sin a\omega}{\omega} + \dfrac{\cos a\omega - 1}{\omega^2} \right)\cos\omega x\, d\omega$

6. $f(x) = \dfrac{2}{\pi}\int_0^{\infty} \dfrac{3(2+\omega^2)}{\omega^4 + 5\omega^2 + 4}\cos\omega x\, d\omega$

8-5 解答

1. $\dfrac{2e^{i\omega}}{i\omega} + \dfrac{e^{i\omega} - e^{-i\omega}}{\omega^2}$

2. $\dfrac{e^{1-i\omega} - e^{-1+i\omega}}{1-i\omega}$

3. $-\dfrac{4}{\omega^2}\cos\omega + \dfrac{4}{\omega^3}\sin\omega$

4. $\dfrac{1-e^{-2i\omega}}{i\omega\sqrt{2\pi}}$

第 9 章

9-2 解答

1. $u(x,t) = e^{-\left(\frac{\pi}{\ell}\right)^2 t}\sin\dfrac{\pi x}{\ell} + 2e^{-\left(\frac{2\pi}{\ell}\right)^2 t}\sin\dfrac{2\pi x}{\ell}$

2. $u(x,t) = \sum_{n=1}^{\infty} \frac{4\ell^2}{n^3\pi^3}\left[1-(-1)^n\right]e^{-(\frac{n\pi}{\ell})^2 t}\sin\frac{n\pi x}{\ell}$

3.

$$u(x,t) = \sum_{n=1}^{\infty} \frac{20(-1)^n}{n\pi} e^{-(n\pi)^2 t}\sin n\pi x + 10x + 10$$

9-3 解答

1. $u(x,t) = \cos t\sin x - \cos 2t\sin 2x$

2. $u(x,t) = \sum_{n=1}^{\infty}\frac{-2(-1)^n}{n\pi}\cos\frac{n\pi t}{L}\sin\frac{n\pi}{L}x$

3. $u(x,t) = \frac{3}{\pi}\sin\frac{2\pi t}{3}\sin\frac{\pi x}{3} + \frac{1}{2\pi}\sin 2\pi t\sin\pi x$

4. $u(x,t) = \sum_{n=1}^{\infty}\frac{2\left[1-(-1)^n\right]}{\pi c n^2}\sin nct\sin nx$

9-4 解答

1. $u(x,y) = \frac{2}{\sinh(\pi)}\sinh y\sin x$

2. $u(x,y) = \frac{2}{1-e^{2\pi}}\left(e^y - e^{2\pi}e^{-y}\right)\sin x$

3. $u(x,y) = \frac{2}{\sinh(\pi)}\sinh x\sin y$

4. $u(x,y) = \frac{2}{1-e^{2\pi}}\left(e^x - e^{2\pi}e^{-x}\right)\sin y$

第 10 章

10-1 解答

1. 3，$3e^{i\frac{2\pi}{3}}$，$3e^{i\frac{4\pi}{3}}$

2. $e^{-(\frac{7\pi}{4}\pm 2k\pi)}\left[\cos(\ln\sqrt{2}) + i\sin(\ln\sqrt{2})\right]$，
$e^{-\frac{7\pi}{4}}\left[\cos(\ln\sqrt{2}) + i\sin(\ln\sqrt{2})\right]$

3. -2^{10}

4. -4

5. $2^{-10}(-\frac{1}{2} + \frac{\sqrt{3}}{2}i)$

6. 直線

7. 雙曲線

10-2 解答

1. $-e^2$

2. $z = \ln 2 + i(\pi \pm 2k\pi)$

3. $z = \ln 2 + i(\frac{\pi}{3} \pm 2k\pi)$

10-3 解答

1. D

2. $a = -\frac{1}{2}$，$b = -2$，$c = \frac{1}{2}$

3. $f'(z) = 2ze^{2z} + 2z^2 e^{2z} + \sin z + z\cos z$

10-4 解答

1. $\frac{z}{2!} - \frac{z^3}{4!} + \frac{z^5}{6!} - \cdots$

2. $\frac{1}{z^3} + \frac{1}{z} + \frac{z}{2!} + \frac{z^3}{3!} + \cdots$

3. $1 - \frac{1}{3!}z + \frac{1}{5!}z^2 - \cdots$，$z = 0$ 是可去異點

4. $e\left[1 + \frac{2}{z-2} + \frac{2^2}{2!(z-2)^2} + \frac{2^3}{3!(z-2)^3} + \cdots\right]$

5. (1) $\frac{1}{z} + \frac{1}{z^2} + (1 + z + z^2 + \cdots)$

(2) $-\frac{1}{z^3} - \frac{1}{z^4} - \cdots$

10-5 解答

1. 0

2. $2\pi i\sin 1$

3. $4\pi i$

4. -6π

5. 0

6. $-4i$

7. $\dfrac{1}{i}\left(e^{-1}-1\right)$

8. π

9. $2\pi(\dfrac{1}{20}e^{-2}-\dfrac{1}{30}e^{-3})$

10. $\dfrac{\pi}{e^{6}}$

10-6 解答

1. $z=-1$,

    $\text{Res}(-1)=1$

    $z=-2$

    $\text{Res}(-2)=-1$

2. $z=-1$,

    $\text{Res}(-1)=-1$

    $z=-2$,

    $\text{Res}(-2)=1$

3. $-\pi i \sin 1$

4. 8π

10-7 解答

1. $\dfrac{\pi}{6}$

2. $\dfrac{2\pi}{3}$

3. $\dfrac{4\pi}{15}$

4. 0

5. $\dfrac{\pi}{3}$

6. $\dfrac{\pi}{6}$

7. $\dfrac{\pi}{30}$

索 引

得 分

工程數學(精要版)
課後作業
CH00 微積分複習

班級：＿＿＿＿＿＿＿＿
學號：＿＿＿＿＿＿＿＿
姓名：＿＿＿＿＿＿＿＿

1. 求 (1) $\dfrac{d}{dx}(a^x) = ?$ (2) $\dfrac{d}{dx}(\log_a x) = ?$

2. 求 $\displaystyle\int\left(\sqrt{x} + \dfrac{1}{\sqrt{x}}\right)^2 dx = ?$

3. 求 $\displaystyle\lim_{x\to 0}\dfrac{\displaystyle\int_0^{x^2}\sin(t^2)\,dt}{x^6} = ?$

（請沿虛線撕下）

4. 求 $I = \int_0^\infty \sqrt{x}\, e^{-x^2}\, dx = ?$

5. 求 $f(x) = \dfrac{1}{\sqrt{4-x}}$ 之馬克洛林級數。

6. 求 $\int_0^1 \int_y^1 e^{x^2}\, dx\, dy = ?$

工程數學(精要版)
課後作業
CH01　一階O.D.E.

班級：＿＿＿＿＿＿＿＿
學號：＿＿＿＿＿＿＿＿
姓名：＿＿＿＿＿＿＿＿

1.　判斷下列 O.D.E. 之階數、次數與線性或非線性？

(1) $\dfrac{d^2 y}{dx^2} + 5\dfrac{dy}{dx} + 6y = 10\sin x$

(2) $\left(\dfrac{d^5 y}{dx^5}\right)^2 = x$

2.　解 $ydx + (x^2 - 4x)dy = 0$

3.　下列何者為微分方程式 $2 + (6x - e^{-2y})\dfrac{dy}{dx} = 0$ 的積分因子？

(A) $e^{2x}y^3$　(B) $x^3 e^{2y}$　(C) e^{3y}　(D) e^{3x}

4. 解 $y' = xy - x$，$y(0) = 2$

5. 求與曲線族 $y = \dfrac{x}{1 + kx}$ 正交之曲線族軌跡？

1. 下列那一組函數是線性相依 (linear dependent)？

   (A) $y_1 = \cos 3x$，$y_2 = \sin 3x$　　(B) $y_1 = e^x$，$y_2 = e^{2x}$，$y_3 = xe^x$

   (C) $y_1 = e^{3x}$，$y_2 = e^{6x}$，$y_3 = e^{9x}$　　(D) $y_1 = x$，$y_2 = 3x$，$y_3 = x^2$。

2. 請解 $y'' - 2y' + 2y = 0$，$y(0) = -3$，$y(\frac{\pi}{2}) = 0$

3. 試求下列微分方程之通解 $x^2 y'' + xy' - 4y = 3x^3$

4. 若一個有阻尼的機械系統可以二次微分方程式 $15y'' + 10y' + 5y = 0$ 來表示，它的解滿足下列何者特性？

(A) 不足阻尼　　(B) 過阻尼　　(C) 臨界阻尼

得 分

工程數學(精要版)
課後作業
CH03 拉普拉斯變換

班級：＿＿＿＿＿＿＿＿＿

學號：＿＿＿＿＿＿＿＿＿

姓名：＿＿＿＿＿＿＿＿＿

1. 求 $f(t) = \cos(2t + 10)$ 之拉氏變換？

2. 若 $\mathscr{L}\{t\sin 2t\} = F(s)$，則 $F(4) = ?$

3. 求 $\mathscr{L}\{\delta(t - 2)e^{-t}\} = ?$

4. 求 $\mathscr{L}^{-1}\left\{\dfrac{3s-2}{s^2+6s+25}\right\} = ?$

5. 解 $y(t) = e^{-2t} - 3\displaystyle\int_0^t y(\tau)e^{-3(t-\tau)}d\tau$

得　分

工程數學(精要版)
課後作業
CH04　線性代數

班級：_____
學號：_____
姓名：_____

1. 設 **A**、**B** 及 **C** 為任三 $n \times n$ 矩陣，則下列敘述何者不恆真？

(A)(**A** + **B**) + **C** = **A** + (**B** + **C**)　　(B)(**A** + **B**)**C** = **AC** + **BC**

(C)**A**(**BC**) = (**AB**)**C**　　　　　　(D) 若 **AB** = **AC**，則 **B** = **C**。

2. 設 **A**、**B** 皆為 3×3 矩陣，且行列式 $|\mathbf{A}| = 2$、$|\mathbf{B}| = 4$，求 $|3\mathbf{AB}| = ?$

3. 矩陣 $\mathbf{A} = \begin{bmatrix} a & 0 & 1 \\ -1 & 2 & 1 \\ 2 & -1 & 0 \end{bmatrix}$，若 **A** 不可逆，則 a 必為何？

<背面尚有試題>

4. 矩陣 $\mathbf{A} = \begin{bmatrix} 1 & 2 & 3 & 4 \\ 2 & 3 & 5 & 6 \\ 0 & 1 & 1 & 2 \end{bmatrix}$，則 $\mathbf{A}$ 的秩數等於多少？

5. 求 $\mathbf{A} = \begin{bmatrix} 0 & 0 & -2 \\ 1 & 2 & 1 \\ 1 & 0 & 3 \end{bmatrix}$ 之特徵值與特徵向量。

6. 矩陣 $\mathbf{A} = \begin{bmatrix} 7 & -6 & -12 \\ -4 & 5 & 8 \\ 6 & -6 & -11 \end{bmatrix}$，試求對角線矩陣 $\mathbf{D}$ 使得 $\mathbf{D} = \mathbf{S}^{-1}\mathbf{A}\mathbf{S}$。

得　分

工程數學(精要版)
課後作業
CH05 聯立O.D.E.之解法

班級：＿＿＿＿＿＿＿＿

學號：＿＿＿＿＿＿＿＿

姓名：＿＿＿＿＿＿＿＿

1. 以消去法解 $\begin{cases} x' = x - 2y \\ y' = 2x - 3y \end{cases}$，$x(0) = 1$、$y(0) = 0$

2. 以拉氏變換法解 $\begin{cases} x' = -x + y \\ y' = 2x \end{cases}$，$x(0) = 0$、$y(0) = 1$

（請沿虛線撕下）

<背面尚有試題>

3. 以矩陣法解 $\begin{cases} x' = -3x + y \\ y' = 2x - 4y \end{cases}$

得　分

工程數學(精要版)
課後作業
CH06 向量微分學

班級：_____

學號：_____

姓名：_____

1. 令 **u**、**v** 為二向量，則下列有關其內積與外積的敘述何者錯誤？

   (A) $\mathbf{u} \times \mathbf{v} = \mathbf{v} \times \mathbf{u}$　　　　(B) $\mathbf{u} \cdot \mathbf{v} = \mathbf{v} \cdot \mathbf{u}$

   (C) $|\mathbf{u} \times \mathbf{v}| \leq |\mathbf{u}||\mathbf{v}|$　　(D) $|\mathbf{u} \cdot \mathbf{v}| \leq |\mathbf{u}||\mathbf{v}|$

2. 設三度空間之曲線可表示為位置向量

   $\vec{r}(t) = e^t \cos t\vec{i} + e^t \sin t\vec{j} + e^t\vec{k}$，其中 $-1 \leq t \leq 1$，則該曲線長度為何？

（請沿虛線撕下）

3. 求 $f(x, y) = xe^y$ 在點 $P(2, 0)$ 朝著向量 $\vec{v} = \left\langle -\dfrac{3}{2}, 2 \right\rangle$ 的方向導數。

4. 向量場 $\vec{v}(x, y, z) = 3xz\vec{i} + 2xy\vec{j} - yz^2\vec{k}$ 於點 $(1, 0, 2)$ 之散度為何？

得 分

工程數學(精要版)
課後作業
CH07 向量積分學

班級：＿＿＿＿＿＿＿＿
學號：＿＿＿＿＿＿＿＿
姓名：＿＿＿＿＿＿＿＿

1. 求 $\int_c \vec{F} \cdot d\vec{r} = ?$ 其中 $\vec{F} = (xy+2y)\vec{i} + (2x+y)\vec{j}$，$c : y = x^2$，從 $(0, 0)$ 到 $(2, 4)$。

2. (1) 已知 C 為三個頂點為 $(0, 0)$、$(2, 1)$、$(1, 2)$ 之三角形邊界線，求

   $$\oint_C (x-y)dx + (2x+y)dy = ?$$

   (2) 已知 $\vec{F}(x, y, z) = (\sin y, \ x\cos y + \cos z, \ -y\sin x)$，

   曲線 $C : \vec{r}(t) = (\sin t, \ \cos t, \ 2t)$，$0 \le t \le \pi$，請計算 $\int_c \vec{F} \cdot d\vec{r} = ?$

3. 求面積分 $\iint_S y\,dS = ?$ 其中 S 為曲面 $x - y^2 - z = 0$，$0 \le y \le 2$，$0 \le z \le 1$。

<背面尚有試題>

（請沿虛線撕下）

4. 求 $\oint_C \vec{F} \cdot d\vec{r} = ?$ 其中 $\vec{F}(x, y, z) = (z - 2y)\vec{i} + (3x - 4y)\vec{j} + (z + 3y)\vec{k}$，

　　C 表在 $z = 2$ 平面上的單位圓。

5. 求 $\displaystyle\iiint_V \frac{\cos\sqrt{x^2 + y^2 + z^2}}{x^2 + y^2 + z^2} \, dxdydz = ?$ $V = \{(x, y, z) : 1 \leq x^2 + y^2 + z^2 \leq 2\}$

6. 球面 $S : x^2 + y^2 + z^2 = 4$，$\vec{n}$ 為球面上之單位法線向量，則 $\displaystyle\oiint_S (7x\vec{i} - z\vec{k}) \cdot \vec{n} \, dA = ?$

得　分

工程數學(精要版)
課後作業
CH08 傅立葉分析

班級：_____

學號：_____

姓名：_____

1. 求 $f(x) = -\dfrac{2}{L}|x| + 1$，$|x| \le \dfrac{L}{2}$ 之傅立葉級數？

2. 函數 $f(x) = \begin{cases} \dfrac{2k}{L}x & if \quad 0 < x \le \dfrac{L}{2} \\ \dfrac{2k}{L}(L-x) & if \quad \dfrac{L}{2} < x < L \end{cases}$，求其傅立葉半幅餘弦級數。

3. $f(x) = \dfrac{3}{4}x$，$0 \le x \le 8$，$f(x) = f(x+8)$，求其傅立葉複數級數。

<背面尚有試題>

4. 求 $f(x) = e^{-2x}$，$x > 0$ 之傅立葉正弦積分式。

5. 設 $f(x) = \begin{cases} 1, & -2 < x < 2 \\ 0, & \text{其他} \end{cases}$，求其傅立葉變換為何？

得 分

工程數學(精要版)
課後作業
CH09 偏微分方程式

班級：_____
學號：_____
姓名：_____

1. 判斷如下之二階線性 P.D.E. 之分類。

   (1) $\dfrac{\partial^2 u}{\partial x \partial t} = 0$

   (2) $\dfrac{\partial u}{\partial t} = 9 \dfrac{\partial^2 u}{\partial x^2}$

2. 解 P.D.E.： $\dfrac{\partial u}{\partial t} = c^2 \dfrac{\partial^2 u}{\partial x^2}$ ，$0 \le x \le \ell$，$t > 0$

   B.C.： $u(0, t) = u(\ell, t) = 0$

   I.C.： $u(x, 0) = 2 \sin \dfrac{2\pi x}{\ell}$

<背面尚有試題>

（請沿虛處線撕下）

3. 解 P.D.E.：$\dfrac{\partial^2 u}{\partial t^2} = c^2 \dfrac{\partial^2 u}{\partial x^2}$ ，$0 \le x \le \ell$ ，$t \ge 0$

    B.C.：$u(0, t) = u(\ell, t) = 0$

    I.C.： $u(x, 0) = 2\sin\dfrac{2\pi x}{\ell}$

          $\dfrac{\partial u}{\partial t}(x, 0) = 0$

4. 解 P.D.E.：$\dfrac{\partial^2 u}{\partial x^2} + \dfrac{\partial^2 u}{\partial y^2} = 0$ ，$0 \le x \le a$ ，$0 \le y \le b$

    B.C.：$u(0, y) = u(a, y) = 0$ ，$u(x, 0) = 0$ ，$u(x, b) = 2\sin\dfrac{2\pi x}{a}$

得　分

工程數學(精要版)
課後作業
CH10　複變函數分析

班級：＿＿＿＿＿＿＿＿＿

學號：＿＿＿＿＿＿＿＿＿

姓名：＿＿＿＿＿＿＿＿＿

1. 決定 $|z+1| = |z-2|$ 在 z 平面上之圖形。

2. 解 $e^z = 2 + i$ 之 z 值。

3. $f(z) = \mathrm{Re}(z)$ 是否可解析？

〈背面尚有試題〉

（請沿虛線撕下）

4. 求函數 $\dfrac{-3}{(z-1)(z-4)}$ 於區域 $1 < |z| < 4$ 上之勞倫級數？

5. 求 $\oint_c f(z)\,dz = ?$ $f(z) = 5z^4 - z^3 + 2$，$c : |z| = 1$

6. 求 $\oint_C \dfrac{1}{(z-1)^2\,(z-3)}\,dz = ?$ $C : |z| = 2$

7. 求 $\displaystyle\int_0^{2\pi} \dfrac{d\theta}{5 + 3\sin\theta} = ?$

歡迎加入 全華會員

● 會員享享

會員享購書折扣、紅利積點、生日禮金、不定期優惠活動……等。

● 如何加入會員

掃 QRcode 或填妥讀者回函卡直接傳真 (02) 2262-0900 或寄回，將由專人協助登入會員資料，待收到 E-MAIL 通知後即可成為會員。

如何購買

1. 網路購書

全華網路書店「http://www.opentech.com.tw」，加入會員購書更便利，並享有紅利積點回饋等各式優惠。

2. 實體門市

歡迎至全華門市（新北市土城區忠義路21號）或各大書局選購。

3. 來電訂購

(1) 訂購專線：(02) 2262-5666 轉 321-324
(2) 傳真專線：(02)6637-3696
(3) 郵局劃撥（帳號：0100836-1　戶名：全華圖書股份有限公司）
※ 購書未滿 990 元者，酌收運費 80 元。

全華網路書店 www.opentech.com.tw
E-mail: service@chwa.com.tw

全華網路書店
OpenTech.com.tw

※ 本會員制如有變更則以最新修訂制度為準，造成不便請見諒。
